高等学校教学用书

有色冶金原理

（第2版）

主编　中南大学　傅崇说

北　京
冶 金 工 业 出 版 社
2024

图书在版编目(CIP)数据

有色冶金原理/傅崇说主编.—2版.—北京：冶金工业出版社，1993.4(2024.8重印)

ISBN 978-7-5024-1150-3

Ⅰ.有…　Ⅱ.傅…　Ⅲ.有色金属冶金　Ⅳ.TF8

中国版本图书馆CIP数据核字(2006)第142693号

有色冶金原理（第2版）

出版发行　冶金工业出版社　　**电　话**　(010)64027926
地　址　北京市东城区嵩祝院北巷39号　　**邮　编**　100009
网　址　www.mip1953.com　　**电子信箱**　service@mip1953.com

责任编辑　高　娜　美术编辑　彭子赫　责任印制　窦　唯

北京印刷集团有限责任公司印刷

1984年11月第1版，1993年4月第2版，2024年8月第16次印刷

787mm×1092mm　1/16；18.75印张；456千字；292页

定价45.00元

投稿电话　(010)64027932　投稿信箱　tougao@cnmip.com.cn
营销中心电话　(010)64044283
冶金工业出版社天猫旗舰店　yjgycbs.tmall.com
(本书如有印装质量问题，本社营销中心负责退换)

再版前言

本书自一九八四年发行第一版以来，全国大多数高等学校的有色冶金专业采用作为有色冶金原理课程的教材，有关教师对本教材提出了宝贵的意见。一九八七年，根据“八五”冶金教材规划和有色冶金专业教学大纲的要求，编者对本书进行了修订，全书内容作了适当的增减，补充了一些新的图表数据和习题思考题，单位、符号一律采用法定计量单位制；删去第一版中的第九章熔盐电化学部分，建议这部分内容放在电冶铝课程中讲授；增加了离子交换和溶剂萃取的内容，作为第八章；原第八章改为第九章。

本书由中南工业大学傅崇说主编，由郭逵（第一、二、三章）、蔡传算（第四、五、六章）、傅崇说（绪言及第七、八、九章）编写。

本书初稿完成后，由昆明工学院、东北工学院、北京科技大学、南方冶金学院部分教师共同审定，在审定中提出了宝贵的意见，特此表示感谢。

殷切希望读者继续对本书提出批评指正。

编　者

一九九二年三月

前　言

本书是根据冶金部教材工作会议所制订的教材出版计划编写的。本书作为专业基础课的教材，将就有色冶金原理已有的研究成果，按照有色提取冶金过程的特点分成九章加以系统的综合和论述。一至六章属于火法冶金过程，七章和八章属于湿法冶金过程，第九章关于熔盐的基本原理，本应属于火法冶金的范围，但考虑到熔盐电解与水溶液电解在原理上相类似，为了便于说明问题，故将其编排在湿法冶金过程之后。

此外，鉴于冶金反应工程学、溶剂萃取和离子交换等方面的内容，在新的教学计划中已列入选修课开出，因此，本书对这些方面的内容均未作介绍，以免重复。

考虑到目前各院校执行的教学计划和教学大纲略有差别，在使用本书时可根据实际情况适当删节或补充。

本书由中南矿冶学院傅崇说（绪言及第七、八、九章）、郭逵（第一、二、三章）、蔡传算（第四、五、六章）编写，由傅崇说主编。

本书初稿完成后由东北工学院、西安冶金建筑学院、昆明工学院部分教师共同审定，在审定中提出了宝贵意见，特此表示感谢。

殷切希望读者对本书提出批评指正。

编　者

一九八三年六月

目　录

绪　言

有色金属包括除铁、锰、铬以外的近七十种金属，分为重、轻、稀、贵四个大类。各类有色金属自然资源分布状况不一，冶炼历史长短悬殊，提取方法也多种多样。从冶炼方法来说，有火法和湿法之分。在现阶段，火法冶金仍占优势。为了提高产量，增多品种、改善质量、节约能源、降低原材料消耗、提高劳动生产率和合理地综合利用矿产资源，必须革新冶金工艺及发展新技术，强化冶金过程及解决三废处理。随着社会的需要以及科学技术的进步，对金属的质和量都有新的要求，要求寻找新的愈益完善的冶金方法。于是冶金逐渐发展成为一门学科，其内容日益丰富和广泛，而冶金原理则为其理论基础。

有色冶金原理的任务，在于研究和确定各种有色冶金过程所遵循的具有普遍意义的内在规律，从而为发展新工艺和改造老工艺以及为有预见性地控制现有生产提供理论依据。

有色冶金原理，基本上可归结为回答三个问题。第一，过程的进行在原则上是否可能；第二，过程以什么速度进行；第三，过程何时停止进行或达到平衡。

回答第一个问题采用化学热力学的方法。借助于有关手册中的热力学标准数据，可以计算化学反应在标准条件下进行的吉布斯自由能变化，从而可以作出反应在这些条件下能否进行的结论。

进一步对反应物质的温度和活度进行相应的校正，使得我们有可能判断过程在给定具体条件下进行的限度。

这个任务是相当艰巨的，因为要求知道反应物质及其混合物的热力学函数及活度系数随温度变化的关系。这种情况往往由于数据缺乏而大大限制了计算的可能性，从而要求科学工作者不断地进行基础研究和提供新的有关数据。

第二个问题的回答由过程的动力学作出。解决这个问题有两种方法：

（1）限于研究和确定已知级数（如一级、二级或分数级等）的各种反应的速度方程，从而据此对一定的转变程度计算过程持续的时间。

（2）揭示过程的机理，确定决定总速度的最缓慢的反应阶段，并在对机理有具体概念的基础上推导速度方程。

显然，第二种方法难度较大，然而它可以深入揭示所发生转变的实质，从而有可能对控制各具体过程提出更为合理的途径。

为了回答第三个问题，显然要采用热力学的方法。

热力学给出了计算反应平衡常数的可能性，借助于平衡常数和质量作用定律就可以确定参与反应的各种物质的最终浓度。

有色冶金体系属于多元多相复杂体系，其基础理论及应用课题将随着检测手段的现代化继续在冶金热力学、冶金动力学和物质结构三个主要领域开创新的研究途径，不断积累各项基本数据，深化对内在规律的认识，使科学预见性更进一步符合客观实际。各种现代分析检测手段以及电子计算机的应用，无疑将使有色冶金过程的数学模拟及最佳化不断得到发展。

本书将就上述内容已积累的资料和科研成果按照有色冶金过程的特点加以系统的综合和论述，为高等院校有色金属冶金专业及相关专业“有色冶金原理”课程提供教学用书。

第一章 冶金炉渣

第一节 概 述

炉渣，熔化后称为熔渣，是火法冶金的一种产物，其组成主要来自矿石、熔剂和燃料灰分中的造渣成分。由于火法冶金的原料和冶炼方法种类繁多，因而炉渣的类型很多，成分非常复杂。但总的说来，炉渣是各种氧化物的熔体，这些氧化物在不同的组成和温度条件下可以形成化合物、固溶体、溶液以及共晶体等。除了氧化物以外，炉渣还可能含有少量硫化物、氟化物、硫酸盐等。这些盐有的来自原料，有的是作为助熔剂加入的。

冶金炉渣的主要作用是使矿石和熔剂中的脉石和燃料中的灰分集中，并在高温下与主要的冶炼产物金属、锍等分离。

在有色冶金中，炉渣的产出量按质量计、特别是按体积计时都超出金属或锍许多倍，一般说来，按质量计约为3~5倍、按体积计约为8~10倍。因而冶炼过程的技术经济指标在很大程度上与炉渣有关。

冶金炉渣除了使脉石集中与金属或锍分离外，还起着下面这些作用：

（1）熔渣是一种介质，其中进行着许多极为重要的冶金反应。在某些冶炼过程中，提取金属的主要反应就是在炉渣介质中进行的。例如，在铅还原熔炼时，溶解在炉渣中的硅酸铅便可直接从炉渣中被还原剂（CO、C）还原。金属在炉渣中的损失主要决定于这些反应的完全程度。

（2）在炉渣中发生金属液滴或锍液滴的沉降分离，沉降分离的完全程度对金属在炉渣中的机械夹杂损失起着决定性的作用。

（3）对鼓风炉这一类竖炉说来，炉内可能达到的最高冶炼温度决定于炉渣的熔化温度，最高冶炼温度大致为炉渣熔化温度加上一定的过热温度（150~250℃）。在炉渣组成一定的情况下，企图用向炉子增加热量的办法来提高炉温是不可能的，因为多供应的热量只能促使更多的炉渣熔化。

（4）在金属和合金的熔炼和精炼时，炉渣与金属熔体的组分相互进行反应，从而可以通过炉渣对杂质的脱除和浓度加以控制。同时保护性炉渣，即使是很薄的一层亦能保护金属熔体不受炉气的饱和和氧化。

（5）在某些情况下，炉渣不是冶炼厂的废弃物，而是一种中间产物。例如，钛铁矿常用电炉冶炼成高钛渣，再进而提取钛。又如对含铜、铅、砷和其他杂质很多的锡矿，常先进行造渣熔炼使90%的锡造渣，只产出少量集中大部分杂质的金属锡，然后再冶炼含锡渣提取金属锡。

（6）在用矿热式电炉冶炼时，炉渣以及电极周围的气膜起着电阻作用，并可用调节电极插入渣中深度的方法来调节电炉的功率。

要使炉渣起到上述的各项作用，就必须根据各冶炼过程的特点，合理地选择炉渣成分，使之具有适合要求的物理化学性质，如适当的熔化温度和酸碱性、较低的黏度和密度等。

第二节 炉渣的组成

冶金炉渣是极为复杂的体系，常由五、六种或更多的氧化物组成，并含有其他化合物，如氟化物、硫化物等。然而炉渣中含量最多的氧化物通常只有三种，其总含量可达80%以上。对于有色冶金中的大多数炉渣和钢渣，这三种氧化物是 FeO、CaO、SiO_2，对高炉和某些有色冶金炉渣则为 CaO、Al_2O_3、SiO_2。

现将一些有色冶金炉渣的成分列于表 1－1 中。

表 1－1 某些有色冶金炉渣的成分（质量分数,%）

炉渣成分	铜反射炉造锍熔炼	冰铜转炉吹炼	硫化镍矿电炉造锍熔炼	铅鼓风炉还原熔炼	锌鼓风炉还原熔炼	锡精矿电炉熔炼	钢 渣	高炉渣
SiO_2	34～49	22～28	35～45	20～27	14～22	26～32	10～20	30～40
CaO	5～13	—	2～5	9～20	16～30	32～36	35～55	36～44
FeO	38～50	$FeO+Fe_3O_4$ 60～70	30～50	25～35	30～42	3～5	10～40	0.3～0.9
Al_2O_3	3～7	1～5	5～10	1～4	5～9	10～20	1～3	8～13
MgO	—	0.3～0.5	5～20	—	—	—	5～10	5～10
ZnO	—	—	—	5～30	4～10	—	—	—
Cu	0.2～0.4	1.5～2.5	—	—	—	—	—	—
Ni	—	—	0.1～0.25	—	—	—	—	—
Pb	—	—	0.5～1.3	—	0.4～0.6	—	—	—
Sn	—	—	—	—	—	0.25～0.9	—	—
S	0.7～1.6	1～2	—	—	—	—	0.1～0.5	0.7～1.5

组成炉渣的各种氧化物可分为三类：

（1）碱性氧化物：CaO、MnO、FeO、MgO 等，这类氧化物能供给氧离子 O^{2-}，如：

$$CaO = Ca^{2+} + O^{2-}$$

（2）酸性氧化物：SiO_2、P_2O_5 等，这类氧化物能吸收氧离子而形成络合阴离子，如：

$$SiO_2 + 2O^{2-} = SiO_4^{4-}$$

（3）两性氧化物：Al_2O_3、ZnO 等，这类氧化物在酸性氧化物过剩时可供给氧离子而呈碱性，而在碱性氧化物过剩时则又会吸收氧离子形成络合阴离子而呈酸性，如：

$$Al_2O_3 = 2Al^{3+} + 3O^{2-}$$

$$Al_2O_3 + O^{2-} = 2AlO_2^-$$

对于有色冶金炉渣的酸碱性，习惯上常用硅酸度表示，有时也用碱度表示。硅酸度和碱度的计算方法为：

$$\text{硅酸度} = \frac{\text{酸性氧化物中氧的质量之和}}{\text{碱性氧化物中氧的质量之和}}$$

$$\text{碱度} = \frac{CaO\ \text{质量分数}(\%)}{SiO_2\ \text{质量分数}(\%)}$$

如某铅鼓风炉还原熔炼炉渣成分为 $SiO_2$36%、CaO10%、FeO40%、ZnO8%。渣中酸性氧化物为 SiO_2、碱性氧化物为 CaO、FeO，两性氧化物 ZnO 在渣中 SiO_2 含量高时可将其看成碱性氧化物，则以 1kg 炉渣计算时，该炉渣的硅酸度为：

$$\frac{0.36\times\frac{32}{60}}{0.10\times\frac{16}{56}+0.40\times\frac{16}{71.8}+0.08\times\frac{16}{81.4}}$$

$$=1.44$$

第三节　炉渣系二、三元状态图

由于有色冶金炉渣和钢渣主要由 FeO、CaO、SiO_2 三种氧化物组成，高炉渣和电炉炼锡炉渣及与有色冶金有关的物料如铝土矿石灰烧结法的熟料等则主要由 CaO、Al_2O_3、SiO_2 三种氧化物组成，因而冶金炉渣的组成和物理化学性质在很大程度上与 CaO－FeO－SiO_2 三元系和 CaO－Al_2O_3－SiO_2 三元系状态图有关。为了深入分析这两个三元系状态图，有必要先了解构成这两个三元系的 Al_2O_3－SiO_2、CaO－SiO_2、CaO－Al_2O_3、FeO－SiO_2、CaO－FeO 等几个二元系状态图。

在以下对状态图的分析中，为了简便起见，以 A、S、C、F 分别代表 Al_2O_3、SiO_2、CaO、FeO 等氧化物，化合物的分子数标于右下角，如以 C_2S 代表 $2CaO\cdot SiO_2$。对不稳定化合物则加括号。

一、Al_2O_3－SiO_2 二元系

Al_2O_3－SiO_2 二元系是硅铝质耐火材料的基本状态图，研究较充分，已先后提出八种状态图，主要分歧在于图中 $3Al_2O_3\cdot 2SiO_2$（莫来石）是稳定化合物还是不稳定化合物，是化合物还是固溶体。为了与三元状态图相一致，采用了图 1－1 所示的状态图。由图 1－1 可以看出，$3Al_2O_3\cdot 2SiO_2$ 为不稳定化合物；在 1810℃存在包晶反应 $L_P+S_A \rightleftharpoons S_{(A_3S_2)}$。1545℃时存在共晶反应 $L_E \rightleftharpoons S_S+S_{(A_3S_2)}$。1470℃为 SiO_2 的晶型转变温度，高于 1470℃为鳞石英，低于 1470℃为方石英。

由图 1－1 可以看出，整个体系的熔化温度（液相线温度）都很高，最低温度（E 点）

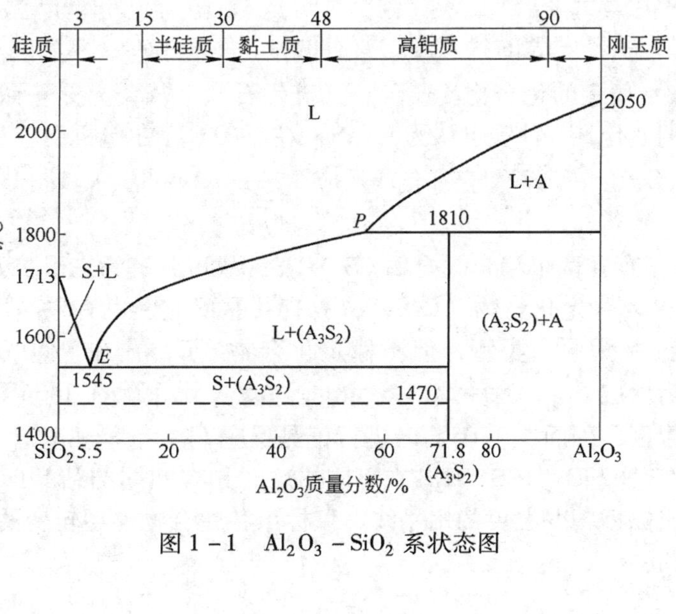

图 1－1　Al_2O_3－SiO_2 系状态图

仍达1545℃，因而适合耐火材料的需要。图1－1上部列出了常见的铝、硅质耐火材料的组成范围，由图上可相应地查出其熔化温度。

二、$CaO-Al_2O_3$ 二元系

$CaO-Al_2O_3$ 二元系已发表的状态图主要有两种，对于 CaO、Al_2O_3 间形成不稳定化合物（C_3A），稳定化合物 C_5A_3、CA 是一致的，不同点在于一种状态图中存在不稳定化合物（C_3A_5），而另一种状态图则为稳定化合物 CA_2 和不稳定化合物（CA_6）。为与 C－A－S 三元系状态图相配合，图1－2采用后一种状态图。

图1－2中由于存在三个稳定化合物 C_5A_3、CA、CA_2，因而可分解为四个二元系来分析。C_5A_3-CA 和 $CA-CA_2$ 为生成共晶的二元系，在 $C-C_5A_3$ 和 CA_2-A 二元系中，由于包含一不稳定化合物，因而系一既有共晶也有包晶反应的二元系。各化合物的组成、熔点、共晶温度、包晶温度已在图中标明。该体系的熔化温度均高于1395℃。

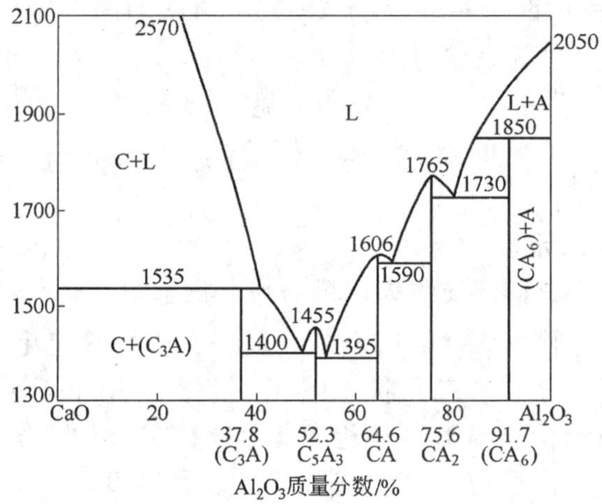

图1－2　$CaO-Al_2O_3$ 系状态图

三、$CaO-SiO_2$ 二元系

$CaO-SiO_2$ 二元系已发表的状态图主要有两种，对于 CaO、SiO_2 间形成稳定化合物 CS（硅灰石）、C_2S 和不稳定的化合物（C_3S_2）（硅钙石）、（C_3S）是一致的，不同点仅在于（C_3S）在高温下的变化，一种观点认为（C_3S）在1900℃存在包析反应 $S_{(C_3S)} \rightleftharpoons S_C + S_{C_2S}$，另一种观点认为（$C_3S$）在2070℃存在包晶反应 $S_C + L_P \rightleftharpoons S_{(C_3S)}$。图1－3采用后一种状态图。

图1－3中由于存在两个稳定化合物 CS、C_2S，故可分解为三个二元系来分析，C_2S-CS 二元系包含有一不稳定化合物（C_3S_2），故有共晶反应、也有包晶反应。$C-C_2S$ 二元系与 C_2S-CS 二元系为同一类型，但不稳定化合物（C_3S）在1250℃以下温度不存在，1250℃时进行共析反应 $S_{(C_3S)} \rightleftharpoons S_C + S_{C_2S}$。$CS-S$ 二元系除在1436℃进行共晶反应外，由于存在液相分层区，因而在1705℃时进行偏晶反应 $L_2 \rightleftharpoons L_1 + S_S$。

图1－3中化合物 SiO_2、CS、C_2S 在不同温度时具有不同的结晶形态。为了使图形简明，在图中未绘出晶型转变温度的水平线，仅标出各化合物晶型转变的温度点。各化合物的晶型转变温度为：

$$SiO_2：\alpha-石英 \xrightleftharpoons{870℃} \alpha-鳞石英 \xrightleftharpoons{1470℃} \alpha-方石英$$

$$CS：\beta-CS \xrightleftharpoons{1125℃} \alpha-CS$$

$$C_2S：\gamma-C_2S \xrightleftharpoons{725℃} \beta-C_2S \xrightleftharpoons{1450℃} \alpha-C_2S$$

由图 1－3 可以看出，该二元系的熔化温度都很高，但当 CaO、SiO_2 含最大致相等时，熔化温度最低，存在两个低熔共晶，共晶温度分别为 1436℃和 1460℃，因而对于 CaO－Al_2O_3－SiO_2 型炉渣，其 CaO 和 SiO_2 含量应大致相等才能具有较低的熔化温度。

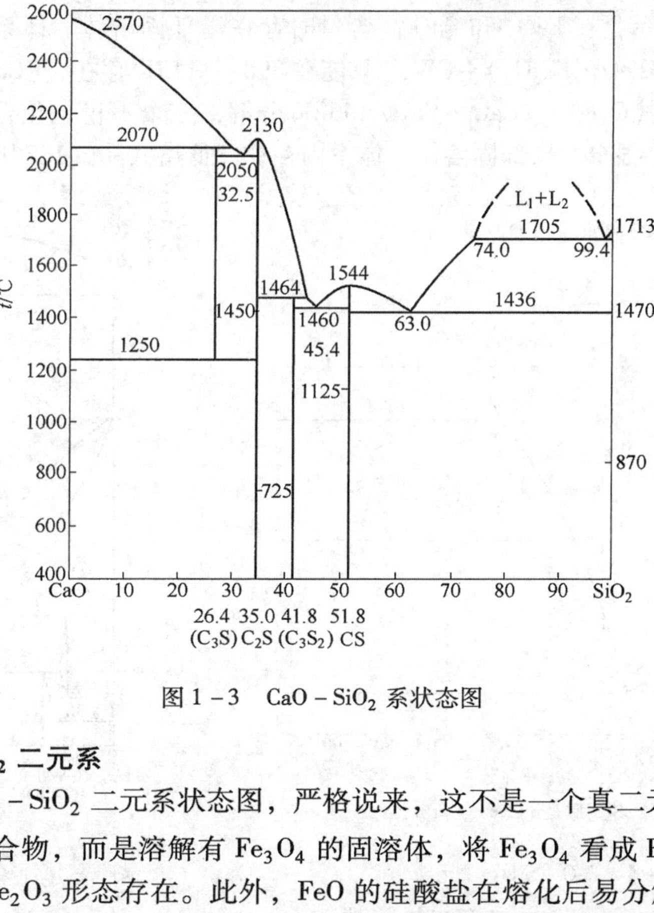

图 1－3　CaO－SiO_2 系状态图

四、FeO－SiO_2 二元系

图 1－4 为 FeO－SiO_2 二元系状态图，严格说来，这不是一个真二元系。因为 FeO 并不是一个定组成化合物，而是溶解有 Fe_3O_4 的固溶体，将 Fe_3O_4 看成 FeO · Fe_2O_3，因而有一部分 Fe 系以 Fe_2O_3 形态存在。此外，FeO 的硅酸盐在熔化后易分解 $3FeO = Fe_2O_3 + Fe$，FeO 也容易氧化为高价氧化物。在作该二元系状态图时，系将各种含铁氧化物皆折算为 FeO，因而实际上是一假二元系状态图。在图上部标出了液相（在液相线温度下）中 Fe_2O_3 含量随 SiO_2 含量而改变的曲线。当无 SiO_2 时，液体中 Fe_2O_3 含量为 11.5%，随着 SiO_2 含量的增加，液相中 Fe_2O_3 含量降低，当液相成分接近 F_2S（29.4% SiO_2）时，Fe_2O_3 含量为 2.25%。

如图 1－4 所示，FeO－SiO_2 二元系存在一稳定化合物 F_2S（铁橄榄石），因而可分成两个二元系。F_2S－S 二元系有一低熔共晶（1177℃），并存在有液相分层区及偏晶反应。F_2S－F 二元系为一简单共晶（1178℃）二元系。

2FeO · SiO_2 的熔点为 1205℃，其液相线曲线是平滑的，说明熔化后易分解。此外 FeO、SiO_2 之间还可生成 FeO · SiO_2，但该化合物易分解 $2(FeO \cdot SiO_2) = 2FeO \cdot SiO_2 +$

SiO_2，故未出现在状态图中。

由图1－4可看出，在F_2S附近熔化温度最低（1180～1200℃），就熔化温度而言，能满足有色冶金炉渣的要求。然而由于FeO高达70%，密度大，将使炉渣与锍和金属的分离效果不好，对硫化物的溶解度也很大。因而需配入CaO，以改善炉渣性能。

五、FeO－CaO二元系

图1－5为体系含有饱和铁的条件下测出的FeO_n－CaO二元系状态图。与图1－4相似，体系中含有Fe_2O_3，图上部标出了1623K时Fe_2O_3含量随组成变化的曲线。

如图1－5所示，在FeO_n和CaO高含量时存在局部固溶体。体系内存在三个不稳定化合物，（$CaO \cdot 3FeO \cdot Fe_2O_3$）－$CW_3F$只能在898～1113K存在，（$CaO \cdot FeO \cdot Fe_2O_3$）－CWF 963K分解，（$C_2F$）－$2CaO \cdot Fe_2O_3$1432K分解，三个不稳定化合物在一定温度范围皆可形成组成范围很窄的局部固溶体。体系内存在一低熔共晶（1376K）。

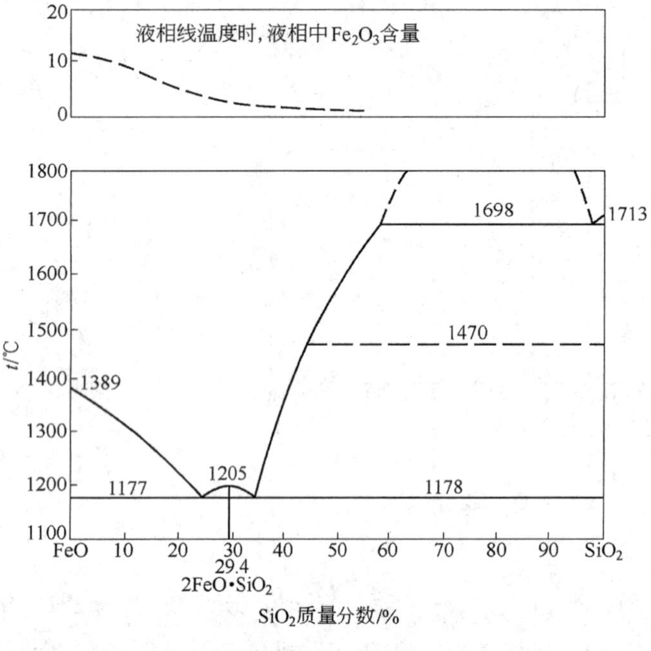

图1－4　FeO－SiO_2二元系

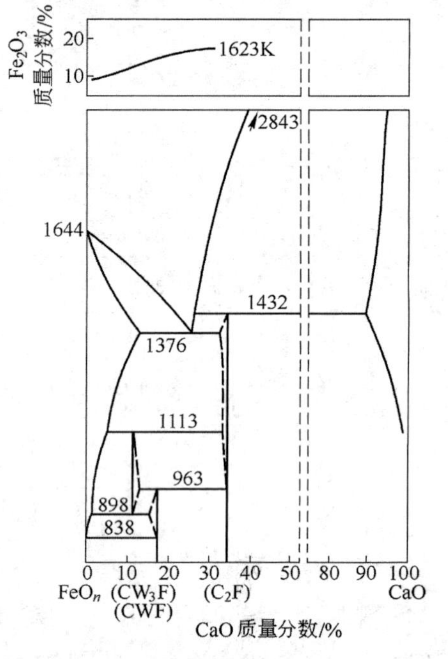

图1－5　FeO_n－CaO二元系

六、CaO－Al_2O_3－SiO_2三元系

CaO－Al_2O_3－SiO_2三元系状态图是锡冶金、铝冶金的基本状态图之一，也是高炉炉渣和各种硅酸盐材料，如水泥、耐火材料、玻璃、陶瓷等的基本状态图。因而，该状态图研究得很细致，且具有广泛的实用价值。

图1－6中标明了C－A－S三元系应用于炉渣和各种硅酸盐材料的组成范围，并绘出了等熔化温度曲线。

图1－7为C－A－S三元系状态图，该体系基本情况为：

简单化合物三个：S、C、A。

二元化合物十个：其中稳定化合物五个——CS、C_2S、C_5A_3、CA、CA_2；不稳定化合物五个——（C_3S_2）、（C_3S）、（C_3A）、（CA_6）、（A_3S_2）。

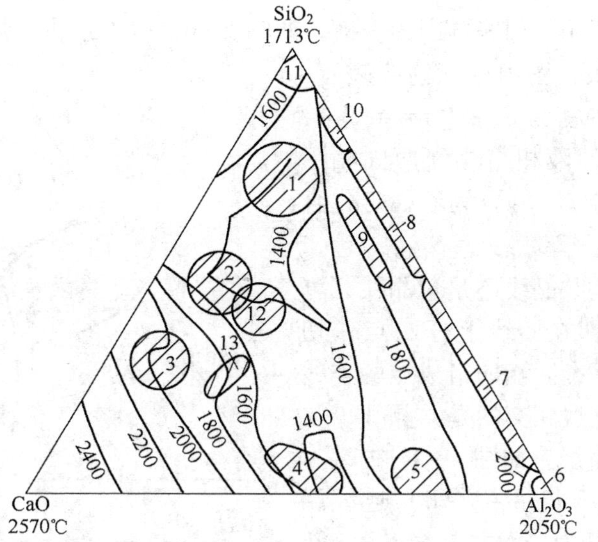

图 1－6　C－A－S 三元系中各种材料和炉渣的组成范围（各组分含量为质量百分数）

1—玻璃；2—高炉渣；3—硅酸盐水泥；4—高铝水泥；5—低钙铝酸盐水泥；6—刚玉；7—高铝质耐火材料；8—黏土质耐火材料；9—陶瓷；10—半硅质耐火材料；11—硅质耐火材料；12—锡电炉炉渣；13—石灰烧结法生产氧化铝熟料

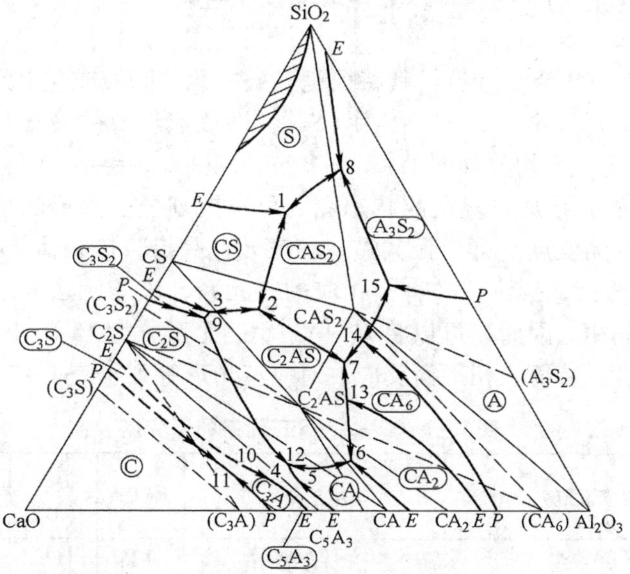

图 1－7　$CaO-Al_2O_3-SiO_2$ 三元系状态图（各组分含量为质量百分数）

三元化合物两个：稳定化合物 CAS_2（20.1% C、36.7% A、43.2% S，钙长石）和 C_2AS（40.9% C、37.2% A、21.9% S，钙铝黄长石）。

由于一共有 15 个化合物，每一化合物都有首先结晶析出的初晶液相面，故图中共有 15 个初晶液相面。各化合物的初晶液相面，用在该化合物的分子式外加圆圈标出。各液相面上的相平衡关系为 $L \rightleftharpoons S$，各液相面间的边界是二元共晶线或二元包晶线。

二元共晶点 8 个，在边线上用 E 表示。二元包晶点五个，在边线上用 P 表示。

二元共晶线 23 条，图中用单箭头表示，二元共晶线上的相平衡为 $L \rightleftharpoons S_1 + S_2$，即组成在共晶线上的液相与相邻两固相平衡，如图 1－8 中 $L_{E_3-E} \rightleftharpoons S_A + S_C$。

二元包晶线 5 条，图中用双箭头表示，二元包晶线上的相平衡为 $S_1 + L \rightleftharpoons (S_2)$，即组成在包晶线上的液相与相邻两固相平衡，$S_1$ 为稳定化合物，(S_2) 为不稳定化合物。如图 1－8 中 $S_B + L_{P_1-P} \rightleftharpoons S_{(AB)}$。

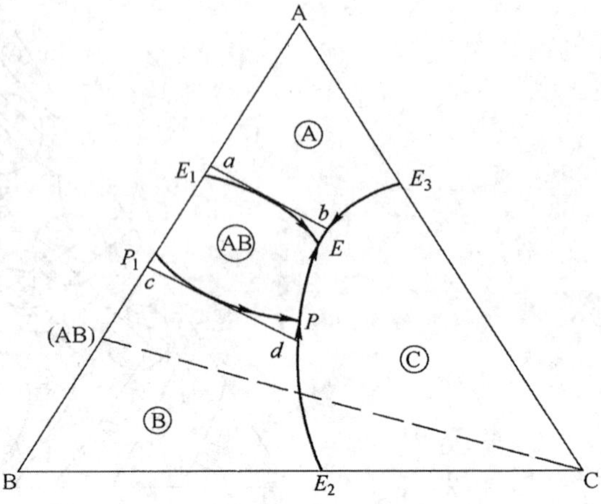

图 1－8　存在二元不稳定化合物的三元系

对于如何判断是共晶线还是包晶线，可以应用切线规则，即在曲线上任一点作切线，该切线必与两平衡固相的组成点的连线或延长线相交，与连线相交的是共晶线，与延长线相交的是包晶线。如图 1－8 中 E_1－E 线上任一点切线 ab 与 A－(AB) 连线相交于 a 点，故 E_1-E 为二元共晶线。P_1-P 线上任一点切线 cd 与 B－(AB) 连线的延长线交于 c 点，故 P_1-P 为二元包晶线。

三元共晶点八个（1 至 8 点），其特征是三条二元共晶线的箭头同时指向该点，点上的相平衡为 $L_E \rightleftharpoons S_1 + S_2 + S_3$，即该点组成的液相与其相邻的三固相平衡，如图 1－8 中 E 点，$L_E \rightleftharpoons S_A + S_C + S_{(AB)}$。

三元包晶点七个（9 至 15 点），其特征是三条二元共晶线或包晶线的箭头不是同时指向该点，点上的相平衡为 $S_1 + L_P \rightleftharpoons S_2 + (S_3)$，即该点组成的液相与其相邻的三固相平衡，其中 S_3 为不稳定化合物，如图 1－8 中 P 点，$S_B + L_P \rightleftharpoons S_C + S_{(AB)}$。

对于 C－A－S 三元系这类复杂的状态图，可以按划分三角形的规则划分为若干局部的三元系。即凡有一无变点（即三元共晶点和三元包晶点，按相律 $f = K - \Phi + 1 = 3 - 4 + 1 = 0$，自由度为 0，为无变点），必有一相应的三元系，该三元系的三组分就是该无变点与液相相平衡的三固相。因而，可以将 C－A－S 三元系分为 15 个小三元系。现将 15 个无变点的组成、温度、特征、相平衡反应、对应三角形等列于表 1－2 中。

表 1－2　C－A－S 三元系的无变点

无变点	相平衡反应	对应三角形	特征	温度（℃）	组成（质量分数，%） CaO	Al_2O_3	SiO_2
1	$L \rightleftharpoons S + CS + CAS_2$	$\triangle S - CS - CAS_2$	共晶	1170	23.3	14.7	62.0
2	$L \rightleftharpoons CS + CAS_2 + C_2AS$	$\triangle CS - CAS_2 - C_2AS$	共晶	1265	38.0	20.0	42.0
3	$L \rightleftharpoons CS + (C_3S_2) + C_2AS$	$\triangle CS - (C_3S_2) - C_2AS$	共晶	1310	47.2	11.8	41.0
4	$L \rightleftharpoons C_2S + (C_3A) + C_5A_3$	$\triangle C_2S - (C_3A) - C_5A_3$	共晶	1335	52.0	41.2	6.8
5	$L \rightleftharpoons C_2S + CA + C_5A_3$	$\triangle C_2S - CA - C_5A_3$	共晶	1335	49.5	43.7	6.8
6	$L \rightleftharpoons C_2AS + CA + CA_2$	$\triangle C_2AS - CA - CA_2$	共晶	1505	37.5	53.2	9.3
7	$L \rightleftharpoons C_2AS + CAS_2 + (CA_6)$	$\triangle C_2AS - CAS_2 - (CA_6)$	共晶	1380	29.2	39.0	31.8
8	$L \rightleftharpoons S + CAS_2 + (A_3S_2)$	$\triangle S - CAS_2 - (A_3S_2)$	共晶	1345	9.8	19.8	70.4
9	$L + C_2S \rightleftharpoons C_2AS + (C_3S_2)$	$\triangle C_2S - C_2AS - (C_3S_2)$	包晶	1335	48.2	11.9	39.7
10	$L + (C_3S) \rightleftharpoons C_2S + (C_3A)$	$\triangle (C_3S) - C_2S - (C_3A)$	包晶	1455	58.3	33.0	8.7

续表 1－2

无变点	相平衡反应	对应三角形	特征	温度（℃）	组成（质量分数，%）		
					CaO	Al_2O_3	SiO_2
11	$L+C \rightleftharpoons (C_3S)+(C_3A)$	$\triangle C-(C_3S)-(C_3A)$	包晶	1470	59.7	32.8	7.5
12	$L+C_2AS \rightleftharpoons C_2S+CA$	$\triangle C_2AS-C_2S-CA$	包晶	1380	48.3	42.0	9.7
13	$L+CA_2 \rightleftharpoons C_2AS+(CA_6)$	$\triangle CA_2-C_2AS-(CA_6)$	包晶	1475	31.2	44.5	24.3
14	$L+A \rightleftharpoons CAS_2+(CA_6)$	$\triangle A-CAS_2-(CA_6)$	包晶	1495	23.0	41.0	36.0
15	$L+A \rightleftharpoons CAS_2+(A_3S_2)$	$\triangle A-CAS_2-(A_3S_2)$	包晶	1512	15.6	36.5	47.9

图 1－9 中列出了 C－A－S 三元系中各稳定化合物的熔点、不稳定化合物的分解温度、各二元及三元共晶及包晶点温度，并将各液相面上温度相等的点连接成为等温曲线，对熔化过程而言，称为等熔化温度曲线。该图可用来查出已知成分炉渣的熔化温度。如某一炉渣中 CaO40%、$SiO_2$40%、$Al_2O_3$10%，其他成分 10%。先将 CaO、SiO_2、Al_2O_3 三成分换算为总量 100%，即 CaO44.3%、$SiO_2$44.3%、$Al_2O_3$11.4%，则可在图上查出该渣的熔化温度应低于 1350℃左右。该图也可用于查出各种硅酸盐材料的熔化温度。

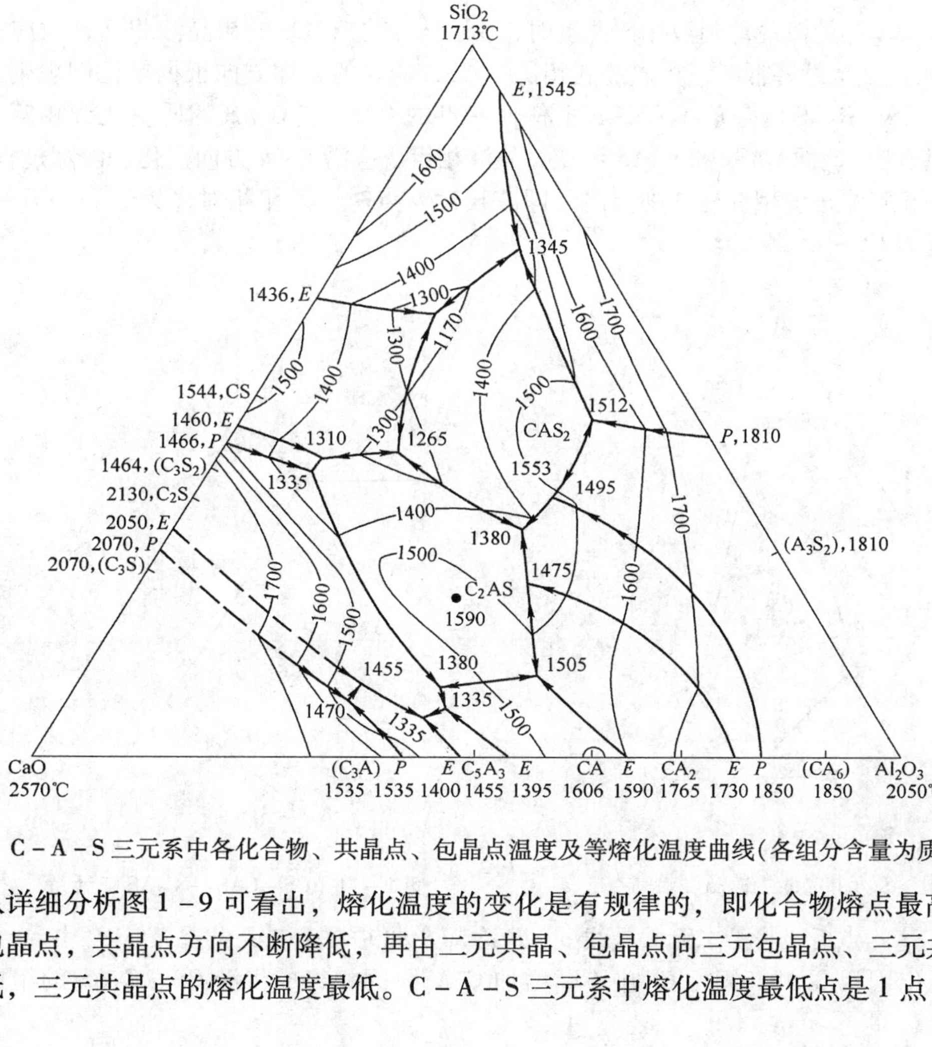

图 1－9　C－A－S 三元系中各化合物、共晶点、包晶点温度及等熔化温度曲线（各组分含量为质量百分数）

从详细分析图 1－9 可看出，熔化温度的变化是有规律的，即化合物熔点最高，并向二元包晶点，共晶点方向不断降低，再由二元共晶、包晶点向三元包晶点、三元共晶点方向降低，三元共晶点的熔化温度最低。C－A－S 三元系中熔化温度最低点是 1 点（图 1－

7）为1170℃，温度最高点是 CaO 角为2570℃。有一种情况应特别注意，即图内有几条二元共晶线跨两个三角形联结两个三元共晶点（如图1－7中1—2线、2—3线、4—5线、6—12线、6—13线、2—7线、14—15线、1—8线），两端温度低，中间温度高，那么温度最高点的位置如何判断呢？可以应用温度最高点规则加以判断。即二元共晶线必与相平衡的两固相的组成点的连线相交，该交点就是二元共晶线上的温度最高点。

现以图1－10中的二元共晶线1—2为例来判断温度最高点，图中与1—2线上的液相平衡的两固相是CS、CAS_2，1—2线与CS－CAS_2组成点连线的交点K就是1—2线上的温度最高点。

以上是对C－A－S三元系状态图的全面分析。为了能深入地掌握三元系状态图，需要分析液体在冷却过程中相态、组成的变化规律。以下将C－A－S三元系分成八个局部进行讨论。

1. △S－CS－CAS_2、△CS－CAS_2－C_2AS、△CAS_2－CA－CA_2这三个局部三元系都是生成三元共晶的三元系，现以△CS－CAS_2－C_2AS来进行分析。

图1－11为CS－CAS_2－C_2AS三元系，若有一炉渣，其组成为x点，该炉渣由高温熔化状态冷却时，相态及组成如何变化？

组成为x的熔渣冷却到液相面温度时，由于x点位于CS的初晶液相面，故应析出固相CS。当温度继续降低时，析出的固相仍为CS，液相的冷却方向根据等比例规则，即在∠CAS_2－CS－C_2AS的分角线CS－a上任何一点的CAS_2和C_2AS的质量比皆相等，由于液相中只析出CS而CAS_2和C_2AS不变，故液相组成应沿$x-a$方向变化。冷却过程中固、液相间的相对量可应用杠杆规则求出，即液相达a点时，固相相对量为$x-a/\text{CS}-a$，液相相对量为$\text{CS}-x/\text{CS}-a$。

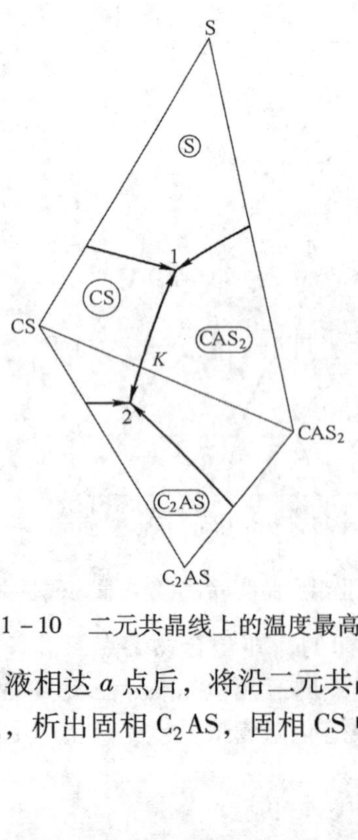

图1－10　二元共晶线上的温度最高点

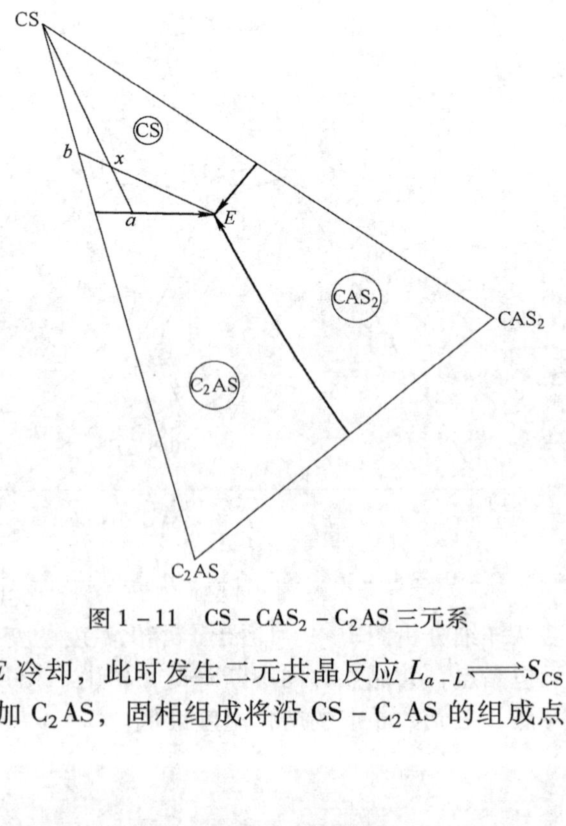

图1－11　CS－CAS_2－C_2AS三元系

液相达a点后，将沿二元共晶线$a-E$冷却，此时发生二元共晶反应$L_{a-L} \rightleftharpoons S_{CS}+S_{C_2AS}$，析出固相$C_2AS$，固相CS中不断增加$C_2AS$，固相组成将沿CS－$C_2AS$的组成点连线变化，由 CS 点变化至 b 点，液相相对量为 bx/bE，固相相对量为 xE/bE。

液相达 E 点后，发生三元共晶反应 $L_E \rightleftharpoons S_{CS} + S_{C_2AS} + S_{CAS_2}$，固相中将增加第三组分 CAS_2，固相组成将进入三角形内部，由 b 变化到 x 点，当固相组成达 x 点后，根据杠杆规则可知，液相已反应完毕，熔渣全部冷却为 x 组成的固相。

冷却过程用文字叙述是很繁杂的，以下介绍一种列表分析的方法，现将前面的分析列于表 1－3 中。

表 1－3　x 组成的液相的冷却过程

液相组成	平衡反应	固相物质	固相组成
$x \to a$	$L_{x-a} \rightleftharpoons S_{CS}$	CS	CS 点
$a \to E$	$L_{a-E} \rightleftharpoons S_{CS} + S_{C_2AS}$	$CS + C_2AS$	$CS \to b$
E	$L_E \rightleftharpoons S_{CS} + S_{C_2AS} + S_{CAS_2}$	$CS + C_2AS + CAS_2$	$b \to x$

上述冷却过程的分析，也适用于其余两个初晶液相面，同样也适用于 $S - CS - CAS_2$ 三元系和 $C_2AS - CA - CA_2$ 三元系。

2. $\triangle CS - C_2S - C_2AS$、$\triangle S - CAS_2 - A$ 这两个局部三元系中都有一个不稳定化合物，因而各包含两个三角形。这两个三元系都属于含有一三元共晶和一三元包晶的三元系，类型完全相同。现以 $CS - C_2S - C_2AS$ 三元系（图 1－12）为例进行分析。由图可见，$C_2S - C_2AS - (C_3S_2)$ 三角形的无变点 P 穿入 $CS - (C_3S_2) - C_2AS$ 三角形，故应将两三角形合并讨论。

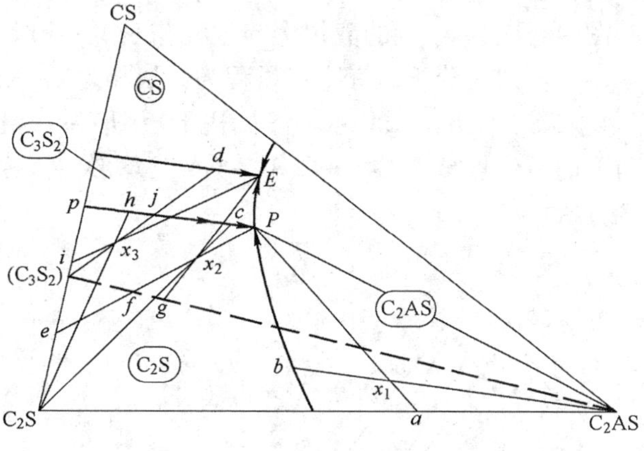

图 1－12　$CS - C_2S - C_2AS$ 三元系

图 1－12 中 $CS - p - P - C_2AS - CS$ 部分冷却情况与图 1－11 相同，故不作分析。以下用列表法分析组成为 x_1（表 1－4）、x_2（表 1－5）、x_3（表 1－6）的冷却过程。

表 1－4　x_1 组成的液相的冷却过程

液相组成	平衡反应	固相物质	固相组成
$x_1 \to b$	$L_{x_1-b} \rightleftharpoons S_{C_2AS}$	C_2AS	C_2AS 点
$b \to P$	$L_{b-P} \rightleftharpoons S_{C_2AS} + S_{C_2S}$	$C_2AS + C_2S$	$C_2AS \to a$
P①	$L_P + S_{C_2S} \rightleftharpoons S_{C_2AS} + S_{(C_3S_2)}$	$C_2AS + C_2S + (C_3S_2)$	$a \to x_1$

① 由于 x_1 点位于三角形 $C_2S - C_2AS - (C_3S_2)$ 中，冷却后的固相中只有这三种成分，因而冷却过程应在 P 点（液相与该三固相成分平衡）结束，而不能沿 $P \to E$ 线继续冷却，因为将出现 CS 固相。

表 1－5　x_2 组成的液相的冷却过程

液相组成	平衡反应	固相物质	固相组成
$x_2 \to c$	$L_{x_2-c} \rightleftharpoons S_{C_2S}$	C_2S	C_2S 点
$c \to P$	$L_{c-P} + S_{C_2S} \rightleftharpoons S_{(C_3S_2)}$	$C_2S + (C_3S_2)$	$C_2S \to e$
P	$L_P + S_{C_2S} \rightleftharpoons S_{(C_3S_2)} + S_{C_2AS}$	$C_2S + (C_3S_2) + C_2AS$	$e \to f$
$P \to E$	$L_{P-E} \rightleftharpoons S_{(C_3S_2)} + S_{C_2AS}$	$(C_3S_2) + C_2AS$	$f \to g$
E	$L_E \rightleftharpoons S_{(C_3S_2)} + S_{C_2AS} + S_{CS}$	$(C_3S_2) + C_2AS + CS$	$g \to x_2$

表 1-6　x_3 组成的液相的冷却过程

液相组成	平衡反应	固相物质	固相组成
$x_3 \to h$	$L_{x_3-h} \rightleftharpoons S_{C_2S}$	C_2S	C_2S 点
$h \to j$	$L_{h-j} + S_{C_2S} \rightleftharpoons S_{(C_3S_2)}$	$C_2S + (C_3S_2)$	$C_2S \to (C_3S_2)$ 点
j	$L_j + S_{C_2S} \rightleftharpoons S_{(C_3S_2)}$	$(C_3S_2) + C_2S$	(C_3S_2) 点
$j \to d$	$L_{j-d} \rightleftharpoons S_{(C_3S_2)}$	(C_3S_2)	(C_3S_2) 点
$d \to E$	$L_{d-E} \rightleftharpoons S_{(C_3S_2)} + S_{CS}$	$(C_3S_2) + CS$	$(C_3S_2) \to i$
E	$L_E \rightleftharpoons S_{(C_3S_2)} + S_{CS} + S_{C_2AS}$	$(C_3S_2) + CS + C_2AS$	$i \to x_3$

3. $CAS_2 - C_2AS - CA_2 - A$ 四边形　图 1－13 由三个三角形组成，因 $CAS_2 - A - (CA_6)$ 和 $C_2AS - CA_2 - (CA_6)$ 两个三角形的不变点皆穿入 $CAS_2 - C_2AS - (CA_6)$ 三角形中，故合在一起讨论。

图中组成为 x_4 点的液相冷却过程与表 1－6 所示 x_3 液相的冷却过程完全相同，如图所示，不再列表分析，其冷却过程为：液相由 $x_4 \to a \to b \to c \to E$；固相由 $A \to (CA_6) \to d \to x_4$。

4. $C_2S - C_5A_3 - CA - C_2AS$ 四边形　图 1－14 由两个三角形组成，因 $C_2S - C_2AS - CA$ 三角形的不变点穿入 $C_2S - C_5A_3 - CA$ 三角形中。由于图中冷却过程比较简单，因而不再举例分析。

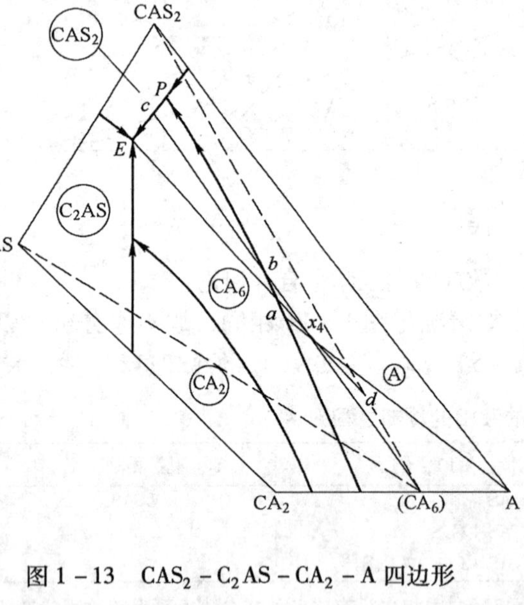

图 1－13　$CAS_2 - C_2AS - CA_2 - A$ 四边形

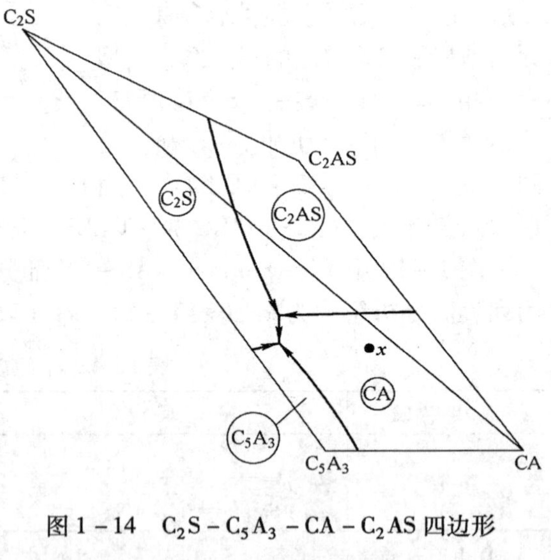

图 1－14　$C_2S - C_5A_3 - CA - C_2AS$ 四边形

5. $\triangle C_2S - C - C_5A_3$　图 1－15 中有两个不稳定化合物，由三个三角形组成，三个不变点皆集中在 $C_2S - (C_3A) - C_5A_3$ 三角形中。因而这一状态图比较复杂。现将其中液相 x_5 的冷却过程列于表 1－7 中。

由于冶炼过程常在一定的温度下进行，因而常常需要了解在一定温度时炉渣的相平衡状态，为此可根据状态图作出某一温度的等温截面图。以下先介绍等温截面图的作图原理，然后再绘出 $CaO - Al_2O_3 - SiO_2$ 三元系 1600℃时的等温截面图。

图 1－16 为 $CS - C_2S - C_2AS$ 三元系，图中绘出了 1400℃等熔化温度曲线，如果要作 1400℃等温截面图，就需要分析图中各部分在 1400℃时所处的相平衡状态。

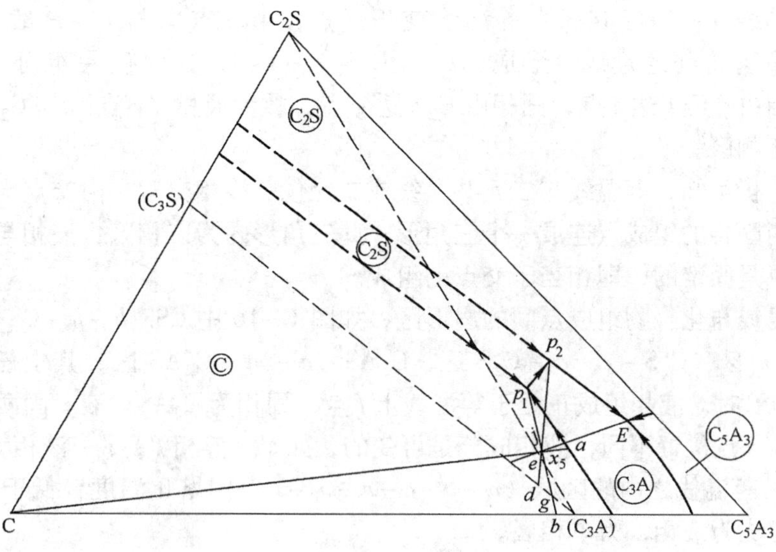

图 1-15 $C_2S-C-C_5A_3$ 三元系

表 1-7 x_5 组成的液相的冷却过程

液相组成	平衡反应	固相物质	固相组成
$x_5 \to a$	$L_{x_5-a} \rightleftharpoons S_C$	C	C 点
$a \to p_1$	$L_{a-p_1} + S_C \rightleftharpoons S_{(C_3A)}$	C + (C_3A)	$C \to b$
p_1	$L_{p_1} + S_C \rightleftharpoons S_{(C_3A)} + S_{(C_3S)}$	(C_3A) + (C_3S)	$b \to g$
$p_1 \to p_2$	$L_{p_1-p_2} \rightleftharpoons S_{(C_3A)} + S_{(C_3S)}$	(C_3A) + (C_3S)	$g \to d$
p_2	$L_{p_2} + S_{(C_3S)} \rightleftharpoons S_{(C_3A)} + S_{C_2S}$	(C_3A) + C_2S + (C_3S)	$d \to e$
$p_2 \to E$	$L_{p_2-E} \rightleftharpoons S_{(C_3A)} + S_{C_2S}$	(C_3A) + C_2S	$e \to f$
E	$L_E \rightleftharpoons S_{(C_3A)} + S_{C_2S} + S_{C_5A_3}$	(C_3A) + C_2S + C_5A_3	$f \to x_5$

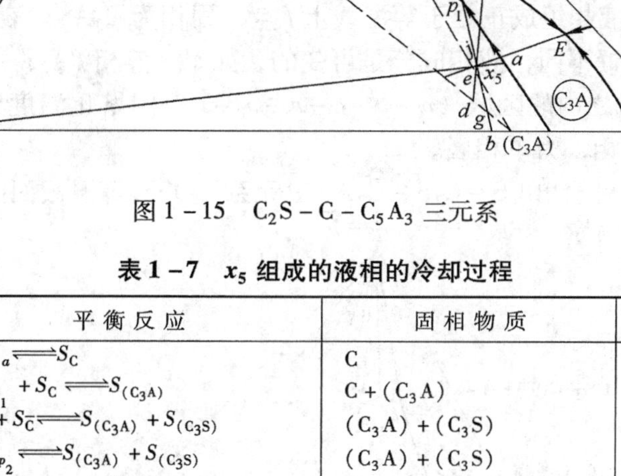

图 1-16 $CS-C_2S-C_2AS$ 三元系

二元共晶线 e_2-P 与 1400℃ 等温线交于 a 点，由 a 点向与 e_2-P 线平衡的两固相 C_2S、C_2AS 组成点连直线，形成 $\triangle a-C_2S-C_2AS$，其中任一组分（如 x 点）在 1400℃ 时液相已由 x 经 p 达 a 点，固相由 C_2S 达 o 点，故为液相（a 点）与 C_2S、C_2AS 平衡共存，为三相区。同理，$\triangle CS-b-(C_3S_2)$ 应该是液相（b 点）与 CS、(C_3S_2) 三相共存。

二元包晶线 $p-P$ 与 1400℃ 等温线交于 c 点，由 c 点向与 $p-P$ 线平衡的两固相（C_3S_2）、C_2S 组成点连直线，形成 $\triangle c-(C_3S_2)-C_2S$，其中任一组分（如 y 点）在 1400℃时液相由 y 经 r 达 c 点，固相由 C_2S 达 g 点，故为液相（c 点）与 C_2S、（C_3S_2）平衡共存，为三相区。

由以上分析可知，等温线与二元共晶线或二元包晶线相交时，由交点向与共晶线、包晶线平衡的两固相的组成点连成一个三角形，此三角形内为三相区，液相与两固相平衡共存，液相组成是固定的，即相当于交点的组成。

对于等温线与化合物组成点间的扇形区，如图 1－16 中 $CS-b-n-CS$ 区，$(C_3S_2)-b-c-(C_3S_2)$ 区，$C_2S-c-a-C_2S$ 区，$C_2AS-a-m-C_2AS$ 区，其中任一组分（如 z 点），在 1400℃时，液相组成正处于等温线上 f 点，固相为 C_2AS，液、固两相平衡、故为两相区，但随 z 点位置不同，液相成分是可变的，如 z'－液相 f'，z''－液相 f''。

在 1400℃等温线之内的区域（$n-b-c-a-m-n$）因熔化温度皆低于 1400℃，故在 1400℃时全部成为液相，为单相区。

通过以上分析即可绘出 $CS-C_2S-C_2AS$ 三元系 1400℃等温截面图（图 1－17）。

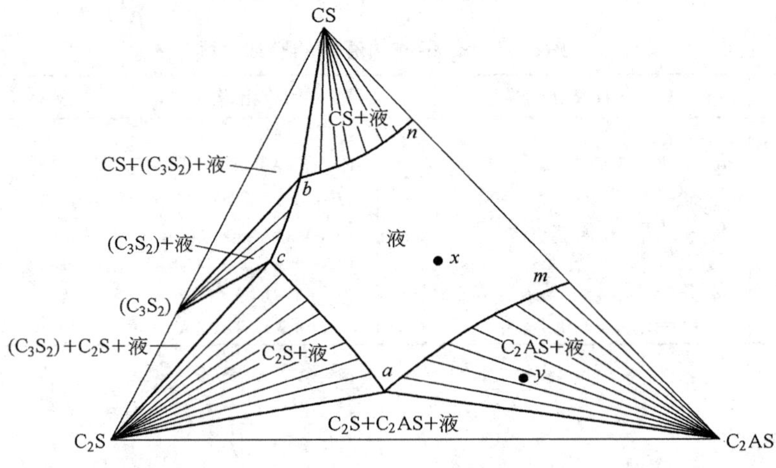

图 1－17　$CS-C_2S-C_2AS$ 三元系 1400℃等温截面图

检查所绘等温截面图是否正确，最基本的一条是相邻两区域的相数应差 1，即单相区的周围只有两相区，两相区之间应为三相区。有了等温截面图，就能很迅速地知道某成分的炉渣在给定温度下的相平衡状态。由图 1－17 可知，组成为 x 的炉渣在 1400℃已全部熔化，而组成为 y 的炉渣则为液相与 C_2AS 共存。

掌握了等温截面图的作图原理后，对照图 1－9，即可作出 $CaO-Al_2O_3-SiO_2$ 三元系或其他任何三元系的等温截面图。

图 1－18 为 $CaO-Al_2O_3-SiO_2$ 三元系 1600℃等温截面图。图中 a、b、c、d、e 为 1600℃等温线与各二元共晶线或包晶线的交点。

七、$CaO-FeO-SiO_2$ 三元系

$CaO-FeO-SiO_2$ 三元系是有色冶金和炼钢常用的状态图，图 1－19 中绘出了各种炉渣在该三元系中的组成范围。

与 $FeO-SiO_2$ 二元系相同，由于存在 FeO 分解，氧化等原因，$CaO-FeO-SiO_2$ 三元

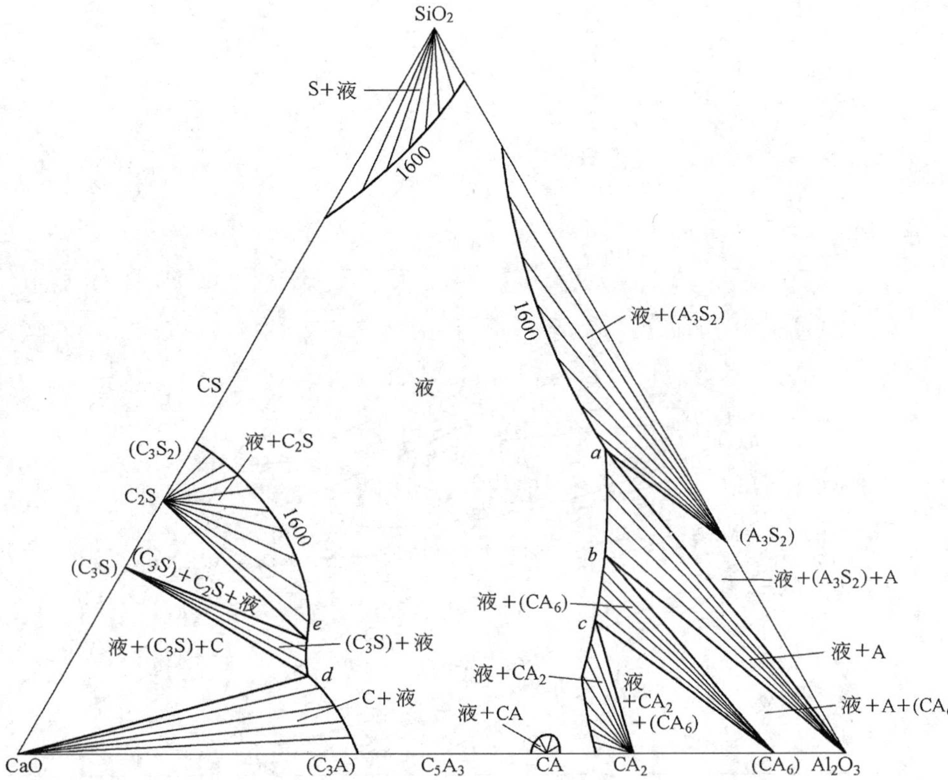

图 1-18　$CaO-Al_2O_3-SiO_2$ 三元系 1600℃等温截面图

系的研究工作有一定困难。通常是采用体系与金属铁平衡（用铁制坩埚）的方法来研究该三元系状态图，所得结果如图 1-20 所示。如果体系与大气平衡，则得出 $CaO-Fe_2O_3-SiO_2$ 三元系。

由于 $CaO-FeO-SiO_2$ 三元系中各化合物之间常形成一系列固溶体，因而该状态图比较复杂，不像 $CaO-Al_2O_3-SiO_2$ 三元系那样清楚，准确，便于深入分析。以下根据已有的资料对该三元系进行分析。

如图 1-20 所示，区域Ⅰ、Ⅱ、Ⅲ、Ⅳ都是 SiO_2 的初晶区，区域Ⅰ为 α-方石英。由于 $CaO-SiO_2$、$FeO-SiO_2$ 二元系在 SiO_2 端都存在两液相分层区，因而这两个两液相分层区在三元系中汇合为区域Ⅱ，区域Ⅱ、Ⅲ皆为 α-方石英。区域Ⅳ在 1470℃等温线以下，α-方石英转变为 α-鳞石英。

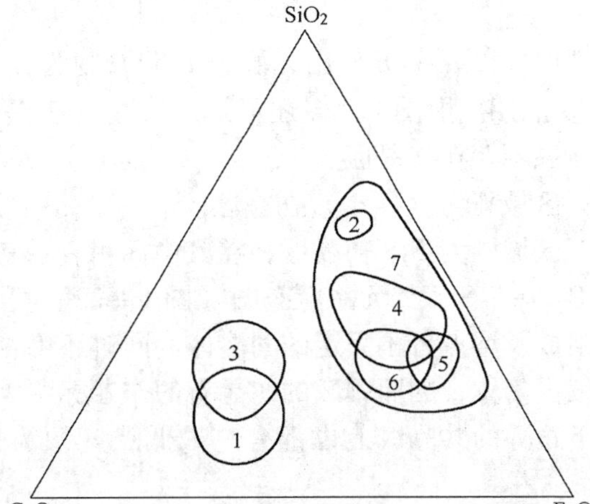

图 1-19　$CaO-FeO-SiO_2$ 三元系中各种炉渣的组成范围

1—碱性炼钢平炉；2—酸性炼钢平炉；3—碱性氧气转炉；4—铜反射炉；5—铜鼓风炉；6—铅鼓风炉；7—炼锡炉渣

对区域Ⅴ、Ⅵ可参考 CS-FS 假二元系状态图（图 1-21），由图可见，CS 在 1150℃

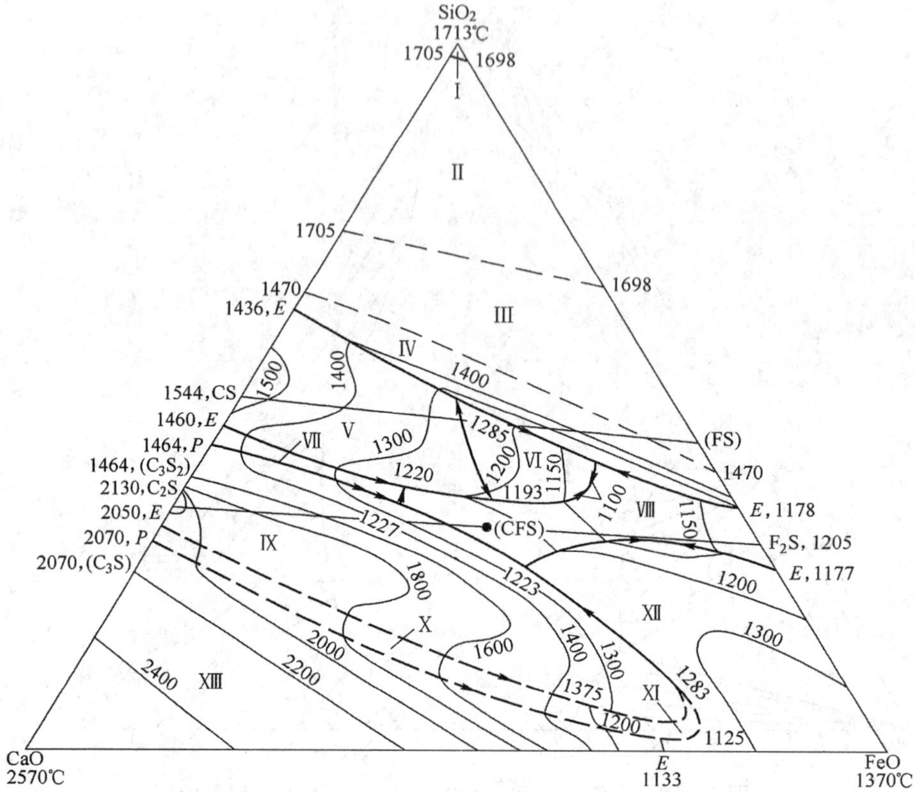

图 1－20　CaO－FeO－SiO_2 三元系状态图（各组分含量为质量百分数）

以上温度以 α－CS 析出，低于 1150℃ 则为 β－CS。故 V 区为 α－CS 初晶期，Ⅵ区为 β－CS 初晶期。由图 1－21 还可知，CS 实际上是固溶体。FS 由于在高温分解，故在 C－F－S 三元系不存在初晶区。

区域Ⅶ为（C_3S_2）初晶区。

区域Ⅷ为 F_2S 初晶区，在其中标明有一三元化合物 CaO · FeO · SiO_2（钙铁橄榄石）。由 C_2S－F_2S 假二元系状态图（图 1－22）可以看出，并不存在定组成化合物 CFS，而是一组成及熔点皆不固定的固溶体。同时还可看出，CFS 与 F_2S 之间形成具有最低共熔点的连续固溶体，因而Ⅷ区的初晶有的作者标明为（CFS）固溶体。由于同一原因，区域Ⅷ的上下边界的共晶线上也都有一最低点（两箭头向中心）。同时也可看出 C_2S 也生成固溶体。

区域Ⅸ为 α－C_2S 初晶区。区域Ⅹ为（C_3S）初晶区。区域Ⅺ为 β－C_2S 初晶区。如图 1－23 所示，C_2S 和 FeO 之间形成低熔共晶。

区域Ⅻ、XIII在图 1－20 中分别标明为 CaO 和 FeO 的初晶区，在 CaO 与 FeO 之间形成低熔共晶。在有的作者发表的 C－F－S 三元系中，区域Ⅻ、XIII皆为 CaO 与 FeO 生成的连续固溶体。

由于有色冶金的冶炼温度约为 1400℃，因而图 1－24 中绘出了 CaO－FeO－SiO_2 三元系在 1400℃ 时的等温截面图。结合图 1－19 可看出，有色冶金炉渣在 1400℃ 时全部处于单一液相区。

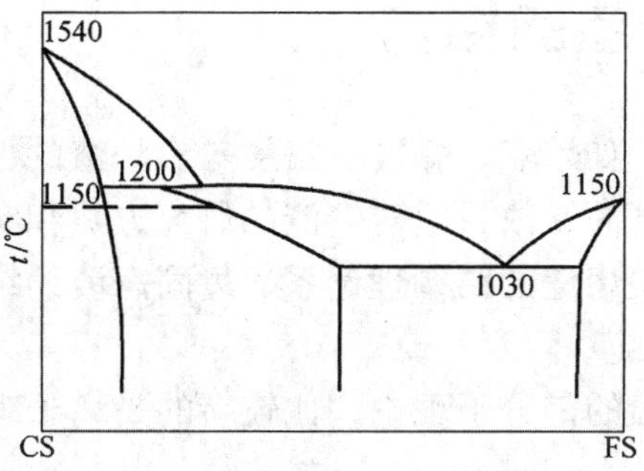

图 1－21　CS－FS 假二元系状态图

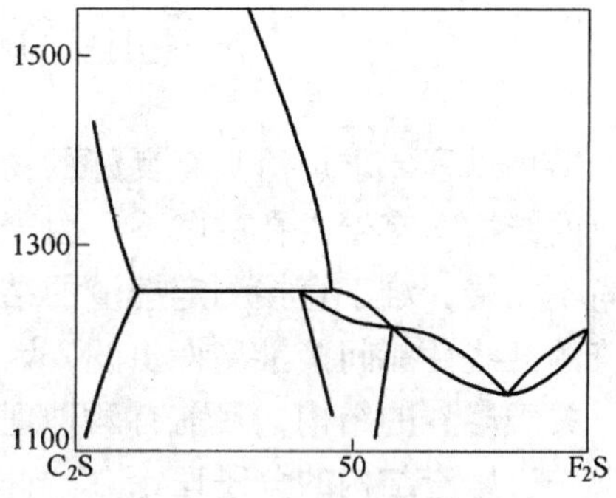

图 1－22　C_2S-F_2S 假二元系状态图

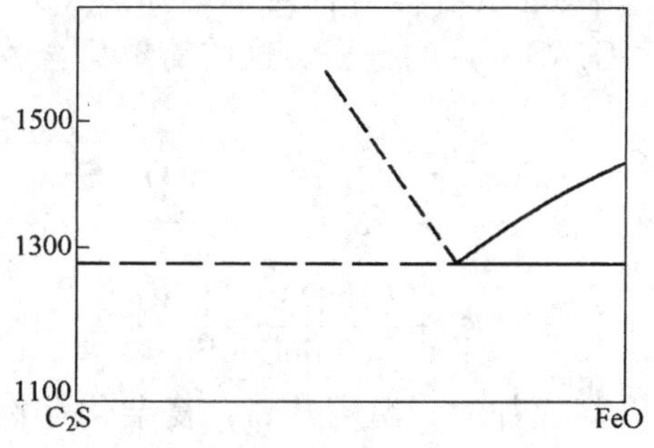

图 1－23　C_2S-FeO 二元系状态图

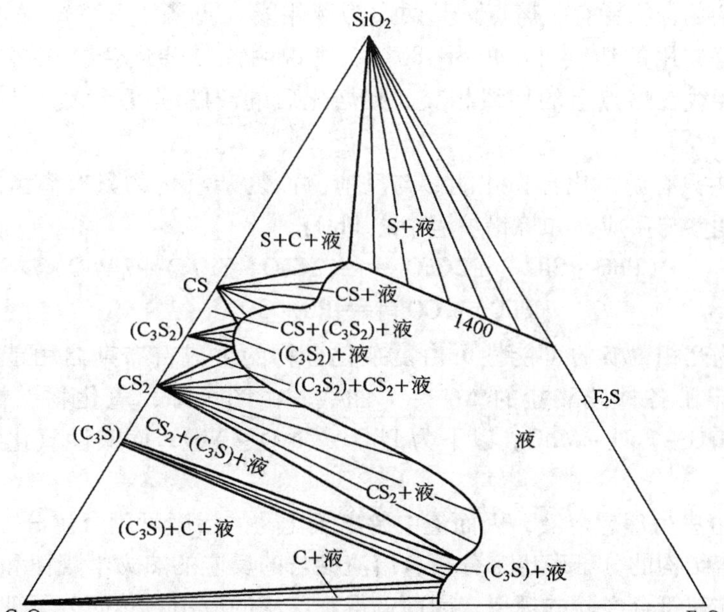

图 1－24　$CaO-FeO-SiO_2$ 三元系 1400℃等温截面图
（各组分含量为质量百分数）

第四节　熔融炉渣的结构

冶炼过程要求炉渣具有良好的物理化学性质，如熔点、黏度、密度等。炉渣的性能与炉渣的结构间有着内在的联系。由于炉渣熔化温度高，故目前对熔渣的研究方法和实验手段尚不完善，难于直接测定熔渣的结构。目前有关熔渣的结构理论系通过固态渣的结构和熔渣的某些性能间接推测得出的，因而尚不够成熟。

关于熔渣的结构，目前有两种理论，最先提出的是分子理论，比较新的是离子理论。

一、熔渣结构的分子理论

分子理论是在固态炉渣结构的基础上提出来的，其基本内容如下。

（1）与固态渣相似，熔渣中存在有各种简单化合物（如 CaO、SiO_2、FeO…等）和复杂化合物（如 C_2S、F_2S、C_2AS…）的分子。这些简单化合物和复杂化合物存在离解－生成的平衡：

$$2MeO \cdot SiO_2 \xlongequal{} 2MeO + SiO_2$$

其平衡常数：

$$K_C = \frac{(MeO)^2 \cdot (SiO_2)}{(2MeO \cdot SiO_2)}$$

平衡常数 K_C 随温度升高而加大，温度升高，复杂化合物离解程度增加，游离的简单化合物浓度加大。

复杂化合物的离解程度可根据库尔纳科夫的奇异点学说进行判断，在二元系状态图中各种稳定的复杂化合物皆有一熔点，其两边为液相线（见图 1－25），如果两液相线比较平滑且在熔点有共用的切线（α 角为 180°），则说明该复杂化合物在熔化后几乎完全离解，如果两液相线在熔点上的切线相交，则熔化后的离解程度不大，且交角 α 愈小，离解度也愈小。

（2）熔渣中只有游离化合物才能参与反应。而复杂氧化物只有离解或被置换出游离氧化物后，才能参与反应，如炼铅炉渣中之 PbO：

$$(PbO \cdot SiO_2) + 2CaO \xlongequal{} (2CaO \cdot SiO_2) + (PbO)$$

$$(PbO) + CO \xlongequal{} Pb + CO_2$$

各种氧化物互相置换的可能性可由复杂化合物的生成吉布斯自由能 $\Delta G^{\ominus}$ 进行判断，图 1－26 中绘出了各种硅酸盐的 $\Delta G^{\ominus}-T$ 曲线。由图可知，氧化物碱性强弱的顺序是 Na_2O－CaO－MgO－FeO－MnO，以下为 PbO－Cu_2O－NiO，而酸性氧化物强弱的顺序则为 SiO_2－P_2O_5。

（3）认为熔渣是理想溶液，因而渣中游离氧化物的活度可用摩尔分数表示。

可以用熔渣结构的分子理论来分析有熔渣参与的反应的热力学规律和进行一些热力学计算，其结果往往符合经验的规律，因而曾得到广泛的应用。然而分子理论有着明显的不足之处。

首先，如何确定熔渣中游离氧化物的浓度？渣中某氧化物的含量可由化学分析得出，然而在熔渣中该化合物既有游离的，也有结合成各种复杂化合物的，往往只能根据经验确定生成复杂化合物的种类以进行计算，而复杂化合物的离解度也缺乏准确数据。

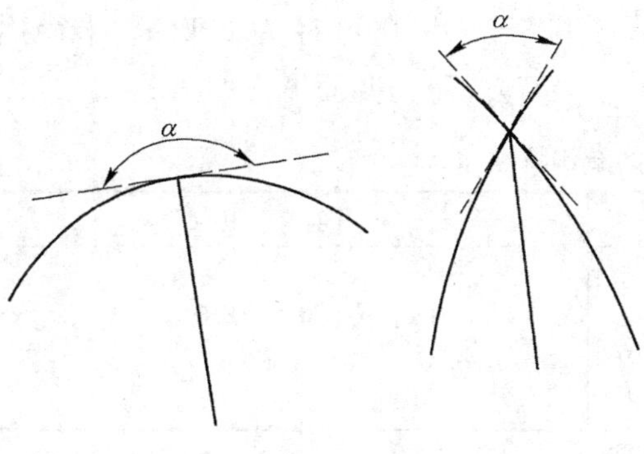

图 1－25　二元系中复杂化合物的离解特性

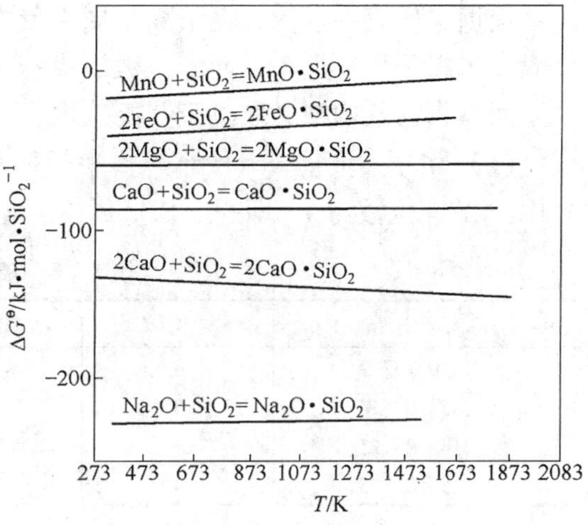

图 1－26　硅酸盐的 $\Delta G^{\ominus}-T$ 曲线

其次是，实际上只有在稀溶液的情况下，熔渣才符合理想溶液，而一般情况下必须用活度来代替浓度进行热力学计算。

尤为重要的是，分子理论与熔渣性能间缺乏有机的联系，分子理论不能说明熔渣的电导、黏度等性能。

二、熔渣结构的离子理论

熔渣结构的离子理论是在 X 射线结构分析、统计热力学及对熔渣的物理化学性质进行深入研究的基础上建立起来的。熔渣能导电和能电解等事实都证明了熔渣由离子构成。

离子理论的要点为：

（1）熔渣完全由阳离子和阴离子组成，阳离子所带电荷和阴离子所带电荷的总量相等，故熔渣本身不带电。

（2）与晶体相同，熔渣中每个离子的周围都是异号离子。

（3）电荷相同的离子和邻近离子的相互作用力完全相等，与离子种类无关。

熔渣中的碱性氧化物在固态时是离子型结构，在熔渣中碱性氧化物离解，形成金属阳离子和氧阴离子，如：

$$CaO = Ca^{2+} + O^{2-}$$

$$FeO = Fe^{2+} + O^{2-}$$

$$MgO = Mg^{2+} + O^{2-}$$

酸性氧化物在熔渣中吸收氧阴离子而形成络合阴离子，如：

$$SiO_2 + 2O^{2-} = SiO_4^{4-}$$

$$P_2O_5 + 3O^{2-} = 2PO_4^{3-}$$

$$Al_2O_3 + O^{2-} = 2AlO_2^{-}$$

络合阴离子的结构是比较复杂的，它随温度和熔渣中碱性氧化物的含量而改变。

以下对熔渣的离子结构进行详细分析。

1. 纯氧化物的结构　渣中氧化物主要是 SiO_2、CaO、FeO，其次是 Al_2O_3、MgO 等。纯氧化物在固态时的结构是比较简单的，主要取决于离子半径。

根据鲍林第一定律，在阳离子周围形成一个阴离子多面体，阳离子和阴离子之间的距离取决于离子半径之和，而配位数取决于半径比。

而氧化物的构型又取决于其配位数，如表1－8所示。

（1）SiO_2　SiO_2 的阳离子 Si^{4+} 半径为0.42Å，阴离子 O^{2-} 的半径为1.32Å，半径比为0.318，故配位数为4，即一个 Si^{4+} 周围有4个 O^{2-}，单位晶胞为四面体，如图1－27所示。

表1－8　氧化物的结构特性

$r_{阳}/r_{阴}$	配位数	构　型	实　例
1～0.732	8	立方体	Na_2O
0.732～0.414	6	八面体	CaO、MgO、MnO、FeO
0.414～0.225	4	四面体	Fe_2O_3、Al_2O_3、SiO_2、P_2O_5
0.225～0.155	3	三角形	

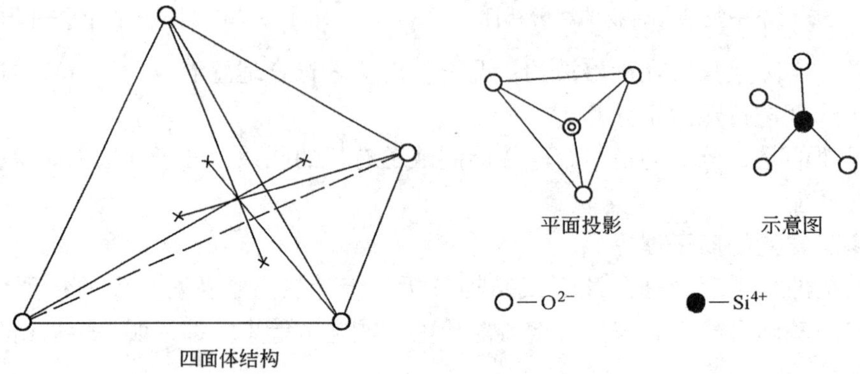

图1－27　硅氧四面体

由晶胞组成 SiO_2 晶体，可以有三种联结方式，即四面体的顶点联结、边缘联结和晶面联结。根据鲍林第二定律：在一配位结构中，公用的边，特别是公用的面的存在，会降低这一结构的稳定性。即顶点联结最稳定。

图1－28中绘出了硅氧四面体的三种联结方式，并标出了两相邻 Si^{4+} 间的相对距离。由图可见，顶点联结时，相邻两 Si^{4+} 的距离最大，静电斥力最小，故最稳定。

因而 SiO_2 晶体系由多个硅氧四面体以顶点联结并向三度空间发展的三维空间结构，形成 $(SiO_2)_n$ 的三维空间晶体。

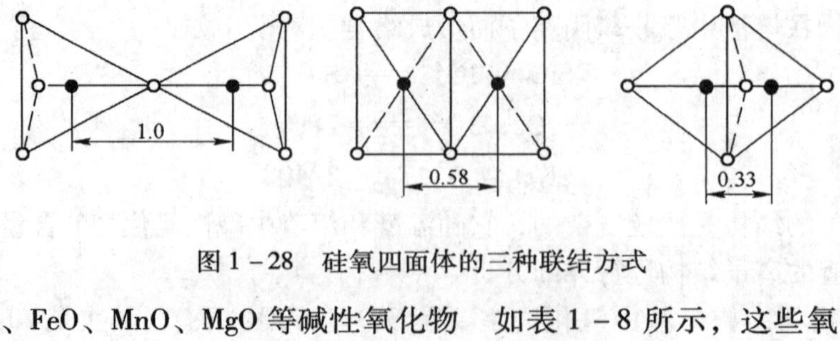

图1－28　硅氧四面体的三种联结方式

（2）CaO、FeO、MnO、MgO等碱性氧化物　如表1－8所示，这些氧化物的阳离子半径和氧离子半径比都在0.414～0.732之间，故配位数为6，即一个阳离子周围有6个氧阴离子，形成八面体结构，具有 NaCl 型晶格，其晶胞如图 1－29 所示。

碱性氧化物的晶体同 SiO_2 一样也是顶点联结的三维空间结构。

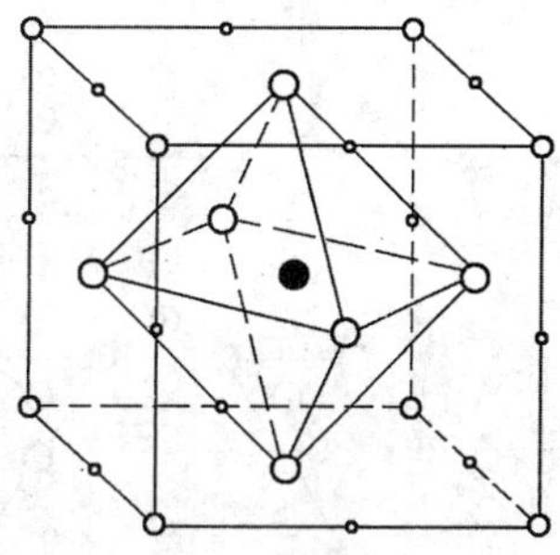

图 1－29　八面体晶胞

2. 氧化物熔化后的离解　氧化物加热熔化后的离解性能与氧化物的阳离子和阴离子间的静电引力 F 有关，静电引力与阳离子和阴离子的电荷数的乘积成正比，与离子半径和的平方成反比：

$$F=\frac{z^{+}e\cdot z^{-}e}{(r_{阳}+r_{阴})^{2}}$$

对氧化物而言，阴离子为 O^{2-}，$z^{-}=2$，$r=1.32Å$，则：

$$F=\frac{2z^{+}e^{2}}{(r_{阳}+1.32)^{2}}$$

将静电引力看作是氧离子对阳离子的吸引力 I（氧离子引力），则：

$$I=\frac{F}{e^{2}}=\frac{2z^{+}}{(r_{阳}+1.32)^{2}}$$

现将各氧化物的氧离子引力数值列于表 1－9 中。

表 1－9　氧化物的氧离子引力和离子键分数

氧 化 物	Na_2O	CaO	MnO	FeO	MgO	Fe_2O_3	Al_2O_3	TiO_2	SiO_2	P_2O_5
氧离子引力	0.36	0.75	0.89	0.94	1.02	1.63	1.79	2.00	2.74	3.63
离子键分数	0.65	0.61	0.47	0.38	0.54	0.36	0.49	0.43	0.36	0.28

氧化物的键型中既存在离子键，也存在共价键，表 1－9 中同时列出了各氧化物的离子键分数的数值，离子键分数是离子键与离子键加共价键的比值。

根据表 1－9 的数据，氧化物可划分为三类，Na_2O、CaO、MnO、FeO、MgO 等氧离子引力小而离子键分数大的，在熔化后很容易离解为金属阳离子和氧阴离子

$$MeO=Me^{2+}+O^{2-}$$

按路易斯的酸碱理论，这一类就是碱性氧化物。

SiO_2、P_2O_5 等则相反，氧离子引力大，离子键分数小，在熔化后不易直接离解为阳离子和氧阴离子，而是在熔化后且温度不断增加的情况下，逐渐离解为阳离子和络合阴离子。如 SiO_2：

$$21SiO_2 = 2(Si_9O_{21}^{6-})+3Si^{4+}$$

$$3(Si_9O_{21}^{6-}) = 7(Si_3O_9^{6-})+6Si^{4+}$$

$$4(Si_3O_9^{6-}) = 9(SiO_4^{4-})+3Si^{4+}$$

这一类是酸性氧化物。

介于两类中间的 Fe_2O_3、Al_2O_3、TiO_2 等为两性氧化物，在不同条件下熔化可以离解为金属阳离子和氧阴离子，也可形成络合阴离子。

固体 SiO_2 及其熔化后部分离解的结构图见图 1－30，随着温度不断升高，离解出的 Si^{4+} 将增多，而硅氧络合阴离子的结构将愈来愈简单，熔体的黏度也将降低。

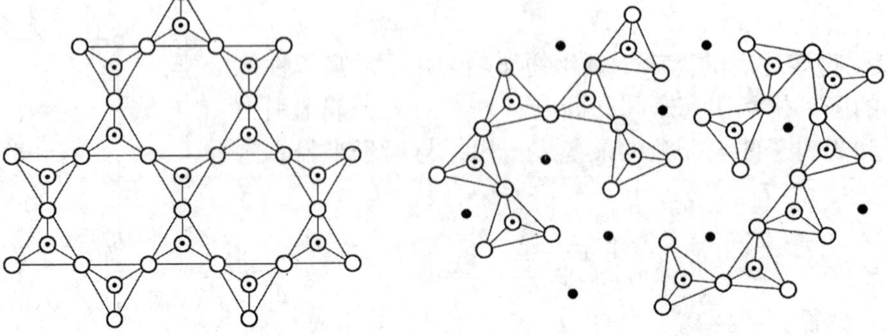

晶体$(SiO_2)_n$的结构　　　　熔化后局部离解$mSi^{4+}+n(Si_xO_y^{z-})$

图 1－30　固体 SiO_2 及其熔化后离解示意图

3. 碱性氧化物对硅酸盐结构的影响　炉渣的主要成分是 SiO_2 和碱性氧化物，前已述及。碱性氧化物熔化后即离解为 Me^{2+} 和 O^{2-} 离子，而 SiO_2 熔化后则形成 $Si_xO_y^{z-}$ 离子。由于 Si－O 间的氧离子引力很大，因而炉渣中的 $Si_xO_y^{z-}$ 会吸收碱性氧化物离解出的 O^{2-}，并转变为结构更简单，离子半径变小的硅氧络合阴离子。如：

$$Si_2O_7^{6-}+O^{2-}=2(SiO_4^{4-})$$

纯 SiO_2 中 O/Si 原子比为 2，随着不断吸收 O^{2-}，O/Si 比将不断加大，$Si_xO_y^{z-}$ 结构愈来愈简单，离子半径也愈来愈小（黏度也愈来愈小）。为了便于说明、比较起见，将各 O/Si 比时 $Si_xO_y^{z-}$ 的离子式、结构图、结构特点等列于表 1－10 和图 1－31 中。各种硅氧络合阴离子皆有相应的化合物，也在表 1－10 中列出。

表 1－10　硅氧络合阴离子结构特点

$\frac{O}{Si}$比	离子式	结构图	结构特点	典型化合物
2.0	$(SiO_2)_n$	图 1－31 中（a）	由硅氧四面体顶点联结组成的三维空间骨架状结构，三个方向上都是 Si—O—Si 键（键角 145°）	SiO_2 石英类矿物
2.5	$(Si_2O_5^{2-})_n$	（b）	由六个四面体组成环，在平面上两方向延伸而形成的网状结构，5 个 O^{2-} 中 3 个在平面上形成 Si—O—Si 键，2 个一上一下形成 Si—O—Me 键，Me^{2+} 处于层与层之间，故层与层之间的结合力比层内小得多	$MeSi_2O_5$ 云母类矿物
2.75	$(Si_4O_{11}^{6-})_n$	（c）	由六个四面体组成环，单方向延伸而形成的带状结构，11 个 O^{2-} 中，5 个在平面上形成 Si—O—Si 键，6 个在三个方向形成 Si—O—Me 键	$Me_3Si_4O_{11}$ 闪石类矿物
3.0	$(SiO_3^{2-})_n$	（d）	四面体单方向延伸而形成的链状结构，一个方向上是 Si—O—Si 键，强度大，另外两个方向是 Si—O—Me 键，强度小	$MeSiO_3$ 石棉类矿物
	$(SiO_3^{2-})_n$ $n=6$ $Si_6O_{18}^{12-}$ $n=4$	（e）	六个四面体构成的单环状结构，周围为 Me^2	$MeSiO_3$

续表 1－10

$\frac{O}{Si}$比	离子式	结构图	结构特点	典型化合物
3.0	$Si_4O_{12}^{8-}$ $n=3$	(f)	四个四面体构成的单环状结构，周围为 Me^{2+}	绿柱石类矿物
	$Si_3O_9^{6-}$	(g)	三个四面体构成的单环状结构，周围为 Me^{2+}	
3.5	$Si_2O_7^{6-}$	(h)	两个四面体相连的岛状结构，周围为 Me^{2+}	$Me_3Si_2O_7$ 方柱石类矿物
4.0	SiO_4^{4-}	(i)	简单四面体，周围为 Me^{2+}	$MeSiO_4$ 橄榄石类矿物

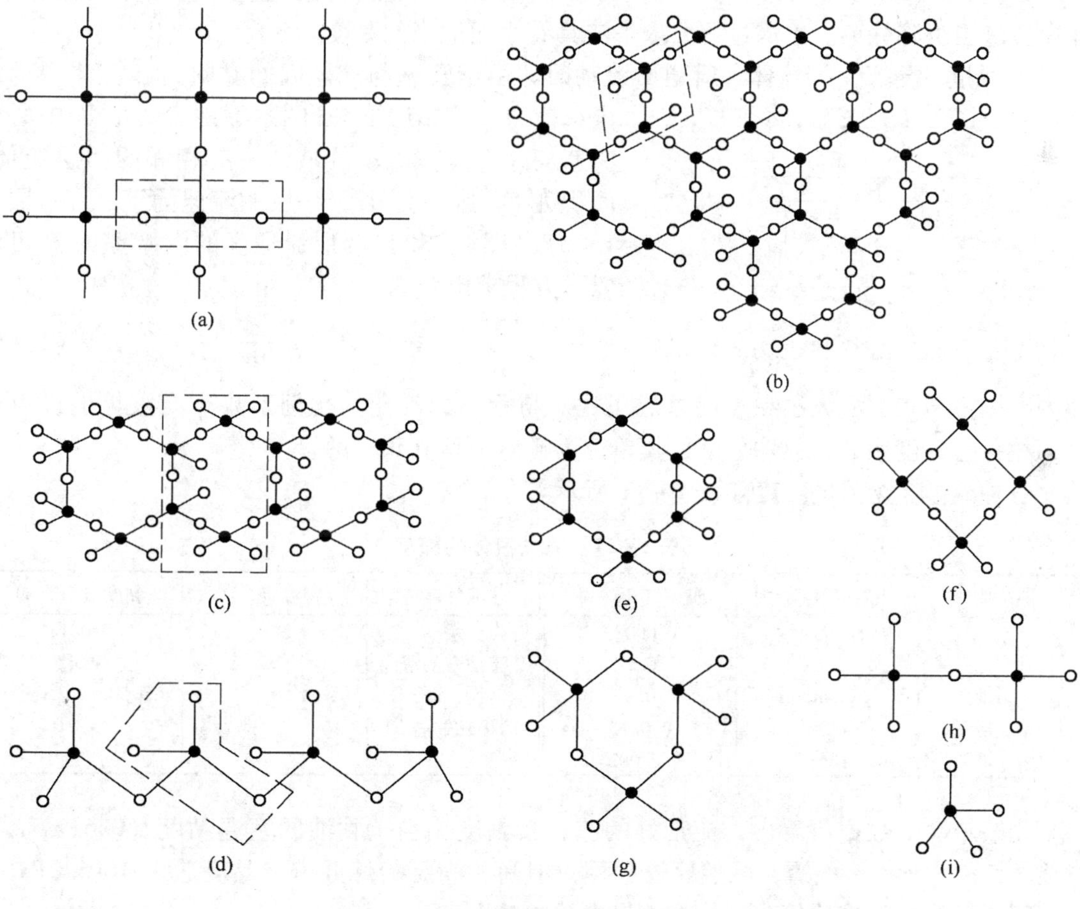

图 1－31　硅氧络合阴离子结构示意图

4. 其他络合阴离子　熔渣中的酸性氧化物 P_2O_5 及两性氧化物 Al_2O_3、Fe_2O_3 等，由于氧离子引力比较大，也将形成络合阴离子，如 $(PO_3^-)_n$、$P_4O_{12}^{4-}$、$P_2O_7^{4-}$、PO_4^{3-}、AlO_2^-、AlO_3^{3-}、$Al_3O_7^{5-}$、FeO_2^-、$Fe_2O_5^{4-}$ 等，同时也存在硅铝氧络合阴离子。

第五节　熔融炉渣的物理化学性质

熔渣的物理性质直接关系到冶炼过程的顺利进行（如黏度、熔化温度等）、能耗（如热含量、熔化温度等）和金属回收率（如密度、表面张力、黏度等）。研究熔渣的性能也是认识熔渣结构的重要途径（如电导、黏度等）。作为冶金工作者，除了应对熔渣性能的原理和规律有所认识外，还要掌握渣组成－性能图和由已有数据计算熔渣性能的方法。从而可以了解已知成分的熔渣性能是否能满足冶炼过程的要求，或由要求的性质选择合理的炉渣成分。炉渣的熔化温度已包括在第三节中，本节不再讨论。

一、熔渣的黏度

黏度是熔渣的重要性质，关系到冶炼过程能否顺利进行，也关系到金属或锍能否充分地通过渣层沉降分离。冶炼过程要求炉渣具有小而适当的黏度。

1. 黏度的定义　当流体在管道中流动时，由于管壁与流体间的黏附力和流体内部的内摩擦力，使靠近管壁的流体流速最小，而中心的流速最大。设在流动的液体中有相邻的两层流体，面积为 F，距离为 dS，一层的流速为 V，另一层为 $V+dV$（图 1－32）两层流体间的内摩擦力 P 可由以下方程求出：

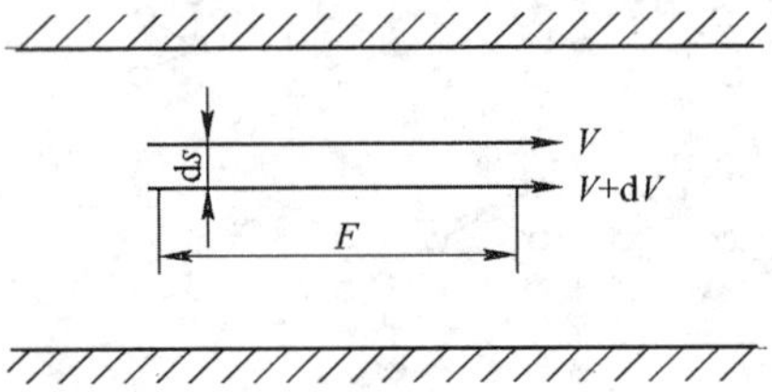

图 1－32　说明流体内摩擦力的示意图

$$P=\eta F\frac{dV}{ds} \tag{1-1}$$

即内摩擦力与表面积大小和速度差成正比，与距离成反比。比例系数 η 与液体的黏度有关，故称为黏度系数，亦称黏度，其单位为帕斯卡秒（Pa·s）。

各种液体、熔渣的粘度如表 1－11 所示。

表 1－11　有关液体的黏度

液　体	温度（K）	黏度（Pa·s）	液　体	温度（K）	黏度（Pa·s）
水	298	0.00089	汞	273	0.0017
甘　油	298	0.5	流动好的渣		<0.5
蓖麻油	298	0.8	稠　渣		1.5～2.0
生铁液	1698	0.0015	很黏的渣		>3.0
钢　液	1868	<0.0025			

由表 1－11 数据可看出，流动好的渣，其黏度相当于甘油的室温黏度（0.5Pa·s），黏度 1.5～2.0Pa·s 的渣，虽然比较黏稠，但尚能满足冶炼要求。黏度达 3.0～5.0Pa·s 或更高时，则会造成冶炼难行，且不易由炉内放出。

2. 熔渣的黏度与成分及温度的关系　组成炉渣的各种氧化物中，SiO_2 对炉渣的影响最大。前已述及，熔渣中 SiO_2 含量愈高，硅氧络合阴离子的结构愈复杂，离子半径愈大，熔体的黏度也愈大，Al_2O_3、ZnO 等也有类似的影响。而碱性氧化物的含量增加时，硅氧络合阴离子的离子半径变小，黏度将有所降低。

任何组成的炉渣，其黏度都是随着温度的升高而降低的。但是温度对碱性渣和酸性渣的影响有显著的区别。

碱性炉渣在固态时黏度很高，当受热熔化时，立即转变为各种 Me^{2+} 和半径较小的硅氧络合阴离子，黏度迅速下降，如图 1－33 所示，其黏度－温度曲线上有明显的转折点（该转折点温度称为熔化性温度），超过转折点温度后，曲线变得比较平缓，即温度对黏度的影响已不明显。

酸性炉渣因含 SiO_2 高，在温度升高时，复杂的硅氧络合阴离子逐步离解为简单的络合阴离子，离子半径逐步减小，因而黏度也是逐步降低的，其黏度－温度曲线上没有明显的转折点（图 1－33）。因而酸性渣也没有明显的熔化性温度。

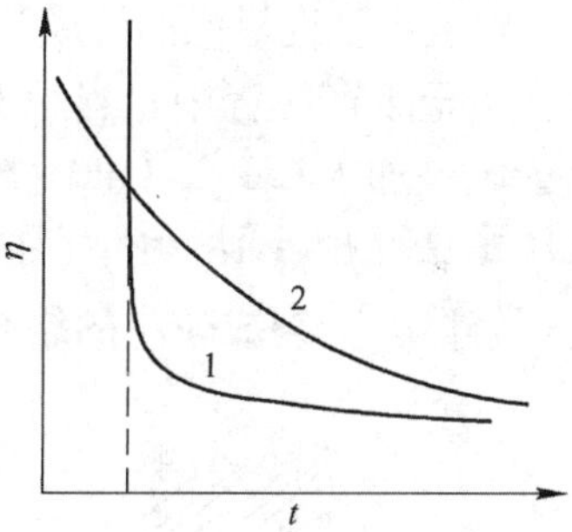

图 1－33　炉渣的温度－黏度曲线
1—碱性渣；2—酸性渣

碱性渣的黏度与温度的关系通过实验求出以下关系式：

$$\ln\eta = \frac{A}{T} + B$$

改写为：

$$\eta = B_0 e^{\frac{W_\eta}{RT}} \qquad (1-2)$$

式中　$A = \frac{W_\eta}{R}$，$B = \ln B_0$，W_η 为黏流活化能，是质点在两平衡位置间移动所需的最小能量，质点大，W_η 也大，黏度也大。

对于酸性渣，由于温度升高使硅氧络合阴离子的解体，质点数增多而半径变小，W_η 已不是常数，故式（1－2）不适用，因而黏度与温度的关系常用经验方程式（1－3）表示：

$$\log\log\eta = A + BT \qquad (1-3)$$

式中 A、B 为与炉渣成分有关的常数，式（1－3）表示酸性渣的黏度的重对数与温度 T 成直线关系，这已为大多数实验所证实。

3. $CaO-Al_2O_3-SiO_2$ 系和 $CaO-FeO-SiO_2$ 系炉渣的黏度　$CaO-Al_2O_3-SiO_2$ 系和 $CaO-FeO-SiO_2$ 系炉渣的黏度已有大量测定的数据，并已在浓度三角形中绘成等黏度曲线。图 1－34 为 $CaO-Al_2O_3-SiO_2$ 系炉渣在 1773K 时的等黏度曲线，图 1－35 为 $CaO-FeO-SiO_2$ 系炉渣在 1623K 时的等黏度曲线。由于黏度仅能在均一液相内测定，故等黏度曲线图仅占有浓度三角形的局部（给定的等熔化温度曲线以内的液相区）。

由炉渣的等黏度曲线图可以查出各种炉渣在给定温度下的黏度值。在应用该图时，首先应将炉渣中的三种主要氧化物换算为总和 100%，然后再查图。如某电炉炼锡炉渣，换算后的三种氧化物的含量为 20% Al_2O_3、40% CaO、40% SiO_2，由图 1－34 查出其在 1773K 时的黏度为 0.9Pa·s，由于炉渣中还含有 FeO，因而其黏度值应低于 0.9Pa·s。

由图 1－34 可以看出，Al_2O_3 含量对黏度影响不大，在 CaO 含量高于 50% 时，增加 CaO 将使炉渣黏度迅速增加，而增加 SiO_2 时，黏度的增大比较缓慢。这种因炉渣成分变化而引起的黏度波动称为炉渣的化学稳定性，含 CaO 高的碱性渣化学稳定性较差，含 CaO 较少的酸性渣化学稳定性较好。

炉渣黏度因温度变化而引起的波动称为炉渣的热稳定性，由图 1－33 可看出，酸性渣的热稳定性在较大的温度范围都很好，而碱性渣在略高于熔化温度的温度范围，热稳定性很差，在炉渣过热程度不大时，炉温向下波动，炉渣有凝固的可能，但如过热程度很高，则碱性渣的热稳定性也是很好的。

对于 $CaO-FeO-SiO_2$ 系炉渣，由图 1－35 可看出，CaO 含量在 30% 以下时，对黏度的影响不大，超过 30% 时，黏度将随 CaO 含量的增加而迅速加大。当 CaO 含量在 30% 以下时，SiO_2 含量在 15%～30% 黏度最小，超过 30%，黏度迅速加大。增加 FeO 含量可降低黏度。该炉渣系黏度最低的组成为：CaO10%～30%，$SiO_2$20%～30%，FeO40%～60%。

在冶金生产过程中，当炉况不正常，炉渣黏度过高难于流动、或生成炉瘤时，常用的应急措施是加入 CaF_2，CaF_2 能大幅度地降低炉渣黏度，并能洗去炉瘤。CaF_2 能与 CaO 生成低熔共晶（熔点 1659K），促使 CaO 溶于渣中，同时 CaF_2 中 F^- 可代替 O^{2-} 促使硅氧络阴离子解体，分裂成较小的络合阴离子，使炉渣黏度降低。

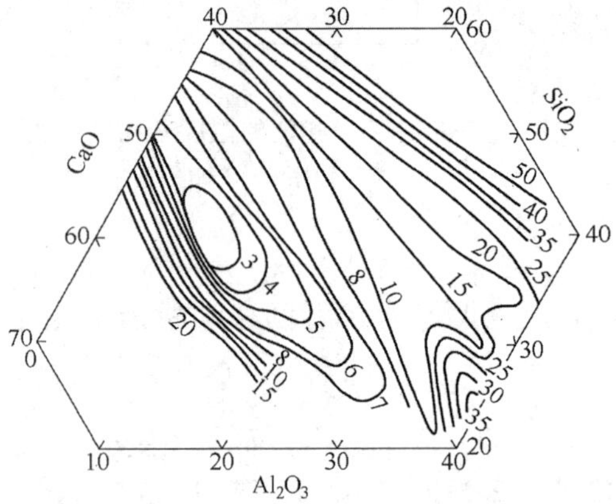

图 1－34　$CaO-Al_2O_3-SiO_2$ 系炉渣 1773K 时的等黏度（×10Pa·s）曲线图（各组分含量为质量百分数）

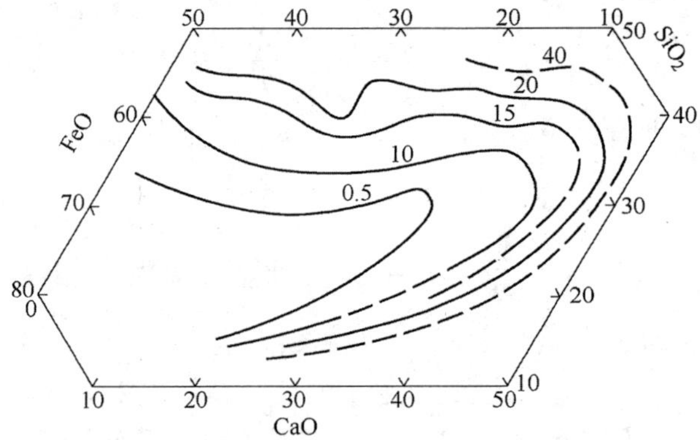

图 1－35　$CaO-FeO-SiO_2$ 系炉渣 1623K 时的等黏度（×10Pa·s）曲线图（各组分含量为质量百分数）

二、熔渣的密度

固体渣的密度可近似地由组成炉渣的氧化物的密度用加和法计算：

$$\rho_{渣}=\sum(\rho_{MeO}\cdot \%质量_{MeO}) \tag{1-4}$$

式中　ρ_{MeO}——渣中 MeO 的密度（见表 1－12）；

$\%质量_{MeO}$——渣中 MeO 的质量百分比。

表 1－12　氧化物的密度（$\times10^3kg\cdot m^{-3}$）

氧化物	Al_2O_3	CaO	MgO	MnO	FeO	SiO_2	PbO	ZnO	CaF_2
密　度	3.97	3.32	3.50	5.40	5.0	2.32	9.21	5.60	2.8

熔渣的密度测定数据不多。熔化后的液态炉渣其密度变化不大，可近似地采用固态炉渣的密度值。当熔渣的温度升高后，由于渣中质点的热运动加强，质点间距离加大，从而使密度降低。熔渣中存在微气泡时，其密度也会降低。熔渣的密度在（2.8～3.5）×$10^3kg\cdot m^{-3}$之间变动。FeO、MnO 等能增大熔渣密度，而 SiO_2、CaO 则使密度降低。

高温下熔渣密度也可按以下经验式计算：

当 $T=1673K$ 时　　$\frac{1}{\rho_{1673}}=0.45(SiO_2)+0.286(CaO)+0.204(FeO)+$

$$0.35(Fe_2O_3)+0.237(MnO)+0.367(MgO)+$$
$$0.48(P_2O_5)+0.402(Al_2O_3),\times10^{-3}m^3\cdot kg^{-1} \quad (1-5)$$

式（1－5）中各组成为质量百分数。

当温度高于1673K时，可按下式计算给定温度下熔渣的密度ρ_T：

$$\rho_T=\rho_{1673}+0.07\left(\frac{1673-T}{100}\right),\ 10^3kg\cdot m^{-3} \quad (1-6)$$

三、熔渣的表面张力

在火法冶金中，熔渣的表面性质（表面张力、界面张力，毛细管压力等）起着重要的作用。液体金属或锍与熔渣的分离，熔渣对耐火材料炉衬的腐蚀作用等都与表面性质密切相关。与气相接触的液体表面质点、因其配位数未得到满足，质点间作用力不平衡，比液体内部的质点具有较高的能量，其超出部分的能量就是表面自由能，为单位面积上的能量。由于表面质点能量过剩，因而液体表面将自动收缩以降低过剩之能量。液体表面的这种自动收缩的趋势，相当于在液体表面水平方向上存在着使液体表面收缩的力，这一作用力是作用于单位长度上的，单位为$N\cdot m^{-1}$，称为表面张力。

熔渣的表面张力与组成炉渣的离子相互间的作用能有关，可用离子的静电位来描述。离子的静电位可用式（1－7）计算：

$$i=\frac{z}{r} \quad (1-7)$$

式中 i——离子的静电位；

z——离子的电荷数；

r——离子半径。

有关阳离子的静电位见表1－13。

熔渣中静电位小的离子将被静电位大的离子排斥到熔渣表面，使表面质点的配位数趋向饱和，表面过剩能量降低，因而可降低熔渣的表面张力，这种物质就是表面活性物质。

如图1－36所示，纯FeO熔体在1673K的表面张力接近$0.6N\cdot m^{-1}$。往其中加入SiO_2、P_2O_5、TiO_2等氧化物时，由于在熔体中形成络合阴离子，且这些络合阴离子半径大，静电位比阳离子和O^{2-}都小，因而能降低熔体的表面张力。而静电位与FeO相近的MnO和CaO虽对FeO熔体的表面张力也有影响，但不显著。

表1－13　某些阳离子的静电位

阳离子	z	r(Å)	i	阳离子	z	r(Å)	i
Ca^{2+}	2	1.04	1.92	Al^{3+}	3	0.57	5.26
Fe^{2+}	2	0.83	2.41	Ti^{4+}	4	0.68	5.88
Mn^{2+}	2	0.80	2.50	Si^{4+}	4	0.39	10.26
Mg^{2+}	2	0.74	2.70	P^{5+}	5	0.34	14.70
Fe^{3+}	3	0.67	4.76				

温度升高可使表面活性物质的作用减弱，使表面张力增加。

对熔渣的表面张力如果缺乏数据，可近似地由式（1－8）计算：

$$\sigma_{渣}=\sum\sigma_i x_i,\ (N\cdot m^{-1}) \quad (1-8)$$

式中　σ_i——熔渣中各组分的表面张力因数，其数据见表 1－14；

x_i——组分的摩尔百分数。

对熔渣表面张力的测定数据，亦可利用浓度三角形作出等表面张力曲线图，图 1－37 为 $CaO-FeO-SiO_2$ 系炉渣在 1623K 时的等表面张力曲线图。

表 1－14　氧化物的表面张力因数（$N \cdot m^{-1}$）

氧 化 物	1573K	1673K	1773K	1873K
CaO	—	0. 614	0. 586	0. 661
MnO	—	0. 653	0. 641	—
FeO	—	0. 584	0. 560	—
MgO	—	0. 512	0. 502	—
Al_2O_3	—	0. 640	0. 630	0. 448 ~ 0. 602①
SiO_2	—	0. 285 0. 181	0. 286② 0. 203③	0. 223
PbO	0. 140	0. 140	—	—
ZnO	0. 550	0. 540	—	—
TiO_2	—	0. 380	—	—

①与碱度有关；

②由高 SiO_2 二元系求出；

③由低 SiO_2 二元系求出。

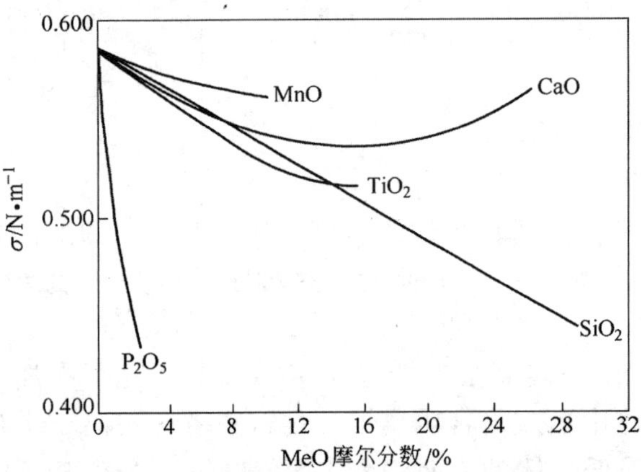

图 1－36　氧化物对 FeO 熔体表面张力的影响（1673K）

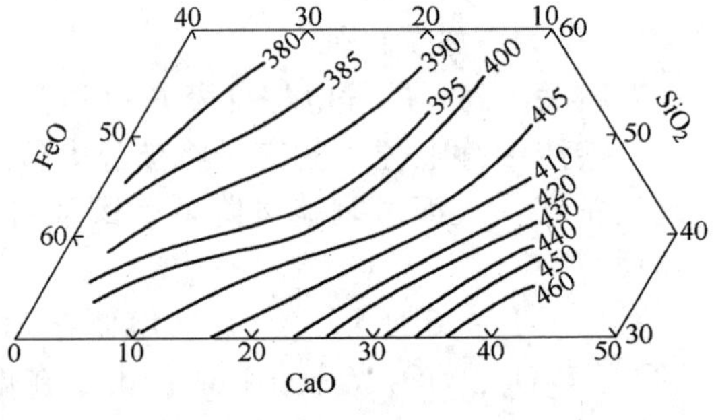

图 1－37　CaO－FeO－SiO_2 系炉渣 1623K 等表面张力（$\times 10^3 N \cdot m^{-1}$）曲线图

四、熔渣的热含量

单位重量的炉渣由 298K 加热到指定温度时所吸收的热量为炉渣的热含量，理论上可由式（1－9）计算：

$$Q = \int_{298}^{T_{熔}} C_{p固} dT + \lambda_{熔} + \int_{T_{熔}}^{T} C_{p液} dT \qquad (1-9)$$

式中　Q——炉渣在 TK 时的热含量，$J \cdot kg^{-1}$；

$C_{p固}$、$C_{p液}$——炉渣在固态和液态下的比热容，$J \cdot kg^{-1} \cdot K^{-1}$；

$\lambda_{熔}$——炉渣熔化热，$J \cdot kg^{-1}$。

由于炉渣组成复杂，缺乏 C_p、$\lambda_{熔}$的数据，故应用式（1－9）计算炉渣热含量有困难。

目前炉渣热含量的数据系用量热计测出，并作出了组成－等热含量曲线图。

图 1－38 为 $CaO-FeO-SiO_2$ 系炉渣在 1523K 时的等热含量曲线图。由该图可看出有色冶金炉渣在 1523K 时的热含量约为 $300 \times 4.184 = 1255kJ \cdot kg^{-1}$。

图 1－39 为 $CaO-Al_2O_3-SiO_2$ 系炉渣在炉渣黏度达 0.5Pa·s 时的等热含量曲线图。由该图可看出，电炉炼锡炉渣的热含量约为 $420 \times 4.184 = 1557kJ \cdot kg^{-1}$。

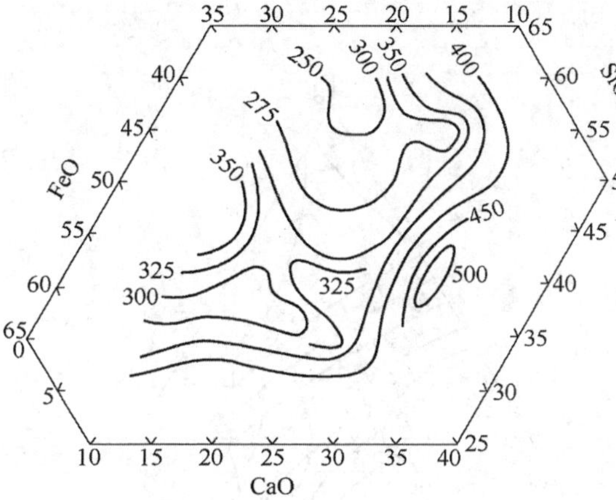

图 1－38　$CaO-FeO-SiO_2$ 系炉渣的热含量，$\times 4.184^{-1}kJ \cdot kg^{-1}$（1523K，各组分含量为质量百分数）

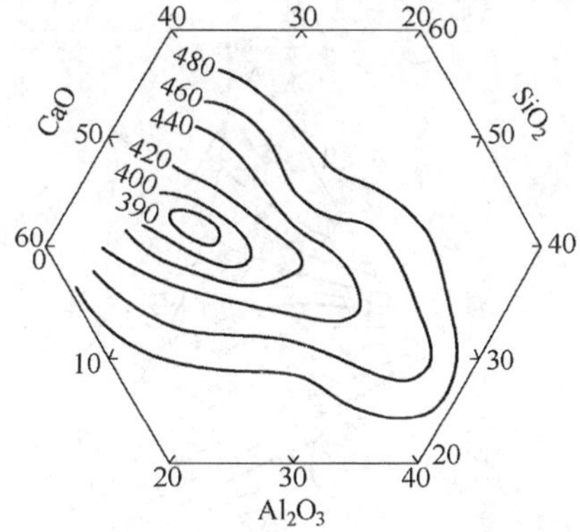

图 1－39　$CaO-Al_2O_3-SiO_2$ 系炉渣的热含量，$\times 4.184^{-1}kJ \cdot kg^{-1}$（炉渣黏度为 0.5Pa·s 时，各组分含量为质量百分数）

第六节　熔渣的活度

炉渣的结构是很复杂的，其中阳离子和阴离子的种类繁多，离子半径各不相同，阳离子和阴离子的吸引力也不相同，且随着碱性氧化物含量和温度的变化，络阴离子的形态和数量也发生变化。可见，熔渣中各种质点间的相互作用力也是随离子的本性、大小及电荷数的变化而不相同的。因而熔渣不是理想溶液，与拉乌尔定律存在一定的偏差。当进行有炉渣中的组分参加的反应的热力学计算时，一定要用组分的活度来代替其浓度。

熔渣活度的研究测定常采用化学平衡法、电动势法等方法。目前提出的各种计算熔渣组成活度的数学模型还不完善，只能适用于简单的或特殊的熔渣系，与实际应用还有差距。

对 $CaO-Al_2O_3-SiO_2$ 系、$CaO-FeO-SiO_2$ 系炉渣的活度已进行过测定和计算，并作出了组成－等活度曲线图。

图 1－40 为 $CaO-Al_2O_3-SiO_2$ 系炉渣的等活度曲线图，a_{SiO_2} 是用化学平衡法测定的，a_{CaO}、$a_{Al_2O_3}$ 则由 a_{SiO_2} 用吉布斯－杜哈姆方程求出。

图 1－41 为 $CaO-FeO-SiO_2$ 系炉渣的等活度曲线（a_{FeO}）和等活度系数的对数（$\lg\gamma_{CaO}$、$\lg\gamma_{SiO_2}$）曲线图。图中 a_{FeO} 系利用氧在熔渣与金属液间的分配平衡求出的。

利用图 1－40，图 1－41 可查出三元系炉渣中任何组成下各氧化物的活度，在使用这两个图时应注意浓度坐标是摩尔分数，而常用的炉渣成分是重量百分比，需要先进行换算后再查图。

如某铜厂反射炉炉渣成分为FeO40%、$SiO_2$44%、CaO8%、MgO2%、其他6%，求该炉渣中FeO在1873K时的活度。

由于活度图（图1－41）中只考虑了FeO、CaO＋MgO、SiO_2四种成分，故忽略其他成分，将以上四种成分换算为总量为100%，则FeO42.6%、$SiO_2$46.8%、CaO8.5%、MgO2.1%。

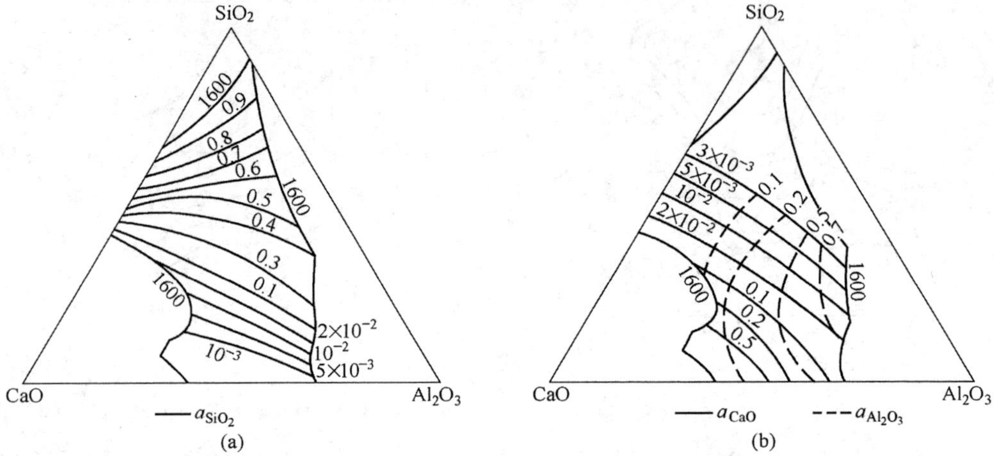

图1－40　CaO－Al_2O_3－SiO_2系1873K活度图（各组分含量为摩尔分数）

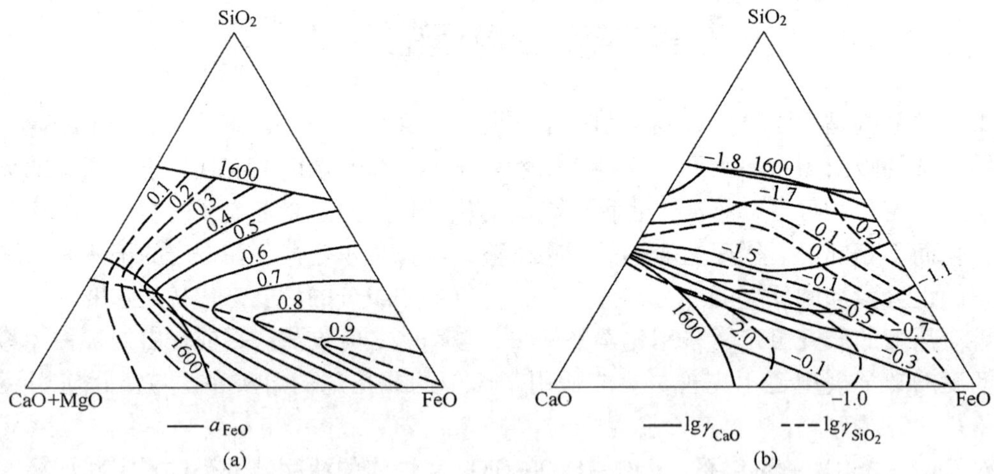

图1－41　CaO－FeO－SiO_2系1873K活度图（各组分含量为摩尔分数）

以100g炉渣计算，各成分的摩尔数为：

$$n_{FeO}=42.6/72=0.592、n_{SiO}=46.8/60=0.78、$$
$$n_{CaO}=8.5/56=0.152、n_{MgO}=2.1/40=0.053。$$

总摩尔数为$\sum n=1.577$，摩尔分数为：

$$x_{FeO}=0.592/1.577=0.375；x_{SiO_2}=0.78/1.577=0.495；$$
$$x_{CaO+MgO}=0.152+0.053/1.577=0.130。$$

由图可查出 $a_{FeO}=0.48$。

上述分析是以分子理论为基础的。以离子理论为基础来分析熔渣组分的适度，由于离子理论还不够完善，研究工作也不够深入，故尚不够成熟，观点和计算方法也不统一。以下介绍捷姆金的计算方法。

以铁氧化物为例，熔渣与铁液平衡时，FeO 在两相中存在下述平衡：

$$[FeO]=(FeO)$$

$$K=\frac{a_{(FeO)}}{[\%O]}$$

按离子理论，渣中 FeO 完全以离子形态存在，故：

$$[FeO]=(Fe^{2+})+(O^{2-})$$

$$K=\frac{a_{Fe^{2+}}\cdot a_{O^{2-}}}{[\%O]}$$

故：

$$a_{(FeO)}=a_{Fe^{2+}}\cdot a_{O^{2-}}$$

捷姆金提出完全离子化溶液理论，并通过统计热力学的理论分析证明：

$$a_{(FeO)}=a_{Fe^{2+}}\cdot a_{O^{2-}}=x_{Fe^{2+}}\cdot x_{O^{2-}}$$

式中离子摩尔分数必须符合

$$x_{Fe^{2+}}=\frac{n_{Fe^{2+}}}{\sum n_{阳离子}},\quad x_{O^{2-}}=\frac{n_{O^{2-}}}{\sum n_{阴离子}}$$

如炉渣组成（摩尔分数）为：CaO0.339、MgO0.114、FeO0.467、$SiO_2$0.016、$Fe_2O_3$0.064，并假设完全离子化溶液在给定温度下，含有的阳离子是 Ca^{2+}、Mg^{2+}、Fe^{2+}、阴离子是 SiO_4^{4-}、$Fe_2O_5^{4-}$ 及 O^{2-}，渣中 FeO 的活度计算如下。

已知

$$a_{(FeO)}=x_{Fe^{2+}}\cdot x_{O^{2-}}$$

因

$$n_{Ca^{2+}}=n_{CaO},\quad n_{Mg^{2+}}=n_{MgO},$$

$$n_{Fe^{2+}}=n_{FeO}$$

$$n_{SiO_4^{4-}}=n_{SiO_2},\quad n_{Fe_2O_5^{4-}}=n_{Fe_2O_3}$$

$$n_{O^{2-}}=n_{CaO}+n_{MgO}+n_{FeO}-2n_{SiO_2}-2n_{Fe_2O_3}=0.760$$

故

$$x_{Fe^{2+}}=\frac{n_{Fe^{2+}}}{n_{Ca^{2+}}+n_{Mg^{2+}}+n_{Fe^{2+}}}=\frac{0.467}{0.339+0.114+0.467}=0.508$$

$$x_{O^{2-}}=\frac{n_{O^{2-}}}{n_{SiO_4^{4-}}+n_{Fe_2O_5^{4-}}+n_{O^{2-}}}=\frac{0.760}{0.016+0.064+0.760}=0.905$$

最后求出

$$a_{(FeO)}=0.508\times0.905=0.46。$$

习题、思考题

1. 列表分析图 1－14 中组成为 x 的熔体的冷却过程。
2. 作 $CaO-Al_2O_3-SiO_2$ 系炉渣 1773K 等温截面图。
3. 试计算含 36.2% SiO_2、11.9% Al_2O_3、41.4% CaO、7.6% MgO、1.5% TiO_2 及 1.4% FeO 的炉渣在 1673K 时的表面张力。并近似地查出该炉渣的熔化温度、1773K 时的黏度，黏度为 0.5Pa · s 时的热

含量。

[0.484N · m^{-1}]

4. 根据捷姆金的完全离子溶液理论计算下熔体在给定温度下 FeO 的活度，熔体成分为：38.0% CaO、8.4% MgO、41.3% FeO、1.5% SiO_2、4.4% Al_2O_3、6.4% Fe_2O_3、假设在给定温度下熔体中的阴离子是 SiO_4^{4-}、$Fe_2O_5^{4-}$、$Al_2O_4^{2-}$ 及 O^{2-}。

[0.362]

5. 在分析三元系状态图时，用到过哪几个规则？试对每一规则用图表示并用文字描述。

6. 在进行三元系中某一组成的熔体的冷却过程分析时，有哪一些基本规律？

7. 在作三元系状态图的等温截面图时，有什么基本规律？

8. 说明硅酸盐熔体中硅氧络合阴离子结构随 O/Si 比而改变的规律。

9. 何谓炉渣的化学稳定性和热稳定性？

10. 温度和 CaO 含量对炉渣黏度有何影响？试用离子理论加以解释。

第二章　化合物的离解 - 生成反应

第一节　概　　述

有色冶金物料中含有各种化合物，如氧化物、碳酸盐，硫化物、氯化物等。各种化合物在受热时分解为元素（或低价化合物）和一种气体的反应就是化合物的离解反应，而其逆反应则是化合物的生成反应，这类反应统称为化合物的离解 - 生成反应。常见的离解 - 生成反应的类型为：

氧化物	$4Cu + O_2 = 2Cu_2O$
	$4Fe_3O_4 + O_2 = 6Fe_2O_3$
碳酸盐	$CaO + CO_2 = CaCO_3$
硫化物	$2FeS + S_2 = 2FeS_2$
氯化物	$2CuCl + Cl_2 = 2CuCl_2$
还原剂化合物	$2C + O_2 = 2CO$
	$2CO + O_2 = 2CO_2$

研究离解 - 生成反应可求得各种化合物的离解条件，可对比在相同条件下各种化合物稳定性的高低，并可由离解 - 生成反应的热力学数据求出各种氧化 - 还原反应的热力学数据。

本章主要讨论氧化物和碳酸盐的离解 - 生成反应，其他化合物的离解 - 生成反应的热力学规律与氧化物是一致的。

第二节　离解 - 生成反应的 $\Delta G^{\ominus} - T$ 关系式

对于绝大多数的离解 - 生成反应可用下通式表示：

$$A_{(s)} + B_{(g)} = AB_{(s)} \tag{2-1}$$

反应的标准吉布斯自由能变化

$$\Delta G^{\ominus} = -RT\ln K_P = -RT\ln\frac{1}{(p_B/p^{\ominus})}$$

$$= RT\ln p_B - RT\ln p^{\ominus}$$

式中 $p^{\ominus}$ 为标准压力（101325Pa），

故

$$\Delta G^{\ominus} = RT\ln p_B - RT\ln(101325) \tag{2-2}$$

式中 p_B 为反应平衡时的气相 B 的压力，称为化合物 AB 的离解压，由上述推导，可看出，p_B、K_P、$\Delta G^{\ominus}$ 之间是相互关联的。

对反应（2 - 1），按相律分析，反应的自由度数为：

$$f=(3-1)-3+2=1$$

即在相平衡保持不变的条件下，压力和温度这两个影响平衡的因素中只有一个可独立改变，另一个为依变数，即：

$$p_B=\varphi(T)$$

离解压仅取决于温度，或者说，$\Delta G^{\ominus}$、K_P 亦仅取决于温度：

$$\Delta G^{\ominus}=\varphi(T),\ K_P=\varphi(T)$$

离解－生成反应的 $\Delta G^{\ominus}-T$ 关系式的计算公式很多，以下仅介绍一种数据完整、方法简便、结果准确的方法，即捷姆金－许华兹曼速算式。

根据热力学第二定律，在等温等压条件下

$$\Delta G_T^{\ominus}=\Delta H_T^{\ominus}-T\Delta S_T^{\ominus} \tag{2-3}$$

式（2－3）中，上标“$\ominus$”为标准状态，即固体、液体为纯物质，气体为101325Pa，$\Delta G_T^{\ominus}$ 为反应的标准吉布斯自由能变化，$\Delta H_T^{\ominus}$ 为反应的标准焓变化，$\Delta S_T^{\ominus}$ 为反应的标准熵变化，T 为绝对温度。

已知
$$\Delta H_T^{\ominus}=\Delta H_{298}^{\ominus}+\int_{298}^{T}\Delta C_P\mathrm{d}T \tag{2-4}$$

式（2－4）中 ΔC_P 为生成物与反应物的热容差，即：

$$\Delta C_P=(\sum C_P)_{生成物}-(\sum C_P)_{反应物}$$

而
$$C_P=a_0+a_1T+a_2T^2(或\ a_{-2}T^{-2}) \tag{2-5}$$

故
$$\Delta C_P=\Delta a_0+\Delta a_1T+\Delta a_2T^2+\Delta a_{-2}T^{-2} \tag{2-6}$$

对于热容 C_P 的三项式在高温下一般常用 $a_0+a_1T+a_{-2}T^{-2}$ 式。

式（2－4）中 $\Delta H_{298}^{\ominus}=(\sum\Delta H_{298生}^{\ominus})_{生成物}-(\sum\Delta H_{298生}^{\ominus})_{反应物}$。

已知
$$\Delta S_T^{\ominus}=\Delta S_{298}^{\ominus}+\int_{298}^{T}\frac{\Delta C_P\mathrm{d}T}{T} \tag{2-7}$$

式（2－7）中 $\Delta S_{298}^{\ominus}=(\sum S_{298}^{\ominus})_{生成物}-(\sum S_{298}^{\ominus})_{反应物}$。

将式（2－4）、式（2－7）代入式（2－3）：

$$\begin{aligned}\Delta G_T^{\ominus}&=\Delta H_{298}^{\ominus}-T\Delta S_{298}^{\ominus}+\left(\int_{298}^{T}\Delta C_P\mathrm{d}T-T\int_{298}^{T}\frac{\Delta C_P}{T}\mathrm{d}T\right)\\&=\Delta H_{298}^{\ominus}-T\Delta S_{298}^{\ominus}-T\left(-\frac{1}{T}\int_{298}^{T}\Delta C_P\mathrm{d}T-\int_{298}^{T}-\frac{1}{T}\Delta C_P\mathrm{d}T\right)\end{aligned}$$

根据分部积分法公式 $\int u\mathrm{d}V=uV-\int V\mathrm{d}u$，设 $V=-\frac{1}{T}$，则 $\mathrm{d}V=\mathrm{d}T/T^2$，设 $u=\int\Delta C_P\times\mathrm{d}T$，则 $\mathrm{d}u=\Delta C_P\mathrm{d}T$，则上式可改变为：

$$\begin{aligned}\Delta G_T^{\ominus}&=\Delta H_{298}^{\ominus}-T\Delta S_{298}^{\ominus}-T\left(\int_{298}^{T}\int_{298}^{T}\Delta C_P\mathrm{d}T\cdot\frac{\mathrm{d}T}{T^2}\right)\\&=\Delta H_{298}^{\ominus}-T\Delta S_{298}^{\ominus}-T\left(\int_{298}^{T}\frac{\mathrm{d}T}{T^2}\int_{298}^{T}\Delta C_P\mathrm{d}T\right)\end{aligned} \tag{2-8}$$

将式（2－6）代入式（2－8）：

$$\Delta G_T^{\ominus}=\Delta H_{298}^{\ominus}-T\Delta S_{298}^{\ominus}-T\left[\int_{298}^{T}\frac{\mathrm{d}T}{T^2}\int_{298}^{T}(\Delta a_0+\Delta a_1T+\Delta a_2T^2+\Delta a_{-2}T^{-2})\mathrm{d}T\right]$$

展开得：

$$\Delta G_T^{\ominus} = \Delta H_{298}^{\ominus} - T\Delta S_{298}^{\ominus} - T\Big(\Delta a_0\int_{298}^{T}\frac{dT}{T^2}\int_{298}^{T}dT + \Delta a_1\int_{298}^{T}\frac{dT}{T^2}\int_{298}^{T}TdT +$$

$$\Delta a_1\int_{298}^{T}\frac{dT}{T^2}\int_{298}^{T}T^2dT + \Delta a_{-2}\int_{298}^{T}\frac{dT}{T^2}\int_{298}^{T}T^{-2}dT\Big)$$

$$\Delta G_T^{\ominus} = \Delta H_{298}^{\ominus} - T\Delta S_{298}^{\ominus} - T\Big[\Delta a_0\Big(\ln\frac{T}{298} + \frac{298}{T} - 1\Big) +$$

$$\Delta a_1\Big(\frac{T}{2} + \frac{298^2}{2T} - 298\Big) + \Delta a_2\Big(\frac{T^2}{6} - \frac{298^2}{2} + \frac{298^3}{3T}\Big) +$$

$$\Delta a_{-2} \times \frac{1}{2}\Big(\frac{1}{298} - \frac{1}{T}\Big)^2\Big] \qquad (2-9)$$

式（2-9）中括号内各项仅与温度有关，以 M_0、M_1、M_2、M_{-2}代之，则可得：

$$\Delta G_T^{\ominus} = \Delta H_{298}^{\ominus} - T\Delta S_{298}^{\ominus} - T(\Delta a_0M_0 + \Delta a_1M_1 + \Delta a_2M_2 + \Delta a_{-2}M_{-2}) \qquad (2-10)$$

式（2-10）中各反应物和生成物的 $\Delta H_{298}^{\ominus}$、$S_{298}^{\ominus}$、a_0、a_1、a_2 或 a_{-2} 皆可由热力学数据表中查出，各温度下的 M_0、M_1、M_2、M_{-2} 值由表 2-1 可查出。查出上述数值后，根据式（2-10）即可求出各离解-生成反应的 $\Delta G^{\ominus}$ 值，并进一步求出 K_P 或 P_B 值。这一计算式也适用于其他化学反应。

例 2-1 求 $Fe_{(\alpha)} + \frac{1}{2}O_2 = FeO_{(s)}$ 反应的 $\Delta G^{\ominus} - T$ 关系式。

解 $$Fe_{(\alpha)} + \frac{1}{2}O_2 = FeO_{(s)}$$

$\Delta H_{298生}^{\ominus}$	0	0	-264428	$\Delta H_{298}^{\ominus} = -264428J$
$S_{298}^{\ominus}$	27.15	$\frac{1}{2}\times 205.0$	58.79	$\Delta S_{298}^{\ominus} = -70.92J\cdot K^{-1}$

$$C_{PFeO} = 48.79 + 8.37\times10^{-3}T - 2.8\times10^5T^{-2}$$

$$C_{PFe(\alpha)} = 17.49 + 24.77\times10^{-3}T$$

$$C_{PO_2} = \frac{1}{2}\times29.96 + \frac{1}{2}\times4.18\times10^{-3}T - \frac{1}{2}\times1.67\times10^5T^{-2}$$

$$\Delta C_P = \underbrace{16.32}_{\Delta a_0} - \underbrace{18.50\times10^{-3}T}_{\Delta a_1} - \underbrace{1.97\times10^5T^2}_{\Delta a_{-2}}J\cdot K^{-1}$$

代入式（2-9）：$\Delta G^{\ominus} = -264428 + 70.92T - T\Big[16.32\Big(\ln\frac{T}{298} + \frac{298}{T} - 1\Big) -$

$$18.50\times10^{-3}\times\Big(\frac{T}{2} + \frac{298^2}{2T} - 298\Big) - 1.97\times10^5\times\frac{1}{2}\Big(\frac{1}{298} - \frac{1}{T}\Big)^2\Big]$$

$$= -269122 + 179.16T - 16.32T\ln T + 9.25\times10^{-3}T^2 + 0.96\times10^5T^{-1}J \qquad (2-11)$$

表 2-1　捷姆金-许华兹曼速算法中 M_0、M_1、M_2、M_{-2}值

T(K)	M_0	$M_1\times10^{-3}$	$M_2\times10^{-6}$	$M_{-2}\times10^{5}$
300	0.00003	0.0000	0.0000	0.0000
350	0.01245	0.00383	0.0012	0.01185
400	0.0392	0.0130	0.0043	0.0364
450	0.0742	0.0256	0.0089	0.0640
500	0.1133	0.0407	0.0149	0.0916
550	0.15425	0.0576	0.0220	0.1179
600	0.1962	0.0759	0.0303	0.1423
650	0.2383	0.0953	0.0396	0.1640
700	0.2794	0.1153	0.0498	0.1853
750	0.3200	0.1362	0.0611	0.2042
800	0.3597	0.1574	0.0713	0.2213
850	0.3985	0.1792	0.0864	0.2371
900	0.4361	0.2012	0.1004	0.2521
950	0.4729	0.2230	0.1153	0.2649
1000	0.5088	0.2463	0.1314	0.2783
1050	0.5430	0.2693	0.1477	0.2884
1100	0.5765	0.2922	0.1652	0.2983
1150	0.6090	0.3156	0.1837	0.3087
1200	0.6410	0.3389	0.2029	0.3176
1250	0.67195	0.3625	0.2230	0.3262
1300	0.7019	0.3860	0.2440	0.3342
1350	0.7312	0.4018	0.2659	0.3415
1400	0.7595	0.4336	0.2886	0.3484
1450	0.7875	0.4534	0.3121	0.3550
1500	0.8141	0.4814	0.3362	0.3610
1550	0.8410	0.5056	0.3617	0.3670
1600	0.8665	0.5296	0.3877	0.3723
1650	0.8918	0.5536	0.4147	0.3776
1700	0.9162	0.5780	0.4424	0.3824
1750	0.9403	0.6024	0.4710	0.3872
1800	0.9635	0.6265	0.5005	0.3915
1850	0.9867	0.6510	0.5307	0.3958
1900	1.0090	0.6752	0.5619	0.3998
1950	1.0311	0.6997	0.5933	0.4037
2000	1.0525	0.7245	0.6260	0.4072
2050	1.07365	0.7486	0.6603	0.4108
2100	1.0940	0.7730	0.6948	0.4140
2150	1.1145	0.7976	0.7301	0.4173
2200	1.1340	0.8220	0.7662	0.4203
2250	1.1538	0.8467	0.8032	0.4233
2300	1.1730	0.8711	0.8411	0.4260
2350	1.1917	0.8959	0.8797	0.4283
2400	1.2100	0.9203	0.9192	0.4314
2450	1.22817	0.9451	0.9596	0.4340
2500	1.24600	0.9696	1.0008	0.4363

式（2－11）即为反应的$\Delta G^{\ominus}-T$关系式，适用于选用C_P值的温度范围。如求反应在1000K时的$\Delta G^{\ominus}$值：

$$\begin{aligned}\Delta G^{\ominus}_{1000} &= -269122+179160-112735+9250+96 \\ &= -193511\text{J}\end{aligned}$$

式（2－11）为$\Delta G^{\ominus}-T$的多项式，计算比较复杂。由以上计算结果可看出，后两项数值很小，如忽略后两项，即可得出常用的三项式：

$$\Delta G^{\ominus}=A+BT\log T+CT \tag{2-12}$$

无论是多项式或三项式，$\Delta G^{\ominus}$与T的关系皆为曲线，计算作图皆不方便。因而，通常皆将多项式回归为二项式$\Delta G^{\ominus}=A+BT$，二项式是直线方程，计算、作图皆较简便，也具有足够准确性。

如对煤气燃烧反应$2CO+O_2 \xlongequal{} 2CO_2$，已知其$\Delta G^{\ominus}-T$多项式为：

$$\begin{aligned}\Delta G^{\ominus} = &-571660+193.51T-1.51T\ln T-2.85\times10^{-3}T^2+ \\ &7.24\times10^5T^{-1}\text{J}\end{aligned}$$

经回归分析得出二项式为：$\Delta G^{\ominus}=-564756+173.55T\quad \text{J}$

当$T=1000\text{K}$时，按多项式求得$\Delta G^{\ominus}_{1000}=-390660\text{J}$，按二项式求得$\Delta G^{\ominus}_{1000}=-391200$，J，可见误差仅1.4‰。应用二项式计算反应的$\Delta G^{\ominus}$是足够准确的。

第三节　氧化物的吉布斯自由能图

在火法冶金中，为了便于直观地分析比较各种化合物的稳定顺序和氧化还原的可能性，分析冶金反应进行的条件，常将反应的$\Delta G^{\ominus}-T$关系作图，即吉布斯自由能图。按化合物的类型区分，有氧化物吉布斯自由能图（也叫氧位图，氧势图）；硫化物吉布斯自由能图；氯化物吉布斯自由能图等。各种化合物吉布斯自由能图的作图方法、分析和使用方法都是一致的，以下着重分析氧化物吉布斯自由能图。

前已述及，各种氧化物的离解－生成反应可用下通式表示：

$$2\text{Me}+O_2 \xlongequal{} 2\text{MeO}$$

对每一MeO皆存在$\Delta G^{\ominus}=A+BT$的关系式，将各MeO的这一关系以$\Delta G^{\ominus}$和T为坐标绘出直线，即构成MeO吉布斯自由能图，见图2－1。

以下分析氧化物吉布斯自由能图的作图规则及应用。

一、单位和标准状态

为了便于比较各MeO的稳定顺序，必须规定统一的单位，因为单位不同，反应的$\Delta G^{\ominus}$值也不同。如对Al_2O_3的离解－生成反应在1000K时的$\Delta G^{\ominus}_{1000}$值。

对1摩尔O_2：
$$\frac{4}{3}\text{Al}+O_2 \xlongequal{} \frac{2}{3}Al_2O_3$$

$$\Delta G^{\ominus}=-1120475+214.22T$$

$$\Delta G^{\ominus}_{1000}=-864414\text{J}\cdot\text{mol}O_2^{-1}$$

而对1摩尔Al_2O_3：
$$2\text{Al}+\frac{3}{2}O_2=Al_2O_3$$

$$\Delta G^{\ominus} = -\frac{3}{2} \times (-1120475 + 214.22T)$$

$$\Delta G^{\ominus}_{1000} = -1296621 \text{J} \cdot \text{mol Al}_2\text{O}_3^{-1}$$

因而吉布斯自由能图中各 MeO 的离解－生成反应皆为 Me 与 1 摩尔 O_2 反应生成 MeO。

图 2－1 是反应的标准吉布斯自由能变化与温度的关系曲线图，因而只能适用于标准

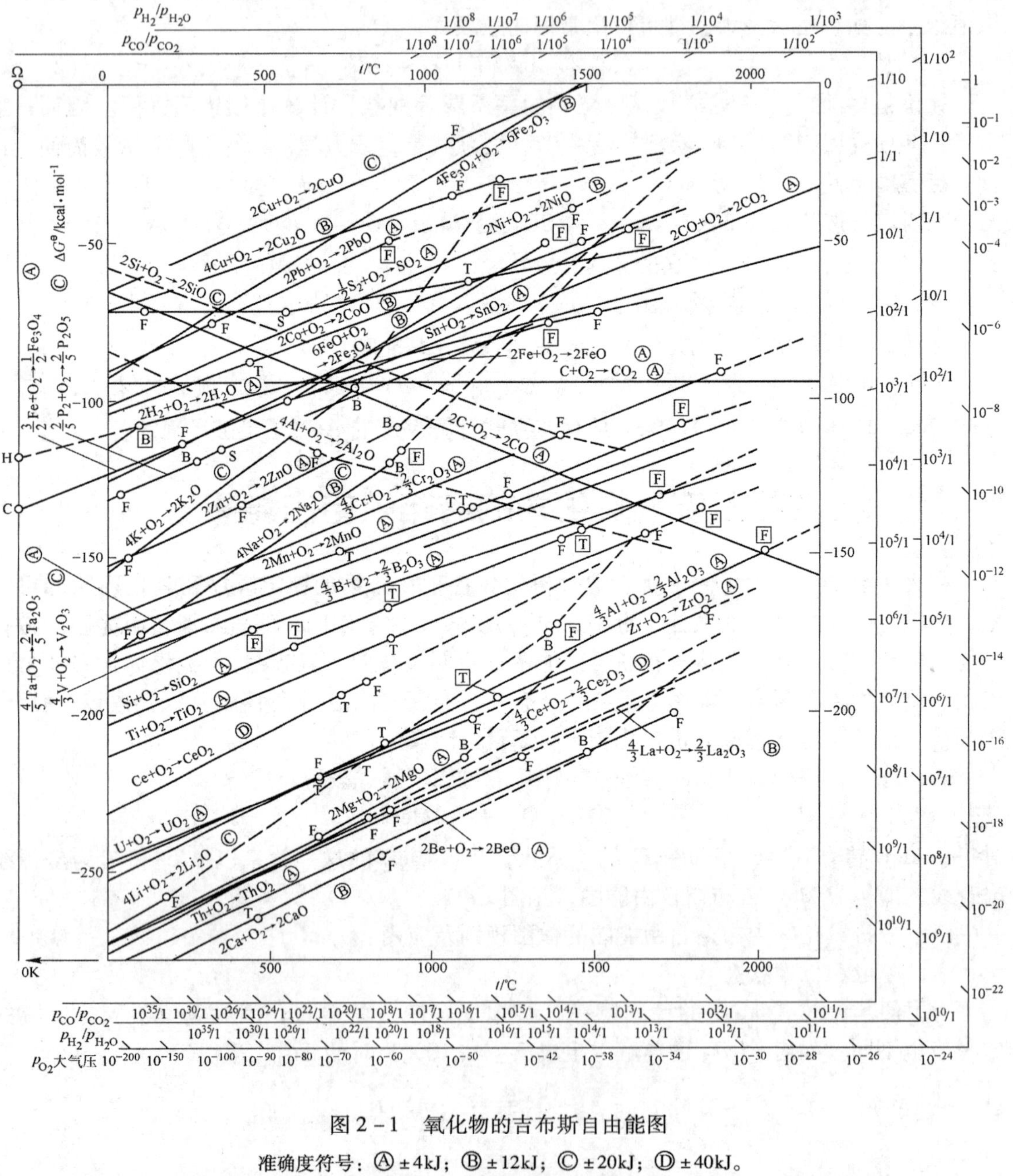

图 2－1　氧化物的吉布斯自由能图

准确度符号：Ⓐ ±4kJ；Ⓑ ±12kJ；Ⓒ ±20kJ；Ⓓ ±40kJ。

相态变化符号：相变点 T；熔点 F；沸点 B；升华点 S（不加方框为元素，加方框为氧化物）。

标准吉布斯自由能坐标 $\Delta G^{\ominus}$（即 $\Delta G^{\ominus}$）单位为 kcal，将其数值乘 4.184 即换算为 kJ。

氧分压坐标为大气压，将其数值的指数 +5 即换算为 Pa

状态，即参与反应的物质中，凝聚相（固、液相）为定组成化合物，气相为101325Pa。若凝聚相为不定组成化合物，固溶体或溶液则不适用。

二、$\Delta G^{\ominus}-T$ 直线式的截距和斜率

由吉布斯自由能与温度关系式 $\Delta G^{\ominus}=A+BT$ 的形式可看出，A、B 为与温度无关的常数，当 $T=0K$ 时，BT 项等于0，A 为直线的截距，直线的斜率为 B。

如对反应 $$4Cu+O_2 = 2Cu_2O$$

$$\Delta G^{\ominus}=-333465+134.39T \quad J$$

在0K时的纵坐标上，$\Delta G^{\ominus}=-333465J$ 的点即为直线的截距。

1000K时 $\Delta G^{\ominus}=-199074.7J$，斜率 $B=\dfrac{-199074.7-(-333465)}{1000}=134.39$，已知截距和1000K时 $\Delta G^{\ominus}$ 值，即可作出 $\Delta G^{\ominus}-T$ 直线。

图2-1中各氧化物的 $\Delta G^{\ominus}-T$ 直线的斜率主要取决于反应前后气体摩尔数的变化。直线式 $\Delta G^{\ominus}=A+BT$ 与 $\Delta G^{\ominus}$ 的定义式 $\Delta G^{\ominus}=\Delta H^{\ominus}-\Delta S^{\ominus}T$ 相似，斜率 B 相当于 $-\Delta S^{\ominus}$ 在适用温度范围内的平均值。为了便于分析，近似地用 $\Delta S^{\ominus}_{298}$ 代替 $\Delta S^{\ominus}$。

（1）当凝聚态的金属与 O_2 反应生成凝聚态氧化物时：

$$2Me_{(s,l)}+O_2 = 2MeO_{(s,l)}$$

由于凝聚物质的 $S^{\ominus}_{298}$ 都比较小（$0\sim60J\cdot K^{-1}\cdot mol^{-1}$），生成物和反应物的 $S^{\ominus}_{298}$ 的差值不大，因而反应的 $\Delta S^{\ominus}_{298}$ 主要取决于 O_2 的 $S^{\ominus}_{298}$（$-205.27J\cdot K^{-1}\cdot mol^{-1}$），因而各种氧化物直线的斜率 B 值大多处于120～180的范围，因而皆为向上倾斜且大致平行的直线。

（2）对于冶金中常用的还原剂（C、CO、H_2）氧化反应，由于反应前后气体摩尔数的变化规律不同，斜率 B 值有各种不同情况。

由于气体的 $S^{\ominus}_{298}$ 都比较大，多处于 $120\sim200J\cdot K^{-1}mol^{-1}$ 范围内，故反应生成物与反应物中气体摩尔数的差值将决定斜率的大小和方向。差值为-1时，斜率约为+120～+180；差值为0时，斜率接近于0；差值为+1时，斜率约为-120～-180。如 $2CO+O_2=2CO_2$，$B=173.64$；$C+O_2=CO_2$，$B=-0.83$；$2C+O_2=2CO$，$B=-175.31$。

（3）相变的影响。参与反应的物质随温度升高发生相变时，随着由固相变化为液相，由液相变为气相，熵值将逐步加大，相变过程熵的增加值可由下式求出：

$$\Delta S^{\ominus}_{相}=\frac{\Delta H^{\ominus}_{相变}}{T_{相变}}$$

当反应物相变时，$\Delta S^{\ominus}$ 降低，B 值加大，故斜率加大，相应直线的截距 A 将降低。如：

$$2Ca_{(s)}+O_2 = 2CaO_{(s)} \quad \Delta G^{\ominus}_T=-1266246+198.0T$$

$$-2Ca_{(s)} = 2Ca_{(l)} \quad \Delta S^{\ominus}_{相}=2\times\frac{8786}{1124}=15.65$$

$$2Ca_{(l)}+O_2 = 2CaO_{(s)}$$

$$\Delta S^{\ominus}\approx-198.0-15.65\approx-213.65J\cdot K^{-1}\cdot molO_2^{-1}$$

该反应的 $\Delta G^{\ominus}=-1284906+214.56T$，即斜率 B 由198.0加大到214.56，截距 A 由-1266246降低到-1284906，曲线由相变温度开始向上倾斜（见图2-1）。

而当生成物发生相变时，则恰相反，$\Delta S^{\ominus}$ 增加，B 值降低，斜率变小而截距 A 加大，如

$$4Cu_{(l)} + O_2 = 2Cu_2O_{(s)} \quad \Delta G^{\ominus} = -385513.8 + 164.35T$$

$$+ \quad 2Cu_2O_{(s)} = 2Cu_2O_{(l)} \quad \Delta S^{\ominus}_{熔} = 2 \times \frac{56065.6}{1503} = 74.6$$

$$4Cu_{(l)} + O_2 = 2Cu_2O_{(l)}$$

$$\Delta S^{\ominus} \approx -164.35 + 74.6 \approx -89.75 J \cdot K^{-1} \cdot molO_2^{-1}$$

该反应的 $\Delta G^{\ominus} = -273048 + 89.70T$（见图 2－1）。

三、吉布斯自由能图的应用

（1）吉布斯自由能图直观地给出了各种氧化物的标准生成吉布斯自由能随温度变化的规律，并可粗略地得出给定温度下 $\Delta G^{\ominus}$的数值。由图 2－1 可看出，几乎所有氧化物在冶炼温度范围的 $\Delta G^{\ominus}$皆为负值，说明在标准状态下，各氧化物的生成反应在热力学上皆为自动过程，除 CO 和 CO_2 外，几乎所有的氧化物的 $\Delta G^{\ominus}$值皆随温度升高而加大，也就是说，氧化物的生成趋势随温度升高而减弱，相反，离解趋势加大。

（2）吉布斯自由能图表明了各种氧化物在给定温度下的稳定性顺序。直线位置低的氧化物，其 $\Delta G^{\ominus}$值比位置高的氧化物小，因而稳定性大，容易生成。相反，直线位置高的 Me 难以氧化成氧化物。如 CaO 位置最低，因而最稳定，而 Ca 则最易氧化；Cu_2O 位置最高，最不稳定，Cu 不易氧化。

（3）可利用吉布斯自由能图来选择氧化物的还原剂。如上所述，直线位置低的 Me，从热力学上来说（还应考虑经济性）皆可作为位置高的氧化物的还原剂，如用 Al 可还原 TiO_2：

$$\frac{4}{3}Al_{(l)} + O_2 = \frac{2}{3}Al_2O_{3(s)} \qquad \Delta G^{\ominus} = -1120475 + 214.2T \ (932 \sim 1973K)$$

$$-\ Ti_{(s)} + O_2 = TiO_{2(s)} \qquad \Delta G^{\ominus} = -910020 + 172.4T \ (298 \sim 1973K)$$

$$\frac{4}{3}Al_{(l)} + TiO_{2(s)} = Ti_{(s)} + \frac{2}{3}Al_2O_{3(s)} \qquad \Delta G^{\ominus} = -210455 + 41.8T \ (932 \sim 1973K)$$

用 Al 还原 TiO_2 反应的 $\Delta G^{\ominus}$在该式适用温度范围（932～1973K）均为负值，说明反应将向 TiO_2 还原的方向进行，Al 可作为 TiO_2 的还原剂。

考虑到经济效果，冶金中常用的还原剂为 CO、H_2 和 C。由图 2－1 可看出 $2CO + O_2 = 2CO_2$、$2H_2 + O_2 = 2H_2O$ 的 $\Delta G^{\ominus}$值比较大，即曲线位置较高，因而只能用来还原位置比其更高的氧化物，如 Cu_2O、PbO、NiO、CoO、Fe_2O_3、Fe_3O_4、FeO、SnO_2 等（在非标准状态下，还可还原一些位置较低的氧化物，详见第三章）

而用 C 作还原剂时，由于 $2C + O_2 = 2CO$ 反应的 $\Delta G^{\ominus}$随温度升高而减少，因而，升高温度将能还原更多的氧化物，如：

1300K 以下可还原 NiO、CaO、Cu_2O、PbO、FeO 等	
1300～1800K	MnO、Cr_2O_3、ZnO 等；
1800～2300K	TiO_2、VO、SiO_2 等；
2300K 以上	CaO、MgO、Al_2O_3 等。

由于用 C 作还原剂时，有一些还原生成的金属如 Fe、Mn、Ca、W、Si 等会与 C 生成碳化物而污染金属，因而除非碳化物的生成是允许的（如生铁中含 C），或碳化物本身就是产品（如 CaC_2、SiC 等）外，不能用 C 作还原剂。

对于位置比 CO、H_2、C 的氧化曲线还要低的氧化物，CO、H_2、C 不能使之还原，只能用位置比其更低的金属作为还原剂，即金属热还原。

在应用吉布斯自由能图选择还原剂时，应注意由于各氧化物的 $\Delta G^{\ominus}-T$ 直线斜率不同。因而常出现两直线相交的情况，如用 C 还原 MnO_2 时：

$$
\begin{array}{lll}
 & 2C + O_2 = 2CO & \Delta G^{\ominus} = -223425 - 175.3T \\
- & 2Mn + O_2 = 2MnO & \Delta G^{\ominus} = -769437 + 144.9T \\
\hline
 & 2MnO + 2C = 2Mn + 2CO & \Delta G^{\ominus} = 546012 - 320.2T,\ J
\end{array}
$$

其交点温度为：

$$T_{交} = \frac{546012}{320.2} = 1705K$$

在 $T_{交}$ 时，反应的 $\Delta G^{\ominus}=0$，反应平衡，如温度高于 $T_{交}$，反应 $\Delta G^{\ominus}<0$，MnO 将被 C 还原。如果温度低于 $T_{交}$，$\Delta G^{\ominus}>0$，则 Mn 将被 CO 氧化。将 $T_{交}$ 称为反应的转化温度。

（4）吉布斯自由能图配合 p_{O_2} 专用“┘”形标尺（见图 2－1）可用来直接量出各 MeO 在给定温度下的离解压 p_{O_2}，或量出在给定外压 p_{O_2} 下的离解温度。

（5）吉布斯自由能图配合$\frac{p_{CO}}{p_{CO_2}}$或$\frac{p_{H_2}}{p_{H_2O}}$“]”形专用标尺（见图 2－1）可用来直接量出各 MeO 在给定温度下，用 CO 或 H_2 还原的气相平衡分压比，或量出在给定气相分压比条件下的还原温度。

（6）在应用吉布斯自由能图时应注意标准状态和物质的相态，注意各 $\Delta G^{\ominus}=A+BT$ 直线式的适用温度范围。

第四节　氧化物的离解和金属的氧化

一、氧化物离解－生成反应的热力学

1. 离解压 p_{O_2} 对氧化物的离解－生成反应，可用下述通式表示：

$$2Me_{(s,l)} + O_2 = 2MeO_{(s,l)}$$

根据相律分析，反应的自由度数为 1，而影响反应平衡的条件中 $a_{Me}=1$、$a_{MeO}=1$，故只有温度和压力，这里体系的压力为 O_2 的平衡压，故：

$$P_{O_2} = \varphi(T)$$

即反应平衡时（相态和相数不变），P_{O_2} 仅取决于温度，与其他因素无关。P_{O_2} 为反应处于平衡时气相 O_2 的压力，称为氧化物的离解压。

p_{O_2} 与 T 的关系式可由 $\Delta G^{\ominus}-T$ 关系式导出。

由
$$\Delta G^{\ominus} = A + BT$$

$$\Delta G^{\ominus} = -RT\ln K_P = -RT\ln\left(\frac{1}{P_{O_2}/P^{\ominus}}\right)$$

$$= RT\ln P_{O_2} - RT\ln P^{\ominus}$$

故
$$RT\ln P_{O_2} - RT\ln P^{\ominus} = A + BT$$

$$\log P_{O_2}=\frac{A+BT+8.314\times2.303T\log(101325)}{8.314\times2.303T}=\frac{A'}{T}+B' \qquad (2-13)$$

式（2－13）为离解压与 T 的关系式，常数 A'、B' 可由氧化物的 $\Delta G^{\ominus}=A+BT$ 式中 A、B 值求出，P_{O_2} 单位为 Pa。

例 2－2 已知反应 $2Ni_{(s)}+O_2 = 2NiO_{(s)}$ 的 $\Delta G^{\ominus}=-489110+197T$，J。求 1273K 时 $NiO_{(s)}$ 的离解压。

解 由式（2－13）：

$$\log P_{O_2}=\frac{-489110+197\times1273+8.314\times2.303\times1273\times5}{8.314\times2.303\times1273}$$

$$=-4.77$$

$$P_{O_2}=1.65\times10^{-5}\text{Pa}$$

对于离解压的温度关系式（式 2－13）可用 P_{O_2}、T 为坐标绘出各氧化物的离解压曲线，由式（2－13）可看出，$\log P_{O_2}$ 与温度的倒数成直线关系，截距为 B'，斜率为 A'，而 $\log P_{O_2}$ 与 T，或 P_{O_2} 与 T 则为曲线关系，图 2－2 为各种氧化物的离解压（P_{O_2}）曲线。

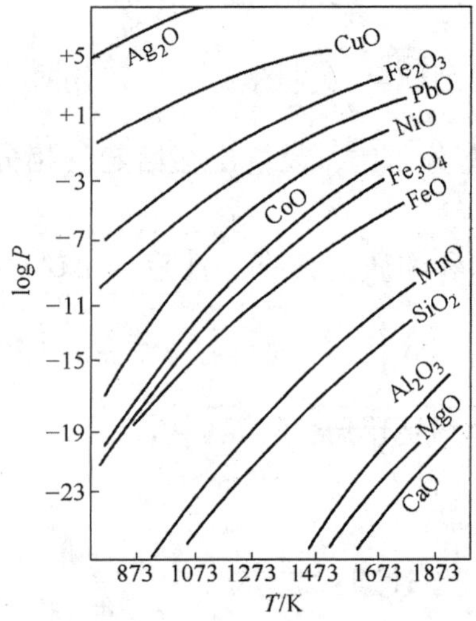

图 2－2 氧化物的离解压与温度的关系（P 为 Pa）

由图 2－2 可看出，在图示温度范围内（873～1873K 一般冶炼温度）除 Ag_2O 和 CuO（离解为 Cu_2O）其离解压 p_{O_2} 可达到大气压力外（$\log P_{O_2}=5$），其余绝大多数氧化物的离解压都很低。因而在冶金过程中企图利用加热离解的方法来获得金属是不可能的，而金属的氧化则关系到金属的锈蚀和金属的氧化保护膜的生成等实际问题。

当离解－生成反应涉及溶液时，情况就比较复杂，参与反应的 Me 和 MeO 可相互溶解形成溶液，而 Me 也可溶于其他金属，MeO 又可溶于其他氧化物。以下以冶金中常见的情况，即 Me 溶于另一金属中（用 [Me] 表示）形成金属溶液，而 MeO 溶于其他氧化物中［用（MeO）表示］形成熔渣的反应为例进行分析。

在上述情况下，离解－生成反应为：

$$2[\text{Me}]+O_2 = 2(\text{MeO})$$

反应的自由度 $f=(5-1)-3+2=3$，即影响反应平衡的因素 T、P_{O_2}、$a_{[\text{Me}]}$、$a_{(\text{MeO})}$ 中，有三个可独立改变，只有一个是依变数，取 P_{O_2} 为依变数，则：

$$P_{O_2}=\varphi\ (T、a_{[\text{Me}]}、a_{(\text{MeO})})。$$

即氧化物的离解压将取决于温度，金属熔体中 Me 的活度和熔渣中 MeO 的活度。

如溶解于金属熔体中的某一 Me，在氧化精炼过程中氧化为 MeO 并溶于熔渣中，其反应为：

$$[\text{Me}]+0.5O_2 = (\text{MeO}) \qquad (1)$$

当 Me 和 MeO 为纯态时：

$$\text{Me}+0.5O_2 = \text{MeO} \qquad \Delta G^{\ominus}_{(2)}=A_{(2)}+B_{(2)}T \qquad (2)$$

对金属熔体中的 Me，一般采用 1% 质量浓度为标准状态，Me 溶于金属熔体中生成含量为 1% 质量的溶液时，体系的吉布斯自由能变化为标准溶解吉布斯自由能（$\Delta G^{\ominus}_{溶}$），对 Me 溶于金属熔体：

$$[\mathrm{Me}]_{1\%} = \mathrm{Me} \qquad \Delta G^{\ominus}_{溶} = A_{(3)} + B_{(3)} T \tag{3}$$

对溶解在炉渣中的 MeO，一般采用纯物质为标准状态，其溶解吉布斯自由能等于零，即：

$$\mathrm{MeO} = (\mathrm{MeO}) \qquad \Delta G^{\ominus}_{溶} = 0 \tag{4}$$

（2）、（3）、（4）式相加即可得到（1）式：

$$[\mathrm{Me}] + 0.5\mathrm{O}_2 = (\mathrm{MeO})$$

$$\Delta G^{\ominus}_{(1)} = \Delta G^{\ominus}_{(2)} + \Delta G^{\ominus}_{溶} + 0 = A + BT$$

以上各式中 A、B 值可由热力学数据表中查出。

当金属熔体中的 Me 和熔渣中的 MeO 的浓度皆不等于标准状态时，反应的吉布斯自由能变化为：

$$\Delta G_{(1)} = \Delta G^{\ominus}_{(1)} + RT\ln \frac{a_{(\mathrm{MeO})}}{a_{[\mathrm{Me}]}} \cdot \frac{1}{P_{\mathrm{O}_2}^{0.5}/p^{\ominus 0.5}}$$

$$= A_{(1)} + B_{(1)} T + RT\ln \frac{\gamma_{(\mathrm{MeO})} \cdot x_{(\mathrm{MeO})}}{\gamma_{[\mathrm{Me}]} \cdot [\%_{[\mathrm{Me}]}]} \cdot \frac{1}{p_{\mathrm{O}_2}^{0.5}/p^{\ominus 0.5}}$$

当反应（1）处于平衡状态时，$\Delta G_{(1)} = 0$，此时离解压 p_{O_2} 就取决于温度 T、$a_{(\mathrm{MeO})}$ 和 $a_{[\mathrm{Me}]}$。如果 MeO 在熔渣中的摩尔分数 $x_{(\mathrm{MeO})}$ 和 Me 在金属熔体中的重量百分数 $[\%_{[\mathrm{Me}]}]$ 已知，并能查出活度系数 $\gamma_{(\mathrm{MeO})}$ 和 $\gamma_{[\mathrm{Me}]}$ 的数据，即可求出给定温度下的离解压 P_{O_2}。

2. 离解－生成反应平衡图　前已述及，对离解－生成反应

$$2\mathrm{Me}_{(s,l)} + \mathrm{O}_2 = 2(\mathrm{MeO}_{s,l})$$

影响反应平衡的因素只有压力（体系实际氧分压 p_{O_2}）和温度。当反应平衡时，自由度 $f=1$，离解压 P_{O_2} 与 T 的关系为 $\log P_{\mathrm{O}_2} = \frac{A'}{T} + B'$，根据这一关系式，对特定的某氧化物可作出反应平衡图（图 2－3）。

对于化学反应的平衡图，可用相律来分析曲线和各区域所能稳定存在的相态（包括相数和相态）。

对上述反应，$f = (3-1) - \phi + 2 = 4 - \phi$。

在平衡曲线上，$\phi = 3$（O_2、Me、MeO 共存）故 $f=1$，即一定的温度对应一定的 P_{O_2}，如曲线上 a 点，温度为 T_2，离解压 P_{O_2} 的数值应相当于 P'''_{O_2}，若温度降低到 T_1 时，离解压 P_{O_2} 的数值也相应降低到相当于 P'_{O_2}。在平衡曲线上，是 MeO 和 Me 共存（还有气相 O_2），而在曲线上部或下部区域，反应不平衡，MeO 或 Me 只能存在一种。对离解－生成反应，由等温方程式 $\Delta G = \Delta G^{\ominus} + RT\ln Q_P$ 可得出：

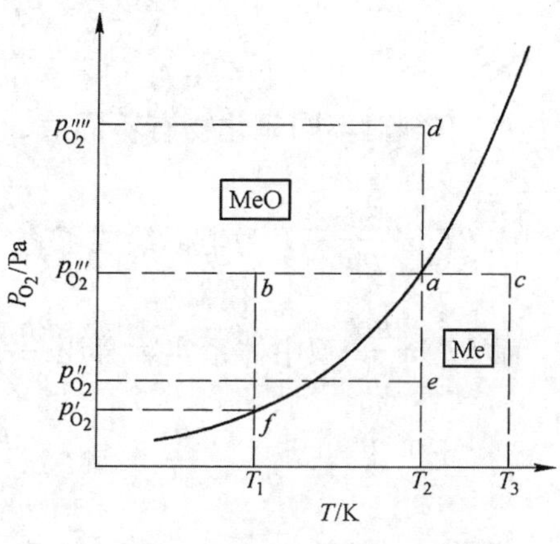

图 2－3　离解－生成反应的平衡图

$$\Delta G = -RT\ln \frac{1}{P_{\mathrm{O}_2}/P^{\ominus}} + RT\ln \frac{1}{p_{\mathrm{O}_2}/p^{\ominus}}$$

$$= RT\ln P_{O_2} - RT\ln p_{O_2} \tag{2-14}$$

式中 ΔG——反应的吉布斯自由能变化，J；

P_{O_2}——O_2 平衡分压即离解压，Pa；

p_{O_2}——体系中 O_2 的实际分压，Pa。

当温度一定，如 T_2 时，若体系中 O_2 分压比 p_{O_2}''' 值高，如 p_{O_2}''''（体系点 d），由式（2－14）可看出，当 $p_{O_2}''''>p_{O_2}'''$ 时，$\Delta G<0$，反应正向进行，即 Me 将氧化为 MeO。因而当体系点处于曲线以上区域时（体系点 d、又如 T_1 和 p_{O_2}'' 即体系点 b），只有 MeO 是稳定的，故曲线以上区域为 MeO 的稳定区（用 MeO 加方框表示）。

相反，如 T_2 时，实际 O_2 分压为 p_{O_2}''（e 点），因 $p_{O_2}''<p_{O_2}'''$，$\Delta G>0$，Me 是稳定的，因而曲线以下为 Me 稳定区（Me 加方框）。

以上分析表明，对氧化物离解生成而言，一定温度有一定离解压，其变化规律符合其离解压－温度关系式，在平衡图上为一曲线。实际体系中，只有 T 和 P_{O_2} 恰好处于曲线上（如 f 点、a 点）反应才能平衡，此时 Me－MeO 共存。而在一定温度下（如 T_2），实际 O_2 分压比离解压大（d 点）或小（e 点）则只能有一个凝聚相存在，即 Me 氧化为 MeO，或 MeO 离解为 Me。在一定 O_2 分压（如 p_{O_2}'''）下，温度高于（c 点和 T_3）或低于（b 点和 T_1）平衡温度（T_2），也只能有一凝聚相存在。

因而只要根据反应平衡图，选择一定条件，即可控制反应的方向，以满足冶炼的要求。

例 2－3 要使 Cu_2O 在空气中（$p_{O_2}=101325\times0.21$Pa）离解为 Cu，应控制多高的温度？

解
$$4Cu_{(l)} + O_2 = 2Cu_2O_{(s)}$$
$$\Delta G^{\ominus} = -235140 + 78.24T,\ \text{J}$$

由等温方程式：
$$\Delta G = -235140 + 78.24T - RT\ln(101325\times0.21)$$

令 $\Delta G=0$，此时温度为开始离解温度 $T_{开}$：

$$-235140 + 78.24T_{开} - RT_{开}\ln(101325\times0.21) = 0$$

$$T_{开} = \frac{235140}{78.24 - 8.314\times2.303\lg(101325\times0.21)} = 2578\text{K}$$

3\. 吉布斯自由能图中专用标尺前已述及，等温方程式用于氧化物离解－生成反应时：

$$\Delta G = RT\ln\left(\frac{P_{O_2}}{P^{\ominus}}\right) - RT\ln\left(\frac{p_{O_2}}{p^{\ominus}}\right)$$

式中 $P_{O_2}/P^{\ominus}$ 对不同氧化物有不同值，但皆具有 $\Delta G^{\ominus} = RT\ln\dfrac{P_{O_2}}{P^{\ominus}} = A + BT$ 形式，并且都以 $\Delta G^{\ominus}$ 或 $RT\ln\dfrac{P_{O_2}}{P^{\ominus}} \sim T$ 为坐标绘成了直线。

而 $RT\ln\dfrac{p_{O_2}}{p^{\ominus}}$ 项中体系实际分压 $\dfrac{p_{O_2}}{p^{\ominus}}$ 对任何氧化物都是通用的，可将该项分解为：

$$RT\ln\frac{p_{O_2}}{p^{\ominus}} = 0 + R\ln\frac{p_{O_2}}{p^{\ominus}}\cdot T$$

即 $RT\ln\dfrac{p_{O_2}}{p^{\ominus}}$（通常称为体系的氧势或氧位）与温度成直线关系，其截距为 0，斜率为

$R\ln\frac{p_{O_2}}{p^{\ominus}}$。因而当给定不同的 p_{O_2} 值，即可利用图的坐标作出多条等 p_{O_2} 值的 $R\ln\frac{p_{O_2}}{p^{\ominus}}\sim T$ 直线，各直线截距皆为0，故形成由 $T=0$K、$RT\ln\frac{p_{O_2}}{p_O}=0$ 的0点开始的放射状等 p_{O_2} 值直线，各直线的 p_{O_2} 值标明在图2-1的"┘"形专用标尺上。

利用这一标尺，可以直接在图上查出各氧化物在给定温度下离解压 P_{O_2} 的值，也可查出给定氧分压 p_{O_2} 下各氧化物的开始离解温度。因为给定的氧化物的 $\Delta G^{\ominus}-T$ 直线与给定 p_{O_2} 值的 $RT\ln\frac{p_{O_2}}{p^{\ominus}}-T$ 直线必有一交点，在交点上：

$$RT\ln\frac{P_{O_2}}{P^{\ominus}}=RT\ln\frac{p_{O_2}}{p^{\ominus}}$$

$$RT\ln P_{O_2}=RT\ln p_{O_2}$$

$$\Delta G=0,\ P_{O_2}=p_{O_2}$$

交点温度为反应平衡温度。给定温度，交点相应的 p_{O_2} 值即为离解压。

例2-4　求 Al_2O_3 在1900K时的离解压？

解　如图2-4所示，1900K时，与 Al_2O_3 直线相交的 $RT\ln\frac{p_{O_2}}{p^{\ominus}}$ 直线的 p_{O_2} 为 10^{-15}Pa，即为 Al_2O_3 的离解压。

例2-5　求 Cu_2O 在 $p_{O_2}=10^{-1}$Pa 的气氛中的开始离解温度？

解　$p_{O_2}=10^{-1}$ Pa 的直线与 Cu_2O 直线在1330K温度相交，即为 Cu_2O 开始离解温度。

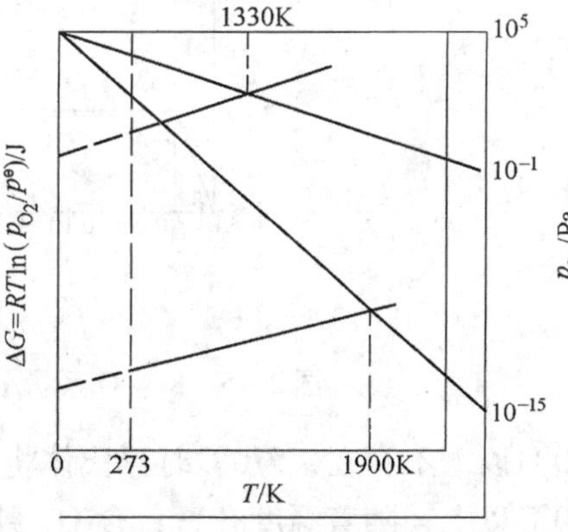

图2-4　吉布斯自由能图中 p_{O_2} 专用标尺的应用

二、铁氧化物的离解-生成反应

氧化物离解-生成反应的热力学规律已在前面进行了分析。对于只有一种价态的大多数金属氧化物，其离解-生成反应的热力学规律是比较简单的。现以形成多种价态的铁氧化物为例进行分析。铁的氧化物无论在有色或黑色金属矿石中都普遍存在，其组成也是比较复杂的。

首先通过Fe-O系状态图（图2-5）来了解铁氧化物的组成和逐级离解情况。

由Fe-O系状态图可看出，当 O_2 含量很小时（注意由0% O_2 到0.2% O_2 的坐标是放大了的），Fe可溶解少量 O_2 形成固溶体，随着温度升高，固溶体含 O_2 逐渐增多，并由 α-Fe固溶体逐步转变为 β-Fe、γ-Fe、δ-Fe固溶体，纯Fe的熔点为1540℃，而固溶体 δ-Fe的完全熔化温度则取决于液相线温度，液相线温度随含 O_2 量的增加由1540℃降低到1524℃。

当Fe-O系中 O_2 含量增加到22.28%时，应出现化合物FeO，但实际上并不存在此定组成化合物，存在的是Fe-O固溶体浮氏体。浮氏体中Fe:O小于FeO（1:1）而变化于0.95（最小含 O_2 量23.15%）到0.88（最大含 O_2 量25.60%）之间，如果要正确的表示，可用 Fe_xO（即 $Fe_{0.95}O\sim Fe_{0.88}O$），但习惯上常用FeO来代表浮氏体。浮氏体在

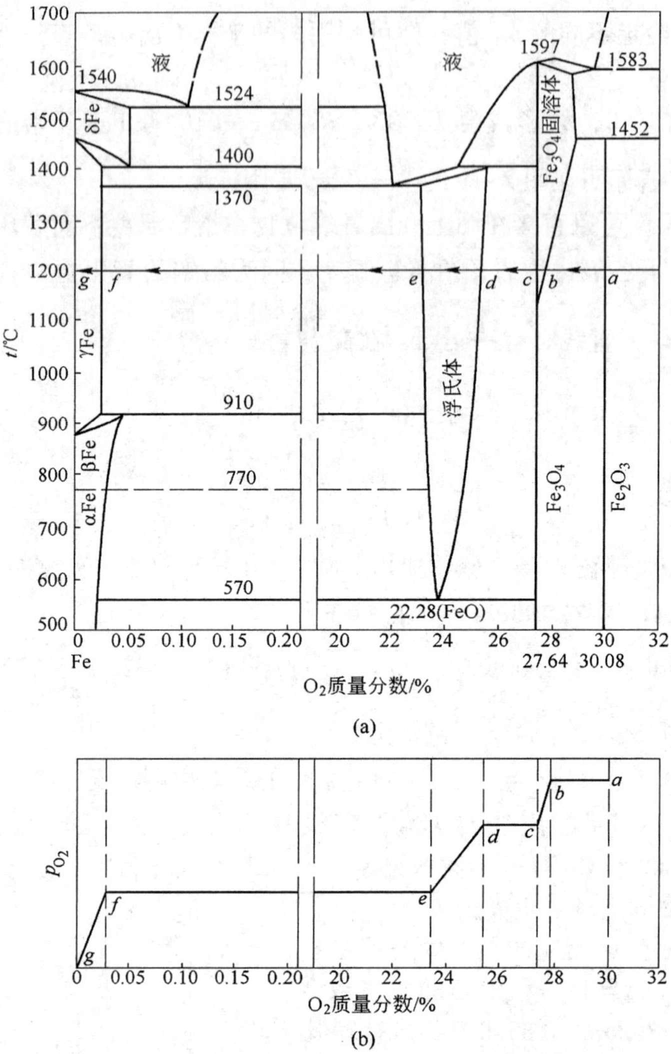

图 2-5　Fe-O 系状态图（a）及铁氧化物离解压变化规律（b）

570℃以下不存在，570℃时浮氏体将离解为 $\alpha-Fe$ 固溶体和 Fe_3O_4（$4FeO = Fe + Fe_3O_4$）。570℃以上，随着温度升高，含 O_2 量变动范围逐渐加大。浮氏体的完全熔化温度取决于液相线温度，由 1370℃到约 1400℃。

当含 O_2 量增加到 27.64% 时，存在化合物 Fe_3O_4，Fe_3O_4 是稳定化合物，在 1597℃时同组成熔化为液体。由图 2-5 可看出，当温度超过 1100℃后，Fe_3O_4 可溶解 O_2 而形成固溶体，其中含 O_2 量在 1452℃时最大，Fe_3O_4 固溶体的完全熔化温度为 1597～1583℃。

当含 O_2 量增加到 30.06% 时，存在化合物 Fe_2O_3，Fe_2O_3 是不稳定化合物，在 1452℃时分解为 Fe_3O_4 固溶体和 $O_2$$\left(3Fe_2O_3 = 2Fe_3O_4 + \frac{1}{2}O_2\right)$。

由以上分析可看出，Fe 氧化为 Fe_2O_3 或由 Fe_2O_3 离解为 Fe 的过程都是逐步进行的，在 570℃以上为 $Fe \rightleftharpoons FeO \rightleftharpoons Fe_3O_4 \rightleftharpoons Fe_2O_3$；在 570℃以下为 $Fe \rightleftharpoons Fe_3O_4 \rightleftharpoons Fe_2O_3$。

由于 FeO、Fe_3O_4（1100℃以上）为固溶体，其离解压不仅取决于温度，也取决于浓

度，故铁氧化物离解时离解压的变化有如图 2－7 所示的规律。

当温度固定为 1200℃ 时，Fe_2O_3（a 点）的离解压为一定值，随着 Fe_2O_3 离解为 Fe_3O_4 固溶体和气相 O_2，组成由 a 点变到 b 点，离解压仍取决于 Fe_2O_3，由 b 到 c 为 Fe_3O_4 固溶体离解析出 O_2，其离解压将随固溶体含 O_2 量的减少而降低。c 点为 Fe_3O_4 的离解压，由 c 到 d 为 Fe_3O_4 离解为浮氏体，其离解压为定值，d 到 e 为浮氏体离解析出 O_2，离解压逐渐降低。e 到 f 为含 O_2 最低的浮氏体离解为 $\gamma-Fe$ 固溶体，离解压为定值，而 f 到 g 为 $\gamma-Fe$ 中离解出 O_2，离解压应逐渐降低，g 点为纯 Fe，离解压为零。

在冶金反应中，均将浮氏体和 Fe_3O_4 固溶体（1100℃以上）作为 FeO 和 Fe_3O_4 处理。

以下分析铁氧化物离解－生成反应的 $\Delta G^{\ominus}$、P_{O_2} 和平衡图。

当温度高于 570℃ 时：

$$2Fe + O_2 \xlongequal{\quad} 2FeO \tag{1}$$

$$\Delta G^{\ominus} = -526599 + 133.55T \quad \log P_{O_2} = -\frac{27503}{T} + 6.97 + \log 101325 = -\frac{27503}{T} + 11.97$$

$$6FeO + O_2 \xlongequal{\quad} 2Fe_3O_4 \tag{2}$$

$$\Delta G^{\ominus} = -636888 + 255.9T \quad \log P_{O_2} = -\frac{33263}{T} + 18.37$$

$$4Fe_3O_4 + O_2 \xlongequal{\quad} 6Fe_2O_3 \tag{3}$$

$$\Delta G^{\ominus} = -587350 + 340.57T \quad \log P_{O_2} = -\frac{30690}{T} + 22.79$$

当温度低于 570℃ 时：

$$\frac{3}{2}Fe + O_2 \xlongequal{\quad} \frac{1}{2}Fe_3O_4 \tag{4}$$

$$\Delta G^{\ominus} = -563961 + 169.45T \quad \log P_{O_2} = -\frac{29458}{T} + 13.85$$

根据式（1）～（4）的数据，可作出铁氧化物离解－生成反应的吉布斯自由能图（图 2－6）和平衡图（图 2－7）。

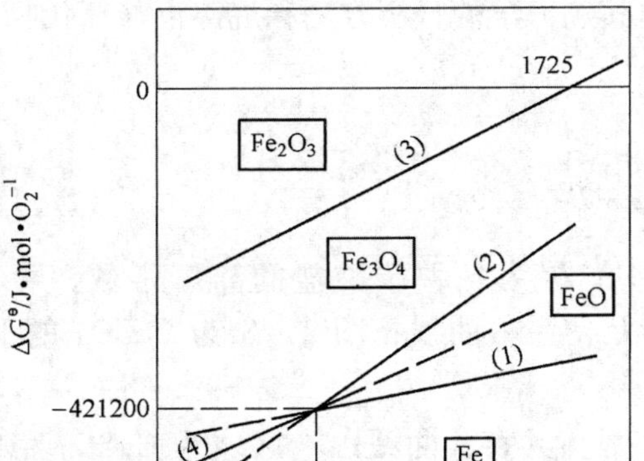

图 2－6　铁氧化物离解－生成反应吉布斯自由能图

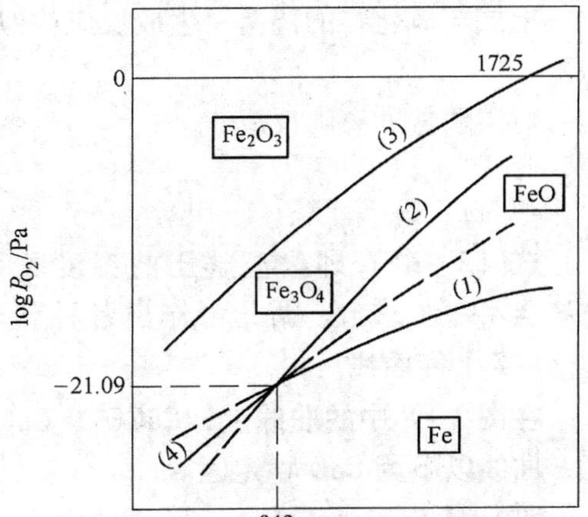

图 2－7　铁氧化物离解－生成反应平衡图

根据图 2－3 的分析方法，可知在图 2－7 中，各条曲线均是离解－生成反应的平衡曲线。在曲线上为两凝聚相和气相 O_2 共存。而曲线间各区域，只有一凝聚相是稳定的，由上至下，各区域的稳定相依次为 Fe_2O_3、Fe_3O_4、FeO（570℃以上）和 Fe。

对反应（1）、（2）和（4）的交点，为三凝聚相（Fe_3O_4、FeO、Fe）和气相 O_2 四相共存，因而自由度（$f=4-4=0$）为零，为不变点，其温度为 843K，$\log P_{O_2}$ 为 -21.09，改变温度或改变气相中 O_2 分压都将使相数减少。

由图 2－6、图 2－7 可看出，Fe_2O_3 的生成吉布斯自由能和离解压都最高，因而比低价氧化物不稳定，在 1452℃时其离解压达 10^5Pa。然而在室温的空气中，由于空气中 O_2 分压达 0.21×10^5Pa，这样的体系点将位于 Fe_2O_3 稳定区内，故室温下 Fe_2O_3 是稳定的，金属铁将逐渐氧化为 Fe_2O_3。

对 Fe_2O_3 而言，如果能排出体系中的 O_2，Fe_2O_3 将逐步转变为 Fe，当存在能与 O_2 结合的还原剂时，即可达到这一目的。

与铁氧化物一样逐级离解的氧化物还有：

$$MnO_2 \rightarrow Mn_2O_3 \rightarrow Mn_3O_4 \rightarrow MnO \rightarrow Mn$$

$$CuO \rightarrow Cu_2O \rightarrow Cu$$

$$TiO_2 \rightarrow Ti_3O_5 \rightarrow Ti_2O_3 \rightarrow TiO \rightarrow Ti$$

$$MoO_3 \rightarrow Mo_2O_5 \rightarrow MoO_2 \rightarrow Mo \text{ 等}$$

可以用分析 Fe_2O_3 离解反应的方法对上述诸氧化物进行分析。

三、碳酸盐离解的热力学

碳酸盐是冶金、化工和建材工业中常用的原材料。在冶金工业中作为冶炼原料的有菱镁矿（$MgCO_3$）、菱铁矿（$FeCO_3$）、菱锌矿（$ZnCO_3$）等，作为熔剂使用的有石灰石（$CaCO_3$）、白云石［$(Ca, Mg)CO_3$］等。碳酸盐通常预先加热焙烧使其离解为氧化物，有时也可直接加入冶金炉内，使之在炉内完成离解过程。

碳酸盐离解反应的通式为：

$$MeO_{(s)} + CO_2 = MeCO_{3(s)}$$

上式与氧化物的离解－生成反应相似，因而其热力学的分析方法和规律也与氧化物相似。

对碳酸盐的离解反应

$$\log P_{CO_2} = \frac{A'}{T} + B' \tag{2-15}$$

式（2－15）即为离解压的温度关系式，A'、B' 为各种碳酸盐的离解常数，可由 $\Delta G^{\ominus}=A+BT$ 求出。据此可作出各种碳酸盐的 $P_{CO_2}-T$ 曲线，图 2－8 为 $CaCO_3$ 的 $\log P_{CO_2}-T$ 平衡曲线。

在图 2－8 中的曲线上，$CaCO_3$、CaO、CO_2 平衡共存，曲线以上区域为 $CaCO_3$ 稳定区，曲线以下为 CaO 稳定区。

对 $CaO+CO_2=CaCO_3$，常用 $\Delta G^{\ominus}=-170925+144.4T$ 则：

$$\log P_{CO_2} = -\frac{8920}{T} + 12.54 \tag{2-16}$$

当在大气中焙烧 $CaCO_3$ 时，大气中 CO_2 含量约为 0.03%，即大气中 CO_2 分压 $p_{CO_2}=$

30.4Pa。因而 $CaCO_3$ 开始离解温度可由 $P_{CO_2} = p_{CO_2} = 30.4Pa$ 求出，由式（2－16）：

$$\log 30.4 = -\frac{8920}{T_{开}} + 12.54$$

$$T_{开} = 807K$$

根据以上计算，$CaCO_3$ 在大气中只要加热到 807K 即可分解，然而低温离解速度慢，同时，由于离解后产生的 CO_2 将使气相中 p_{CO_2} 升高，阻滞反应的进行。因而由动力学因素考虑，应使离解温度提高到使 P_{CO_2} 稍大于大气总压力，这样离解反应将能迅速进行。通常将 $P_{CO_2} = 10^5Pa$ 时的温度称为碳酸盐的化学沸腾温度。

由（2－16）式，当 $P_{CO_2} = 10^5Pa$ 时，得出：

$$\log 10^5 = -\frac{8920}{T_{沸}} + 12.54$$

$$T_{沸} = \frac{8920}{7.54} = 1183K$$

即 $CaCO_3$ 的化学沸腾为 1183K。

图 2－9 中绘出了几种碳酸盐的离解压曲线，可看出，$CaCO_3$ 最稳定，$FeCO_3$ 最不稳定。

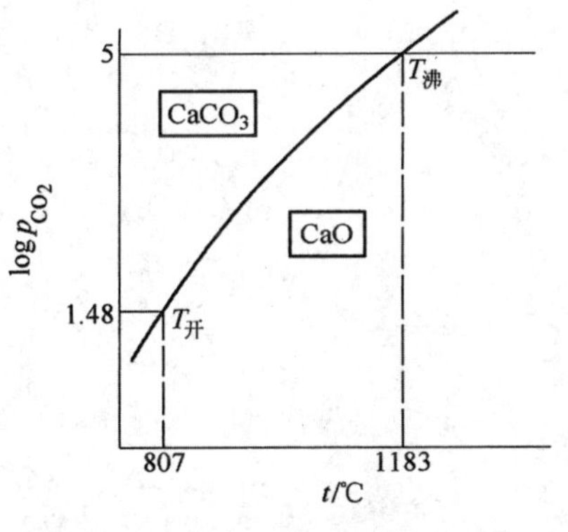

图 2－8　$CaCO_3$ 离解反应平衡图

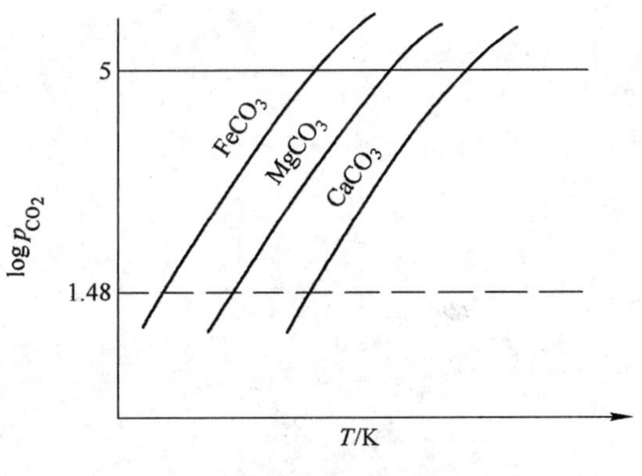

图 2－9　几种碳酸盐的离解压曲线

习题、思考题

1. 用捷姆金－许华兹曼法计算反应 $CH_4 + CO_2 = 2CO + 2H_2$ 在 1273K 时的平衡常数。

[1.6×10^4]

2. 某种金属在不同相态下氧化生成 MeO 的吉布斯自由能温度关系式如下：

$2Me_{①} + O_2 = 2MeO_{(s)}$，$\Delta G^{\ominus}_{①} = -1215034 + 192.88T$，J

$2Me_{②} + O_2 = 2MeO_{(s)}$，$\Delta G^{\ominus}_{②} = -1500800 + 429.28T$，J

$2Me_{③} + O_2 = 2MeO_{(s)}$，$\Delta G^{\ominus}_{③} = -1248506 + 231.79T$，J

（1）确定 $Me_{①}$、$Me_{②}$、$Me_{③}$的相态；

（2）计算 Me 的熔点和沸点；　[860.2K、1277.5K]

（3）作吉布斯自由能－温度图。

3. 试计算碳酸镁在空气中的开始离解温度和化学沸腾温度，已知：

$$MgO + CO_2 = MgCO_3$$

$$\Delta G_T^\ominus = -110750 + 120.12T,\ \text{J}$$

[590.7K、922.6K]

4. 将碳酸钙置于容积为 $1\times10^{-3}m^3$ 的容器中加热到 1073K，问有多少 $CaCO_3$ 离解？

[0.1887×10^{-3}kg]

5. 已知 $2CO + O_2 = 2CO_2$ 反应的 $\Delta G^\ominus = -564840 + 173.64T$（J），1500K 时 FeO 的分解压 $p_{O_2} = 10^{-7}$Pa，求 1500K 时与 FeO 和 Fe 平衡共存的 $CO - CO_2$ 混合气体成分，给定总压为 10^5Pa。

[CO83.4%、$CO_2$16.6%]

6. 氧化物吉布斯自由能图中 $2C + O_2 = 2CO$ 反应的 $\Delta G^\ominus - T$ 直线的斜率是负值，试说明其原因及对高温冶金的意义。

7. 对体系（1）$2FeO_{(s)} = 2Fe_{(s)} + O_2$、（2）$2(FeO) = 2[Fe] + O_2$，分别加入 FeO、$O_2$ 对 FeO 的离解压有无影响？并说明原因。

8. 对反应 $MeO_{(s)} + CO_2 = MeCO_{3(s)}$，（1）如何计算其分解压，（2）如何计算在体系内一定 CO_2 分压下的开始分解温度，（3）如何计算其化学沸腾温度？

第三章 氧化物的还原

第一节 概 述

金属氧化物在高温下还原为金属是火法冶金中最重要的一个冶炼过程，广泛地应用于黑色、有色及稀有金属冶金中。火法还原按原料和产品的特点可分为以下几种情况。

氧化矿或精矿直接还原为金属，如锡精矿的还原熔炼；

硫化精矿经氧化焙烧后再还原，如铅烧结矿、锌焙烧矿的还原；

湿法冶金制取的纯氧化物还原为金属，如三氧化钨粉的氢还原、四氯化钛的镁热还原；

含两种氧化物的氧化矿选择性还原其中一种氧化物，另一种氧化物富集在半成品中，如钛铁矿还原铁后得出含高二氧化钛的高钛渣等。

按所用还原剂的种类来划分，还原过程可分为气体还原剂还原、固体碳还原、金属热还原等，以下将按还原剂类型来讨论氧化物的还原原理。

由于火法冶金过程需要用燃料燃烧来得到高温，而燃料与还原剂又是相互联系的，因而本章也将讨论燃烧反应的热力学。

第二节 燃烧反应

火法冶金所用的燃料中，固体燃料有煤和焦炭，其可燃成分为C；气体燃料有煤气和天然气、液体燃料有重油等，其可燃成分主要为CO和H_2。冶金用还原剂有时是燃料本身、如煤和焦炭，有时是燃料燃烧产物，如CO和H_2。参与燃烧的助燃剂为O_2，主要来自空气，有时是氧化物中所含的O_2。而燃烧和还原的气体产物则为CO_2和水蒸气。因而，燃烧反应是与C－O系和C－H－O系有关的反应。

一、C－O系燃烧反应热力学

碳氧系主要有以下四个反应。

碳的气化反应（也称为贝－波反应、布多耳反应）：

$$C + CO_2 = 2CO, \quad \Delta G^{\ominus} = 170707 - 174.47T, \text{ J} \tag{1}$$

煤气燃烧反应：

$$2CO + O_2 = 2CO_2, \quad \Delta G^{\ominus} = -564840 + 173.64T, \text{ J} \tag{2}$$

碳的完全燃烧反应：

$$C + O_2 = CO_2, \quad \Delta G^{\ominus} = -394133 - 0.84T, \text{ J} \tag{3}$$

碳的不完全燃烧反应：

$$2C + O_2 = 2CO, \quad \Delta G^{\ominus} = -223426 - 175.31T, \text{ J} \tag{4}$$

反应（3）和（4）由于碳在高温下与氧反应可同时生成CO和CO_2，因而不能单独进行研究，通常其热力学数据系由反应（1）和（2）间接求出，即反应（1）加反应（2）得出反应（3），而反应（1）的两倍加上反应（2）得到反应（4）。

反应（2）、（3）和（4）皆为离解生成反应，其热力学规律已在第二章中讨论过。各反应的自由焓－温度曲线见第二章。

由图 3－1 可看出，碳的完全燃烧和不完全燃烧反应的 $\Delta G^{\ominus}$ 在任何温度下都是负值，温度升高变得更负，因而这两个反应在高温下能完全反应。在 O_2 充足时，C 完全燃烧成 CO_2，O_2 不足时将生成一部分 CO，而 C 过剩时，将生成 CO。

煤气燃烧反应的 $\Delta G^{\ominus}$ 随温度升高而加大，因而温度高时，CO 不易反应完全。对碳的气化反应，温度低时为正值，温度高时为负值，这一特征决定了气化反应的平衡对气相成分有着明显的影响。

以下着重分析煤气燃烧反应和碳的气化反应。

1. 煤气燃烧反应

$$2CO + O_2 \longrightarrow 2CO_2,\ \Delta G^{\ominus} = -564840 + 173.64T,\ J$$

当用煤气作为燃料时，在温度较低时反应易完全，而在高温下燃烧时，由于 $\Delta G^{\ominus}$ 加大，CO 不能完全燃烧成 CO_2，存在不完全燃烧损失，这是煤气燃烧反应的特点。

CO 的不完全燃烧程度用 α 表示，由平衡的观点来看，α 也就是反应体系中 CO_2 的离解度，即：

$$\alpha = \frac{\text{离解为 CO 的 } CO_2 \text{ 摩尔数}}{\text{未离解的 } CO_2 \text{ 摩尔数} + \text{离解为 CO 的 } CO_2 \text{ 摩尔数}}$$

对反应（2），在给定 CO 和 O_2 的开始浓度比的条件下，$f=(3-1-1)-1+2=2$，即平衡时某一成分的浓度（取 CO 则为 α）仅取决于温度和总压，$\alpha=\varphi(T,\ P)$，或 $\alpha=\varphi(K_P,\ P)$。以下推导 α 与 K_P、P 的关系式。

$$2CO + O_2 \longrightarrow 2CO_2$$

	$2CO$	O_2	$2CO_2$	
开始	1	0.5	0	摩尔
平衡	α	0.5α	$1-\alpha$	摩尔

平衡时总摩尔数为 $1+0.5\alpha$。

设总压为 P，则：

$$K_P = \frac{p_{CO_2}^2}{p_{CO}^2 \cdot p_{O_2}} \cdot p^{\ominus}$$

$$= \frac{\left[\frac{1-\alpha}{1+0.5\alpha} \cdot p\right]^2 \cdot p^{\ominus}}{\left[\frac{\alpha}{1+0.5\alpha} \cdot p\right]^2 \cdot \left[\frac{0.5\alpha}{1+0.5\alpha} \cdot p\right]}$$

$$= \frac{(1-\alpha)^2 \cdot (2+\alpha)}{\alpha^3 \cdot p} \cdot p^{\ominus}$$

由于 α 值在通常的燃烧温度时比较小，上式中（$1-\alpha$）近似等于 1，（$2+\alpha$）约为 2，则可简化为：

$$K_P = \frac{2p^{\ominus}}{\alpha^3 P} \text{ 或 } \alpha = \sqrt[3]{\frac{2 \cdot p^{\ominus}}{K_P \cdot P}} \quad (3-1)$$

式（3－1）为计算 CO 不完全燃烧损失（或 CO_2 离解度）的近似式，式中 K_P 可由 $\Delta G^{\ominus}$ 求出，给定温度和总压即可求出 α 值。

例 3－1　求 CO_2 在 2000K 和 10^5Pa 时的离解度 α。

解

$$\Delta G^{\ominus}_{2000} = -564840 + 173.64 \times 2000 = -217560\text{J}$$

$$\log K_P = 217560/8.314 \times 2.303 \times 2000 = 5.68$$

$$K_P = 478630$$

$$\alpha = \sqrt[3]{\frac{2 \times 10^5}{478630 \times 10^5}} = 1.6 \times 10^{-2}$$

即 CO_2 离解度为 1.6%。

由式（3－1）可看出，总压加大，α 降低，而温度升高时，K_P 变小。α 升高。可见，在高压和低温下 CO 易完全燃烧。

图 3－2 为 CO_2 离解度 α 的等压曲线。由图可看出，在低压和高温下 α 具有相当高的值，此时，近似式（3－1）将不适用。

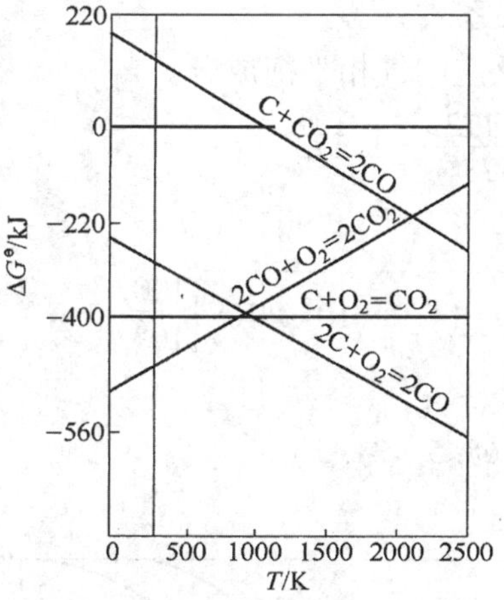

图 3－1　C－O 系燃烧反应的吉布斯自由能图

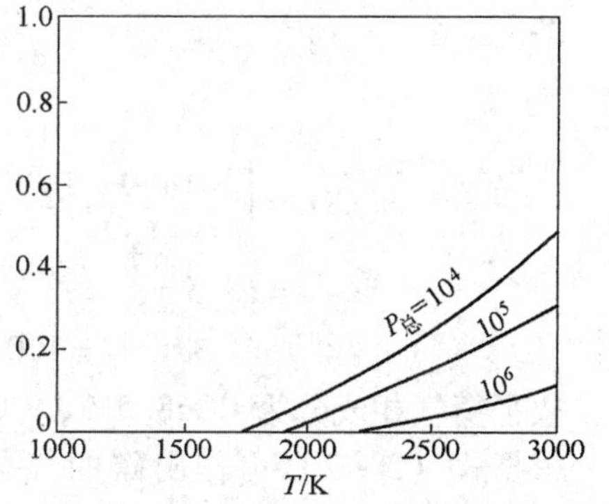

图 3－2　CO_2 离解度 α 的等压曲线（总压为 Pa）

2. 碳的气化反应

$$C + CO_2 = 2CO,\ \Delta G^{\ominus} = 170707 - 174.47T,\ \text{J}$$

这是火法冶金的一个重要反应。在竖式冶金炉（如鼓风炉）内风口前空气中的 O_2 与焦炭中 C 燃烧生成 CO_2 而 CO_2 将按反应（1）生成 CO，在氧化物与 C（焦炭、煤粉等）共存的料层内，还原产物 CO_2 也将与 C 反应生成 CO，CO 可以反复还原氧化物，同时，当温度降低后炉内气体中的 CO 又将按反应（1）的逆反应生成 CO_2 和烟碳（在有催化剂存在时）。可见，只要 C 与 O 共存，气化反应必定存在。

对反应（1），$f = (3-1) - 2 + 2 = 2$，即：

$$\%CO \text{ 或 } \%CO_2 = \varphi(T、p) = \varphi(K_P、p)$$

反应的气相平衡成分仅取决于温度和总压。以下推导这一关系式：

由

$$K_P = \frac{p_{CO}^2}{p_{CO_2} \cdot P^{\ominus}}$$

$$p_{CO} + p_{CO_2} = P_{总}$$

合并上两式，得出

$$K_P = \frac{p_{CO}^2}{(P_{总} - p_{CO}) \cdot p^{\ominus}}$$

$$p_{CO}^2 + K_P \cdot p^{\ominus} \cdot p_{CO} - K_P \cdot p^{\ominus} \cdot P_{总} = 0$$

$$p_{CO} = \frac{-K_P \cdot p^{\ominus} \pm \sqrt{K_P^2 \cdot p^{\ominus 2} - 4(-K_P \cdot P_{总} \cdot p^{\ominus})}}{2}$$

$$= -\frac{K_P \cdot p^{\ominus}}{2} + \sqrt{\frac{K_P^2 \cdot p^{\ominus 2} + 4K_P \cdot P_{总} \cdot p^{\ominus}}{4}}$$

因
$$p_{CO} = \frac{\%CO}{100} \cdot P_{总}$$

故
$$\%CO = \left[-\frac{K_P \cdot p^{\ominus}}{2} + \sqrt{\frac{K_P^2 \cdot p^{\ominus 2}}{4} + K_P \cdot P_{总} \cdot p^{\ominus}}\right]\frac{100}{P_{总}} \quad (3-2)$$

式（3－2）即为平衡气相成分与温度及总压的关系式。

例 3－2 求 1123K 及 10^6Pa 压力下，碳的气化反应的气相平衡成分。

解
$$\log K_P = \frac{-170707 + 174.47 \times 1123}{8.314 \times 2.303 \times 1123} = 1.173$$

$$K_P = 14.9$$

$$\%CO = \left[-\frac{14.9 \times 10^5}{2} + \sqrt{\frac{14.9^2 \times 10^{10}}{4} + 14.9 \times 10^6 \times 10^5}\right]\frac{100}{10^6}$$
$$= 68.5$$

$$\%CO_2 = 100 - \%CO = 100 - 68.5 = 31.5$$

故平衡气相成分为 CO68.5%，$CO_2$31.5%。

根据式（3－2）可作出碳的气化反应的等压曲线（图 3－3）。

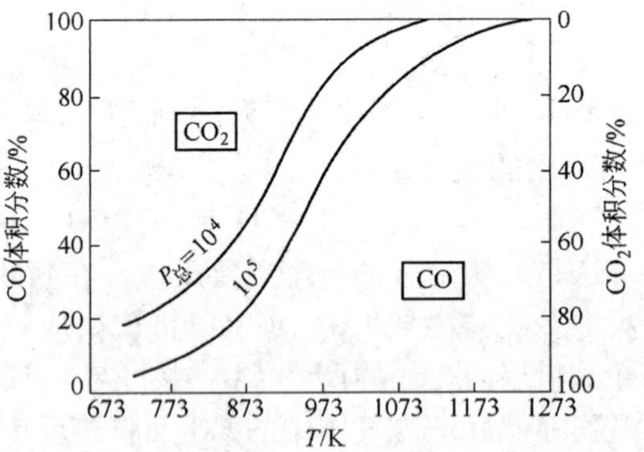

图 3－3 碳的气化反应平衡气相成分的等压曲线（总压为 Pa）

由图 3－3 可看出，压力降低和温度升高将有利于生成 CO。值得注意的是，碳的气化反应在 673～1273K 的温度范围是很敏感的，温度低于 673K，几乎全部生成 CO_2，而高于 1273K 则几乎全部生成 CO。

图中曲线为平衡曲线，表明了给定温度下的平衡成分，若实际气体成分高于曲线的平衡值，即实际的% CO 大于平衡的% CO，则反应将向 CO 减少的方向进行，此时只有 CO_2 是稳定的，故曲线以上的区域是 CO_2 的稳定区。相反，曲线以下的区域是 CO 的稳定区。

3. 碳在空气中的不完全燃烧　当 C 作为燃料时，作为助燃剂的空气必须过量，C 将全部燃烧成 CO_2，这时 C 完全燃烧，示意表示为：

$$C + O_2(过量)[N_2] \longrightarrow CO_2[N_2]$$

当 C 既作为燃料又作为还原剂时，C 过量而空气不足，燃烧产物既有 CO_2，又有 CO，C 不完全燃烧，示意表示为：

$$C(过量)+O_2[N_2]\longrightarrow xCO+yCO_2[N_2]$$

生成 CO_2 和 CO 的相对数量（x、y 之比）取决于碳的气化反应的平衡，即取决于温度和总压。

为了推导碳在空气中不完全燃烧时，气相平衡成分与温度和总压的关系式，需要建立以下关系式：

反应平衡气相产物中

$$\%CO+\%CO_2+\%N_2=100 \tag{3-3}$$

由于平衡成分取决于气化反应，故

$$K_{P(气)}=\frac{p_{CO}^2}{p_{CO_2}\cdot p^{\ominus}}=\frac{\left(\frac{\%CO}{100}\cdot P_{总}\right)^2}{\left(\frac{\%CO_2}{100}\cdot P_{总}\right)\cdot p^{\ominus}}=\frac{(\%CO)^2}{(\%CO_2)}\cdot\frac{P_{总}}{100\cdot p^{\ominus}} \tag{3-4}$$

由于气相中除 CO、CO_2 外还存在 N_2，故还需建立一关系式，根据反应前后物质的原子数不变的规律，燃烧前空气中摩尔原子数之比

$$\frac{n_N}{n_O}=\frac{2n_{N_2}}{2n_{O_2}}=\frac{\frac{\%N_2}{100}\cdot\sum n_{空气}}{\frac{\%O_2}{100}\cdot\sum n_{空气}}=\frac{\%N_2}{\%O_2}=\frac{79}{21}$$

而燃烧产物中

$$\frac{n_N}{n_O}=\frac{2n_{N_2}}{2n_{CO_2}+n_{CO}}=\frac{2\left(\frac{\%N_2}{100}\right)\cdot\sum n_{产物}}{2\left(\frac{\%CO_2}{100}\right)\cdot\sum n_{产物}+\frac{\%CO}{100}\cdot\sum n_{产物}}$$

$$=\frac{2(\%N_2)}{2(\%CO_2)+(\%CO)}$$

燃烧产物中 n_N/n_O 应与空气中相等，故产物中

$$\frac{2(\%N_2)}{2(\%CO_2)+(\%CO)}=\frac{79}{21} \tag{3-5}$$

联解式（3－3）、式（3－4）、式（3－5）：

由式（3－4） $$(\%CO_2)=\frac{(\%CO)^2}{K_{P(气)}}\cdot\frac{P_{总}}{100\cdot p^{\ominus}} \tag{3-6}$$

由式（3－5） $$(\%N_2)=\frac{79}{21\times2}[(\%CO)+2(\%CO_2)] \tag{3-7}$$

式（3－6）代入式（3－7）：

$$(\%N_2)=\frac{79}{42}\left[(\%CO)+\frac{(\%CO)^2}{K_{P(气)}}\cdot\frac{P_{总}}{50\cdot p^{\ominus}}\right] \tag{3-8}$$

式（3－6）、式（3－8）代入式（3－3）：

$$(\%CO)+\frac{(\%CO)^2}{K_{P(气)}}\cdot\frac{P_{总}}{100P^{\ominus}}+\frac{79}{42}\left[(\%CO)+\frac{(\%CO)^2}{K_{P(气)}}\cdot\frac{P_{总}}{50p^{\ominus}}\right]=100$$

整理后得：

$$\left[\frac{1}{21}\cdot\frac{P_{总}}{p\cdot K_{P(气)}}\right](\%CO)^2+\frac{121}{42}(\%CO)-100=0$$

解之得：

$$(\%CO)=-\frac{30.25}{P_{总}}\cdot K_{P(气)}\cdot p^{\ominus}+\sqrt{\frac{915K_{P(气)}^2p^{\ominus 2}}{P_{总}^2}+2100\frac{K_{P(气)}\cdot p^{\ominus}}{P_{总}}} \qquad (3-9)$$

根据式（3－9），已知温度和总压即可求出平衡气相中 CO 的含量，再代入式（3－3）、式（3－5）即可求出 CO_2、N_2 的含量。

若 $P_{总}=p^{\ominus}=10^5$Pa，则公式（3－9）可简化为：

$$(\%CO)=-30.25K_{P(气)}+\sqrt{915K_{P(气)}^2+2100K_{P(气)}} \qquad (3-10)$$

例 3－3 求 1123K，10^5Pa 压力下碳与空气不完全燃烧时的平衡气相成分。

解 由例 3－2 已知 $K_{P(气)}=14.9$，则：

$$(\%CO)=-30.25\times14.9+\sqrt{915\times14.9^2+2100\times14.9}=33.5$$

$$(\%CO_2)=\frac{33.5^2}{14.9}\cdot\frac{1}{100}=0.75$$

$$(\%N_2)=100-33.5-0.75=65.75$$

二、H－O 系和 C－H－O 系燃烧反应

1. 氢的燃烧 $2H_2+O_2 \xlongequal{} 2H_2O$，$\Delta G^{\ominus}=-503921+117.36T$，J （5）

氢燃烧反应的热力学规律与煤气燃烧反应相同，即温度升高后 H_2 的不完全燃烧程度加大，也就是 H_2O 的离解度 α 加大。

比较 H_2 和 CO 燃烧反应的吉布斯自由能－温度曲线（图 3－4）可看出，两直线有一交点，交点温度时两反应的 $\Delta G^{\ominus}$ 相等：

$$-503921+117.36T_{转}=-564840+173.64T_{转}$$

据此可求出转换温度：

$$T_{转}=1083\text{K}$$

在转换温度以下 CO_2 比 H_2O 稳定，CO 与 O_2 反应的能力（还原能力）大于 H_2，而在 1083K 以上的温度则相反，H_2 的还原能力大于 CO。

2. 水煤气反应

$$CO+H_2O \xlongequal{} H_2+CO_2,\quad \Delta G^{\ominus}=-304591+28.14T,\ \text{J} \qquad (6)$$

水煤气反应及反应的 $\Delta G^{\ominus}$ 值可由煤气燃烧反应与氢燃烧反应之差求出，其吉布斯自由能－温度曲线见图 3－4。由图 3－4 可看出，1083K 时反应的 $\Delta G^{\ominus}=0$，$K_P=1$，温度低于此温度时，$\Delta G^{\ominus}$ 小于零，CO 转变为 CO_2，而高于此温度时，H_2 转变为 H_2O。

3. 水蒸气与碳反应 用空气来燃烧碳时，由于空气中含有水蒸气，因而存在 H_2O 与 C 的反应：

$$2H_2O+C \xlongequal{} 2H_2+CO_2,\quad \Delta G^{\ominus}=109788-118.32T,\ \text{J} \qquad (7)$$

$$H_2O+C \xlongequal{} H_2+CO,\quad \Delta G^{\ominus}=140248-146.36T,\ \text{J} \qquad (8)$$

$H_2O－C$ 反应与 $O_2－C$ 反应一样，生成 CO、CO_2 的两个反应是同时进行的，因而其

热力学数据也是通过间接计算求出的。两倍水煤气反应与碳的气化反应之和可得出反应（7），而上述两反应之和可得出反应（8）。（7）、（8）两反应的吉布斯自由能－温度曲线见图 3－5。两直线交点仍为 1083K，温度低生成 CO_2 趋势大，温度高生成 CO 趋势大。

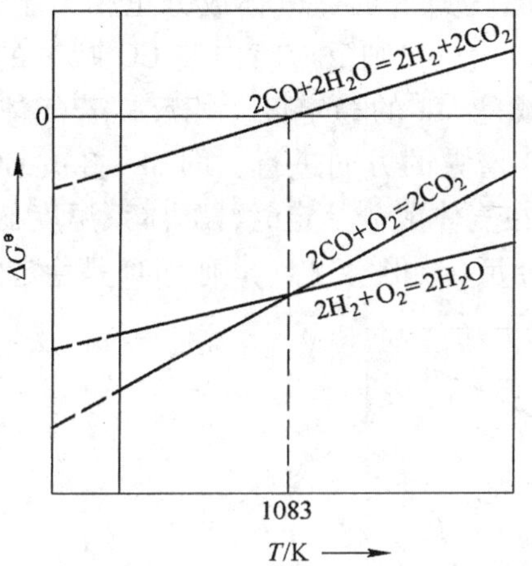

图 3－4　CO 和 H_2 燃烧反应的吉布斯自由能图

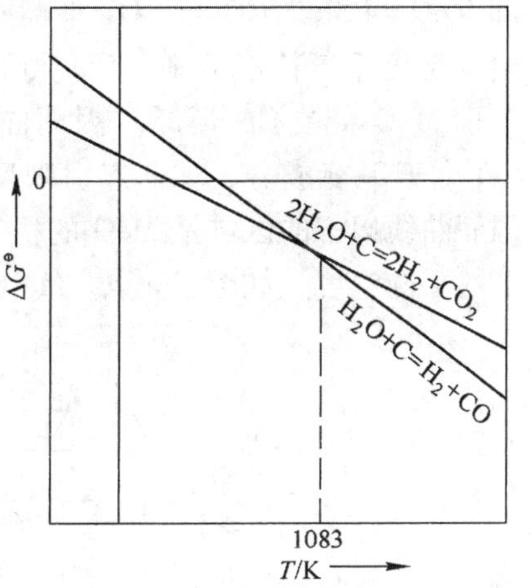

图 3－5　H_2O 与 C 反应的吉布斯自由能图

第三节　氧化物用 CO、H_2 气体还原剂还原

一、氧化物用 CO 还原

氧化物用 CO 还原反应可由下述两个离解－生成反应组成：

$$2CO + O_2 = 2CO_2 \qquad \Delta G^{\ominus}_{(1)}$$

$$-\ 2Me + O_2 = 2MeO \qquad \Delta G^{\ominus}_{(2)}$$

$$MeO + CO = Me + CO_2 \qquad \Delta G^{\ominus} = \frac{\Delta G^{\ominus}_{(1)} - \Delta G^{\ominus}_{(2)}}{2}$$

当 MeO 和 Me 都是纯凝聚相，且因压力对反应平衡无影响而不加考虑时，反应的自由度数 $f = (4-1) - 3 + 1 = 1$。影响反应平衡的条件只有温度和气体成分，故：

$$\%CO(或\%CO_2) = \varphi(T)$$

平衡气相成分与温度的关系可由下列关系式求出：

$$\Delta G^{\ominus} = \frac{\Delta G^{\ominus}_{(1)} - \Delta G^{\ominus}_{(2)}}{2} = A + BT = -RT\ln\frac{p_{CO_2}/p^{\ominus}}{p_{CO}/p^{\ominus}} = -RT\ln\frac{(\%CO_2/100)P_{总}}{(\%CO/100)P_{总}}$$

$$= -RT\ln\frac{\%CO_2}{\%CO}$$

即
$$\log\frac{\%CO}{\%CO_2} = \frac{A+BT}{19.15T} = \frac{A'}{T} + B'$$

同时
$$\%CO + \%CO_2 = 100$$

当给定 MeO 时，即可求出 A'、B' 值，联解上两式，即可求出% CO 与 T 的关系。当反应为吸热反应时，$A' > 0$，% CO 随温度升高而降低，而对放热反应，$A' < 0$，% CO 随温度升

高而增大。

图 3－6 为某 MeO 用 CO 还原（放热反应）反应的平衡图，图中曲线表示了 CO 平衡成分随温度而变化的规律。当体系的温度和气体成分正好位于曲线上时，反应处于平衡状态，即 MeO 与 Me、CO 与 CO_2 平衡共存，如图上温度为 T'时，气体成分正相当于 b 点。若在给定温度下气体成分中% CO 大于平衡浓度，如 a 点，则反应将向使 CO 减少的方向进行，即 MeO 将被 CO 还原。因而曲线以上的区域是 Me 的稳定区。相反，若气体成分中% CO 小于平衡成分，如 c 点，则反应将向使 CO 增大的方向进行，即 Me 将被 CO_2 氧化，因而曲线以下的区域是 MeO 的稳定区。同样，在气体成分一定时，如体系温度低于该成分下的平衡温度，如图上 e 点，Me 也是稳定的，相反，如图上 f 点，则 MeO 是稳定的。

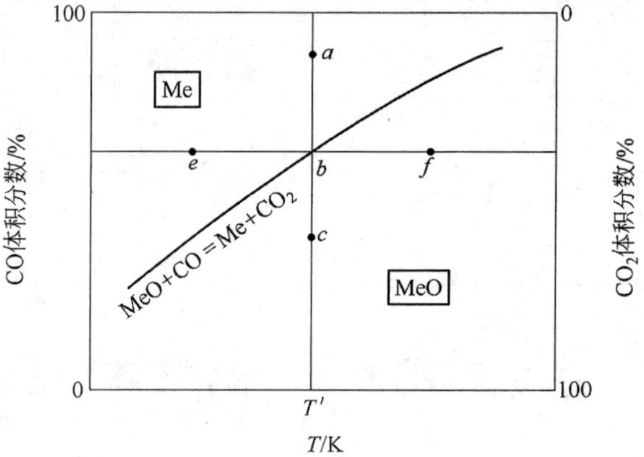

图 3－6　MeO 用 CO 还原平衡图

根据以上分析可以知道，对于 MeO 的还原，只要控制一定的还原条件，即温度和气相中 CO 浓度，就可以使给定 MeO 的还原反应按预期的方向进行。同时，根据反应的热力学数据，还可以准确地计算反应在给定温度下的 CO 最低浓度。

例 3－4　如在 1500K 时用 CO＋CO_2 混合气体还原 CoO 为 Co，气相中 CO 浓度至少应控制多大？

解

$$2CO + O_2 = 2CO_2 \qquad \Delta G^{\ominus} = -564840 + 173.64T,\ J$$

$$2Co + O_2 = 2CoO \qquad \Delta G^{\ominus} = -467771 + 143.72T,\ J$$

$$CoO + CO = Co + CO_2 \qquad \Delta G^{\ominus} = -48534.5 + 14.96T,\ J$$

$$\log \frac{\%CO}{\%CO_2} = \frac{-48534.5 + 14.96 \times 1500}{19.15 \times 1500} = -0.909$$

$$\frac{\%CO}{\%CO_2} = 0.1233$$

$$\frac{\%CO}{1 - \%CO} = 0.1233$$

求出

$$\%CO = 10.98$$

故气体中 CO 浓度至少应等于 10.98%。

二、氧化物吉布斯自由能图中$\frac{p_{CO}}{p_{CO_2}}$专用标尺

在氧化物吉布斯自由能图（图 2－1）中，绘出了各种氧化物的标准吉布斯自由能－

温度关系的直线。

根据前面的分析得知，$2CO + O_2 \xlongequal{} 2CO_2$ 反应的 $\Delta G^{\ominus}_{(1)}$ 与给定 MeO 的生成反应的 $\Delta G^{\ominus}_{(2)}$ 的差值即为该 MeO 被 CO 还原反应的 $\Delta G^{\ominus}$。然而必须注意，因为是标准吉布斯自由能，所以只适用于标准状态，即：

$$
\begin{array}{lr}
2CO(10^5Pa) + O_2(10^5Pa) \xlongequal{} 2CO_2(10^5Pa) & \Delta G^{\ominus}_{(1)} \\
-2Me(\text{纯凝聚相}) + O_2(10^5Pa) \xlongequal{} 2MeO(\text{纯凝聚相}) & \Delta G^{\ominus}_{(2)} \\
\hline
2MeO + 2CO(10^5Pa) \xlongequal{} 2Me + 2CO_2(10^5Pa) & \Delta G^{\ominus}
\end{array}
$$

在两直线的交点上，$\Delta G^{\ominus}_{(1)} = \Delta G^{\ominus}_{(2)}$，则还原反应的 $\Delta G^{\ominus} = 0$，此时的温度（交点温度）为平衡温度，在此温度下的平衡气相成分比为$\frac{p_{CO}}{p_{CO_2}} = \frac{\%CO}{\%CO_2} = \frac{10^5}{10^5} = \frac{1}{1}$。

因而根据吉布斯自由能图，只要查出任何 MeO 的吉布斯自由能直线与 $2CO + O_2 \xlongequal{} 2CO_2$ 直线的交点，即可得知还原反应的平衡温度，但应注意，这是在标准状态下，即$\frac{p_{CO}}{p_{CO_2}} = \frac{10^5}{10^5}$时的平衡温度。

为了查出气相为非标准状态下的还原反应的平衡温度和平衡成分，吉布斯自由能图中专门设计了 $-\frac{p_{CO}}{p_{CO_2}}$ “]”形专用标尺，由于还原反应压力对平衡无影响，因而分压比也就是体积浓度比，即$\frac{p_{CO}}{p_{CO_2}} = \frac{\%CO}{\%CO_2}$。

对反应　　　　　　　　　$2CO + O_2 \xlongequal{} 2CO_2$

标准状态时　　　$2CO(10^5Pa) + O_2(10^5Pa) \xlongequal{} 2CO_2(10^5Pa)$

$$\Delta G^{\ominus} = -564840 + 173.64T,\ \text{J}$$

非标准状态时，CO、CO_2 分压不是 10^5Pa 而可以是任意值。由于还原反应中 O_2 因两离解-生成反应相减而消去，令其与 MeO 生成反应相同为标准状态，则：

$$2CO(p_{CO} \neq 10^5Pa) + O_2(p_{O_2} = 10^5Pa) \xlongequal{} 2CO_2(p_{CO_2} \neq 10^5Pa)$$

$$
\begin{aligned}
\Delta G &= \Delta G^{\ominus} + RT\ln\frac{p^2_{CO_2}/p^{\ominus 2}}{p^2_{CO}/p^{\ominus 2}} - RT\ln\frac{p_{O_2}}{p^{\ominus}} \\
&= -564840 + 173.64T - RT\ln\frac{p^2_{CO}}{p^2_{CO_2}} \\
&= -564840 + \left(173.64 - 2\times 8.314\times 2.303\log\frac{p_{CO}}{p_{CO_2}}\right)\cdot T \\
&= -564840 + \left(173.64 - 38.29\log\frac{p_{CO}}{p_{CO_2}}\right)\cdot T
\end{aligned}
$$

该式表明，$2CO + O_2 \xlongequal{} 2CO_2$ 反应在 CO、CO_2 为非标准状态下的吉布斯自由能 ΔG 与温度的关系为直线式，其截距仍为 -564840J，而斜率为$\left(173.64 - 38.29\log\frac{p_{CO}}{p_{CO_2}}\right)$，在

这种情况下，只要给定一个$\frac{p_{CO}}{p_{CO_2}}$值，即可得出一个斜率，作出一条等$\frac{p_{CO}}{p_{CO_2}}$比值的 $\Delta G-T$ 直线。在氧化物吉布斯自由能图中设置了一个“]”形坐标，其上标出了不同的$\frac{p_{CO}}{p_{CO_2}}$比值点，通过该点与 C 点（0K、$\Delta G=-564840$J）相连，即为该$\frac{p_{CO}}{p_{CO_2}}$比值下的 $\Delta G-T$ 直线。

例 3－5　在例 3－4 中曾求出在 1500K 时用 CO 还原 CoO 的气相平衡成分为$\frac{\%CO}{\%CO_2}=0.1233\left(\log\frac{\%CO}{\%CO_2}=-0.909\right)$，现在反过来计算当气相成分为$\frac{\%CO}{\%CO_2}=0.1233$ 时，反应的平衡温度。

解

$$2CO+O_2 = 2CO_2 \qquad \Delta G_{(1)} = -564840+173.64T-38.29\times(-0.909)T$$

$$-\ 2Co+O_2 = 2CoO \qquad \Delta G^{\ominus}_{(3)} = -467771+143.72T$$

$$2CoO+CO = 2Co+2CO_2 \qquad \Delta G = \Delta G_{(1)}-\Delta G^{\ominus}_{(3)}$$

当 $\Delta G=0$ 时，反应平衡，此时温度为平衡温度（或最低还原温度）：

$$\Delta G = -564840+173.64T_{还}-38.29\times(-0.909)T_{还} +467771-143.72T_{还}=0$$

$$-97069+64.73T_{还}=0$$

$$T_{还}=1500\text{K}$$

以上计算说明，任何氧化物的 $\Delta G^{\ominus}-T$ 直线与反应 $2CO_2+O_2 = 2CO_2$ 给定$\frac{\%CO}{\%CO_2}$的 $\Delta G-T$ 直线的交点，就是该氧化物被给定成分气体还原的平衡温度。

例 3－6　求用$\frac{\%CO}{\%CO_2}=\frac{1}{10^2}$的气体还原 NiO 的平衡温度？

解　查图 3－7，$2Ni+O_2 = 2NiO$ 的 $\Delta G^{\ominus}-T$ 直线与$\frac{CO}{CO_2}=\frac{1}{10^2}$的直线相交于 1210K，该温度即为 $NiO+CO = Ni+CO_2$ 反应的平衡温度。

同样，对任何氧化物的还原，只要给定温度，也可查出气相平衡成分。

例 3－7　在 1890K 时用 CO 还原 Al_2O_3，气体中$\frac{\%CO}{\%CO_2}$比值应控制多大？

解　查图 3－7，1890K 时，与$\frac{4}{3}Al+O_2 = \frac{2}{3}Al_2O_3$ 直线相交的等$\frac{\%CO}{\%CO_2}$直线介于$\frac{10^6}{1}\sim\frac{10^7}{1}$之间，用内插法求出$\frac{\%CO}{\%CO_2}=5.56\times10^6/1$，也就是说，只有几乎纯 CO 气体才能使 Al_2O_3 在 1890K 时还原。

利用$\frac{p_{CO}}{p_{CO_2}}$专用标尺，可以迅速判断任何一种氧化物在给定温度下还原反应的气相成分，或给定气相成分下的还原温度，也可以用来比较在同一温度下，各种氧化物还原的气相成分，这对于复杂氧化矿进行选择性还原时，确定还原气体的成分是很有帮助的。

例如，利用图2－1查出各种氧化物在1473K温度下用CO还原的平衡气相成分，并以气相成分对各种氧化物的标准生成自由焓作图（图3－8）。

由图3－8可看出，氧化物生成吉布斯自由能愈小，用CO还原时，气体中CO/CO_2比值就愈大。图中氧化物大体可分为三类，Cr_2O_3、MnO、V_2O_5、SiO_2、TiO_2等氧化物，CO/CO_2为$10^3 \sim 10^6$，即几乎为纯CO才能使之还原，故为难还原的氧化物。而CoO、NiO、PbO、Cu_2O等则相反，为易还原氧化物。P_2O_5、SnO_2、ZnO、FeO则介于两者之间，大约50%CO即可还原。

图3－8与常见的以CO平衡浓度对氧化物的$\Delta G^{\ominus}$作图的等温S形曲线是一致的，而本图的坐标在CO浓度高和低时更为准确。

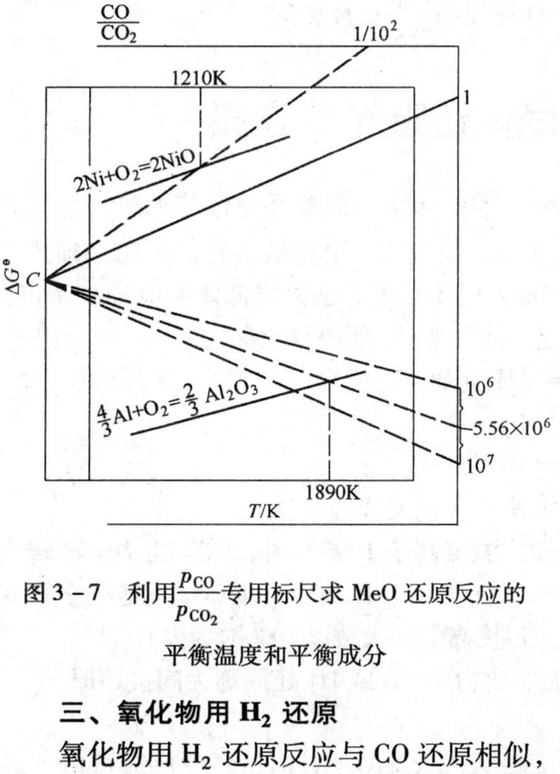

图3－7　利用$\frac{p_{CO}}{p_{CO_2}}$专用标尺求MeO还原反应的平衡温度和平衡成分

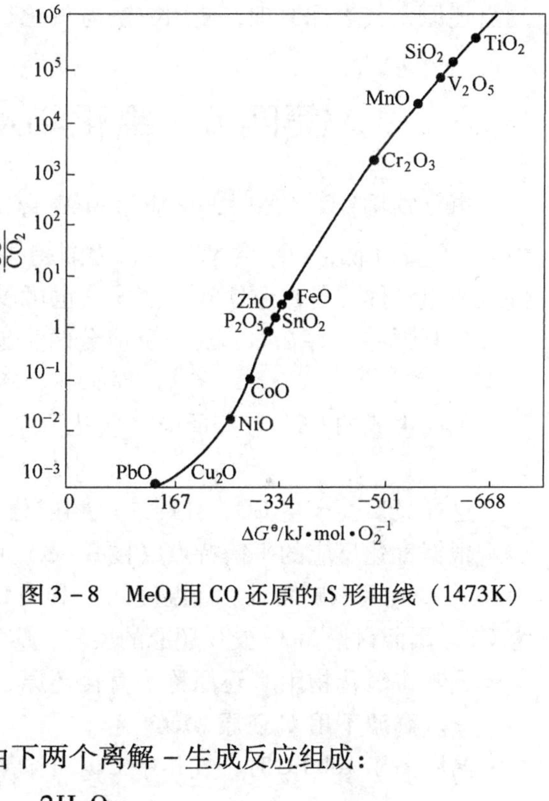

图3－8　MeO用CO还原的S形曲线（1473K）

三、氧化物用H_2还原

氧化物用H_2还原反应与CO还原相似，由下两个离解－生成反应组成：

$$
\begin{array}{r}
2H_2 + O_2 = 2H_2O \\
-\ 2Me + O_2 = 2MeO \\
\hline
MeO + H_2 = Me + H_2O
\end{array}
$$

反应的自由度$f=1$。即$\%H_2$（或$\%H_2O$）$=\varphi(T)$。

同样可得出：

$$\%H_2 + \%H_2O = 100$$

$$\log \frac{\%H_2}{\%H_2O} = \frac{A'}{T} + B'$$

据此可作出平衡图，其分析方法与图3－6相同。

MeO用H_2还原与CO还原相比较，两者之间相差一个水煤气反应：

$$
\begin{array}{r}
MeO + CO \xlongequal{\quad} Me + CO_2 \\
-\ CO + H_2O \xlongequal{\quad} CO_2 + H_2 \\
\hline
MeO + H_2 \xlongequal{\quad} Me + H_2O
\end{array}
$$

由于水煤气反应是强放热反应（$\Delta H_{298}^{\ominus} = -40535J$），因而 MeO 用 H_2 还原要比用 CO 还原多吸热（298K 时为 40535J），故 MeO 用 CO 还原时，有放热反应，也有吸热反应。而用 H_2 还原则几乎都是吸热反应，即常数 $A'>0$，% H_2 随温度升高而降低，曲线斜率向下。

在氧化物吉布斯自由能图（图 2－1）中，设计了 $\frac{p_{H_2}}{p_{H_2O}}$ “]” 形专用标尺，用于氧化物的氢还原，其设计原理，使用方法与氧化物 CO 还原的 $\frac{p_{CO}}{p_{CO_2}}$ 标尺相同。

第四节　氧化物用固体还原剂 C 还原

氧化物用 CO 还原时，反应为 $MeO + CO \xlongequal{\quad} Me + CO_2$，随着还原反应的进行，气相中 CO 含量降低，$CO_2$ 含量升高，逐渐趋向于平衡，反应将不能继续进行。因而必须连续供应还原气体并排出还原气体产物。也可以用加入固体 C 的办法来降低体系中 CO_2 浓度。

当有固体 C 存在时，还原反应分两步进行，首先是 CO 还原氧化物：

$$MeO + CO \xlongequal{\quad} Me + CO_2$$

反应生成的 CO_2 与 C 反应（气化反应）：

$$CO_2 + C \xlongequal{\quad} 2CO$$

这样又重新产生 CO，此时，气相成分将取决于气化反应的平衡。

根据气化反应的平衡特点（图 3－3）可知，温度高于 1000℃时，CO_2 几乎全部转变为 CO，CO_2 可忽略不计。而温度低于 1000℃时，CO 与 CO_2 将共存，即 CO_2 不能完全转变为 CO。因而讨论 MeO 被 C 还原的反应，应区分温度高低（大致以 1000℃为界）。

通常将氧化物用 C 还原称为直接还原，而氧化物用 CO 或 H_2 还原称为间接还原。

一、高温下用 C 还原 MeO

温度高于 1000℃时，气相中 CO_2 平衡浓度很低，当忽略不计时，还原反应可由下述两步加和而成：

$$
\begin{array}{r}
MeO + CO \xlongequal{\quad} Me + CO_2 \\
+\quad CO_2 + C \xlongequal{\quad} 2CO \\
\hline
MeO + C \xlongequal{\quad} Me + CO
\end{array}
$$

反应的自由度 $f=(4-1)-4+2=1$，在影响反应的平衡的因素中只有温度和气相 CO 的压力，故

$$T=\varphi(p_{CO})$$

即平衡温度仅随压力而变，压力一定，平衡温度也一定。

例 3－8　用 C 还原 V_2O_3 时，若体系中 p_{CO} 控制在 10^5Pa 和 10^4Pa，还原温度至少应多高？

解　首先根据吉布斯自由能图初步判断出还原温度高于 1273K，因而可按照两反应加和的还原反应计算：

$$\frac{1}{3}V_2O_3 + CO \xlongequal{} \frac{2}{3}V + CO_2 \qquad \Delta G^{\ominus}_{(1)} = 124097 + 8.03T,\ J \qquad (1)$$

$$+ \qquad CO_2 + C \xlongequal{} 2CO \qquad \Delta G^{\ominus}_{(2)} = 170707 - 174.47T,\ J \qquad (2)$$

$$\frac{1}{3}V_2O_3 + C \xlongequal{} \frac{2}{3}V + CO \qquad \Delta G^{\ominus}_{(3)} = 294804 - 166.44T,\ J \qquad (3)$$

（3）式为 V_2O_3 被 C 还原的反应。

当 $p_{CO} = 10^5$Pa 时，符合标准状态，可用标准吉布斯自由能计算，令 $\Delta G^{\ominus}_{(3)} = 0$，这时的温度为平衡温度，也就是最低还原温度：

$$\Delta G^{\ominus}_{(3)} = 294804 - 166.44T_{还} = 0$$

$$T_{还} = 1771\text{K}$$

当 $p_{CO} = 10^4$Pa 时，由等温方程式得：

$$\Delta G_{(3)} = \Delta G^{\ominus}_{(3)} + RT\ln\frac{p_{CO}}{p^{\ominus}} = 294804 - 166.44T + 8.314 \times 2.303T\log 0.1$$

$$= 294804 - 185.59T$$

令 $\Delta G_{(3)} = 0$，求出压力为 10^4Pa 时，$T_{还} = 1588$K。

二、温度低于 1000℃时用 C 还原 MeO

当温度低于 1000℃时，碳的气化反应平衡成分中 CO、CO_2 共存，这时，MeO 的还原将取决于以下两反应的同时平衡：

$$MeO + CO \xlongequal{} Me + CO_2$$

$$CO_2 + C \xlongequal{} 2CO$$

即 MeO 与 C 反应将生成 Me、CO 和 CO_2。

两反应同时平衡时，$f = (5-2) - 4 + 2 = 1$，影响反应平衡的因素有温度、压力和气相成分浓度% CO 或% CO_2 三个，故：

$$\%CO、T = \varphi(P)$$

即总压一定时，两反应同时平衡的平衡温度和% CO 也就一定，总压改变，平衡温度和% CO也相应改变。如图 3－9 所示，两反应同时平衡只有在两反应平衡曲线的交点才能实现。当总压为 10^5Pa 时，平衡温度为 T_2，平衡浓度为% CO″，当总压降低为 10^4Pa 时，平衡温度和浓度也相应降低至 T_1、% CO′。

因而，只有在交点温度时，MeO、Me 才能同时存在，如果浓度不等于平衡浓度，则将自动变化到平衡浓度。在交点温度以下的区域只有 MeO 稳定存在，而在交点温度以上的区域则只有 Me 稳定存在。由图 3－10 可看出，当压力一定时，两曲线于 a 点相交，温度为 T_2，只有在 T_2 温度时，MeO、Me 才能共存，若气相成分% CO 为 f 点，高于平衡成分 a 点，则两反应自动向使 CO 降低的方向进行：

$$MeO + CO \longrightarrow Me + CO_2$$

$$2CO \longrightarrow CO_2 + C$$

直至% CO 降至 a 点，两反应才能同时平衡。相反，气相成分低于平衡成分，如 g 点，则两反应皆向使 CO 增加的方向进行，使% CO 自动上升到 a 点。因而在平衡温度 T_2 时，不管原来气相成分是高于或低于平衡成分，最终都在 a 点达到平衡，MeO、Me 共存。

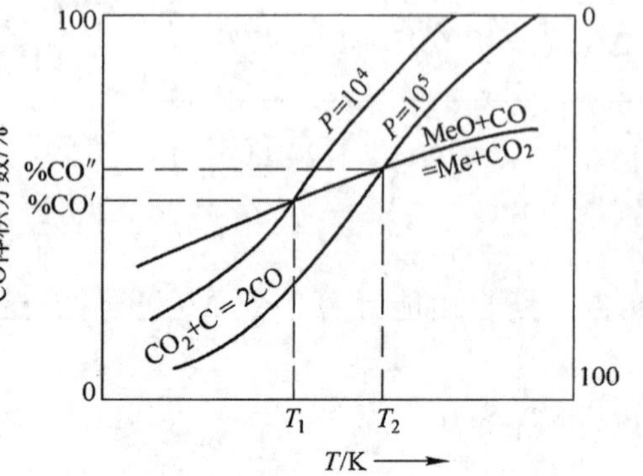

图3－9　用C还原MeO的平衡图（总压为Pa）

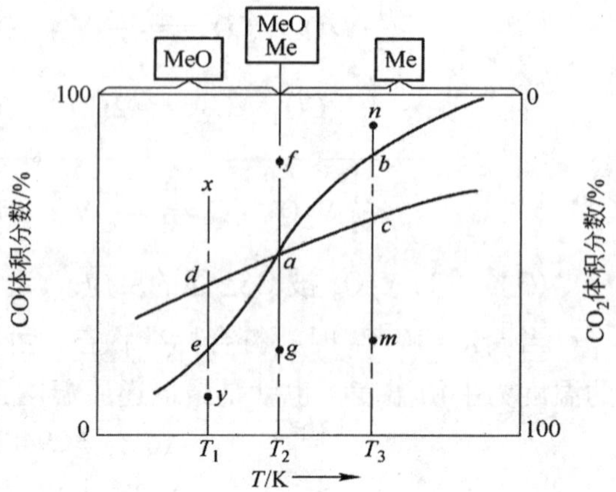

图3－10　用C还原MeO反应的稳定区

如果体系的温度低于平衡温度，如 T_1，则只有 MeO 能稳定存在。

如 T_1 时气相组成为 x 点，气相中% CO 高于两反应的平衡% CO(d、e)，则：

$$MeO + CO \longrightarrow Me + CO_2$$

$$2CO \longrightarrow CO_2 + C$$

当% CO 由 x 降低到 d 时，MeO 还原反应平衡

$$MeO + CO === Me + CO_2$$

而气化反应仍使% CO 降低：

$$2CO \longrightarrow CO_2 + C$$

气化反应促使% CO 降低至稍低于 d 点，MeO 还原反应又将逆向进行。

$$\begin{array}{c} 2CO \longrightarrow CO_2 + C \\ \uparrow \qquad\qquad \downarrow \\ MeO + CO \longleftarrow CO_2 + Me \end{array}$$

两反应交换 CO、CO_2，使气相成分始终处于 d 稍下一点的位置。

当体系中 Me 全部反应为 MeO 后，还原反应终止。气相成分中% CO 由 d 降至 e 点，气化反应平衡，因而只有 MeO 稳定存在。

如 T_1 时，% CO 为 y，则：

$$Me + CO_2 \longrightarrow MeO + CO$$

$$CO_2 + C \longrightarrow 2CO$$

使% CO 由 y 升高到 e，同理，% CO 由还原反应而升高到 e 稍上一点时：

$$\begin{array}{c} MeO + CO \longleftarrow CO_2 + Me \\ \downarrow \qquad\qquad \uparrow \\ 2CO \longrightarrow CO_2 + C \end{array}$$

直到 Me 全部反应为 MeO，还原反应终止，气相中% CO 由 e 稍上回到 e 点，气化反应平衡，此时只有 MeO 稳定存在。

以上分析说明，当温度低于平衡温度时，不管气相组成如何，只有 MeO 稳定存在，而气相成分最终将转变到气化反应的平衡点。

对于体系温度高于平衡温度的情况，如 T_3，气相组成为 n、m 点时，亦可用上述方法

分析，结果是 MeO 全部被还原为 Me，只有 Me 稳定存在，气相成分最后在 b 点平衡。

第五节　复杂化合物和溶液中氧化物的还原

前面讨论的还原反应皆为由纯氧化物还原为纯金属，然而冶金原料中的氧化物也有以复杂化合物形态存在的，主要是硅酸盐，而还原产物也有时会生成化合物，如碳化物。同时，高温下熔渣中也会溶解被还原的氧化物，而还原出的金属也会与杂质金属形成金属熔体。

一、复杂化合物中氧化物的还原

复杂化合物中氧化物的还原系由简单氧化物还原和复杂化合物的离解两个反应组成。

以复杂化合物 $NiO \cdot Cr_2O_3$ 中 NiO 的还原为例：

$$NiO + CO = Ni + CO_2 \qquad \Delta G^{\ominus}_{(1)} = -48325 + 1.92T, \text{ J} \tag{1}$$

$$+ \quad NiO \cdot Cr_2O_3 = NiO + Cr_2O_3 \qquad \Delta G^{\ominus}_{(2)} = 53555 - 8.37T, \text{ J} \tag{2}$$

$$NiO \cdot Cr_2O_3 + CO = Ni + CO_2 + Cr_2O_3 \tag{3}$$

$$\Delta G^{\ominus}_{(3)} = \Delta G^{\ominus}_{(1)} + \Delta G^{\ominus}_{(2)} = 5230 - 6.45T, \text{ J}$$

为了比较简单氧化物和复杂化合物中氧化物的还原，分别求出反应（1）和（3）在 1200K 时的 CO 平衡成分，1200K 时：

$$\Delta G_{(1)} = -48325 + 1.92 \times 1200 = -44485\text{J}$$

$$\Delta G^{\ominus}_{(3)} = 5230 - 6.45 \times 1200 = -2510\text{J}$$

由 $\Delta G^{\ominus} = -RT\ln \dfrac{\%CO_2}{\%CO}$ 可分求出反应（1）和（3）的 CO 平衡成分为 1.15% 和 43.7%。由此可见，复杂化合物中氧化物的还原由于比简单氧化物还原多一个复杂化合物的离解反应，因而要困难一些。以上计算表明，在同样温度下，NiO 还原只需要 CO 浓度高于 1.15%，而 $NiO \cdot Cr_2O_3$ 的还原则需 CO 浓度达 43.7% 以上。

二、还原产物形成复杂化合物

还原反应系由还原生成金属的反应和金属化合物的生成反应组成。

以 TiO_2 还原生成 TiC 为例：

$$TiO_2 + 2C = Ti + 2CO \qquad \Delta G^{\ominus}_{(4)} = 715882 - 352.42T, \text{ J} \tag{4}$$

$$+ \quad Ti + C = TiC \qquad \Delta G^{\ominus}_{(5)} = -184096 + 13.14T, \text{ J} \tag{5}$$

$$TiO_2 + 3C = TiC + 2CO \qquad \Delta G^{\ominus}_{(6)} = 531786 - 339.28T, \text{ J} \tag{6}$$

如体系中 CO 压力皆为 10^5Pa，还原反应平衡温度可由标准吉布斯自由能 $\Delta G^{\ominus} = 0$ 求出。

还原得到纯 Ti 时：

$$\Delta G^{\ominus}_{(4)} = 715882 - 352.42T_{还} = 0$$

求出

$$T_{还} = 2031\text{K}$$

还原得到 TiC 时：

$$\Delta G^{\ominus}_{(6)} = 531786 - 339.28T_{还} = 0$$

求出

$$T_{还} = 1567\text{K}$$

从而可以看出，还原产物生成化合物将比生成纯金属要易还原些，如上例，当总压相同时，最低还原温度由2031K降至1567K。

对于复杂化合物有关的还原反应，只要查到复杂化合物的标准生成吉布斯自由能的数据，即可进行计算分析。大多数复杂化合物的 $\Delta G^{\ominus}=A+BT$ 式都可以查到。

三、熔体中的还原

由溶液中还原氧化物或还原产物形成溶液的反应，其热力学分析将与MeO、Me在溶液中的活度有关，由于高温熔体中组分的活度或活度系数数据比较缺乏，热力学计算有一定困难，因而只能作定性的分析。

1. 溶液中MeO的还原　溶液中MeO的还原由纯MeO还原和MeO溶解两反应组成：

$$\mathrm{MeO+CO=\!=\!=Me+CO_2} \qquad \Delta G^{\ominus}_{(1)}=A+BT \tag{1}$$

$$-\qquad \mathrm{MeO=\!=\!=(MeO)} \qquad \Delta G^{\ominus}_{(溶)} \tag{溶}$$

$$\mathrm{(MeO)+CO=\!=\!=Me+CO_2} \qquad \Delta G^{\ominus}_{(2)}=\Delta G^{\ominus}_{(1)}-\Delta G^{\ominus}_{溶} \tag{2}$$

体系组分数除MeO、CO、Me、CO_2 外还多一个溶剂，故为5，压力对反应平衡无影响，故反应的自由度 $f=(5-1)-3+1=2$，即：

$$\%\mathrm{CO}(或\%\mathrm{CO_2})=\varphi(T\cdot a_{(\mathrm{MeO})})$$

其平衡关系式对反应（2）为：

$$K_{(2)}=\frac{p_{\mathrm{CO_2}}/p^{\ominus}}{p_{\mathrm{CO}}/p^{\ominus}}\cdot\frac{1}{a_{(\mathrm{MeO})}}=\left(\frac{\%\mathrm{CO_2}}{\%\mathrm{CO}}\right)_{(\mathrm{MeO})}\cdot\frac{1}{\gamma_{(\mathrm{MeO})}\cdot x_{(\mathrm{MeO})}}$$

设溶液接近理想溶液，活度系数 $\gamma_{(\mathrm{MeO})}=1$，则：

$$K_{(2)}=\frac{1}{x_{(\mathrm{MeO})}}\cdot\left(\frac{\%\mathrm{CO_2}}{\%\mathrm{CO}}\right)_{(\mathrm{MeO})}$$

对反应（1）：

$$K_{(1)}=\frac{p_{\mathrm{CO_2}}/p^{\ominus}}{p_{\mathrm{CO}}/p^{\ominus}}=\left(\frac{\%\mathrm{CO_2}}{\%\mathrm{CO}}\right)_{\mathrm{MeO}}$$

若溶液中的MeO以纯物质为标准状态，则MeO溶解反应的 $\Delta G^{\ominus}_{(溶)}=0$，因而：

$$\Delta G^{\ominus}_{(2)}=\Delta G^{\ominus}_{(1)}-\Delta G^{\ominus}_{(溶)}=\Delta G^{\ominus}_{(1)}$$

故在同一温度下　$K_{(2)}=K_{(1)}$

则

$$\left(\frac{\%\mathrm{CO_2}}{\%\mathrm{CO}}\right)_{(\mathrm{MeO})}\cdot\frac{1}{x_{(\mathrm{MeO})}}=\left(\frac{\%\mathrm{CO_2}}{\%\mathrm{CO}}\right)_{\mathrm{MeO}} \tag{3-11}$$

式（3-11）表明了纯MeO还原和溶液中（MeO）还原的气相平衡浓度间的关系。

当MeO在溶液中溶解度达饱和时，出现MeO =（MeO）$_{饱和}$ 平衡，相当于纯MeO还原，即：

$$\left(\frac{\%\mathrm{CO_2}}{\%\mathrm{CO}}\right)_{(\mathrm{MeO})}=\left(\frac{\%\mathrm{CO_2}}{\%\mathrm{CO}}\right)_{\mathrm{MeO}}$$

MeO在溶液中未饱和时，$x_{(\mathrm{MeO})}<1$，则：

$$\left(\frac{\%\mathrm{CO_2}}{\%\mathrm{CO}}\right)_{\mathrm{MeO}}>\left(\frac{\%\mathrm{CO_2}}{\%\mathrm{CO}}\right)_{(\mathrm{MeO})}$$

或

$$(\%\mathrm{CO})_{(\mathrm{MeO})}>(\%\mathrm{CO})_{\mathrm{MeO}}$$

即由溶液中还原 MeO 要比还原纯 MeO 困难，在同一温度下需要更高的 CO 浓度，且 $x_{(MeO)}$ 愈小，%CO 需要愈高，如图 3－11 所示。

2. 还原产物形成溶液　按上述方法分析，同样可得出：

$$MeO + CO = [Me] + CO_2$$

$$\left(\frac{\%CO_2}{\%CO}\right)_{Me} = x_{[Me]} \cdot \left(\frac{\%CO_2}{\%CO}\right)_{[Me]} \qquad (3-12)$$

由式（3－12）看出，与由溶液中还原 MeO 相反，当还原产物 Me 形成溶液时，$x_{[Me]}$ 愈小，即愈不饱和，气相中 CO 平衡浓度愈低，即愈易还原，如图 3－12 所示。

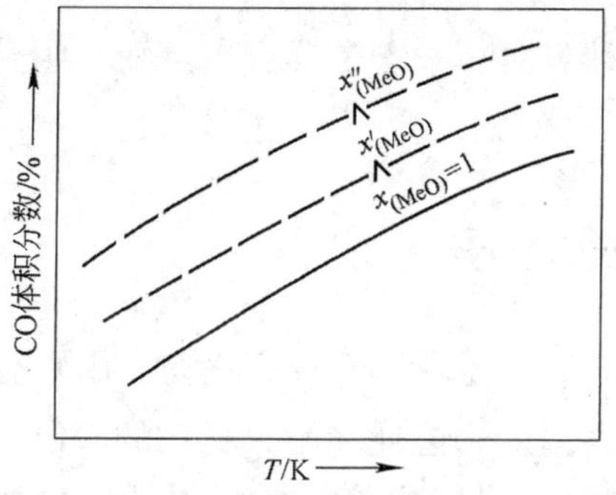

图 3－11　溶液中（MeO）还原的平衡曲线

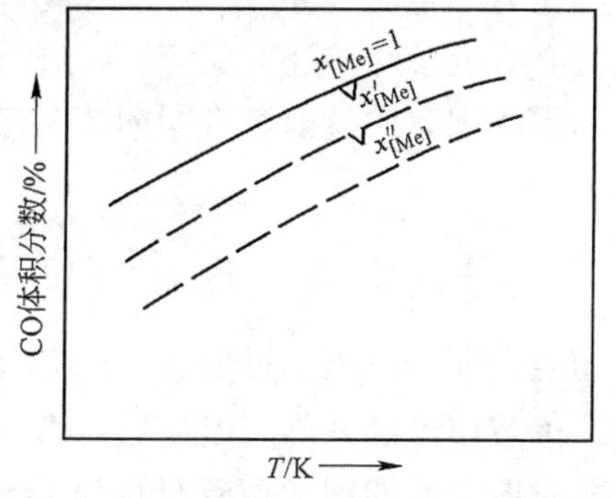

图 3－12　还原产物［Me］形成溶液的平衡曲线

3. 溶液中 MeO 被 C 还原　当温度低于 1000℃时，还原反应决定于下两反应同时平衡：

$$(MeO) + CO = Me + CO_2$$

$$CO_2 + C = 2CO$$

两反应同时平衡时，$f=(6-2)-4+2=2$，在影响还原反应平衡的因素中有温度，压力，气相组成和 MeO 在溶液中的浓度。故：

$$T, \%CO = \varphi(p,\ x_{(MeO)})$$

如图 3－13 所示，当总压 P 一定时，平衡温度随 $x_{(MeO)}$ 的降低而升高，CO 平衡浓度也同样加大。

如图 3－14 所示，当 $x_{(MeO)}$ 一定时，平衡温度和平衡浓度皆随压力的降低而降低。

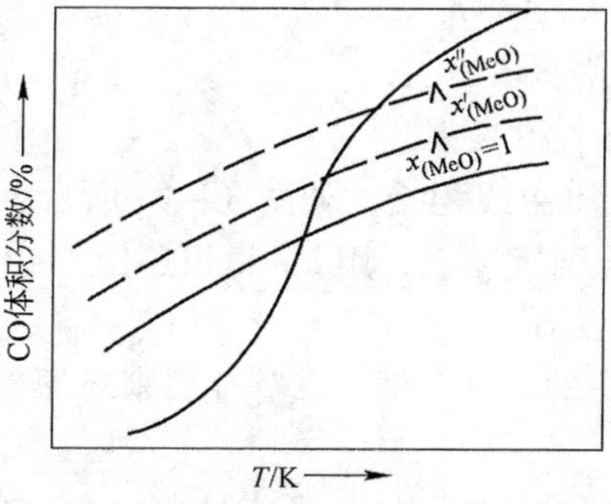

图 3－13　溶液中（MeO）的 C 还原平衡曲线

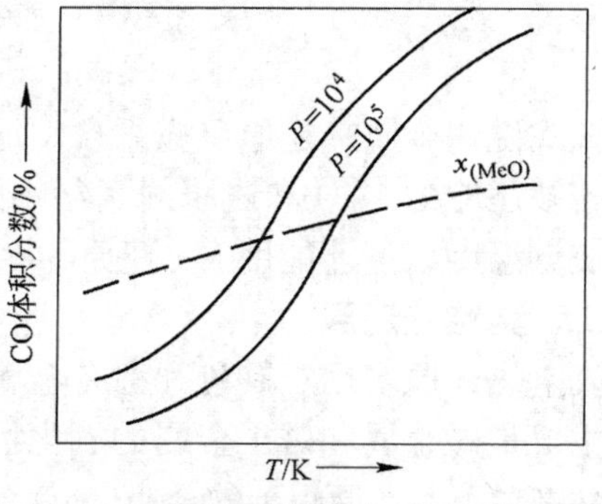

图 3－14　压力对溶液中（MeO）还原温度的影响（压力为 Pa）

对形成溶液的还原产物，亦可作同样分析，将得出与由溶液中还原 MeO 相反的结果。当温度高于 1000℃时，还原反应由下两反应组成：

$$\begin{array}{rl} & (MeO) + CO = Me + CO_2 \\ + & CO_2 + C = 2CO \\ \hline & (MeO) + C = Me + CO \end{array}$$

反应的自由度 $f = (5-1) - 4 + 2 = 2$

即 $= \varphi T p_{CO}$、$x_{(MeO)}$)

反应的平衡温度随体系的压力（p_{CO}）和溶液中 MeO 的浓度而变，若压力一定，则平衡温度只随 MeO 的浓度而变，浓度愈低，平衡温度愈高。而还原产物生成溶液时，则相反，当压力一定时，Me 在溶液中的浓度愈低，平衡温度也愈低。

对有溶液参与的还原反应，在进行热力学分析计算时，关键是要查出溶液中组分的活度或活度系数，而目前这方面的数据是不多的。

第六节　金属热还原

由吉布斯自由能图可看出，用 CO、H_2 作还原剂只能还原一部分氧化物，用 C 作还原剂时，随着温度的升高可以还原更多的氧化物，但高温受到能耗和耐火材料的限制，因而对于吉布斯自由能图中位置低的稳定性很高的氧化物，只能用位置比其更低的金属来还原，这就是金属热还原法。除氧化物外，硫化物、氯化物等也可用金属来还原。金属热还原可在常压下进行，也可在真空中进行。

一、常压下的金属热还原

由吉布斯自由能图（图 2－1）可看出，Al_2O_3、SiO_2 的吉布斯自由能－温度曲线位置皆比 Cr_2O_3、MnO、Nb_2O_5 等低，因而可用 Al、Si 等金属来还原这些氧化物。

对被还原的 MeO

$$2Me + O_2 = 2MeO \tag{1}$$

对还原剂氧化物

$$2Me' + O_2 = 2Me'O \tag{2}$$

式（2）减式（1）可得出金属热还原的反应式：

$$2MeO + 2Me' = 2Me + 2Me'O \tag{3}$$

$$\Delta G^{\ominus}_{(3)} = \Delta G^{\ominus}_{(2)} - \Delta G^{\ominus}_{(1)} < 0$$

该式说明金属热还原反应系自发地进行，如图 3－15 所示。

若被还原的 MeO 和还原剂氧化物的吉布斯自由能曲线相交，如图 3－16 所示，则只有在交点温度以下才能用 Me′还原 MeO。当然在交点温度以上，用 Me 也可还原 Me′O。

二、真空热还原

真空热还原多用于有色和稀有金属的生产。常用钠、钙、铝、硅等金属来还原易挥发金属主要是碱金属和碱土金属的氧化物。

在高温下，还原得到的金属(Me）为气态时，其氧化物的 $\Delta G^{\ominus} - T$ 曲线将由 Me 的沸点开始向上转折，斜率加大。这样，即使在一般温度下氧化物生成吉布斯自由能比较大的金属，由于其斜率较小之故，也可在高温下用作还原剂（Me′）来还原前一种氧化物(MeO)。

由图 3－17 可看出，高温下反应 $2Me_{(g)} + O_2 = 2MeO$ 具有较大的斜率，用 Me′作还

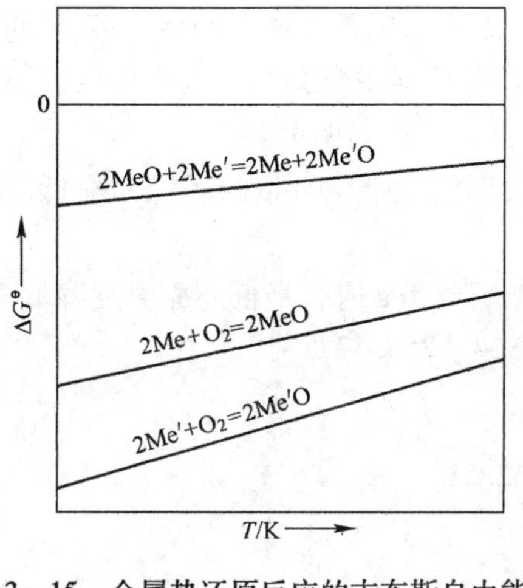

图 3－15　金属热还原反应的吉布斯自由能图

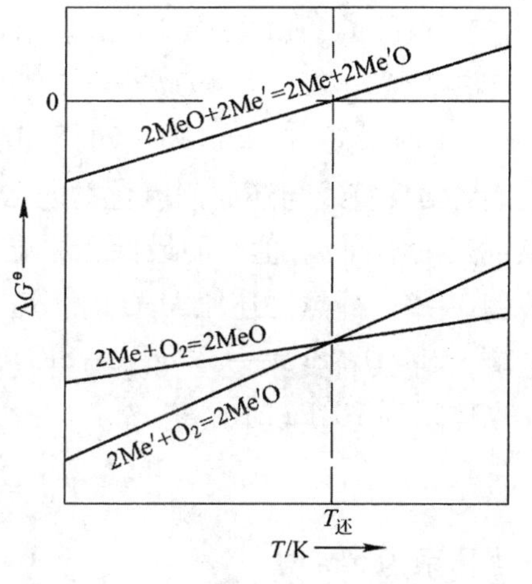

图 3－16　金属热还原反应的转变温度

原剂时反应 $2Me' + O_2 \xlongequal{\quad} 2Me'O$ 的曲线与 MeO 的曲线相交，在交点温度时，总反应：$2(MeO + Me' \xlongequal{\quad} Me'O + Me_{(g)})$ 的 $\Delta G^{\ominus} = 0$，反应平衡（$p_{Me} = p^{\ominus} = 10^5 Pa$），这一温度为最低还原温度。高于该温度即可用 Me′还原 MeO。

如果采用真空的方法减小体系中还原产物 Me 蒸气的分压，则可使最低还原温度降低。

对

$$2Me_{(g)} + O_2 \xlongequal{\quad} 2MeO$$

$$\Delta G = \Delta G^{\ominus} + RT\ln \frac{1}{\dfrac{p_{Me}^2}{p^{\ominus 2}} \cdot \dfrac{p_{O_2}}{p^{\ominus}}}$$

令 $p_{O_2} = p^{\ominus} = 10^5 Pa$，则

$$\begin{aligned}\Delta G &= A + BT + 2RT\ln p^{\ominus} - 2RT\ln p_{Me} \\ &= A + (B + 2R\ln p^{\ominus} - 2R\ln p_{Me}) \cdot T\end{aligned}$$

即其 ΔG 曲线，截距相同，而斜率随 p_{Me} 的降低而加大（$p_{Me} < 1$）。如图 3－18 所示，

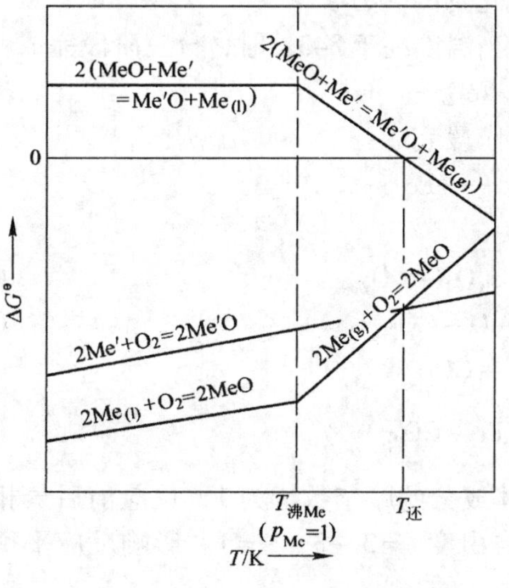

图 3－17　还原产物为气相的金属热还原

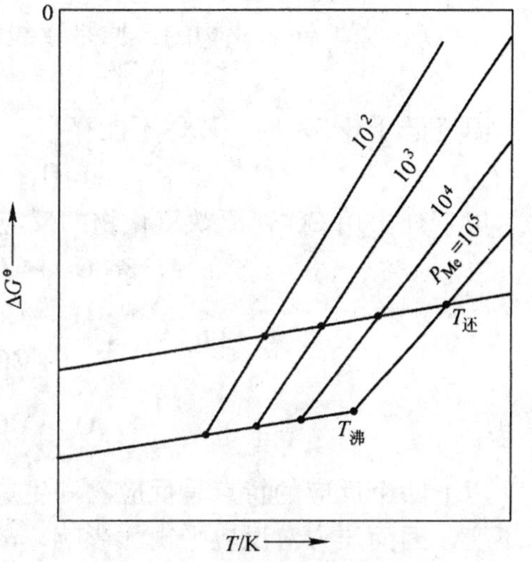

图 3－18　压力对金属热还原最低还原温度的影响（压力为 Pa）

可以作出不同p_{Me}值时的ΔG直线。由该图可看出，这些ΔG直线在$T=0K$具有相同的截距，而各直线与$2Me_{(l)}+O_2 = 2MeO$的$\Delta G^{\ominus}-T$直线有多个交点，这些交点的温度即为不同p_{Me}时，$Me_{(l)} = Me_{(g)}$的平衡温度，p_{Me}愈低，平衡温度也愈低。

而各ΔG直线与还原剂氧化物的$\Delta G^{\ominus}-T$直线的交点也随着p_{Me}的降低而降低。这些交点也就是不同p_{Me}值时的最低还原温度。

例3-9 硅热法还原MgO时，压力由10^5Pa降低至5Pa时，最低还原温度降低多少？

解 $2MgO+Si = 2Mg_{(g)}+SiO_2$，$\Delta G^{\ominus}=610864-258.57T$，J

当体系为10^5Pa时：

$$T_{还}=\frac{610864}{258.57}=2362.5K$$

当体系为5Pa时，

$$\begin{aligned}\Delta G &=610864+(258.57+2R\ln10^5-2R\ln5)\cdot T\\ &=610864+423.27T\end{aligned}$$

$$T_{还}=\frac{610864}{423.27}=1443.2K$$

可见采用真空还原将大大降低还原温度。

第七节 氧化物还原实例

一、铁氧化物的还原

铁氧化物广泛存在于冶金原料中，无论是黑色、有色、稀有金属矿石、或是冶炼用熔剂、燃料的灰分中都含有Fe_2O_3、Fe_3O_4或各种含FeO的复杂化合物，如$2FeO\cdot SiO_2$、$FeO\cdot TiO_2$等。在火法还原过程中，铁氧化物将被还原，随冶炼要求的不同，可以控制其还原条件以生成金属铁、FeO（入渣）或Fe_3O_4（磁选）。

以下分析常用的还原剂CO、H_2、C还原铁氧化物的热力学。

1. CO还原 铁氧化物的还原是逐级进行的，当温度高于843K时，分三阶段完成：

$$Fe_2O_3 \longrightarrow Fe_3O_4 \longrightarrow FeO \longrightarrow Fe$$

温度低于843K时，FeO不能存在，还原分两阶段完成：

$$Fe_2O_3 \longrightarrow Fe_3O_4 \longrightarrow Fe$$

以下列出用CO还原铁氧化物的反应：

$$3Fe_2O_3+CO = 2Fe_3O_4+CO_2 \quad (1)$$

$$Fe_3O_4+CO = 3FeO+CO_2 \quad (2)$$

$$FeO+CO = Fe+CO_2 \quad (3)$$

$$\frac{1}{4}Fe_3O_4+CO = \frac{3}{4}Fe+CO_2 \quad (4)$$

以上四个反应的特点是反应物和生成物中气体成分的摩尔数皆为1，反应前后气相体积不变，因而压力对反应平衡无影响，故反应的自由度$f=3-3+1=1$。影响反应平衡的因素只有温度和气相成分，故：

$$\%CO(或\%CO_2)=\varphi(T)$$

由各反应　$\Delta G^{\ominus}=A+BT$

$$\Delta G^{\ominus} = -RT\ln\frac{\%CO_2}{\%CO}$$

可得出

$$\log\frac{\%CO_2}{\%CO}=\frac{A+BT}{-19.15T}=-\frac{A'}{T}+B'$$

即各反应的平衡气相组成比的对数与$\frac{1}{T}$成直线关系。

由于（$\%CO_2+\%CO$）$=100$，故也可以$\%CO-T$或$\%CO_2-T$为坐标绘出各反应的平衡成分曲线，如图3－19中曲线（1）～（4）所示。

由图3－19可见，Fe_2O_3还原反应（1）的平衡成分$\%CO$值很低，并随温度升高而略有升高，为放热反应，Fe_3O_4还原（2）在843K以上曲线向下，为吸热反应，Fe_3O_4在843K以下还原（4）和FeO还原为Fe（3）皆为放热反应，温度升高，平衡$\%CO$加大。

图3－19以（1）～（4）反应的平衡曲线为界，划分为4个凝聚相的稳定区；（1）线以下为Fe_2O_3稳定；（1）、（2）、（4）之间为Fe_3O_4稳定区；（2）、（3）之间为FeO稳定区；（3）、（4）以上为Fe的稳定区。在冶炼过程中，随着对还原产物要求的不同，可以用控制还原条件T和$\%CO$处于某一稳定区来达到预期的目的。

当用气体还原剂CO来还原铁氧化物时，对于还原磁化焙烧，可控制在Fe_3O_4区，以产出强磁性的Fe_3O_4。便于磁选富集。对于铁矿石的还原则应控制在Fe区，以产出海绵铁，而对有色金属矿石则应控制在FeO区以使FeO造渣而与主金属分离。

2. H_2还原　H_2还原与CO还原在热力学规律上是类似的，存在以下反应：

$$3Fe_2O_3+H_2 = 2Fe_3O_4+H_2O$$

$$Fe_3O_4+H_2 = 3FeO+H_2O \qquad (5)$$

$$FeO+H_2 = Fe+H_2O \qquad (6)$$

$$\frac{1}{4}Fe_3O_4+H_2 = \frac{3}{4}Fe+H_2O \qquad (7)$$

同样可得出：

$$\log\frac{\%H_2O}{\%H_2}=-\frac{A'}{T}+B'$$

$$\%H_2+\%H_2O=100$$

也可以$\%H_2-T$或$\%H_2O-T$为坐标绘出各反应的平衡曲线，如图3－19中曲线（5）～（7）所示。H_2还原反应都是吸热反应，曲线皆向下倾斜，温度升高、$\%H_2$平衡浓度降低。

曲线（2）、（5）和曲线（3）、（6）皆相交于1083K，当温度低于1083K时，还原反应的平衡浓度$\%CO<\%H_2$。说明CO比H_2还原能力强，而温度高于1083K时，则相反$\%H_2<\%CO$，H_2比CO还原能力强。

用H_2还原时，同样也可分为（图上未标出）Fe_2O_3、Fe_3O_4、FeO、Fe四个凝聚相稳定区，在用H_2还原时，可据此选择还原条件。

3. C还原　根据第三节中对氧化物用C还原的分析可知，铁氧化物的碳还原反应由氧化物的 CO 还原和碳的气化两反应的同时平衡来实现（$T<1273$K 时），或由两反应的加和关系来求出（$T>1273$K）。

在图 3－20 中同时绘出了这些反应的平衡曲线。

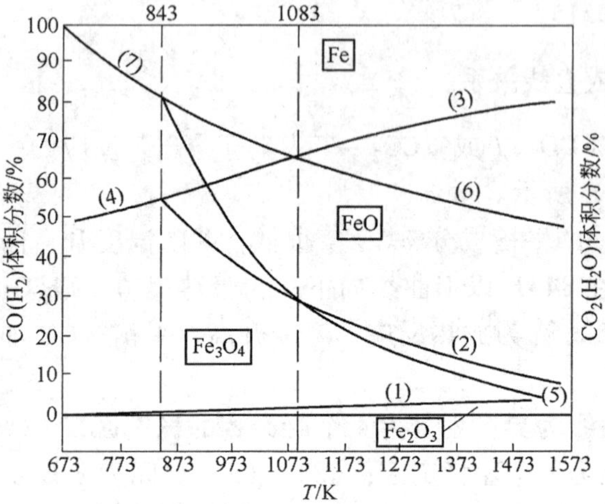

图 3－19　铁氧化物用 CO、H_2 还原的平衡图

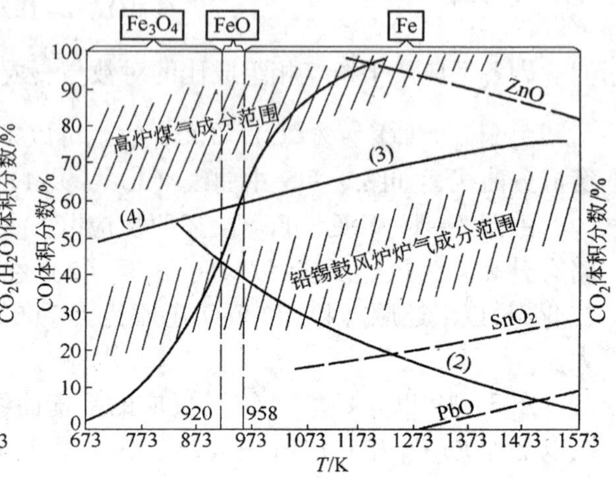

图 3－20　铁氧化物用 C 还原的平衡图

根据图 3－10 的分析方法可知，在有 C 存在时，图 3－20 可划分三个区域，在气化反应（$P_{总}=10^5$Pa）与反应（3）的交点温度（958K）以上为 Fe 的稳定区，在气化反应与反应（2）的交点温度（920K）以下为 Fe_3O_4 的稳定区，而在两交点温度之间，则为 FeO 的稳定区。由此说明只有在 958K 以上才能还原得到 Fe。

在铅、锡鼓风炉中，炉气成分中 CO 含量介于反应（3）、（2）的平衡成分之间，因而铁氧化物只还原到 FeO 入渣。而 SnO_2、PbO 则可被还原为金属。

二、锌氧化物的还原

ZnO 用 CO 和 C 还原时，可能进行以下三个反应：

$$ZnO + CO = Zn_{(g)} + CO_2 \tag{8}$$

$$ZnO + CO = Zn_{(l)} + CO_2 \tag{9}$$

$$CO_2 + C = 2CO \tag{10}$$

对反应（8）：

$$\log K_P = -\frac{9740}{T} + 6.12$$

则

$$\log \frac{\frac{p_{CO_2}}{p^{\ominus}} \cdot \frac{p_{Zn}}{p^{\ominus}}}{\frac{p_{CO}}{p^{\ominus}}} = -\frac{9740}{T} + 6.12$$

$$\log \frac{p_{CO_2} \cdot p_{Zn}}{p_{CO} \cdot p^{\ominus}} = -\frac{9740}{T} + 6.12$$

$$\log \frac{p_{CO_2}}{p_{CO}} = -\frac{9740}{T} + 6.12 + \log p^{\ominus} - \log p_{Zn}$$

$p^{\ominus}=10^5\text{Pa}$，令 $p_{Zn}=0.5\times10^5\text{Pa}$，则

$$\log\frac{p_{CO_2}}{p_{CO}}=-\frac{9740}{T}+6.12+\log 10^5-\log 0.5\times10^5$$

则
$$\log\frac{p_{CO_2}}{p_{CO}}=-\frac{9740}{T}+6.12-\log 0.5$$

由上式可看出，平衡气相分压比的对数值与温度的倒数成直线关系，据此可作出反应（8）的平衡曲线（1），如图3－21所示。

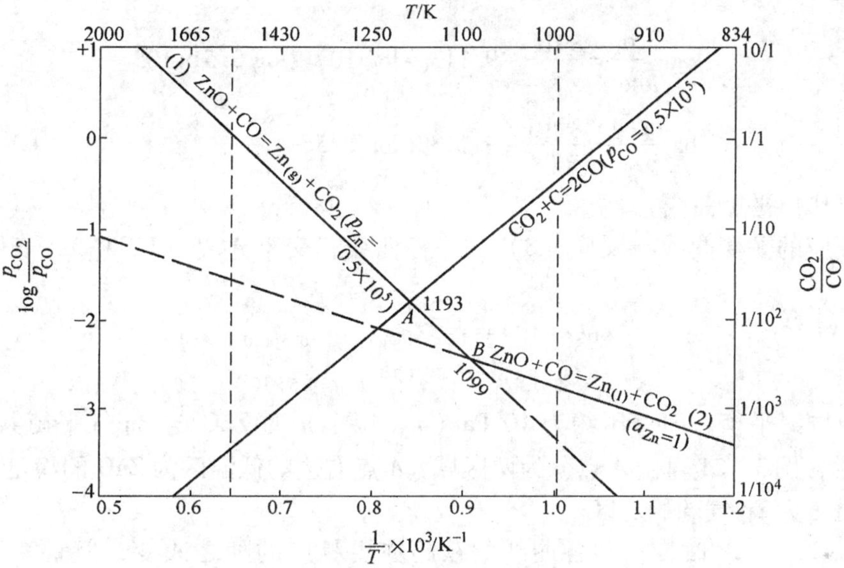

图3－21 锌氧化物还原的平衡图

对反应（9）：$\log K_P=-\frac{3650}{T}+0.88$

$$\log\frac{(p_{CO_2}/p^{\ominus})\cdot a_{Zn}}{(p_{CO}/p^{\ominus})}=-\frac{3650}{T}+0.88$$

令 $a_{Zn}=1$，即纯锌液，则：

$$\log\frac{p_{CO_2}}{p_{CO}}=-\frac{3650}{T}+0.88$$

根据上式可作出反应（9）的平衡曲线（2）。

由图3－21可看出，（1）、（2）两曲线相交于 B 点（1099K），表示在 B 点温度时锌液和锌气两相平衡共存：

$$Zn_{(1)a=1}\rightleftharpoons Zn_{(g)P=0.5}$$

在温度为1099K以上时，还原只能得到锌气，而1099K以下还原可得到锌液，然而在低温下还原要求气相中CO浓度相当高，由图可见，$\%CO_2/\%CO$ 约 $1/10^3$。

当用CO还原时，曲线（1）、（2）的右上方区域为ZnO稳定区，而左下方则为Zn气和Zn液的稳定区。

当有 C 存在时，对反应（10）：

$$\log K_P = -\frac{8916}{T} + 9.113$$

即
$$\log \frac{p_{CO}^2/p^{\ominus 2}}{p_{CO_2}/p^{\ominus}} = -\frac{8916}{T} + 9.113$$

$$\log \frac{p_{CO_2} \cdot p^{\ominus}}{p_{CO}^2} = \frac{8916}{T} - 9.113$$

$p^{\ominus} = 10^5\,Pa$，令 $p_{CO} = 0.5 \times 10^5\,Pa$

则
$$\log \frac{p_{CO_2}}{p_{CO}} = \frac{8916}{T} - 9.113 - \log 10^5 + \log 0.5 \times 10^5$$

$$\log \frac{p_{CO_2}}{p_{CO}} = \frac{8916}{T} - 9.113 + \log 0.5$$

据此可作出平衡曲线。

气化反应的平衡曲线与反应（8）的平衡曲线相交于 A 点（1193K），表明在交点温度时：

$$ZnO + CO = Zn_{(g)(P_{Zn}=0.5\times10^5)}$$
$$CO_2 + C = 2CO_{(P_{CO}=0.5\times10^5)}$$

两反应同时平衡，即总压约为 $10^5\,Pa$（p_{CO_2}很小）时 ZnO 与 Zn 气平衡共存的温度。有 C 存在时，图 3－21 可由 A 点分为两区域，A 点右边的低温区为 ZnO 的稳定区，而 A 点左边的高温区为 Zn 气的稳定区。

若 p_{Zn}、p_{CO}、a_{Zn} 改变，则各曲线的截距亦要相应的随之改变，但斜率不变。在图 3－22中近似地绘出了 p_{Zn}、p_{CO}、a_{Zn} 改变后的平衡曲线。由该图可看出，当 p_{Zn} 加大，B 点温度升高，p_{Zn} 降低则 B 点温度降低，即气液两相平衡温度随气相压力而变，其规律取决于锌液的蒸气压方程式：

$$\log p_{Zn} = \frac{A}{T} + B \text{（}A\text{、}B\text{ 为蒸发特性常数）}$$

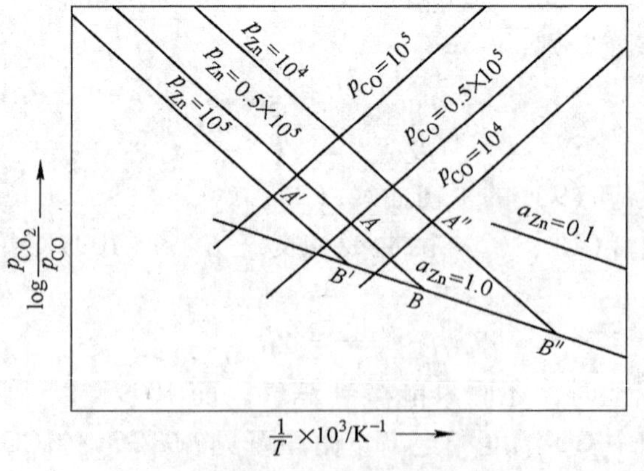

图 3－22　锌氧化物还原的平衡图（压力为 Pa）

而交点 A 则随 p_{Zn}、p_{CO}的加大而升高，相反则降低。

通过对图 3-22 的分析，可以了解到给定锌蒸气分压条件下用 $CO+CO_2$ 混合气体还原 ZnO 得到锌液和锌蒸气的平衡气相组成，也可以了解到用 C 还原 ZnO 时，最低还原温度随压力而改变的规律。

第八节　多相反应动力学

多相反应的类型很多，包括气-固反应、液-固反应、液-液反应、液-气反应等，在有色火法冶金中，主要是气-固相反应。

一、气-固反应动力学的一般规律

1. 气-固反应的类型　一个完整的气-固反应类型可用下述通式表示：

$$A_{(s)} + B_{(g)} = C_{(s)} + D_{(g)}$$

如氧化物用气体还原剂还原 $MeO + CO = Me + CO_2$，硫化物氧化 $MeS + \frac{3}{2}O_2 = MeO + SO_2$ 等。

第二种类型为　$A_{(s)} + B_{(g)} = C_{(s,g)}$

如金属的氧化　$2Me + O_2 = 2MeO$，碳的燃烧和气化 $C + O_2 = CO_2$、$CO_2 + C = 2CO$ 等。

第三种类型为　$A_{(s)} = C_{(s)} + D_{(g)}$

如碳酸盐，硫化物的离解　$MeCO_3 = MeO + CO_2$、$MeS_2 = MeS + \frac{1}{2}S_2$ 等。

2. 气-固反应的机理　完整的气固反应模型如图 3-23 所示。在反应物 $A_{(s)}$ 的外层，生成一层生成物 $C_{(s)}$，$C_{(s)}$ 表面有一边界层，又称气膜。最外面为包括反应物气体 $B_{(g)}$ 和生成物气体 $D_{(g)}$ 的气流。

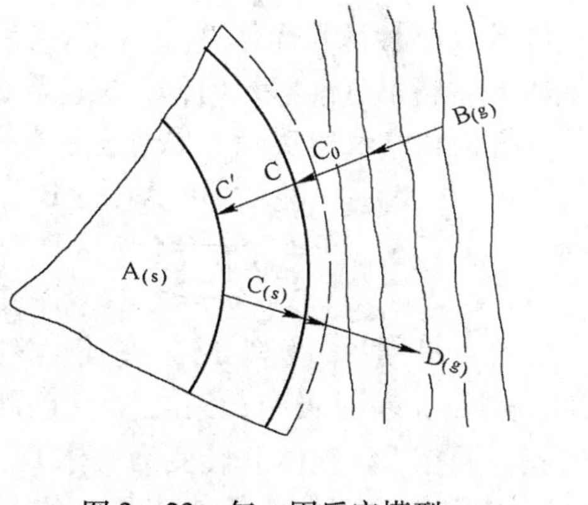

图 3-23　气-固反应模型

由于气流速度一般较快，气体中各成分的浓度由于紊流的作用是比较均匀的，即浓度的均匀化主要是依靠对流传质而不是浓差扩散。因而，反应将由以下各环节组成：

(1) 反应物气体 $B_{(g)}$ 由气流中通过边界层向反应固体产物 $C_{(s)}$ 的表面扩散，一般称为外扩散。在固-气相的相界面上，由于存在固相对气相的摩擦阻力，气流速度趋近于零。由于反应消耗了 $B_{(g)}$，因而相界面上气相中 $B_{(g)}$ 的浓度也是最小值。因此，在相界面附近的气流中就存在一具有浓度差（或速度差）的气流层，即边界层。在边界层中气流呈层流运动，在垂直于气流的方向上几乎不存在对流传质，主要依靠浓差，即分子扩散。故边界层中的扩散速度由下式决定：

$$V_{扩} = \frac{D \cdot A}{\delta}(C_0 - C) \qquad (3-13)$$

式中　D——扩散系数；

A ——面积；

δ ——边界层厚度；

C_0 ——边界层外沿 $B_{(g)}$ 浓度；

C ——相界面上 $B_{(g)}$ 浓度。

（2）反应物气体 $B_{(g)}$ 通过固体生成物 $C_{(s)}$ 层向反应界面的扩散，一般称为内扩散。固体生成物层随物质的不同有的很致密，有的很疏松，但都存在有气孔，这些气孔包括比较大的气孔或微气孔，连通的或分散的气孔，气体分子可通过气孔进行扩散。

气体在生成物层中的扩散速度仍取决于式（3-13），此时浓差为（$C-C'$），C'为反应界面上气体 $B_{(g)}$ 的浓度。而扩散面积 A 则不仅与气孔断面积，即孔隙度大小有关，而且还与固体形状有关。当孔隙度一定时，如固体为片状则 A 不变，如为球体、立方体、圆柱体，则随着反应的进行，A 将逐渐缩小。而 δ 为固体生成物 $C_{(s)}$ 层的厚度，将随反应的进行而增大。

（3）在固体反应物 $A_{(s)}$ 与固体生成物 $C_{(s)}$ 界面上进行的界面化学反应。当气体反应物扩散到反应界面时，化学反应 $A_{(s)}+B_{(g)} = C_{(s)}+D_{(g)}$ 将进行，反应速度取决于下式：

$$V_{化}=kAC' \tag{3-14}$$

式中 k ——反应速度常数；

C' ——界面上气体反应物 $B_{(g)}$ 浓度；

A ——反应面积。

反应界面面积 A 与固体 $A_{(s)}$ 的形状和致密程度有关。当为平面形状时，A 为常数，当为球形、立方体和圆柱体时，界面面积将随反应的进行而变小。当固体 $A_{(s)}$ 十分致密时，气体 $B_{(g)}$ 不易渗入固体 $A_{(s)}$ 内部，界面将具有规整的形状。而当固体 $A_{(s)}$ 比较疏松时，气体 $B_{(g)}$ 将沿气孔渗入内部，反应界面包括一定深度体积内气孔的面积，情况比较复杂。

界面化学反应实际上是通过三步完成的：

$$A_{(s)}+B_{(g)} = A_{(s)}\cdot B_{(g)}$$
$$A_{(s)}\cdot B_{(g)} = C_{(s)}\cdot D_{(g)}$$
$$C_{(s)}\cdot D_{(g)} = C_{(s)}+D_{(g)}$$

第一步是扩散到 $A_{(s)}$ 表面的气体 $B_{(g)}$ 被 $A_{(s)}$ 表面吸附；第二步是固相 A 转变为固相 C，气体 B 转变为气体 D，气体 D 被固体 C 吸附；第三步是气体 D 在固体 C 上的解吸。

第一、三步通称吸附阶段，第二步称为结晶-化学变化阶段。

结晶-化学变化又分为新相晶核的生成和长大两步骤，并具有自动催化的特征，如图 3-24 所示。

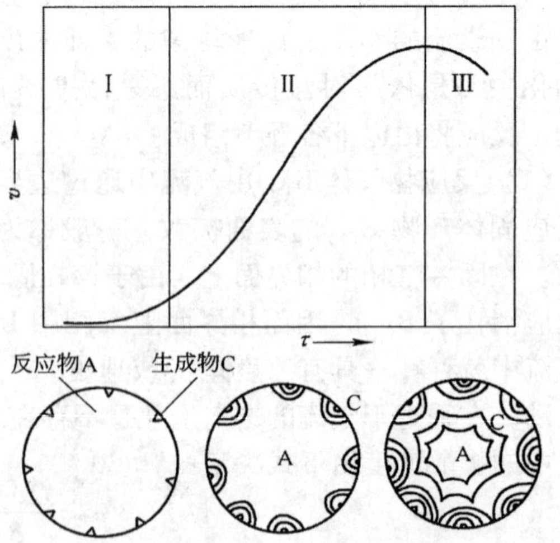

图 3-24　自动催化反应的速度曲线和示意图

反应的开始阶段（I）。在反应物 $A_{(s)}$ 的晶格上要生成生成物 $C_{(s)}$ 的晶核，

只有在固相 $A_{(s)}$ 表面上晶格不规整的局部范围，即活性点上才易实现。因而晶核生成阶段，反应速度很慢。由于新相晶核生成比较困难，因而反应速度随时间的增加也很缓慢。这一阶段通常称为诱导期。

反应的中间阶段（Ⅱ）。在反应的开始阶段，新相晶核已经生成，在新相晶核上继续形成固相 $C_{(s)}$，即晶核的长大就变得比较容易了，因而反应速度加快。且由于晶体不断长大，其生长表面积也相应增加，因而反应速度将随时间而加速，反应相界面具有自催化的特征。这一阶段通常称为加速期。

反应的最后阶段（Ⅲ）。由于相界面已合拢，新相生长的面积随时间而缩小，反应速度也逐渐变慢。这一阶段通常称为减慢期。

对于粒度很小的球形颗粒，在较低的温度和气体反应物浓度条件下，即反应速度低时，常易测出如图 3－24 所示的速度曲线。

对于粒度大的球形颗粒，尤其是在较高温和气体浓度条件下，由于晶核生成较多，晶面很快合拢，诱导期和加速期时间很短，速度曲线将具有图 3－25 所示的特征。

（4）气体生成物 $D_{(g)}$ 由反应界面通过固体产物层向外扩散。

（5）气体生成物 $D_{(g)}$ 通过边界层向外扩散。

以上为气－固相反应完整的环节，对不同类型的反应，可能包含不同的环节，在以后的内容中将分别讨论。

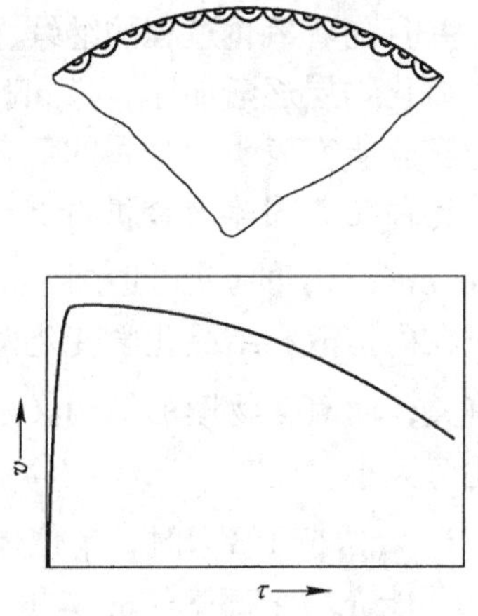

图 3－25　大粒度球形颗粒的速度曲线和示意图

3. 反应的限制性环节　气－固相反应是由前述各环节连续完成的，然而各环节的速度是不相等的，总的反应速度将取决于最慢的一个环节，这一环节称为限制性环节。

在火法冶金中，气流速度较快，常常高于形成边界层的临界流速，因而外扩散通常不是限制性环节。在火法冶金的高温和常压条件下，吸附速度也较快，通常也不是限制性环节。因而限制性环节主要是内扩散和结晶－化学变化两阶段。

当温度较高、化学反应速度快、颗粒较大或反应后期反应产物层较厚，反应产物较致密时，内扩散速度慢，则内扩散成为限制性环节，也叫做扩散控制或反应处于扩散区。

相反，温度较低、粒度较小、反应初期、反应产物较疏松时，内扩散速度快，结晶化学反应成为限制性环节，也叫做动力学控制或反应处于动力学区。

各项条件介于两者之间时，内扩散速度和结晶化学反应速度近于相等，这时为综合控制。

研究多相反应动力学主要目的之一就是查明在冶炼条件下反应的限制性环节是什么，以便针对该环节的影响因素，改变冶炼条件，加快反应速度，以提高生产率。

二、金属氧化动力学

1. 金属氧化机理及氧化膜结构　金属的氧化主要在以下两种情况下发生。金属材料在室温下被空气中的氧氧化，如果氧化物是疏松的，氧化将逐渐深入，如钢铁制品的锈蚀。如果氧化膜致密，将起到保护作用，如铝制器皿的氧化膜。另外就是金属材料在热加工过程中被气相的氧氧化，生成氧化皮。在冶金过程中，金属是冶炼产物，应防止金属的再氧化。

固体金属的氧化多发生在金属制品的表面，表面形状多为平面或近似于平面，因而以下分析皆以平板金属的氧化为例。

金属氧化后，其表面生成金属氧化物膜，氧化膜外可能存在边界层，如图3－26所示。氧化反应的机理主要包括两阶段，氧气通过氧化物层的内扩散和Me－MeO界面上的结晶－化学变化。

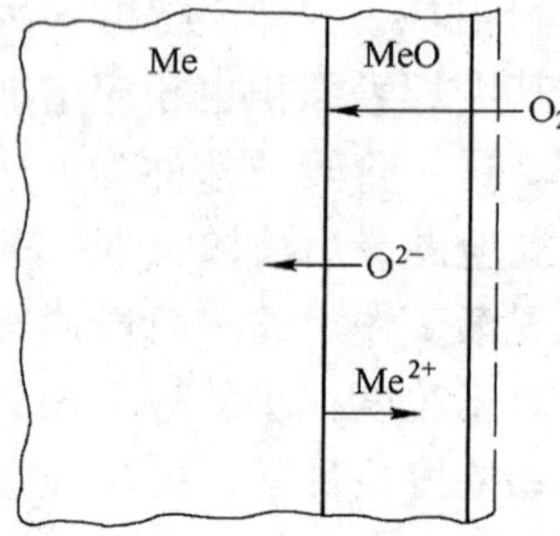

图3－26　金属氧化机理示意图

由于金属材料是致密的，因而反应界面将是平整的，并且随着氧化过程的继续，反应界面平行地向内移动，氧化物层逐渐加厚。

实验研究表明，金属的氧化不仅依靠气体 O_2 的扩散，还存在着固体内金属离子和氧离子的扩散。当氧化物很致密，O_2 的扩散阻力很大时，固相内离子的扩散将占很大的比重。

在内扩散和结晶化学变化两环节中，哪一个是限制性环节，这与氧化物的结构致密程度有关，而氧化物膜的结构又主要取决于Me和MeO的摩尔体积（1摩尔物质的体积）$\tilde{V}$ 的比值大小。

当 $\tilde{V}_{MeO}$ 小于 $\tilde{V}_{Me}$ 时，单位体积的Me生成的MeO的体积比原Me基体所占的体积小，MeO不能充填全部基体的体积，其中必有孔隙，因而形成疏松的非保护性氧化膜，如图3－27所示。这种情况下，扩散速度较快，结晶－化学变化是限制性环节。在氧化过程中，金属试样由于氧的进入而使重量逐渐增加，可用试样重量随时间的增加表示氧化反应速度。当反应处于动力学区时，在其他条件一定的情况下，反应速度为一常数，即增重－时

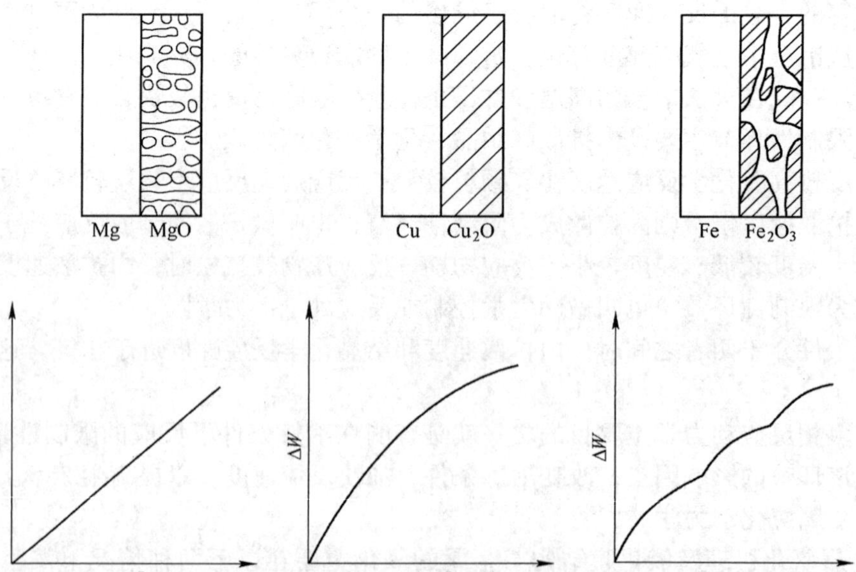

图3－27　金属氧化时氧化膜结构示意图（上图）和动力学曲线（下图）

间曲线为一直线。镁的氧化具有这种特点。

相反，当 $\widetilde{V}_{Me}$小于 $\widetilde{V}_{MeO}$时，MeO 的体积超过 Me 基体原来所占的体积，MeO 势必紧密充填，因而氧化膜将很致密，氧气通过氧化膜的阻力很大，形成保护性膜，如图3－27 所示。这一情况下，扩散速度很慢，而结晶－化学反应速度快，扩散成为限制性环节。因氧化膜逐渐增厚，扩散阻力愈来愈大，反应速度将随着时间的延续而降低。这时，增重－时间曲线将为一抛物线。铜的氧化具有这种特点。

有一种极端的情况是 $\widetilde{V}_{MeO}$大大超过 $\widetilde{V}_{Me}$，如铁的氧化，这时虽形成十分致密的氧化膜，但由于内应力很大，形成一定厚度后即破裂。这种现象是周期性地出现的，因而其增重－时间曲线也具有周期变化的特征，如图3－27 所示。此时，氧化膜也是非保护性膜。

常见的金属中，$\widetilde{V}_{MeO}/\widetilde{V}_{Me}$，大多在1～2之间，如Cd(1.21)、Al(1.24)、Pb(1.29)、Sn(1.34)、Zn(1.57)、Ni(1.60)、Cu(1.71)，因而皆能生成保护性氧化膜、$\widetilde{V}_{MeO}/\widetilde{V}_{Me}$小于1的有 Mg（0.79)、大于2的为 Fe（2.16)，形成非保护性氧化膜。

2. 金属氧化的速度方程　对于平面金属的氧化速度，可用增重随时间的变化来表示，也可用氧化物层厚度随时间的增加来表示。氧化物层的增重和增厚存在有当量关系，二者是一致的。

在温度、面积一定的条件下，内扩散速度为：

$$\left(\frac{\mathrm{d}x}{\mathrm{d}\tau}\right)_D=\frac{D}{x}\ (C_0-C'_0) \tag{3-15}$$

式中　D——扩散系数；

x——氧化物层厚度；

C_0——氧化物层表面 O_2 浓度；

C'_0——反应界面上 O_2 浓度；

$(\mathrm{d}x/\mathrm{d}\tau)_D$——用氧化物层厚度随时间的变化表示的扩散速度。

结晶－化学反应速度为：

$$\left(\frac{\mathrm{d}x}{\mathrm{d}\tau}\right)_k=kC'_0 \tag{3-16}$$

式中　k——反应速度常数；

C'_0——界面上 O_2 浓度；

$(\mathrm{d}x/\mathrm{d}\tau)_k$——结晶－化学反应速度。

式（3－15)、式（3－16）中，界面上 O_2 的浓度是不可测的，如果扩散速度慢而结晶－化学反应速度很快时，C'_0 将接近反应的平衡浓度，相反，则将高于反应平衡浓度，介于平衡浓度与 C_0 之间。然而由于扩散和结晶－化学反应是连续进行的，因而 C'_0 对式(3－15)、式（3－16）都是同一数值。

若两阶段速度相等，则反应的总速度为：

$$\frac{\mathrm{d}x}{\mathrm{d}\tau}=\left(\frac{\mathrm{d}x}{\mathrm{d}\tau}\right)_k=\left(\frac{\mathrm{d}x}{\mathrm{d}\tau}\right)_D$$

在这种情况下，可消去两式中 C'_0。

由式（3－15）：

$$C'_0 = \left(\frac{D}{x}C_0 - \frac{dx}{d\tau}\right)\frac{x}{D}$$

$$= C_0 - \frac{x}{D}\left(\frac{dx}{d\tau}\right)$$

由式（3－16）：

$$C'_0 = \frac{1}{k}\left(\frac{dx}{d\tau}\right)$$

故

$$\frac{1}{k}\left(\frac{dx}{d\tau}\right) = C_0 - \frac{x}{D}\left(\frac{dx}{d\tau}\right)$$

$$\frac{1}{k}dx = C_0 d\tau - \frac{1}{D}x dx$$

$$\frac{1}{D}x dx + \frac{1}{k}dx = C_0 d\tau$$

当时间由 $0 \to \tau$ 时，氧化膜厚度由 $0 \to x$，定积分：

$$\frac{1}{D}\int_0^x x dx + \frac{1}{k}\int_0^x dx = C_0\int_0^\tau d\tau$$

$$\frac{1}{2D}x^2 + \frac{1}{k}x = C_0\tau \tag{3-17}$$

式（3－17）即为扩散和结晶－化学反应综合控制的速度方程，可见，氧化膜的厚度的增加与时间的延长呈曲线关系。

当氧化膜疏松时，扩散阻力小，$D \gg k$，式（3－17）中 $\frac{1}{2D}x^2$ 项可忽略不计，则：

$$x = kC_0\tau \tag{3-18}$$

式（3－18）为结晶－化学反应控制时的速度方程，x 与 τ 呈直线规律（见图 3－27）。

当氧化膜致密时，扩散阻力大，$k \gg D$，式（3－17）中 $\frac{1}{k}x$ 项可忽略不计，则：

$$x^2 = 2DC_0\tau \tag{3-19}$$

式（3－19）为扩散控制时的氧化速度方程，x 与 τ 呈抛物线规律（见图 3－27）。

前已述及，氧化膜厚度的增加与试样重量的增加存在着当量关系，因而增重与时间亦存在相同的规律。增重随时间的变化是易于测量的，因而对于金属氧化动力学的研究，只要测出反应时间与重量变化的数据，根据式（3－17）~式（3－19）即可判断在试验条件下反应的限制性环节，并可根据各环节速度的影响因素，控制一定的条件，达到一定的要求。

三、碳酸盐离解动力学

碳酸盐离解后，生成氧化物层，$MeCO_3$ 将被 MeO 包围，分解析出的 CO_2 气体将穿过 MeO 层向气相中扩散。因而离解反应主要由下两阶段组成，即 $MeCO_3$－MeO 相界面上的结晶－化学变化 $MeCO_3 = MeO + CO_2$，CO_2 在产物 MeO 层中的扩散。碳酸盐离解时，其结晶－化学反应具有明显的自动催化特征。

由于天然碳酸盐结构都很致密，离解反应系自外向内逐渐深入的，故存在形状规整的相界面。对于球形或立方体颗粒而言，相界面随时间的延续而逐渐向内收缩，$MeCO_3$ 内核逐渐缩小，通常称之为收缩核模型（或未反应核模型）。

由于碳酸盐离解后析出 CO_2，因而其离解产物氧化物都是疏松的。在此情况下，CO_2 在产物层中扩散速度较快，结晶－化学反应阶段是碳酸盐离解反应的限制性环节。

以下根据收缩核模型推导球状颗粒（图 3－28）在结晶－化学反应为控制步骤时的速度方程。

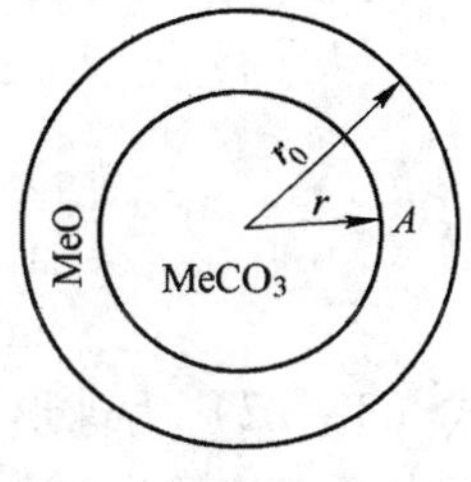

图 3－28　收缩核模型示意图

由于离解反应析出 CO_2 气体，试样重量不断减少，故可用重量随时间减少，即 $-\frac{dW}{d\tau}$ 来表示反应速度。

对离解反应，反应速度在其他条件一定的情况下仅取决于反应面积，即相界面面积 A。因而：

$$-\frac{dW}{d\tau}=KA \qquad (3-20)$$

式中　K——以重量变化表示的反应速度常数；

A——反应界面面积，$A=4\pi r^2$，r 为内核半径；

W——内核重量，$W=\left(\frac{4}{3}\pi r^2\right)\rho$，$\rho$ 为 $MeCO_3$ 密度。

若用 R 表示反应分数，对离解反应则为离解率，即某一时间 $MeCO_3$ 已离解的百分数，则：

$$R=\frac{W_0-W}{W_0}=1-\frac{W}{W_0}$$

式中　W_0——原始 $MeCO_3$ 重；

W——反应 τ 时间后剩余 $MeCO_3$ 重，则：

$$R=1-\frac{\frac{4}{3}\pi r^3\rho}{\frac{4}{3}\pi r_0^3\rho}=1-\frac{r^3}{r_0^3}$$

$$\left.\begin{aligned}r^3&=r_0^3(1-R)\\ r&=r_0(1-R)^{1/3}\end{aligned}\right\} \qquad (3-21)$$

由式（3－20）可得：

$$-\frac{d\left(\frac{4}{3}\pi r^3\rho\right)}{d\tau}=K4\pi r^2$$

$$-\frac{4\pi\rho r^2 dr}{d\tau}=K4\pi r^2$$

$$-\rho\frac{dr}{d\tau}=K,\quad -dr=\frac{K}{\rho}d\tau$$

当时间由 $0\rightarrow\tau$ 时，内核半径由 $r_0\rightarrow r$，积分：

$$-\int_{r_0}^{r}dr=\frac{K}{\rho}\int_0^{\tau}d\tau$$

$$r_0 - r = \frac{K}{\rho}\tau$$

将式（3-21）代入，得：

$$r_0 - r_0(1-R)^{1/3} = \frac{K}{\rho}\tau$$

$$r_0[1-(1-R)^{1/3}] = \frac{K}{\rho}\tau$$

$$[1-(1-R)^{1/3}] = \frac{K}{r_0\rho}\tau \qquad (3-22)$$

式（3-22）为球形试样离解反应处于结晶-化学反应控制时的速度直线方程。在试验过程中可直接测出试样在各离解时间的减重，通过换算可求出 R 值，因而可求出各时间的 $[1-(1-R)^{1/3}]$ 值。用 $[1-(1-R)^{1/3}]$、τ 为坐标作图，如式（3-22）所示，如果两者为直线关系，则表明反应处于结晶-化学反应控制阶段。

当试样粒度 r_0 和密度 ρ 为已知时，由式（3-22）可求出反应的速度常数 K。

图3-29为 $MnCO_3$ 粉末在氮气中热离解的 $[1-(1-R)^{1/3}]-\tau$ 直线，说明离解的限制步骤是结晶-化学反应。

四、氧化物还原动力学

1. 氧化物还原反应的机理　氧化物还原反应是多相反应中机理最完整的，其机理包括以下环节（图3-30），以CO还原为例说明：

（1）CO穿过边界层的外扩散；

（2）CO穿过生成物层（Me）的内扩散；

（3）在反应物和生成物界面（MeO-Me）上的结晶化学反应；

（4）反应气体产物 CO_2 穿过Me层的内扩散；

（5）CO_2 穿过边界层的外扩散。

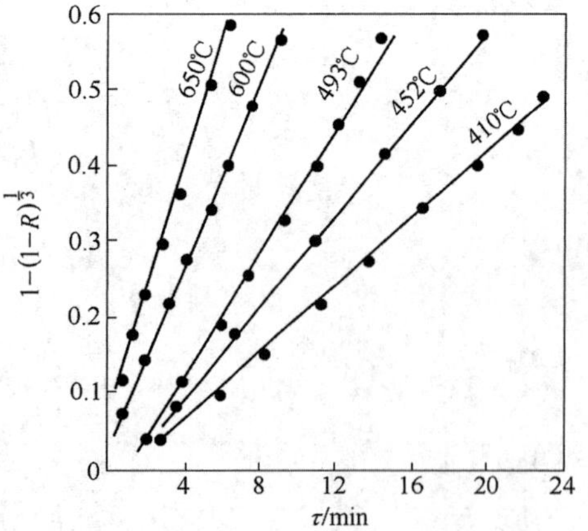

图3-29　$MnCO_3$ 粉末在 N_2 中的热离解

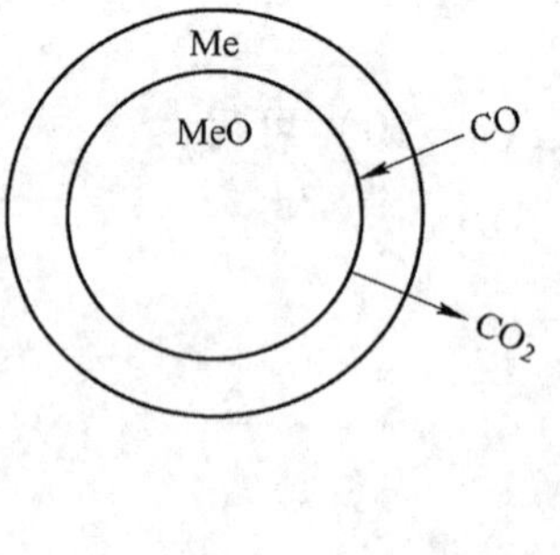

图3-30　氧化物还原机理示意图

在温度高和气流速度大的冶炼条件下，外扩散速度是相当快的，因而限制还原速度的环节通常是内扩散或结晶化学反应阶段，或者是两者综合控制。

由于各种氧化矿石皆为致密的，因而反应界面皆成层状由表面向中心转移，即为收缩核模型。而对气孔较多的矿石，烧结矿或球团矿，还原剂气体可在整个矿粒内成区域性扩散，反应界面不是层状转移，不具有收缩核的特征。

对于一阶段还原反应，只有一个反应界面，其速度方程的推导将在下面介绍。而对逐级还原的氧化物，如 Fe_2O_3、其反应模型中将有三个反应界面，即三界面收缩核模型。

氧化物的还原反应，在反应初期生成物层很薄或者生成物结构疏松时，内扩散速度快，常由结晶化学反应阶段控制，而反应后期生成物层增厚或生成物结构致密时，常由内扩散控制，处于中间情况，则为两者综合控制。

2. 还原反应的速度方程　对于球形颗粒，反应由结晶化学变化阶段控制的速度方程为式（3-22）：

$$[1-(1-R)^{1/3}]=\frac{K}{r_0\rho}\tau$$

当反应由内扩散控制时，总反应速度取决于单位时间内扩散通过反应产物层的气体反应物的量——即扩散通量 J：

$$J=D_e\cdot A\cdot\frac{\mathrm{d}C}{\mathrm{d}r}=D_e\cdot 4\pi r^2\cdot\frac{\mathrm{d}C}{\mathrm{d}r} \tag{3-23}$$

$$\mathrm{d}C=\frac{J}{4\pi D_e}\cdot\frac{\mathrm{d}r}{r^2}$$

当为稳定态扩散时，J 为常数，当半径由 r_0 收缩至 r 时，还原气体浓度相应由 C_0 降低到 C，上式积分：

$$\int_{C_0}^{C}\mathrm{d}C=\frac{J}{4\pi D_e}\int_{r_0}^{r}\frac{\mathrm{d}r}{r^2}$$

$$C_0-C=\frac{J}{4\pi D_e}\times\frac{r_0-r}{r_0 r}$$

当为扩散控制时，界面上的结晶化学反应速度快，界面上还原气体浓度接近平衡浓度，在温度一定时为常数，故：

$$C_0-C=\Delta C=\text{常数}$$

则

$$J=4\pi D_e\left(\frac{r_0 r}{r_0-r}\right)\Delta C \tag{3-24}$$

扩散通量 J 值，可通过反应分数 R（即还原率）间接求出。对还原反应：

$$n\mathrm{A}_{(s)}+m\mathrm{B}_{(g)}=\text{还原产物}$$

设

$$a=\frac{m}{n}$$

而

$$J=-\frac{\mathrm{d}m}{\mathrm{d}\tau}=-\alpha\frac{\mathrm{d}n}{\mathrm{d}\tau}$$

固体反应物（氧化物）的摩尔数 n 可由其质量与摩尔量之商求出：

$$n=\frac{4}{3}\pi r^3\rho/M$$

则

$$\frac{\mathrm{d}n}{\mathrm{d}\tau}=\frac{\mathrm{d}n}{\mathrm{d}r}\cdot\frac{\mathrm{d}r}{\mathrm{d}\tau}=\frac{\frac{4}{3}\pi\rho}{M}\cdot\frac{\mathrm{d}r^3}{\mathrm{d}r}\cdot\frac{\mathrm{d}r}{\mathrm{d}\tau}$$

$$=\frac{\frac{4}{3}\pi\rho}{M}3r^2\cdot\frac{dr}{d\tau}=\frac{4\pi r^2\rho}{M}\cdot\frac{dr}{d\tau}$$

则
$$J=-\alpha\frac{dn}{d\tau}=-\frac{4\pi\rho\alpha}{M}r^2\cdot\frac{dr}{d\tau} \tag{3-25}$$

由式（3-24）、式（3-25）得：

$$4\pi D_e\left(\frac{r_0 r}{r_0-r}\right)\Delta C=-\frac{4\pi\rho\alpha}{M}r^2\frac{dr}{d\tau}$$

$$-\frac{MD_e\Delta C}{\alpha\rho}d\tau=r^2\left(\frac{r_0-r}{r_0 r}\right)dr=\left(r-\frac{r^2}{r_0}\right)dr \tag{3-26}$$

式（3-26）在 $0\sim\tau$、$r_0\sim r$ 范围内积分：

$$-\frac{MD_e\Delta C}{\alpha\rho}\int_0^{\tau}d\tau=\int_{r_0}^{r}\left(r-\frac{r^2}{r_0}\right)dr$$

$$-\frac{MD_e\Delta C}{\alpha\rho}\tau=\frac{1}{2}r^2-\frac{1}{6}r_0^2-\frac{1}{3r_0}r^3 \tag{3-27}$$

已知 $r=r_0(1-R)^{1/3}$，代入式（3-27）：

$$-\frac{MD_e\Delta C}{\alpha\rho}\tau=\frac{1}{2}r_0^2(1-R)^{2/3}-\frac{1}{6}r_0^2-\frac{1}{3r_0}r_0^3(1-R)$$

整理后得：

$$\frac{2MD_e\Delta C}{\alpha\rho r_0^2}\tau=1-\frac{2}{3}R-(1-R)^{2/3} \tag{3-28}$$

式中 M——氧化物摩尔量；
D_e——扩散速度常数；
ΔC——还原气体浓度与平衡浓度之差；
α——还原反应中气体还原剂与氧化物摩尔数之比；
ρ——氧化物密度；
r_0——氧化物颗粒半径；
R——还原率。

在一定还原条件下，M、D_e、ΔC、α、ρ、r_0 皆为常数，则式（3-28）可改写为：

$$1-\frac{2}{3}R-(1-R)^{2/3}=K'\tau \tag{3-29}$$

通过试验求出各还原时间的 R 值（减量法），如果 $1-\frac{2}{3}R-(1-R)^{2/3}$ 与 τ 成直线关系，则可说明反应处于内扩散控制。

M、C_0、C、α、ρ、r_0 已知时，通过直线的斜率可求出扩散速度常数 D_e 的数值。

当内扩散与结晶化学反应速度相等时，反应处于综合控制范围，其速度方程推导如下。已知，内扩散速度按式（3-24）为：

$$J=4\pi D_e\left(\frac{r_0 r}{r_0-r}\right)\Delta C$$

而结晶化学反应速度：

$$V = K \times 4\pi r^2 \cdot C$$

综合控制时，$J = V$：

$$4\pi D_e\left(\frac{r_0 r}{r_0 - r}\right)\Delta C = 4\pi r^2 KC$$

$$D_e\left(\frac{r_0 r}{r_0 - r}\right)(C_0 - C) = Kr^2 C$$

$$C = \frac{D_e\left(\frac{r_0 r}{r_0 - r}\right)C_0}{D_e\left(\frac{r_0 r}{r_0 - r}\right) + Kr^2} = \frac{r_0 D_e C_0}{r_0 D_e + Kr\ (r_0 - r)} \tag{3-30}$$

即界面上气体反应物浓度 C 是受扩散和结晶化学反应两阶段控制，取决于 D_e、K。

由于反应为综合控制，反应速度可由扩散或界面反应之一求出，故当以单位时间质量的减少表示反应速度时：

$$-\frac{\mathrm{d}W}{\mathrm{d}\tau} = KAC = 4\pi r^2 KC \tag{3-31}$$

而 $W = \frac{4}{3}\pi r^3 \rho$，将式（3-30）代入式（3-21）：

$$-\frac{\mathrm{d}}{\mathrm{d}\tau}\left(\frac{4}{3}\pi r^3 \rho\right) = 4K\pi r^2\left[\frac{r_0 D_e C_0}{r_0 D_e + K(r_0 r - r^2)}\right]$$

$$\frac{\rho}{K r_0 D_e C_0} \cdot \frac{\mathrm{d}r^3}{3r^2} \cdot \frac{1}{\mathrm{d}\tau} = -\frac{1}{r_0 D_e + K\ (r_0 r - r^2)}$$

$$\frac{\rho}{K r_0 D_e C_0} \cdot \frac{\mathrm{d}r}{\mathrm{d}\tau} = -\frac{1}{r_0 D_e + K(r_0 r - r^2)}$$

$$\frac{K r_0 D_e C_0}{\rho}\mathrm{d}\tau = -[K(r_0 r - r^2) + r_0 D_e]\,\mathrm{d}r \tag{3-32}$$

在一定条件下，K、r_0、D_e、C_0、ρ 皆为常数，在 $0 \sim \tau$、$r_0 \sim r$ 范围内积分式(3-32)，得：

$$\frac{K r_0 D_e C_0}{\rho}\tau = \frac{K}{6}(r_0^3 + 2r^3 - 3r_0 r^2) - r_0 r D_e + r_0^2 D_e$$

用 r_0^3 除上式各项：

$$\frac{K D_e C_0}{r_0^2 \rho}\tau = \frac{K}{6}\left(1 + 2\frac{r^3}{r_0^3} - 3\frac{r^2}{r_0^2}\right) - \frac{r}{r_0^2}D_e + \frac{D_e}{r_0}$$

将 $r = r_0(1-R)^{1/3}$ 代入，并简化后得：

$$\frac{K D_e C_0}{r_0^2 \rho}\tau = \frac{K}{6}[3 - 2R - 3(1-R)^{2/3}] + \frac{D_e}{r_0}[1 - (1-R)^{1/3}] \tag{3-33}$$

式（3-33）即为综合控制的速度方程，由此式可看出，在一定条件下，K、D_e、C_0、r_0、ρ 皆为常数，还原率 R 的上述关系式与反应时间成直线关系。

若 $K \ll D_e$，即结晶化学反应控制时，式（3-33）可简化为：

$$\frac{KC_0}{r_0 \rho}\tau = 1 - (1-R)^{1/3} \tag{3-34}$$

与式（3－22）相同，式（3－32）由离解反应推出，无 C_0 项。

若 $D_e \ll K$，即为扩散控制时，式(3－32)可简化为：

$$\frac{2D_eC_0}{r_0^2\rho}\tau = 1 - \frac{2}{3}R - (1-R)^{2/3} \qquad (3-35)$$

此式与式（3－28）相似。

图 3－31 为致密氧化矿石（球形试样）用减量法进行 H_2 还原试验的结果。测出还原率 R 随时间而增加的数据后，还原前期按 $1-(1-R)^{1/3}$ 对时间作图为直线规律，还原后期按 $1-\frac{2}{3}R-(1-R)^{2/3}$ 对时间作图亦为直线规律，这说明反应前期为结晶化学反应控制，反应后期为扩散控制，而中期则为综合控制。

根据还原速度方程，可判断反应的控制步骤，从而可采取相应措施以提高还原速度。

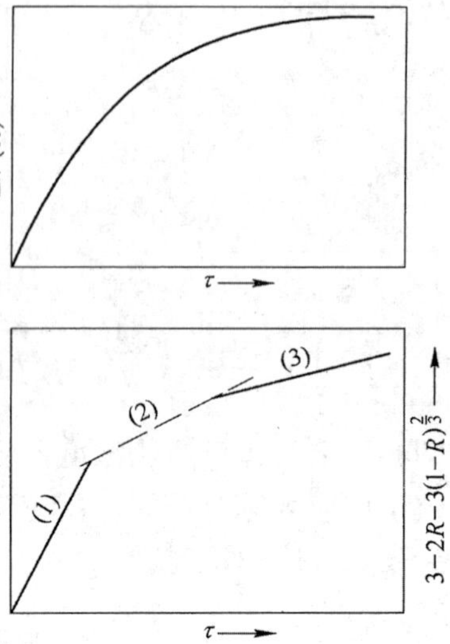

图 3－31 矿石还原动力学试验的数据处理结果

习题、思考题

1. 求碳的气化反应在 1273K，总压为 2×10^5Pa 时气相中 CO 的平衡浓度？已知：

$$CO_2 + C = 2CO,\ \Delta G^{\ominus} = 170707 - 174.47T,\ J \qquad [98.49\%]$$

2. 将 0.4molCO 与 0.2molH_2O 置于 $5\times10^{-3}m^3$ 的容器内加热到 800K，计算气相中各成分的平衡分压？已知：

$$CO + H_2O = CO_2 + H_2,\ \Delta G^{\ominus} = -304591 + 28.14T,\ J$$

[p_{CO_2}2.14、p_{H_2}2.14、p_{CO}3.05、p_{H_2O}0.454 × 10^5Pa]

3. 根据氧化物吉布斯自由能图估计 Cu_2O、Fe_2O_3、NiO、MnO、SiO_2、TiO_2 在 1273K 用 CO + CO_2 混合气体还原时，还原气体中%CO/%CO_2 值各约多大。

4. 铁锰矿中含 Fe_3O_4 和 MnO，现用 CO + CO_2 混合气体在 1173K 时还原，要求 Fe_3O_4 还原为 Fe，而 MnO 不还原，问还原气体 CO 含量应控制多大范围？已知：

$$2Fe + O_2 = 2FeO,\quad \Delta G^{\ominus} = -541117 + 142.0T,\ J$$

$$6FeO + O_2 = 2Fe_3O_4,\quad \Delta G^{\ominus} = -636888 + 255.94T,\ J$$

$$2Mn + O_2 = 2MnO,\quad \Delta G^{\ominus} = -769438 + 144.90T,\ J$$

$$2CO + O_2 = 2CO_2,\quad \Delta G^{\ominus} = -564840 + 173.64T,\ J$$

[CO 66%～99.9995%]

5. 铁钒精矿球团矿在 1123K 用 CO 还原，通过减重法测得还原度 R 与还原时间的关系为：

时间（min）	10	20	30	40	50	60	70
R（%）	12	23	32	40	46	52	59

用作图法判断还原反应的限制环节。

6. 用 CO 还原固态 ZnO 产出气态 Zn，试问在 101325Pa 和 1000℃条件下，是否有液态 Zn 产出？已知

$ZnO_{(s)} + CO = Zn_{(g)} + CO_2$，$\Delta G^{\ominus} = 186570 - 117.25T(J)$，$Zn_{(l)} = Zn_{(g)}$，$\log p^{\ominus}_{Zn} = \left(-\frac{5596}{T} + 4.764\right)\times$

101325（Pa）。

［$p_{Zn} < p_{Zn}^{\ominus}$，无液态 Zn 产出］

7. 用硅热法还原 MgO 时压力由 10^5Pa 降低至 5×10^{-10}Pa 时，开始还原温度降低多少？已知 $2MgO + Si = 2Mg_{(g)} + SiO_2$，$\Delta G^{\ominus} = 610864 - 258.57T$（J）。［932.5℃］

8. 试分析用 C 还原 MeO 反应的自由度及影响反应平衡的因素。

9. 试证明用 CO 还原纯 MeO 要比还原溶液中的 MeO 要容易。

10. 试分析片状金属镁、铜、铁氧化时的动力学曲线。

11. 试绘出完整的气－固相反应模型示意图，并说明反应包含哪几个环节，列出各环节为限制步骤的速度方程。

第四章　硫化矿的火法冶金

第一节　概　　述

大多数有色金属矿物都是以硫化物形态存在于自然界中。例如铜、铅、锌、镍、钴、汞、钼等金属多为硫化物。此外，稀散金属的铟、锗、镓、铊等常与铅锌硫化物共生，铂族金属又常与镍钴共生。因此一般的硫化矿都是多金属复杂矿，具有综合利用的价值。

硫化矿的现代处理方法大都是围绕着金属硫化物的高温化学过程。提取金属的方法较处理氧化矿复杂。主要原因是硫化物不能直接用碳把金属还原出来。因此硫化物的冶炼途径，必须根据硫化矿石的物理化学特性及成分来选择。传统的方法是在提取金属之前常要先改变其化学成分或化合物的形态。例如方铅矿、闪锌矿、辉钼矿等都要在空气中进行焙烧，使其生成铅、锌、钼的氧化物，而后在下一阶段中被还原成金属。硫化铜矿的处理则采用焙烧、熔炼及吹炼方法获得粗铜。

现代冶金工厂所处理的硫化物精矿，不仅粒度细至 0.1m 以下，具有很大的表面活性，而且一般含硫量在 15% ~30% 左右，具有很大的发热量。因此从充分利用硫化精矿本身的热能来解决冶炼过程的能耗，及从提高硫的回收率以减少对环境的污染等方面来考虑，硫化矿直接熔炼制取金属的问题，无论在理论上或实践上都将具有现实的意义。

现代硫化矿的处理过程虽然比较复杂，但从硫化矿物在高温下的化学反应来考虑，大致可归纳为以下五种类型：

$$2MeS + 3O_2 = 2MeO + 2SO_2 \tag{1}$$

$$MeS + O_2 = Me + SO_2 \tag{2}$$

$$MeS + Me'O = MeO + Me'S \tag{3}$$

$$MeS + 2MeO = 3Me + SO_2 \tag{4}$$

$$MeS + Me' = Me'S + Me \tag{5}$$

上列反应（1）是各种有色金属硫化矿氧化焙烧的基础。

反应（2）是金属硫化物直接氧化成金属的反应。这是因为这类金属对氧和硫的亲和力都比较小，即其硫化物都容易离解，而其中的硫又很容易被空气中的氧所氧化，产生二氧化硫，同时使金属得到还原，比如辰砂。

反应（3）是造锍熔炼的基本反应。主要是硫化亚铁中的铁对氧的亲和力比较大，能使其他金属的氧化物发生硫化，形成硫化物的共熔体（锍），从而与矿石中的脉石分离。

反应（4）是金属硫化物与其氧化物的交互反应，结果是金属被还原。例如硫化铜精矿直接熔炼、铜锍吹炼及铅的反应熔炼等均属此类反应。

反应（5）是硫化反应。这类反应对于下列某些冶金方法来说是基本的反应：

1）金属的硫化精炼——用加硫的方法除去金属中的杂质，例如铅的加硫除铜精炼；

2）硫化矿的置换硫化熔炼，如 Sb_2S_3 或 PbS 与金属铁之间的置换反应。

第二节　金属硫化物的热力学性质

一、硫化物的热离解

某些金属如 Fe、Cu、Ni、As、Sb 等具有不同价态的硫化物，其高价硫化物在中性气氛中受热到一定温度即发生如下的分解反应：

$$2MeS = Me_2S + \frac{1}{2}S_2$$

产生元素硫和低价硫化物。例如，在火法冶金过程中常遇到的硫化物热分解反应有：

$$2CuS = Cu_2S + \frac{1}{2}S_2$$

$$FeS_2 = FeS + \frac{1}{2}S_2$$

$$2CuFeS_2 = Cu_2S + 2FeS + \frac{1}{2}S_2$$

$$3NiS = Ni_3S_2 + \frac{1}{2}S_2$$

上列的硫化物热分解反应表明，在高温下低价硫化物是稳定的。因此在火法冶金过程中实际参加反应的是金属的低价硫化物。

由金属硫化物热分解产出的硫，在通常的火法冶金温度下都是气态硫（硫的沸点为444.5℃）。在不同温度下，这种气态硫中含有多原子的 S_8、S_6、S_2 和单原子的 S，其含量变化取决于温度，如表 4－1 所示。

表 4－1　各种气态硫在不同温度下及 $P_{总}=101325$Pa 时的分压（Pa）

T(K)	p_{S_8}	p_{S_6}	p_{S_2}	p_S
800	32930	59782	8613	—
900	3546	20468	71232	—
1000	—	1520	99805	—
1200	—	—	101325	—
1500	—	—	101325	2229
2000	—	—	85113	10132
3000	—	—	29384	71941

表 4－1 所示的数据是根据以下三种平衡反应的平衡常数公式和一个总压方程计算所得的：

$$3S_8 \rightleftharpoons 4S_6 \qquad \log\frac{p_{S_6}^4}{p_{S_8}^3} = -\frac{6337}{T} + 1.75\log T + 8.9$$

$$S_6 \rightleftharpoons 3S_2 \qquad \log\frac{p_{S_2}^3}{p_{S_6}} = -\frac{13985}{T} + 3.5\log T + 15.3$$

$$S_2 \rightleftharpoons 2S \qquad \log\frac{p_S^2}{p_{S_2}} = -\frac{16552}{T} + 1.75\log T + 5$$

$$p_{S_8} + p_{S_6} + p_{S_2} + p_S = 101325$$

从表 4-1 可知，在温度 800K 以下气态硫主要是 S_8、S_6；在高于 1500K 的温度时，就必须考虑到单体硫的存在；在火法冶金的作业温度范围内（1000~1500K）主要是双原子的气态硫存在。

二、金属硫化物的离解-生成反应

在火法冶金的作业温度下，二价金属硫化物的离解-生成反应可以用下列通式表示：

$$2Me + S_2 \rightleftharpoons 2MeS$$

若 Me 和 MeS 各为独立凝聚相时，则离解压 p_{S_2} 与反应的平衡常数 K_P 及吉布斯自由能 $\Delta G^{\ominus}$ 的关系式为：

$$K_P = \frac{1}{p_{S_2}/p}$$

$$\Delta G^{\ominus} = -RT\ln K_p = RT\ln p_{S_2}/p^{\ominus} \qquad (4-1)$$

在高温下，高价硫化物分解为低价硫化物的分解压较大，容易直接测定，而在高温下，低价硫化物较稳定，其离解压一般都很小，难以直接测定。因此常用定组成气流法测定和求算。这种方法对于气相由一种、两种或两种以上气体，例如 H_2-H_2O、H_2-H_2S、H_2-HCl 等所组成的体系原则上都适用。此法的基本原理是控制气相组成一定，使其连续流过所要研究的凝聚相，根据反应后凝聚相的重量或成分的变化来确定平衡是否达到，然后根据平衡时的测定数据来计算有关的热力学量。例如，用 H_2-H_2S 气体混合物来测定低价硫化物的离解压时，气固相之间存在着下列的平衡反应：

$$2H_2S = 2H_2 + S_2 \qquad (1)K_{(1)}$$

$$Me + H_2S = MeS + H_2 \qquad (2)K_{(2)}$$

$$(1)-2\times(2): 2MeS = 2Me + S_2 \qquad (3)K_{(3)}$$

由此便可推出：$K_{(3)} = p_{S_2} = \frac{K_{(1)}}{K_{(2)}}$。根据反应的 $\Delta G^{\ominus}-T$ 关系和 $\Delta G^{\ominus} = -RT\ln K$ 关系便可求出某一温度下的 $K_{(1)}$ 和 $K_{(2)}$ 值，从而即可求出低价硫化物的离解压 p_{S_2}。

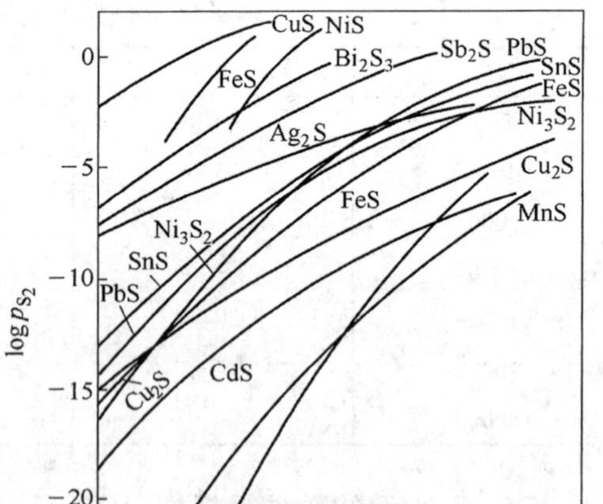

图 4-1 各种硫化物的离解压对数与温度关系曲线

在研究气相和凝聚相之间的化学平衡时，之所以可由适当的气体混合物来控制和求算，其主要原因是基于下述三个方面：

（1）气体反应的热力学数据是根据气体分子的光谱数据计算得到的，比较可信，一般都公认气体的热力学数据准确；

（2）在冶金反应的条件下，气体混合物接近 101325Pa，气体分子间影响较小，接近于理想气体，计算简便；

（3）气体混合物较易配制，实验容易实现。

衡量各种金属硫化物稳定性大小的离解压 p_{S_2} 和吉布斯自由能 $\Delta G^{\ominus}$ 与温度的关系如图 4－1、图 4－2 所示。

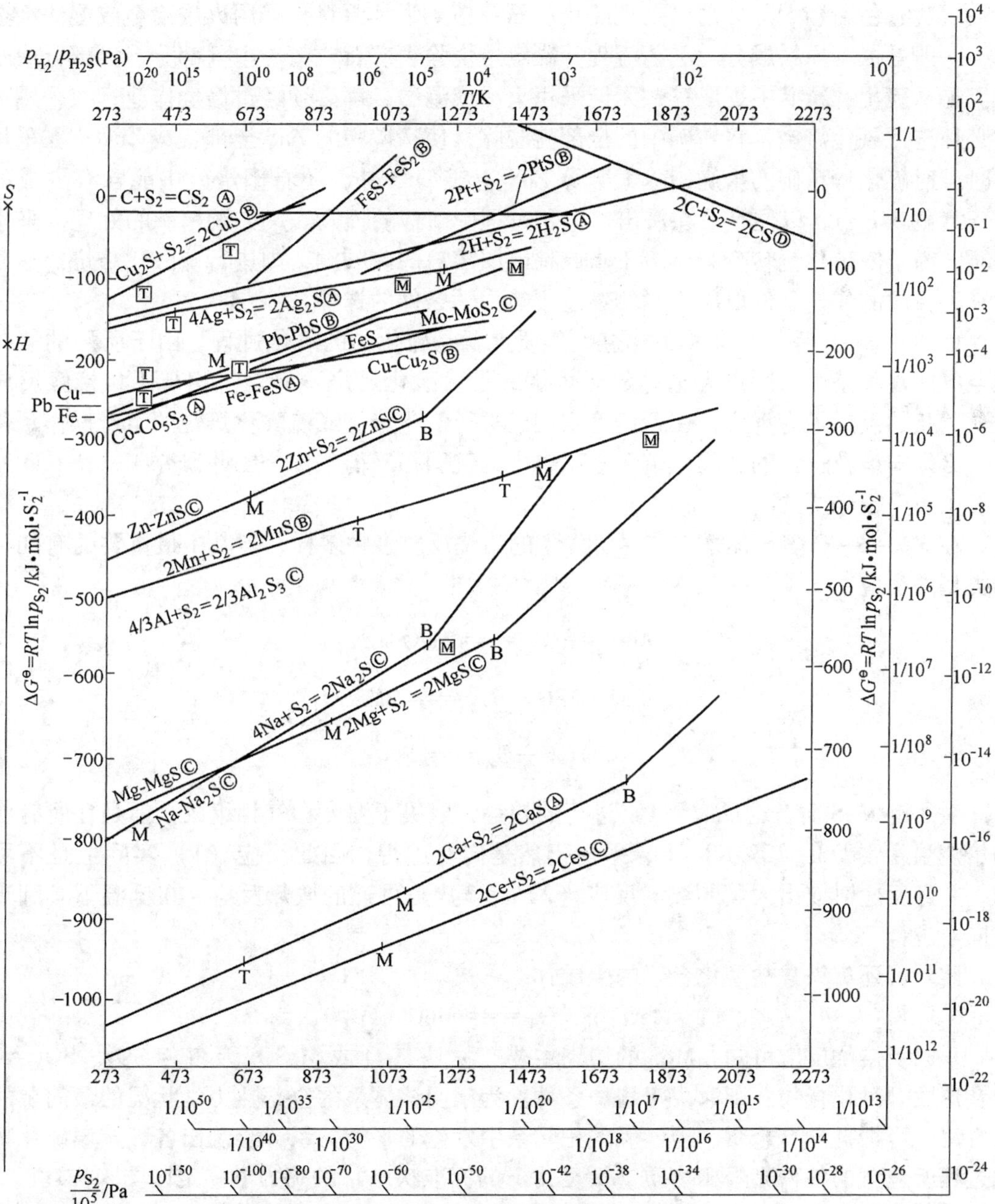

图 4－2　硫化物的吉布斯自由能图

准确度符号：Ⓐ ±4kJ；Ⓑ ±12kJ；Ⓒ ±42kJ；Ⓓ >42kJ

相态变化符号：相变点 T；熔点 M；沸点 B；升华点 S

（图中不加方框的为元素，加方框的为氧化物）

第三节　焙烧过程热力学

一、硫化物的氧化

现代有色冶金大部分是以处理硫化矿石及精矿为其原料。采用火法冶金或湿法冶金之前，一般是根据原料成分、工艺流程等决定焙烧除去矿石或精矿中一部分、大部分或全部硫。如从硫化锌精矿中提取锌，无论采用火法或湿法，都必须经过焙烧作业，在采用火法时必须进行氧化焙烧，将精矿中的全部硫脱除，使精矿中的 ZnS 全部变成 ZnO；在采用湿法时，对硫化锌精矿的焙烧，除大部分 ZnS 生成 ZnO 外，还希望焙砂中能含有少量的硫酸锌（约 3% S），以便补偿在浸出、电积过程中硫酸的损失。又如铜精矿的处理，采用湿法时，为了使硫化铜转变为易溶于水或稀硫酸溶液的硫酸铜，则进行硫酸化焙烧。达到上述某种目的的作业条件取决于对焙烧过程热力学条件的选择。

1. Me－S－O 系　硫化物的焙烧，实质上就是硫化物的氧化过程。由于所用的氧化剂是空气或富氧空气，所以无论是氧化焙烧或是硫酸化焙烧，都是气相与固相接触反应过程，气相的组成最为重要，在精确确定用于进行氧化焙烧或硫酸化焙烧的生产操作条件之前，必须知道在一定的金属－硫－氧系统中的气固相平衡条件，因此研究 Me－S－O 系的平衡关系是很必要的。

在 Me－S－O 多相体系中，尽管发生的焙烧反应多种多样，但其中最重要的有如下三种类型的反应：

$$MeS + \frac{3}{2}O_2 \xlongequal{\quad} MeO + SO_2 \tag{1}$$

$$2MeO + 2SO_2 + O_2 \xlongequal{\quad} 2MeSO_4 \tag{2}$$

$$SO_2 + \frac{1}{2}O_2 \xlongequal{\quad} SO_3 \tag{3}$$

对所有 MeS 而言，反应（1）进行的趋势，取决于温度和气相组成。但是在所有实际的焙烧温度（773～1273K）下，平衡仍然是向右进行，因此反应（1）实际上是不可逆的，并且反应时放出大量的热。反应（2）、（3）是可逆的放热反应，在低温下有利于反应向右进行。

此外，还有铁酸盐型化合物的生成：

$$MeO + Fe_2O_3 \xlongequal{\quad} MeO \cdot Fe_2O_3 \tag{4}$$

从以上焙烧反应可知：MeS 的焙烧主要产物是 MeO 或 $MeSO_4$ 及气相 SO_2、SO_3、O_2。究竟形成哪种化合物，则取决于焙烧条件。为阐明该体系的全部热力学状况的最简单的表示方法，可根据含有金属、硫、氧的三元系中发生的平衡关系，绘制出各种金属硫化物氧化过程所包含的各种凝聚相物质（活度为 1 的标准状态）的热力学稳定区图来描述。

根据相律，在 Me－S－O 三元系中，最多有五个相平衡共存，即四个凝聚相和一个气相共存。如果温度固定，那么最多只有三个凝聚相和一个气相平衡共存，其自由度 $f=3-4+1=0$，这意味着在特定条件下的一个点。如果在该体系中，至少只有一个凝聚相和一个气相平衡时，$f=3$，那么便要用两个组分和温度——即三个变量的三维图来表示它们的热力学平衡关系。三维图表示较为复杂，多数是保持温度一定，因此对于一个在恒温下的三元系便可用气相中两组分的分压来表示，常用p_{SO_2}和p_{O_2}的对数坐标来表示最为方便，如图4－3所示。在这样的图中，金属硫酸盐和金属氧化物分别存在的区域间的分界线将是一根直线，这些直线的斜率可以根据相应反应的化学计量（系数）关系来确定。

Me－S－O系平衡图的求算方法，一般包括：

（1）确定体系中可能发生的各类有效反应并列出每个反应的平衡方程式；

（2）作图所用的热力学数据一般都是用吉布斯自由能方程二项式算得的，所用方程式如下：

$$\Delta G^{\ominus}=A+BT$$

较精确计算时，原则上吉布斯自由能方程式中至少应有第三项来反映热容变化的精确数值，则所用的方程式的形式为：

$$\Delta G^{\ominus}=A'+B'T+C'T\log T$$

（3）根据$\Delta G^{\ominus}=-RT\ln K$的关系算出各个反应在一定温度下的$\log p_{S_2}$、$\log p_{O_2}$、$\log p_{SO_2}$、$\log p_{SO_3}$之间的关系式，即直线方程式；

（4）最后把各个反应的计算结果表示在$\log p_{SO_2}$为纵坐标和以$\log p_{O_2}$为横坐标的图上，便得到如图4－3所示的Me－S－O系平衡图。

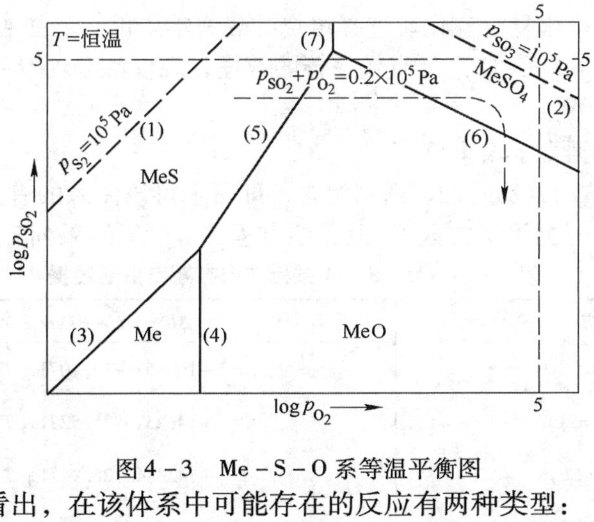

图4－3　Me－S－O系等温平衡图

从图4－3可以看出，在该体系中可能存在的反应有两种类型：

一种是只随$\log p_{O_2}$变化而与$\log p_{SO_2}$无关的Me和MeS的氧化反应，在图上以垂直于$\log p_{O_2}$轴的线表示其平衡位置；

另一种是与$\log p_{SO_2}$和$\log p_{O_2}$的变化都有关的反应，在图上以斜线表示其平衡位置。

以上反应的一般形式及其平衡分压计算公式分别列举在表4－2中。

图4－3中用虚线表示的反应（1）和（2），分别为p_{S_2}、p_{SO_3}都等于10^5Pa时的等压线。从其关系式可以看出：在恒温下K_1和K_2值一定，$\log p_{O_2}$和$\log p_{SO_2}$之间的关系也与S_2和SO_3的分压有关。当O_2的分压小和SO_2的分压大时，S_2的分压变大；当$p_{S_2}>10^5$Pa时，线（1）便向上移动；反之，则向下移动。

图中直线为上列相应各反应的二凝聚相共存的平衡线，自由度为1。这些直线之间的面区，则是一个凝聚相稳定存在的区域，为二变量体系。三直线的交点，则为三个凝聚相共存，是零变量点。

表 4-2　一般的 Me-S-O 系中的反应及平衡关系式

编号	反应式	平衡关系式	直线斜率
(1)	$S_2+2O_2=2SO_2$	$\log p_{SO_2}=\log p_{O_2}+\frac{1}{2}\log K+\frac{1}{2}\log p_{S_2}-\frac{1}{2}\log p^{\ominus}$	1
(2)	$2SO_2+O_2=2SO_3$	$\log p_{SO_2}=-\frac{1}{2}\log p_{O_2}-\frac{1}{2}\log K+\log p_{SO_3}+\frac{1}{2}\log p^{\ominus}$	$-\frac{1}{2}$
(3)	$Me+SO_2=MeS+O_2$	$\log p_{SO_2}=\log p_{O_2}-\log K_3$	1
(4)	$2Me+O_2=2MeO$	$\log p_{O_2}=-\log K_4+\log p^{\ominus}$	
(5)	$2MeS+3O_2=2MeO+2SO_2$	$\log p_{SO_2}=\frac{3}{2}\log p_{O_2}+\frac{1}{2}\log K_5+\log p^{\ominus}$	$\frac{3}{2}$
(6)	$2MeO+2SO_2+O_2=2MeSO_4$	$\log p_{SO_2}=-\frac{1}{2}\log p_{O_2}-\frac{1}{2}\log K_6+\log p^{\ominus}$	$-\frac{1}{2}$
(7)	$MeS+2O_2=MeSO_4$	$\log p_{O_2}=-\frac{1}{2}\log K+\log p^{\ominus}$	

2. Me-S-O 系的重叠平衡图　当一种金属能生成几种硫化物和氧化物，以及有些金属也能生成很稳定的碱性硫酸盐（例如 $CuO \cdot CuSO_4$）时，其平衡图就比较复杂了，但这些特征都能清楚地在等温图上表示出来。而且通过作出不同金属硫化物的 Me-S-O 系的重叠平衡图，从而可得出复合硫化矿选择焙烧的热力学条件，如图 4-4 所示。

Fe-S-O 系和 Cu-S-O 系具有较完善的数据，现仅就 Cu-S-O 系的热力学数据作平衡图为例来加以介绍。

已知的热力学数据列于表 4-4。

根据表 4-3 所给出的反应加以适当组合，即可求得该体系的有关反应的 $\Delta G^{\ominus}$，从而计算出它们在 1000K 时的平衡常数 K_P 及直线方程式。计算结果列于表 4-4。

表 4-3　Cu-S-O 系标准吉布斯自由能数据

反　应	$\Delta G^{\ominus}=A+BT\log T+CT$(J)
$2Cu+\frac{1}{2}O_2=Cu_2O$	$-169452-16.40T\log T+123.4T$
$Cu_2O+\frac{1}{2}O_2=2CuO$	$-146231-25.52T\log T+185.4T$
$2Cu+\frac{1}{2}S_2=Cu_2S$	$-142884-25.94T\log T+120.1T$
$2Cu_2S+S_2=4CuS$	$-189117+225.9T$
$S_2+2O_2=2SO_2$	$-724836+144.8T$
$SO_2+\frac{1}{2}O_2=SO_3$	$-94558+89.4T$
$Cu+2O_2+\frac{1}{2}S_2=CuSO_4$	$-765672+369.9T$
$SO_3+2CuO=CuO \cdot CuSO_4$	$-208823-13.89T\log T+209.6T$

在一定温度下，以表 4-4 所导出各方程式的 p_{O_2} 和 p_{SO_2} 的对数值为坐标，便可作得 Cu-S-O 系等温平衡图。用同样方法作得的 Fe-S-O 系平衡图重叠在上面，就得到如图 4-4 所示的重叠平衡图。

3. Me-S-O 系的 $\log p_{O_2}-\frac{1}{T}$图　上述 Me-S-O 系相平衡图是在温度一定的条件下，

表4-4　由表4-3推出 p_{O_2} 与 p_{SO_2} 的关系式

反　应	$\Delta G^{\ominus}_{1000K}$ (kJ)	log *K*	$\log p_{O_2}=f(\log p_{SO_2})$
$2Cu+\frac{1}{2}O_2=Cu_2O$	-95.25	4.97	$\log p_{O_2}=-4.94$
$Cu_2O+\frac{1}{2}O_2=2CuO$	-37.39	1.96	$\log p_{O_2}=1.08$
$2CuS+O_2=Cu_2S+SO_2$	-308.41	16.11	$\log p_{O_2}=-16.11+\log p_{SO_2}$
$Cu_2S+O_2=2Cu+SO_2$	-189.41	9.89	$\log p_{O_2}=-9.89+\log p_{SO_2}$
$Cu_2S+\frac{3}{2}O_2=Cu_2O+SO_2$	-284.66	14.87	$\log p_{O_2}=-8.25+\frac{2}{3}\log p_{SO_2}$
$CuS+2O_2=CuSO_4$	-354.70	18.53	$\log p_{O_2}=-17.06$
$Cu_2S+3O_2+SO_2=2CuSO_4$	-400.95	20.94	$\log p_{O_2}=-0.31-\frac{1}{3}\log p_{SO_2}$
$Cu_2O+\frac{3}{2}O_2+2SO_2=2CuSO_4$	-116.32	6.08	$\log p_{O_2}=4.28-\frac{4}{3}\log p_{SO_2}$
$CuO\cdot CuSO_4+SO_2+\frac{1}{2}O_2=2CuSO_4$	-32.80	1.71	$\log p_{O_2}=11.58-2\log p_{SO_2}$
$Cu_2O+SO_2+O_2=CuO\cdot CuSO_4$	-83.51	4.36	$\log p_{O_2}=5.64-\log p_{SO_2}$
$2CuO+SO_2+\frac{1}{2}O_2=CuO\cdot CuSO_4$	-46.07	2.41	$\log p_{O_2}=10.18-2\log p_{SO_2}$

平衡相态作为气相两组分分压的对数作图的。所作的等温平衡图反映不出温度对焙烧平衡所起的影响，而温度往往又是决定的因素，为了说明温度的影响，就必须作出各种温度下的平衡图，这样应用起来很不方便。由于现行焙烧及熔炼过程中，SO_2 或 SO_3 分压变化不大，因此可以固定 p_{SO_2} 的条件下，作出Me-S-O系的 $\log p_{O_2}-\frac{1}{T}$ 或 $\log p_{SO_3}-\frac{1}{T}$ 图，这样应用起来则更为方便了，如图4-5所示。

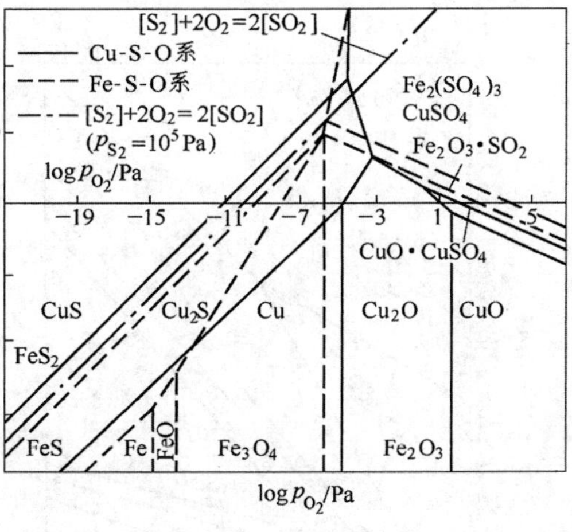

图4-4　Fe-S-O系与Cu-S-O系重叠等温平衡图

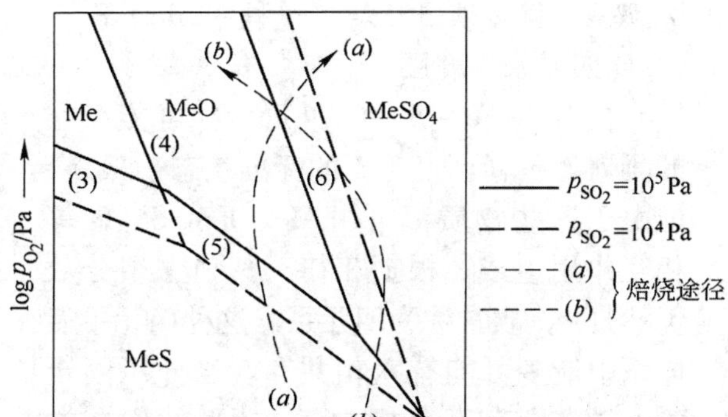

图4-5　Me-S-O系在一定的 p_{SO_2} 下的 $\log p_{O_2}-\frac{1}{T}$ 图

上述硫化物的焙烧过程，当参与反应的凝聚相的活度为1时，所作的平衡图（也称化学位图）应用起来较简单易懂，这在硫化矿各种焙烧，特别是硫酸化焙烧中常见到。由图可见：

（1）能清楚地看出每种物质的稳定区域和要求的平衡条件。当焙烧条件变化时，焙烧产物中存在的稳定化合物的变化规律是：

1）随着 p_{O_2} 增大，其氧化顺序由低价到高价变化，如 $Cu \to Cu_2O \to CuO \to CuO \cdot CuSO_4 \to CuSO_4$；

2）随着 p_{SO_2} 增大，其硫化顺序由低价到高价，如 $Cu \to Cu_2S \to CuS$。

（2）由此图可预言与实践有关的合理反应过程。当采用空气进行焙烧时，p_{SO_2} 值为 $10^4 \sim 2 \times 10^4$Pa，根据图 4－4，在这种焙烧条件下，焙烧反应的顺序为 $Cu_2S \to Cu \to Cu_2O \to CuO \to CuO \cdot CuSO_4 \to CuSO_4$。从而可直接辨别出热力学的有效反应。如 Cu_2S 不能直接氧化为 CuO；

（3）考察化学位图可以得到新工艺的概念。如图 4－4 所示，$p_{SO_2} = 10^9$ Pa 下，在高压设备中 Cu_2S 直接硫酸化得 $CuSO_4$ 是可能的，而准确控制硫位和氧位，在一次焙烧中直接得金属铜也是可能的。

4. Me－Fe－S－O 四元系平衡图　通过上述对 Me－S－O 三元系的 $\log p_{SO_2} - \log p_{O_2}$ 图的研究，不仅使我们能够较全面、直观地了解金属及其化合物的热力学稳定区外，而且便于我们用来判断在给定的条件下哪些反应能否进行，或者采取哪些办法以改变热力学条件，促使反应进行。因此研究 Me－S－O 三元系的平衡图，对生产实践起到了一定的指导作用。但是，由于有色金属硫化精矿都含有铁，而且在焙烧过程中经常生成铁酸盐，所以它是引起湿法和火法冶金过程中金属损失的原因之一。如硫化铜精矿焙烧过程中生成铜的铁酸盐使铜的浸出率降低。而且生成的铁酸亚铁（$FeO \cdot Fe_2O_3$）亦将影响熔炼过程的各项指标。焙烧过程铁酸锌的生成，使湿法提锌流程复杂化。显然，Me－S－O 和 Fe－S－O 三元系化学位图及其叠加应用，只能用来比较多元体系中各分系相应相的稳定性，而不能用来说明各分系相互作用后所产生的新相及其稳定性。为了从理论上阐明这一重要的实际问题，就必须研究焙烧过程中 Me－Fe－S－O 四元系平衡图。

在 Me－Fe－S－O 四元系中可能存在的凝聚物质（活度为 1 的标准状态）较多，但由于这些物质都可由 Me、Fe、S、O 等相互作用生成，根据相律，其独立组分数仍然是 4，故常称为四元系。这种四元平衡体系中最多可能有六相共存。当外压固定时，最多则有五个相共存。因此我们同样地可用二维图来表示其相平衡关系。如图 4－6所示的 Zn－Fe－S－O 系的 $\log p_{SO_3} - \frac{1}{T}$ 图。图中各稳定区间的分界线是一条表示有三个凝聚相和一个气相平衡时的直线，为一变系。而各面区为二变系，表示两凝聚相存在的稳定区。各交点所表示的体系，其平衡分压 p_{SO_3} 和温度分别都有一组定值，这些点所表示的体系叫零变系。

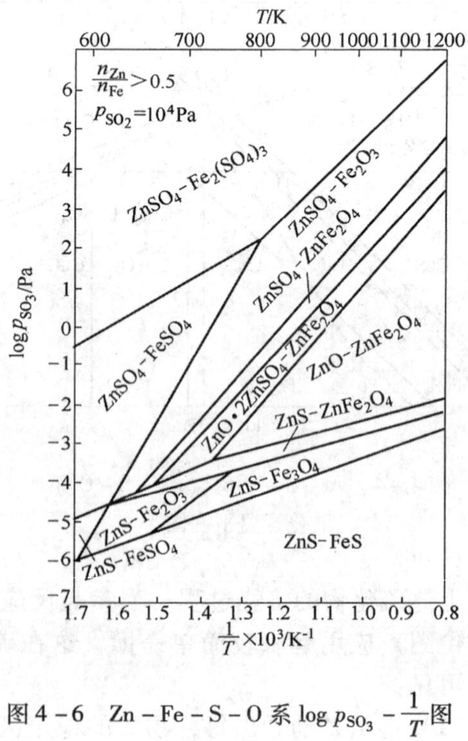

图 4－6　Zn－Fe－S－O 系 $\log p_{SO_3} - \frac{1}{T}$ 图

Me－Fe－S－O 四元系平衡图的求算方法，原则上与 Me－S－O 三元系相同，但由于 Me－Fe－S－O 四元系不是 Me－S－O 系和 Fe－S－O 系的简单叠加，因此该四元系中可能发生的反应，除了两个三元分系各自可能发生的反应外，还必须考虑两个分系间相互可能发生的反应，故其求算方法较为复杂。

Me－Fe－S－O 系的具体反应及其平衡常数式，可从如下一些基本类型的反应得出：

$$Me + SO_3 = MeO + SO_2 \tag{5}$$

$$\log K_L = \log p_{SO_2} - \log p_{SO_3}$$

$$MeS + 2SO_3 = Me + 3SO_2 \tag{6}$$

$$\log K_2 = 3\log p_{SO_2} - 2\log p_{SO_3} - \log p^{\ominus}$$

$$MeS + 3SO_3 = MeO + 4SO_2 \tag{7}$$

$$\log K_3 = 4\log p_{SO_2} - 3\log p_{SO_3} - \log p^{\ominus}$$

$$MeS + 4SO_3 = MeSO_4 + 4SO_2 \tag{8}$$

$$\log K_4 = 4\log p_{SO_2} - 4\log p_{SO_3}$$

$$MeO + SO_3 = MeSO_4 \tag{9}$$

$$\log K_5 = -\log p_{SO_3} + \log p^{\ominus}$$

$$MeSO_4 + Fe_2O_3 = MeO \cdot Fe_2O_3 + SO_3 \tag{10}$$

$$\log K_6 = \log p_{SO_3} - \log p^{\ominus}$$

$$2FeS + MeS + 10SO_3 = MeO \cdot Fe_2O_3 + 13SO_2 \tag{11}$$

$$\log K_7 = 13\log p_{SO_2} - 10\log p_{SO_3} - 3\log p^{\ominus}$$

$$MeS + Fe_2O_3 + 3SO_3 = MeO \cdot Fe_2O_3 + 4SO_2 \tag{12}$$

$$\log K_8 = 4\log p_{SO_2} - 3\log p_{SO_3} - \log p^{\ominus}$$

$$3MeS + 2Fe_3O_4 + 10SO_3 = 3(MeO \cdot Fe_2O_3) + 13SO_2 \tag{13}$$

$$\log K_9 = 13\log p_{SO_2} - 10\log p_{SO_3} - 3\log p^{\ominus}$$

$$Me_2O \cdot Fe_2O_3 + SO_3 = MeO \cdot Fe_2O_3 + MeO + SO_2 \tag{14}$$

$$\log K_{10} = \log p_{SO_2} - \log p_{SO_3}$$

$$Me_2O \cdot Fe_2O_3 + Fe_2O_3 + SO_3 = 2(MeO \cdot Fe_2O_3) + SO_2 \tag{15}$$

$$\log K_{11} = \log p_{SO_2} - \log p_{SO_3}$$

从图 4－6 中可明显地看出如下各面区所对应的各种焙烧条件及其产物：全硫酸化焙烧——$ZnSO_4 - Fe_2(SO_4)_3$ 或 $ZnSO_4 - FeSO_4$ 面区；选择硫酸化焙烧——$ZnSO_4 - Fe_2O_3$ 面区；部分硫酸化焙烧——$ZnSO_4 - ZnFe_2O_4$ 或 $ZnO \cdot 2ZnSO_4 - ZnFe_2O_4$ 面区；全氧化焙烧——$ZnO - ZnFe_2O_4$ 面区；部分氧化焙烧——$ZnS - ZnFe_2O_4$ 面区；选择氧化焙烧——$ZnS - Fe_2O_3$ 或 $ZnS - Fe_3O_4$ 面区；离解焙烧——ZnS－FeS 面区。因此，研究 Me－Fe－S－O 系可为现行各种焙烧方法提供选择最佳条件的依据。

二、硫酸化焙烧

从图 4－3 或图 4－5 的 Me－S－O 系平衡图中，可以找出能生成金属硫酸盐的温度和气相组成范围。即温度愈低，$MeSO_4$ 的稳定区扩大，愈有利于金属硫酸盐的生成。其生成－离解反应的条件，则决定于体系中如下反应的平衡条件：

$$MeO + SO_3 = MeSO_4 \tag{16}$$

$$SO_2 + \frac{1}{2}O_2 \longrightarrow SO_3 \tag{17}$$

显然，硫酸盐生成－离解反应的热力学条件，通过比较反应式（16）的离解压 p'_{SO_3} 和气相反应式（17）的分压 p_{SO_3}（视为炉气的实际分压 $p_{SO_3(炉气)}$），便可作出判断。

反应式（16）的平衡常数：

$$K'_P = \frac{a_{MeSO_4} p^{\ominus}}{a_{MeO} \times p'_{SO_3}}$$

因为 MeO 和 $MeSO_4$ 都是纯物质，所以 $a_{MeO} = a_{MeSO_4} = 1$，由此得：

$$p'_{SO_3} = \frac{p^{\ominus}}{K'_P} \tag{4-2}$$

从而可见，各种硫酸盐的离解压 p'_{SO_3} 只与温度有关。温度一定，离解压即为定值。

SO_3 的生成－离解反应已经过详细的研究。在该体系中，有三个组元及一个独立反应式，并当有一个 $p_{SO_2} = 2p_{O_2}$ 的限制条件下，根据相律，体系的自由度 $f = (3-1-1)-1+2=2$。这说明，在给定温度和总压下，平衡气相组成可以确定，从而便可计算炉气中 SO_3 的分压 $p_{SO_3(炉气)}$ 及判断硫酸盐的生成－离解反应趋势。

根据化学平衡可以得到以下各种关系：

反应式 $$SO_2 + \frac{1}{2}O_2 \longrightarrow SO_3$$

$$\Delta G^{\ominus} = -94558 + 89.37T \quad J \cdot mol^{-1}$$

$$K_P = \frac{p_{SO_3}}{p_{SO_2} \cdot p_{O_2}^{1/2} / p^{\ominus 1/2}} = \frac{p_{SO_3}}{p_{SO_2} \cdot p_{O_2}^{1/2} \cdot p^{\ominus 1/2}} \tag{4-3}$$

$$p_{SO_2} = 2p_{O_2} \tag{4-4}$$

$$p_{SO_3} + p_{SO_2} + p_{O_2} = P_{总} \tag{4-5}$$

联解式（4－3）～式（4－5），便可求出 $P_{总} = 10^5$ Pa 时反应 $SO_2 + \frac{1}{2}O_2 = SO_2$ 在不同温度下的平衡气体成分。

由式（4－3）可以得到：

$$p_{SO_3} = p_{SO_3(炉气)} = K_P \cdot p_{SO_2} \cdot p_{O_2}^{1/2} \cdot p^{\ominus 1/2} \tag{4-6}$$

比较式（4－2）和式（4－6），当 $p_{SO_3(炉气)} \geqslant p'_{SO_3,\ MeSO_4}$，则生成硫酸盐，反之硫酸盐离解。实际焙烧过程表明，焙烧炉中高含量的 SO_2 和较低的作业温度，可促使硫酸盐的生成。由于动力学的原因，在低于 600K 时，硫酸化反应作为实际过程是没有价值的。而在 1200K 以上的高温时，在实际作业中，则要求气相中必须保持较高浓度的 SO_2 才能生成硫酸盐，这种条件是较难实现的。

焙烧过程中，要求炉气与焙烧物料有良好的接触，特别是在硫酸化焙烧过程中这种接触更为重要。工业实践证明，在沸腾炉中进行硫酸化焙烧能得到很好的结果。

为了进行硫酸盐间的比较，以确定在某一温度下哪种硫酸盐可能最稳定，而绘制出 $MeSO_4$ 标准生成自由能与温度的关系图（见图 4－7）。

在一般情况下，生成硫酸盐的吉布斯自由能图是由反应

$$2MeO + 2SO_2 + O_2 \xlongequal{\quad} 2MeSO_4$$

表示的一组几乎相互平行的直线所组成。原因是这些直线的斜率与上述相应反应的硫酸盐的生成熵几乎一致，同时所有金属硫酸盐生成熵都很接近。

根据图 4－7 可以容易得出能够生成金属硫酸盐的温度及气相组成范围，并可直观地看出几乎所有硫酸盐的生成趋势随温度升高而减弱，离解趋势加大。

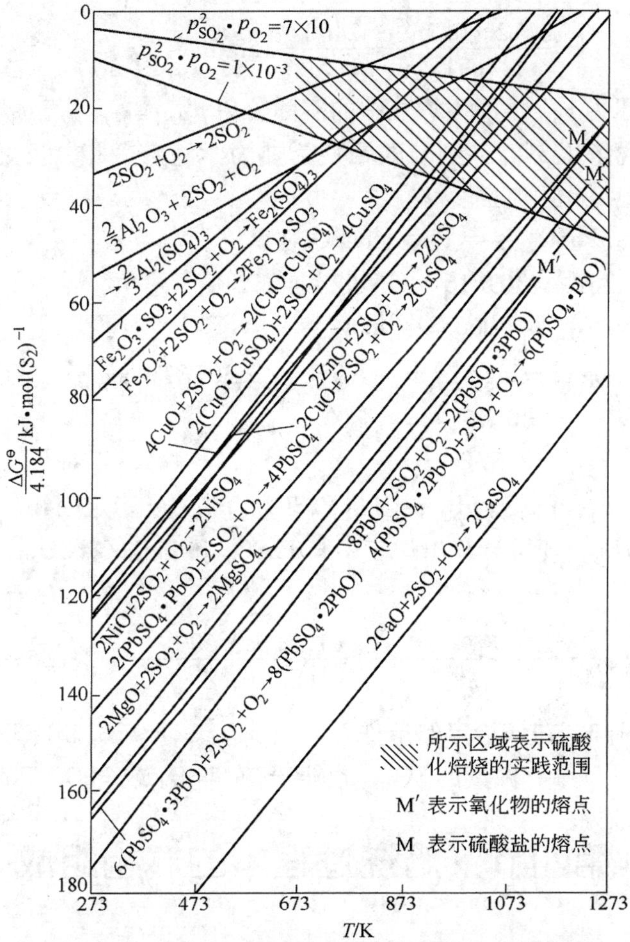

图 4－7　金属氧化物硫酸化反应标准吉布斯自由能图

例如，拟定于 1100K 进行焙烧作业，炉气含 12% SO_2 和 4% O_2，总压为 10^5 Pa 的条件下，硫酸铅是否为稳定的固相？若炉气含 1% O_2，形成碱式硫酸盐 PbO · $PbSO_4$，此时 p_{SO_2} 需多大？

反应

$$SO_3 \xlongequal{\quad} SO_2 + \frac{1}{2}O_2$$

$$\Delta G^{\ominus} = 94558 - 89.37T \quad J \cdot mol^{-1}$$

则温度在 1100K 时的平衡常数为：

$$\log K_P = \log \frac{P_{SO_2} \cdot P_{O_2}^{1/2}}{P_{SO_3} \cdot P^{\ominus 1/2}} = 0.18$$

即 $K_P = 1.51$

当炉气含 12% SO_2 和 4% O_2 时，SO_3 有效压力为：

$$p_{SO_3} = \frac{p_{SO_2} \cdot p_{O_2}^{1/2}}{K_P \cdot p^{\ominus 1/2}} = \frac{(\%SO_2/100P)\ (\%O_2/100P)^{1/2}}{K_P \cdot p^{\ominus 1/2}}$$

$$= \frac{0.12 \times 0.2p^{\ominus}}{1.51} = \frac{2400}{1.51} = 1589\text{Pa}$$

此 SO_3 的有效压力 p_{SO_3}，即为炉气中的实际分压 $p_{SO_3(炉气)}$。若 $p_{SO_3(炉气)}$ 在所给定的条件下大于硫酸铅的离解压 p'_{SO_3}，则硫酸铅便为热力学稳定固相，反之硫酸铅便离解。为此，通过如下计算便可作出判断：

反应
$$2PbSO_4 \xlongequal{\quad} PbO \cdot PbSO_4 + SO_3$$

$$\Delta G^{\ominus} = 309616 + 235292 - 448250$$

$$\Delta G^{\ominus}_{1100K} = 96658\text{J} \cdot \text{mol}^{-1}$$

$$\log K = \log p'_{SO_3} = -\Delta G^{\ominus}_{1100K}/2.303RT + \log p^{\ominus}$$

$$= 0.41$$

$$p'_{SO_3} = 2.57\text{Pa}$$

计算结果表明：$p_{SO_3(炉气)} > p'_{SO_3}$，因此 $PbSO_4$ 为热力学稳定固相。

如果炉气含 1% O_2，便可计算出炉气中与 $PbSO_4$ 和 $PbO \cdot PbSO_4$ 处于平衡之 SO_2 分压为：

$$p_{SO_2} = \frac{K_P \cdot p_{SO_3} \cdot p^{\ominus 1/2}}{p_{O_2}^{1/2}} = \frac{1.51 \times 2.57p^{\ominus 1/2}}{(0.01 \times p^{\ominus})^{1/2}} = 38.55\text{Pa}$$

由上计算结果可知，在该给定的条件下，当 $p_{SO_2(炉气)} \leqslant 38.55\text{Pa}$ 时，便生成较稳定的 $PbO \cdot PbSO_4$，说明炉气中有微量的 SO_2，也难于使 $PbSO_4$ 或 $PbO \cdot PbSO_4$ 分解为 PbO。

第四节　焙烧过程中的气相组成

一、S－O 系

硫化物焙烧时，在气相的化学组分中，至少有五种气体存在，即 S_2、O_2、SO、SO_2、SO_3。而所作的 $\log p_{SO_2} - \log p_{O_2}$ 图，都是以体系中各种化学反应达到平衡时的热力学计算为基础绘制而成，它表示在一定的温度下，金属及其化合物在 S－O 系气氛下稳定存在的热力学条件。因此为了确定热力学条件下的最终产物，必须考虑这五种气体组分在给定条件下的平衡关系。

已知在 S－O 系中，由于有如下的生成反应：

$$S_2 + O_2 \longrightarrow 2SO$$

$$S_2 + 3O_2 \longrightarrow 2SO_3$$

$$S_2 + 2O_2 \longrightarrow 2SO_2$$

故该体系的独立组分数仍是 2，即焙烧平衡气相便可选用上述五个组分中的任意两个来表示，一般是选用 SO_2 和 SO_3 为独立组分。

S－O 系中各组分的稳定性关系亦可从吉布斯自由能图上来判断，如图 4－8 所示。

从图 4－8 可知，SO 是较不稳定的次要成分，在一般的焙烧条件下，可以不考虑。生成 SO_2 和 SO_3 的两个反应式所表示的两条直线相交的交点温度为 1070K 左右，这表明在低于交点温度时，SO_3 比 SO_2 更稳定，在交点温度以上，则 SO_2 比 SO_3 更稳定。

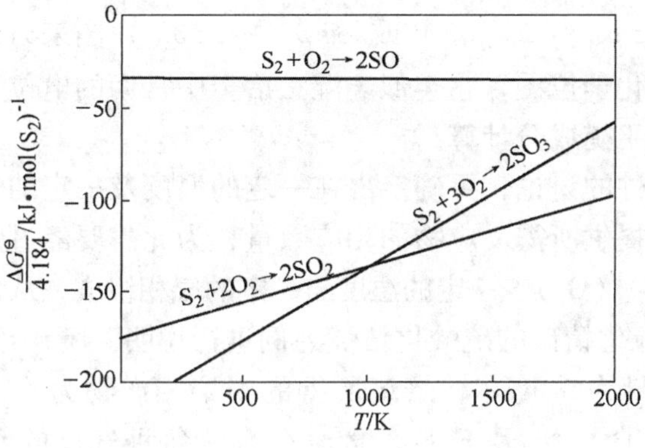

图 4－8　S－O 系吉布斯自由能图

二、氧位和硫位

在现代冶金文献中，常用氧位和硫位作为评价金属氧化物和硫化物稳定性大小的标志。现从化学位的概念出发，对于 Me－S－O 系的平衡关系加以讨论。

1. 体系的气相中氧组分的化学位 $\mu_{O_2(g)}$：

$$\mu_{O_2(g)} = \mu_{O_2(g)}^{\ominus} + RT\ln p_{O_2}/p^{\ominus}$$

式中　$\mu_{O_2(g)}^{\ominus}$——混合气体中 O_2 组分在标准状态（$p_{O_2}=101325Pa$）时的化学位；

$\mu_{O_2(g)}$——混合气体中 O_2 组分在分压为 p_{O_2} 时的化学位；

p_{O_2}——氧的分压。

2. 体系的凝聚相中氧组分的化学位 $\mu_{(s、l)}$ 当体系达到平衡时，各相中氧组分的化学位必须相等：

$$\mu_{O_2(g)} = \mu_{O_2(s、l)} = \mu_{O_2(g)}^{\ominus} + RT\ln p_{O_2}/p^{\ominus}$$

即平衡时，体系凝聚相中氧的化学位可用气相中氧的分压来表示。

上式移项，得：

$$\mu_{O_2(g)} - \mu_{O_2(g)}^{\ominus} = RT\ln p_{O_2}/p^{\ominus}$$

式中左边的 $\mu_{O_2(g)} - \mu_{O_2(g)}^{\ominus}$ 之差值，即称为氧位。所以氧位就是实际体系中氧的化学位与标准状态时的化学位之差。从而得到：

$$氧位 = RT\ln p_{O_2}/p^{\ominus} = \Delta G_{生成}^{\ominus}$$

由式可见，在一定的温度下氧位与 $\log p_{O_2}$ 成正比，故又可用 $\log p_{O_2}$ 来代表一定温度时的氧位，即：

$$\log p_{O_2}/p^{\ominus} = \frac{\Delta G_{生成}^{\ominus}}{8.314 \times 2.303T} = \frac{氧位}{8.314 \times 2.303T}$$

上式表明，平衡体系中的氧位越高，即 $\Delta G_{生成}^{\ominus}$ 越正，MeO 越不稳定，反之，氧位越低，氧化物越稳定。

同理，硫位 $= RT\ln p_{S_2} = \Delta G^{\ominus}_{生成}$

或
$$\log p_{S_2}/p^{\ominus} = \frac{\Delta G^{\ominus}_{生成}}{8.314 \times 2.303T} = \frac{硫位}{8.314 \times 2.303T}$$

近几年来，常用 $\log p_{SO_2} - \log p_{O_2}$（或 $\log p_{S_2} - \log p_{O_2}$）图来讨论冶金过程的热力学条件。这种图又常被称为化学位图，它类似于湿法冶金中常用的电位 - pH 图。

三、焙烧过程炉气平衡成分计算

对焙烧反应平衡条件的讨论，可确定出在一定的温度及一定的气相组分下，获得一定的焙烧产物。但是未能提供所需反应物的相应数量，为此需要经过焙烧的平衡计算，才能定量地确定一定的空气量（O_2）、一定的温度与一定的气相组成，从而得到一定的产物量。

现以计算 Cu - Ni 硫化精矿的硫酸化焙烧为例进行说明。精矿组成列于表 4 - 5，假定用含 20.7% O_2 的空气量为 m 摩尔，焙烧所得的凝聚相产物为 $CuSO_4$、$NiSO_4$ 和 Fe_2O_3，气相组成为 SO_2、SO_3、O_2、N_2 及 H_2O。设 n_i 分别为每种气体的摩尔量。其物料平衡计算如下（按 1kg 精矿量计）。

表 4 - 5　硫酸化焙烧精矿组成

元　素	Cu	Ni	Fe	S	H_2O
质量,%	10	5	35	35	15
(mol，kg)	1.57	0.85	6.27	10.92	8.33

S 的平衡：

$$10.92 = n_{SO_2} + n_{SO_3} + 1.57 + 0.85 \tag{4-7}$$

O 的平衡：

$$2 \times 0.207m = 2n_{SO_2} + 3n_{SO_3} + 2n_{O_2} + 4 \times 1.57 + 4 \times 0.85 + 1.5 \times 6.27 \tag{4-8}$$

气相产物的总摩尔数 n_T 为：

$$n_T = n_{SO_2} + n_{SO_3} + n_{O_2} + 0.793m + 8.33 \tag{4-9}$$

在 101325Pa 焙烧的条件下，反应 $SO_2 + \frac{1}{2}O_2 = SO_3$ 的平衡常数为：

$$K_P = (n_{SO_3} \cdot n_T^{1/2})/(n_{SO_2} \cdot n_{O_2}^{1/2}) \tag{4-10}$$

联解方程（4 - 7）~（4 - 10），在给定空气量 m 和温度下的 n_{SO_2}、n_{SO_3}、n_{O_2} 和 n_T 值便可计算出来。

根据计算结果，便可分别作出改变空气摩尔量的焙烧气体平衡组成图及温度变化时对焙烧平衡气体影响的关系图。从而为寻找最佳工艺条件的范围和获得满意焙烧产物的可能性提供了依据，但要实现这种可能性，还必须研究过程的动力学。

第五节　硫化物焙烧动力学

硫化物的氧化焙烧或硫酸化焙烧，不但存在着气 - 固、固 - 固、液 - 固等多相化学反应，而且还包括有吸附、解吸、扩散以及晶核产生、新相成长等化学结晶转变及接触催化等现象，因而整个过程是很复杂的。

影响焙烧反应的速度因素很多，对单一硫化物而言，其控制环节在不同条件下和在过程的不同阶段是各不相同的，而对于不同的硫化物在相同的条件下的控制环节也是大不一样的，有的是受化学动力学控制，有的由扩散控制，有时，在过程的某些阶段，气体的传输情况将决定反应过程的速度。因此，对硫化物焙烧过程的科学分析，目前大都是用模拟系统的测定参数来阐明，并确定反应机理，但其结果只能适用于所研究的体系，不一定适用于其他体系。为此就必须研究不同的具体过程，以便为生产实践提供最优化的控制条件。

目前对硫化物焙烧动力学的研究，虽然发展很快，但是还处在大量积累实验资料的阶段，完善的理论迄今仍未出现。因此下面着重从传统化学动力学（宏观动力学）的概念出发，对硫化物焙烧反应体系的总速率如何随反应物浓度、温度、传输和催化剂等参数的变化规律进行讨论。

一、硫化物的氧化机理

硫化物的氧化反应，如同氧化物被气体还原剂还原的反应那样，是固相与气相界面上进行的多相反应，并且是分阶段进行的。其氧化机理大致有如下几个阶段：

（1）气相中的氧分子由气体中心经由包围着硫化物颗粒的气膜层扩散到其外表面上——外扩散；

（2）氧分子被吸附到硫化物晶体上以后，紧接着发生氧分子与硫化物之间的化学吸附。被吸附的氧分子首先分裂成活泼的氧原子后才能与硫化物发生反应。反应最初产物可以认为是某种表面化合物或中间化合物；

（3）硫原子和氧原子（或离子）在反应区范围内发生化学反应，反应的气体产物（SO_2）从固体表面上解吸并转入到孔隙体内的气体之中，同时发生逆向的扩散；

（4）发生逆向扩散的同时，气体分子经由氧化产物覆盖层的宏观孔隙扩散到 MeO | MSe 界面——内扩散，并继续沿孔隙向原始硫化物内部渗透至一定深度，再按上述机理进行。

因此硫化物的氧化步骤可用下式表示：

$$MeS + O_2 \longrightarrow MeS \cdot O_{2吸附}$$

$$MeS \cdot O_{2吸附} \longrightarrow MeS \cdot (O \cdot O)_{吸附}$$

$$MeS \cdot (O \cdot O)_{吸附} \longrightarrow MeO \cdot SO$$

或

$$MeS \cdot (O \cdot O)_{吸附} \longrightarrow MeSO_2$$

$$MeSO_2 + O_2 \longrightarrow MeSO_2 \cdot O_{2吸附} \longrightarrow MeSO_4 \text{（一次硫酸盐）}$$

经过氧分子的扩散和吸附、氧键的断裂、硫酸盐晶核的产生以及新相在硫化物颗粒表面的形成等步骤，焙烧反应便不再发生在固相和气相之间，而是在两种固相和新相之间进行，并发生如下反应：

$$MeS + 3MeSO_4 = 4MeO + 4SO_2$$

一次硫酸盐在高温下也可以直接分解：

$$MeSO_4 = MeO + SO_3$$

因此，随着 $MeSO_4$ 的消失和 MeO 的生成，氧化反应继续由 O_2 穿过固体产物表面膜与 MeS 发生反应，继之又是一个新的循环过程。同时，过程中产生的 SO_2 在较高的温度和 O_2 浓度下，则按下式反应生成 SO_3：

$$SO_2 + \frac{1}{2}O_2 === SO_3$$

SO_3 的生成只有在 673 ~ 773K 时，而且在有催化剂（例如金属氧化物）存在的条件下，才能获得足够的速度。而生成的 SO_3 在逸出过程中又可与外层的 MeO 反应，重新生成二次 $MeSO_4$，其反应式如下：

$$MeO + SO_3 === MeSO_4$$

对氧化焙烧而言，是不希望产生次硫酸盐的，因为它妨碍了上述的 $MeSO_4$ 和 MeS 之间的复分解反应的进行，在这种情况下，只有通过硫酸盐的热离解来实现氧化焙烧的目的。一般采用提高温度、加大空气过剩系数和其他强化过程等措施使次硫酸盐分解。

二、硫酸化焙烧的动力学

硫化物的硫酸化焙烧，在其分解温度以下基本上与氧化反应受着同样因素的支配，但其反应机理则不大相同，除了氧压外，颗粒表面上二氧化硫的分压也起着重要的作用，对反应所需的空气量则要求加以适当的控制。

很多金属硫化矿含有多金属元素，例如对含有钴、镍、铜的黄铁矿精矿的沸肽焙烧，由于能够准确地控制炉料温度和炉气成分，可使其中硫化铁转变为不溶性氧化物，而使 Co、Ni、Cu 等有价金属硫化物转化为水溶性或酸溶性的硫酸盐，从而达到有效分离提取的目的。

这些复合硫化物的氧化（或硫酸化）动力学还没有定量的表达式，一般定性的认为在 873 ~ 1273K 时的温度区间，其硫酸化速率是反应物在扩散层的扩散系数和化学位梯度的函数；升高温度，扩散系数一般增大，而化学位梯度则下降；降低温度则相反，在 873 ~ 1273K 温度区间的某一区域有一个最大的反应过程的总速率。

例如，钴的氧化物 CoO 的硫酸化反应，在 973K 以下和 1073K 以上时，反应速度均服从抛物线规律。这一反应是由 Co^{2+} 和 O^{2-} 离子通过硫酸盐层向外扩散而进行的。这种硫酸盐层在温度低于 973K 时凝聚起来，在中温区域（973 ~ 1123K）时达到一极限厚度便发生破裂，而后在 1123K 以上时又再次凝聚起来。因而温度低时扩散速度低，硫酸盐层化学势梯度大，而高温则相反。研究发现，在中温区，即高速反应的区域中，反应速度呈直线规律，此时生成的硫酸盐层是破裂的。在较高或较低温度区域中，反应速度规律呈抛物线形，此时硫酸盐层则是光滑致密，且不破裂。

但是对含 Co、Cu 的黄铁矿精矿的硫酸化焙烧，即使在低温下也不生成致密整块的硫酸盐膜，而是夹杂有紧密邻接的铁的化合物（Fe_2O_3），这种铁的化合物是 SO_3 生成的良好催化剂。研究发现，Fe_2O_3 作为 SO_3 生成的催化过程包括如下四个串联步骤：

Fe_2O_3 的还原	$12Fe_2O_3 + 4SO_2 === 8Fe_3O_4 \cdot 4SO_3$
中间化合物生成	$8Fe_3O_4 \cdot 4SO_3 === 7Fe_3O_4 + Fe_3(SO_4)_4$
中间化合物分解	$Fe_3(SO_4)_4 === Fe_3O_4 + 4SO_3$
Fe_3O_4 的氧化	$8Fe_3O_4 + 2O_2 === 12Fe_2O_3$

上述四个串联步骤中以 Fe_3O_4 的氧化速率最慢，因而它是整个接触反应的限制步骤。添加少量的碱金属硫酸盐能使铁的氧化物的氧化速率提高几十倍，从而加速了 SO_2 氧化成 SO_3 的速率。

添加催化剂的作用，在生产实践中往往得到了应用。如 Co、Ni 黄铁矿的硫酸化焙烧，为了提高有价金属 Ni、Co 的酸化率，常在炉料中加入少量（5%）硫酸钠，从而可明显地提高它们的酸化率。

可认为硫化镍的硫酸化包括如下两个反应阶段：

$$2NiS + 3O_2 \longrightarrow 2NiO + 2SO_2$$

$$NiO + SO_2 + \frac{1}{2}O_2 \longrightarrow (NiO \cdot SO_3) \longrightarrow NiSO_4$$

实践证明，如果不添加碱金属硫酸盐，上述反应生成的 NiO 仅有 20% ~30% 能够转变为$NiSO_4$。其原因是，在 NiO 表层上产生出的 $NiSO_4$ 形成一种致密膜，阻碍了 SO_2 和 O_2 的渗透。当加入 Na_2SO_4 时，则由于 Na_2SO_4 的烧结作用使其收缩破裂，结果使 NiO 表层上的 $NiSO_4$ 遭到破坏，为 NiO 能继续地与 SO_2 和 O_2 相接触创造了条件，从而达到更完全的硫酸化，提高酸化率的目的。

三、硫化物的着火温度

每种硫化物都有自己的着火温度。所谓着火温度就是这样一种温度，高于此温度时，将使焙烧过程发生突然变化，也就是说过程突然地由动力学区转变到扩散区。因为过程低于着火温度或处于低温阶段，焙烧反应速度很小。这是因为 MeS 氧化反应的活化能很大，可以认为反应速度基本上与气体动力学的条件无关。而过程的反应热量不大，氧化过程缓慢，只有升高温度才能使反应加速进行，也只有当放热速度超过系统的散热速度时，热量才能在系统中积累起来，体系的温度才能上升。

实验证明，每种硫化物的着火温度却并非一定值，而是与硫化物颗粒大小有关。如表 4－6 所示。

综上述可知，硫化物的氧化过程是很复杂的多相反应，其进行的速度与许多因素有关，其中对过程有决定性影响的最重要因素是：

（1）温度的影响敏感；

（2）在硫化物颗粒外表面形成的固体反应物膜层的厚度及致密程度；

（3）物料的物理化学性质，如固体的颗粒粒度、孔隙度等；

（4）气流中 O_2、SO_2、SO_3 的浓度等。

表 4－6　某些硫化物的着火温度与其颗粒大小的关系

MeS	着火温度（K）		
	0.1mm	0.1 ~0.2mm	>0.2mm
Sb_2S_3	563	—	613
FeS_2	598	678	745
HgS	611	—	693
Fe_nS_{n+1}	703	798	863
Cu_2S	703	—	952
PbS	827	—	1120
ZnS	920	—	1083

第六节　硫化物氧化生成金属

由于金属硫化物不能直接用碳还原得到金属，因此在硫化矿的火法冶金中，有两种基本情况：一种是前面已经讨论过的硫化矿氧化为氧化物或硫酸盐的氧化焙烧和硫酸化焙烧；另一种情况是少数几种金属能从它们的硫化物中直接氧化得金属的过程。具备这种性能的金属硫化矿有汞、银以及铂族金属等。金属铅也可以用方铅矿部分氧化成硫酸盐的方法来提炼金属铅。

一、硫化汞的挥发焙烧

由硫化矿直接氧化制得金属，这些金属都具有一种特性，那就是它们在火法冶金过程中，金属对硫和氧的亲和力都很小，而硫和氧的亲和力较大，而且形成稳定的化合物 SO_2。这种热力学特性就是硫化矿直接氧化成金属的重要依据。其硫化物的氧化可按下列一般式进行：

$$MeS + O_2 = Me + SO_2$$

属此类型的反应，可以举出辰砂 HgS 的挥发焙烧作为典型例子。

辰砂矿物为一种相当纯的 HgS，可根据下式直接氧化获得金属：

$$HgS_{(s)} + O_2 \longrightarrow Hg_{(l)} + SO_2 \text{ 或} \longrightarrow Hg_{(g)} + SO_2 \quad (1)$$

计算这些反应所能达到的热力学数据可以按下列反应的标准吉布斯自由能方程式求出：

$$Hg_{(l)} + \frac{1}{2}O_2 \longrightarrow HgO_{(s)}, \qquad \Delta G^{\ominus} = -90793 + 108.4T \quad J$$

$$Hg_{(g)} + \frac{1}{2}O_2 \longrightarrow HgO_{(s)}, \qquad \Delta G^{\ominus} = -1234280 - 108.4T \quad J$$

$$HgS_{(s)} + O_2 \longrightarrow Hg_{(l)} + SO_2, \qquad \Delta G^{\ominus} = -238488 - 36.0T \quad J$$

$$Hg_{(l)} \longrightarrow Hg_{(g)}, \qquad \Delta G^{\ominus} = 58994 - 93.7T \quad J$$

$$HgS_{(s)} + O_2 \longrightarrow Hg_{(g)} + SO_2, \qquad \Delta G^{\ominus} = -176146 - 129.7T \quad J$$

将以上反应示于图 4－9 中，从图中便可看出，HgS 氧化成汞元素的气体或液体的标准吉布斯自由能比汞氧化成 HgO 的吉布斯自由能更负。反应式（1）的平衡常数：

$$K_P = \frac{p_{SO_2}}{p_{O_2}}$$

当 $a_{HgS} = a_{Hg} = 1$ 以及 $\Delta G^{\ominus}$ 是一个大的负值时，K_P 便是一个大的正值。所以过程在 673K 汞蒸气为 101325Pa，固体 HgS 氧化反应平衡的 $\frac{p_{SO_2}}{p_{O_2}} = 10^{20}$ 时，$\Delta G^{\ominus} = -263.6kJ$，并从中可知，氧的利用是非常有效的。

根据 Hg－S－O 系的热力学分析，体系中的稳定凝聚相有 Hg、HgS、$HgSO_4$、Hg_2SO_4、$HgSO_4 \cdot 2H_2O$ 和 HgO。

金属 Hg 的沸点 $T_{沸} = 673K$，因此 HgS 在温度 $T < 673K$ 下进行氧化焙烧时，从图 4－10中可看出，体系中各相之间存在的稳定区及 HgS 的氧化顺序：$HgS_{(s)} \rightarrow Hg_{(l)} \rightarrow Hg_2SO_{4(s)} \rightarrow HgSO_{4(s)}$。

值得注意的是，当氧化温度 $T \geqslant 673K$ 时，反应：

$$HgS + O_2 = Hg_{(g)} + SO_2$$

体系中增加了一个气相——$Hg_{(g)}$，此时描述体系的状态，需用 $\log p_{O_2} - \log p_{SO_2} - \log p_{Hg}$ 三维图来表示，见图 4－11、图 4－12。

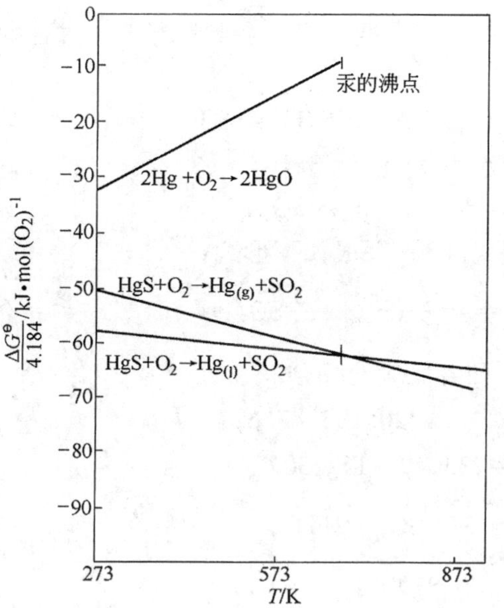

图 4－9　HgS 氧化生成汞的 $\Delta G^{\ominus}-T$ 的关系

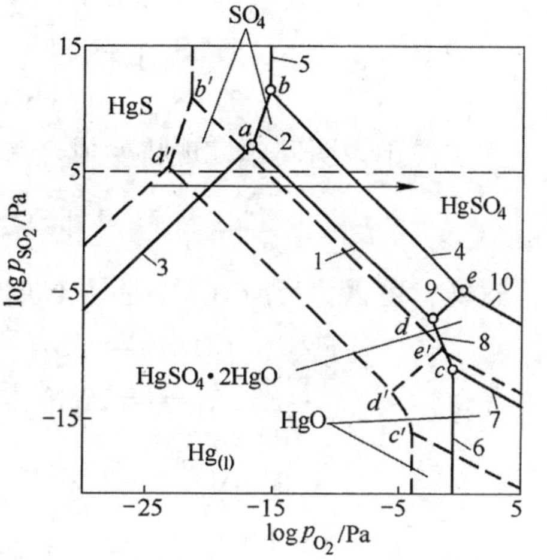

图 4－10　Hg－S－O 系在 473K 和 573K（虚线表示）时的 $\log p_{O_2}-\log p_{SO_2}$ 图

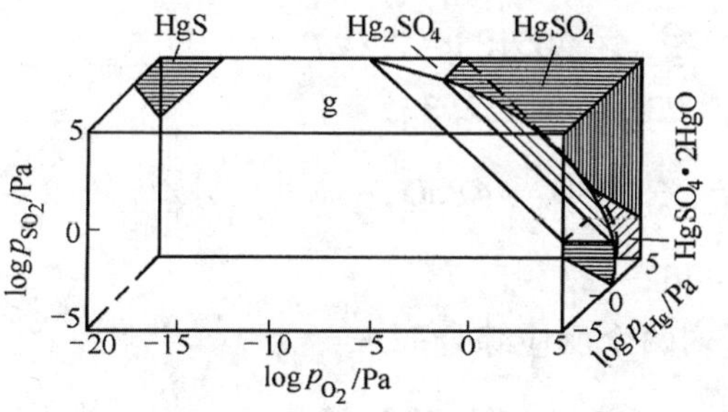

图 4－11　Hg－S－O 系在 673K 下的 $\log p_{O_2}-\log p_{SO_2}-\log p_{Hg}$ 图

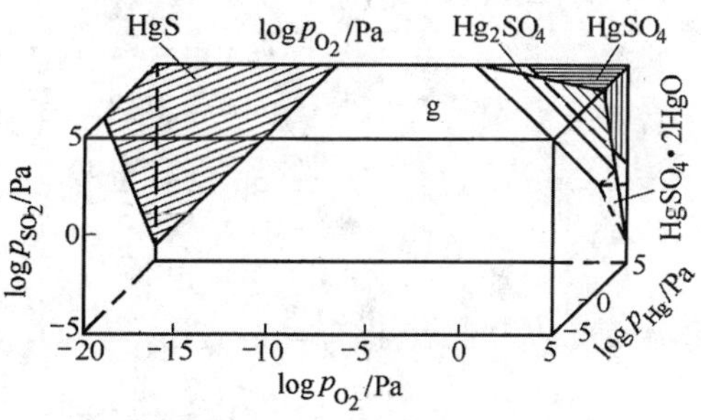

图 4－12　Hg－S－O 系在 773K 下的 $\log p_{O_2}-\log p_{SO_2}-\log p_{Hg}$ 图

二、铅的反应熔炼

在 Pb－S－O 系中，除了正常的硫酸铅、氧化铅和硫化铅之外，还有三种碱式硫酸铅。其各相之间的平衡可以从 Pb－S－O 系的稳定区图看出（图 4－13）。由该图可知，铅的碱式硫酸盐（$PbSO_4\cdot 2PbO$ 或 $PbSO_4\cdot 4PbO$）的稳定度较高。研究结果指出，这种反应熔炼过程是 PbS 和碱式硫酸铅的互相接触，发生反应生成金属铅和 SO_2，此时处于平衡相的位置必须在接近 p_{SO_2} 为 10^3 Pa 的区域附近。但是，该平衡图只是涉及到含铅的各种凝聚相。因此必须考虑在火法冶金的高温下，由于 PbS 的

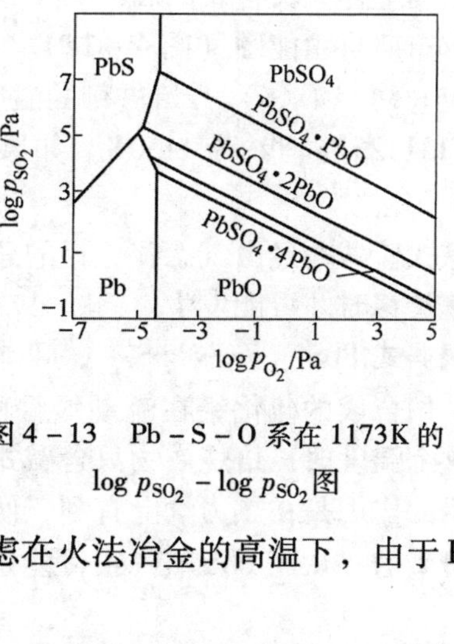

图 4－13　Pb－S－O 系在 1173K 的 $\log p_{SO_2}-\log p_{SO_2}$ 图

高挥发性，气相中的气态 PbS 与各种硫酸盐的作用具有重要意义。在此情况下，过程的反应可表示为如下形式：

$$PbS_{(g)} + 10(PbSO_4 \cdot PbO) = 7(PbSO_4 \cdot 2PbO) + 4SO_2 \quad (2)$$

$$2PbS_{(g)} + (PbSO_4 \cdot 2PbO) = 5Pb_{(l)} + 3SO_2 \quad (3)$$

$$3PbS_{(g)} + (PbSO_4 \cdot 4PbO) = 8Pb_{(l)} + 4SO_2 \quad (4)$$

为了便于说明问题，现将生成金属铅的反应式（3）写成如下形式：

$$PbS_{(g)} + \frac{1}{2}(PbSO_4 \cdot 2PbO) = \frac{5}{2}Pb_{(l)} + \frac{3}{2}SO_2 \quad (5)$$

这样，可认为反应（5）是按 $1molO_2$ 计的下列各反应的综合：

$$PbS_{(s)} + O_2 = Pb_{(l)} + SO_2,\ \Delta G^{\ominus} = -205183 - 7.62T \quad J$$

$$PbS_{(g)} = PbS_{(s)},\ \Delta G^{\ominus} = -233049 + 152.30T \quad J$$

$$\frac{3}{2}Pb_{(l)} + \frac{1}{2}SO_2 + O_2 = \frac{1}{2}PbSO_4 \cdot 2PbO,$$

$$\Delta G^{\ominus} = -537016 + 269.87T \quad J$$

同理，将反应（4）改写为：

$$PbS_{(g)} + \frac{1}{3}(PbSO_4 \cdot 4PbO) = \frac{8}{3}Pb_{(l)} + \frac{4}{3}SO_2 \quad (6)$$

综合组成反应（6）的各反应如下：

$$PbS_{(s)} + O_2 = Pb_{(l)} + SO_2,\ \Delta G^{\ominus} = -205183 - 7.62T \quad J$$

$$PbS_{(g)} = PbS_{(s)},\ \Delta G^{\ominus} = -233049 + 152.30T \quad J$$

$$\frac{5}{3}Pb_{(l)} + \frac{1}{3}SO_2 + O_2 = \frac{1}{3}PbSO_4 \cdot 4PbO,$$

$$\Delta G^{\ominus} = -514214 + 262.42T \quad J$$

其中，反应 $PbS_{(s)} + O_2 = Pb_{(l)} + SO_2$ 系由下列两个反应综合而来：

$$\frac{1}{2}S_2 + O_2 = SO_2,\ \Delta G^{\ominus} = -360661 + 72.22T \quad J$$

$$Pb_{(l)} + \frac{1}{2}S_2 = PbS_{(s)},\ \Delta G^{\ominus} = -157235 + 80.04T \quad J$$

根据上述有关各式的 $\Delta G^{\ominus} - T$ 关系，便可作出 PbS 与碱式硫酸铅交互反应生成金属铅的吉布斯自由能图（图 4－14）。如图所示，PbS→Pb 线与碱式硫酸铅的交点温度，就是反应（5）和（6）开始进行的温度。由此可知，由固态 PbS 还原碱式硫酸盐的温度在 $p_{SO_2} = 131325Pa$ 时约为 1150K。如果 SO_2 压力降低到 $10^3 Pa$，则图中虚线的交点温度便降低了 150K。

碱式硫酸盐经由气态硫化铅的还原作用，只有当 PbS 的蒸气压变得大到足以以气体进行迅速迁移时才可能发生。

根据式 $PbS_{(s)} \longrightarrow PbS_{(g)}$，可求得 PbS 蒸气压在 1120K 时的 $p_{PbS_{(g)}} = 10^2 Pa$。但实验发现，用合成的硫化铅在流动缓慢的空气气流中进行焙烧时可在 1098K 下产生金属铅，低于这个温度时，焙烧产物只含碱式硫酸铅。由此可得出结论：这些碱式硫酸盐还原成为金属铅的作用是在热力学上有利于使氧呈 SO_2 形态除去的温度，以及在 $p_{SO_2} \geqslant 10^3 Pa$ 的条件下发生的，从而 PbS 蒸气很可能是起到还原剂作用的传递化学位的介质。

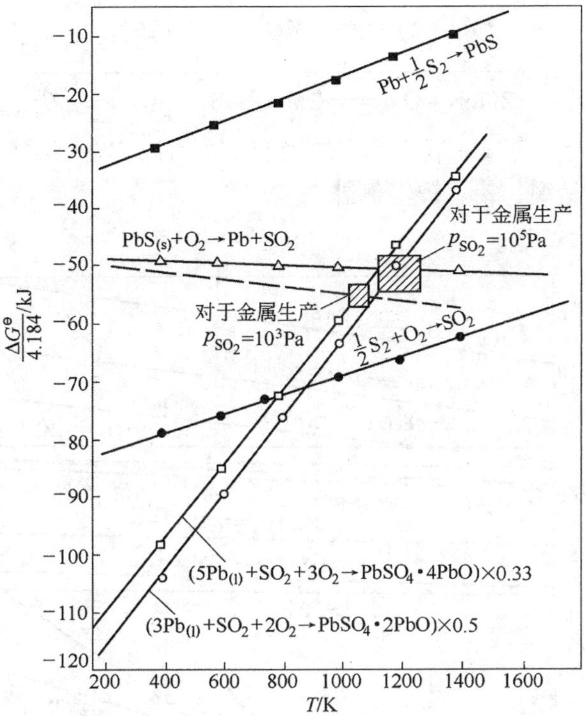

图 4－14　从 PbS 与碱式硫酸铅交互反应生成 Pb 的吉布斯自由能图

第七节　硫化矿的氧化富集造锍过程

用硫化精矿生产金属铜是重要的硫化物氧化的工业过程。由于硫化铜矿一般都是含硫化铜和硫化铁的矿物。例如 $CuFeS_2$（黄铜矿），其矿石品位，随着资源的不断开发利用，变得含铜量愈来愈低，其精矿品位有的低到含铜只有 10% 左右，而含铁量可高达 30% 以上。如果经过一次熔炼就把金属铜提取出来，必然会产生大量含铜高的炉渣，造成 Cu 的损失。因此，为了提高 Cu 的回收率，工业实践先要经过富集过程，使铜与一部分铁及其他脉石等分离。

富集过程是利用 MeS 与含 SiO_2 的炉渣不互溶及比重差别的特性而使其分离。其过程是基于许多的 MeS 能与 FeS 形成低熔点的共晶熔体，在液态时能完全互溶并能溶解一些 MeO 的物理化学性质，使熔体和渣能很好地分离，从而提高主体金属的含量，并使主体金属被有效的富集。

这种 MeS 的共熔体在工业上一般称为冰铜（锍）。例如冰铜的主体为 Cu_2S，余为 FeS 及其他 MeS。铅冰铜除含 PbS 外，还含有 Cu_2S、FeS 等其他 MeS。又如镍冰铜（冰镍）为 $Ni_3S_2 \cdot FeS$，钴冰铜为 $CoS \cdot FeS$ 等。

一、金属硫化物氧化的吉布斯自由能图

某些金属对硫和氧的稳定性关系亦可从其吉布斯自由能图上来判断，如图 4－15 所示。金属硫化物氧化反应　$2MeS + O_2 = 2MeO + S_2$ 是按以下两反应求得：

$$
\begin{array}{lll}
 & 2Me + O_2 = 2MeO & \Delta G^{\ominus}_{(MeO)} \\
- & 2Me + S_2 = 2MeS & \Delta G^{\ominus}_{(MeS)} \\
\hline
 & 2MeS + O_2 = 2MeO + S_2 & \Delta G^{\ominus} = \Delta G^{\ominus}_{(MeO)} - \Delta G^{\ominus}_{(MeS)}
\end{array}
$$

在大多数情况下，由于 Me 氧化反应的熵变小，所以它在 $\Delta G^{\ominus}-T$ 关系图中的直线几乎是一条水平线，只是铜、铅、镍等例外。

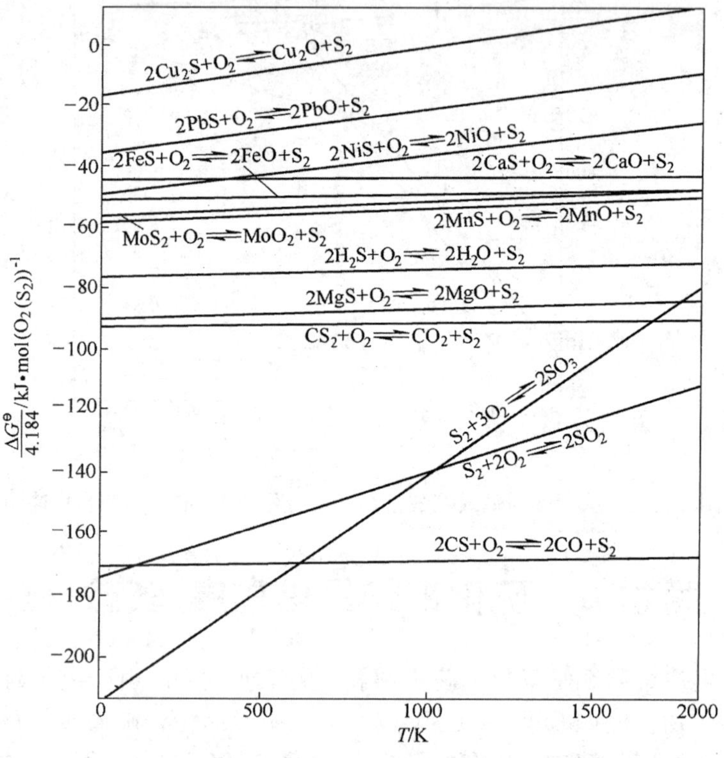

图 4－15　某些金属硫化物氧化的吉布斯自由能图

图 4－15 可以用来比较 MeS 和 MeO 的稳定性大小，从而便可以预见 MeS－MeO 之间的复杂平衡关系。例如，FeS 氧化的 $\Delta G^{\ominus}_{T}$ 比 Cu_2S 的 $\Delta G^{\ominus}_{T}$ 更负，于是如下反应向右进行：

$$Cu_2O + FeS = Cu_2S + FeO$$

这是由于铁对氧的亲和力大于铜对氧的亲和力，故 Fe 优先被氧化，因此氧化熔炼发生如下反应：

$$2Cu_2S + O_2 = 2Cu_2O + S_2$$

生成的 Cu_2O 最终按下式反应生成 Cu_2S，即：

$$Cu_2O_{(1)} + FeS_{(1)} = Cu_2S_{(1)} + FeO_{(1)}$$

$$\Delta G^{\ominus} = -146440 + 19.2T \quad kJ \cdot kg^{-1} \cdot mol^{-1}$$

$$\log K = \log \frac{a_{Cu_2S} \cdot a_{FeO}}{a_{Cu_2O} \cdot a_{FeS}}$$

当 $T = 1473\text{K}$，$K = 10^{4.2}$。

以上计算所得的平衡常数值很大，这说明 Cu_2O 几乎完全被硫化进入冰铜。因此，铜的硫化物原料（如 $CuFeS_2$）进行造锍熔炼，只要氧化气氛控制得当，保证有足够的 FeS 存在时，就可使铜完全以 Cu_2S 的形态进入冰铜。这就是氧化富集过程的理论基础。

二、锍的形成

造锍过程也可以说就是几种金属硫化物之间的互熔过程。当一种金属具有一种以上的硫化物时，例如 Cu_2S、CuS、FeS_2、FeS 等，其高价硫化物在熔化之前发生如下的热离解，如：

$$\text{黄铜矿}\quad 4CuFeS_2 \xlongequal{823\text{K}} 2Cu_2S + 4FeS + S_3$$

$$\text{斑铜矿}\quad 2Cu_3FeS_3 \xlongequal{1073\text{K}} 3Cu_2S + 2FeS + \frac{1}{2}S_2$$

$$\text{黄铁矿}\quad FeS_2 \xlongequal{953\text{K}} FeS + \frac{1}{2}S_2$$

上述热离解所产生的元素硫，遇氧即氧化成 SO_2 随炉气逸出。而铁除部分地与生成 Cu_2S 以外多余的硫相结合成 FeS 进入锍内外，其余的铁则进入炉渣。

由于铜对硫的亲和力比较大，故在 1473 ~ 1573K 的造锍熔炼温度下，呈稳定态的 Cu_2S 便与 FeS 按下列反应熔合成冰铜：

$$Cu_2S + FeS = Cu_2S \cdot FeS$$

同时，反应生成的部分 FeO 与脉石氧化物造渣，发生如下反应：

$$2FeO + SiO_2 = 2FeO \cdot SiO_2$$

因此，利用造锍熔炼，可使原料中原来呈硫化物形态的和任何呈氧化物形态的铜，几乎完全都以稳定的 Cu_2S 形态富集在冰铜中，而部分铁的硫化物优先被氧化生成的 FeO 与脉石造渣。由于锍的比重较炉渣大，且两者互不溶解，从而达到使之有效分离的目的。

镍和钴的硫化物和氧化物也具有上述类似的反应，因此，通过造锍过程便可使欲提取的铜、镍、钴等金属成为锍这个中间产物产出。

三、Cu - Fe - S 三元系状态图

熔炼硫化矿所得各种金属的锍是很复杂的硫化物共熔体，但基本上是由金属的低级硫化物所组成，其中富集了所提炼的金属及贵金属。例如冰铜中主要是 Cu_2S 及 FeS，它们两者所含铜、铁和硫的总和常占冰铜总重的 80% ~90%。所以这三种元素可以说是冰铜的基本成分，即 Cu - Fe - S 三元系实际上可以代表冰铜的组成。通过对 Cu - Fe - S 三元系状态图的研究，可对冰铜的性质、理论成分和熔点等有较详细的了解。

1. 图 4 - 16 示出 Cu - Fe - S 三元系的熔度及相结构　从图中看出，在 Cu - S 边含 80% 的铜，20% 的硫生成 Cu_2S，熔点为 1130℃；在 Fe - S 边，FeS 含硫量为 36.4%，含铁 63.6%，熔点为 1193℃。在 Cu_2S - FeS 二元直线区，铜、铁及硫的合金具有完全熔融的熔体。当 Cu - Fe - S 三元合金在缺少硫的情况下，即不能满足上述 Cu_2S 和 FeS 中化学计量的含硫量时，合金将出现分层区，此分层区具有较为广泛的区域，如图 4 - 17 中舌形所示部分。分层的二液相视熔锍品位（Cu%）而有不同比例的铜铁合金相产生，即当锍的品位较高时，合金分层熔体将出现富铜金属相，如图中含铜 60% 以上的区域；当锍品位较贫时，合金分层将出现含铁较高的 Cu - Fe 合金相。分层的二液相，一层系以锍为主

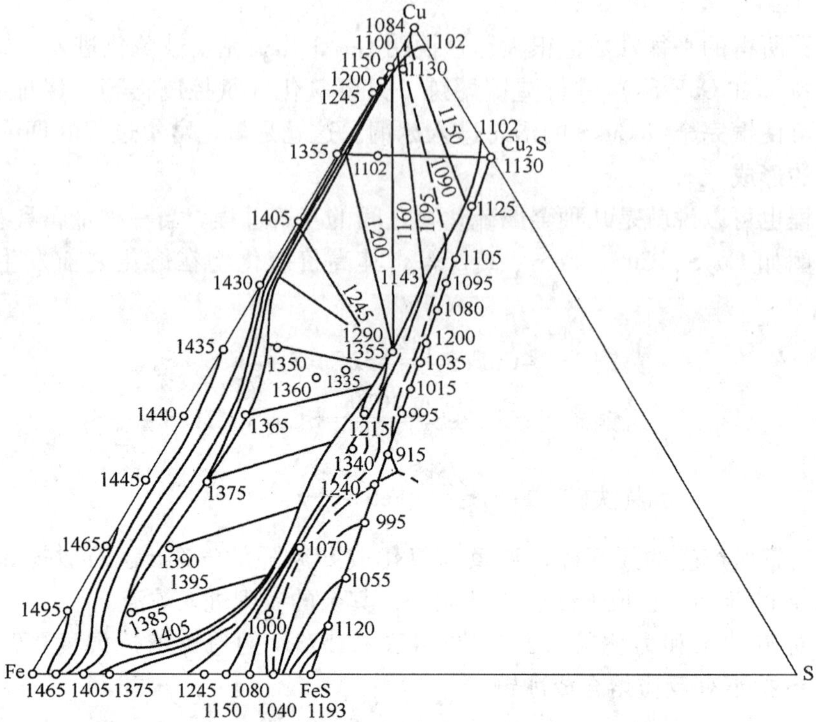

图 4 - 16　Cu - Fe - S 三元系状态图（各组分含量为质量百分数）

饱和了 Cu - Fe 合金的液相，另一层则以 Cu - Fe 合金相为主饱和了硫（或锍）的液相。在直线区范围，即沿 Cu_2S - FeS 直线区，熔体互相熔合并出现最低熔点的共晶（E），熔点915℃。从锍的理论成分来看，由纯 Cu_2S 到纯 FeS，其含硫量在20% ~36.5%，而铜的含量相应地从 79.8%变到零。生产实践所产的工业冰铜一般含铜介于20% ~40%，相应的含硫量通常为24% ~26%。因此，在冶金计算中采用冰铜的含硫量为25%，其计算结果是符合实际的。图中结线为实测的分层熔体组成和熔度。显然，随着含铁量增高，分层的 Cu - Fe 合金熔度相应增高。以温度作为空间坐标，则 Cu - Fe 合金的熔度向 Cu - Fe - S 合金熔体直线区倾斜形成温度差斜面。以 Fe 角附近的熔度而言，则向 Cu - Cu_2S 边倾斜形成温度差斜面。

2. 图 4 - 17 是没有画出等温线及液相组成连接线的平面状态图　图中 Cu - Cu_2S - FeS - Fe 所组成的梯形部分相图，实际上可看作是由四对有关的二元系所构成，如图 4 - 18所示。

构成图 4 - 17 中所示的面、线、点分别为：

（1）四个液相面区：

Ⅰ——CuE_1PP_1Cu 面是 Cu（Cu 固溶体）液相面区，$L \rightleftharpoons$Cu 固溶体。

Ⅱ——$P_1PDKFEE_2$FeP_1 面是 Fe（Fe 固溶体）液相面区，$L \rightleftharpoons$Fe 固溶体。

Ⅲ——FeSE_2EE_3FeS 面是 FeS（FeS 固溶体）液相面区，$L \rightleftharpoons$FeS（FeS 固溶体）。

FeS 是构成 Cu - Fe - S 三元系的 Fe - S 二元系生成的二元化合物。

Ⅳ（$Ⅳ_1 + Ⅳ_2$）——$f\,FEE_3$Cu$_2$Sf 面及 E_1PDE_1 面均是 Cu_2S（Cu_2S 固溶体）液相面区，$l \rightleftharpoons Cu_2S$（$Cu_2S$ 固溶体），因被液相分层区所截，故分为两部分。Cu_2S 是构成

Cu－Fe－S 系的 Cu－S 二元系生成的二元化合物。

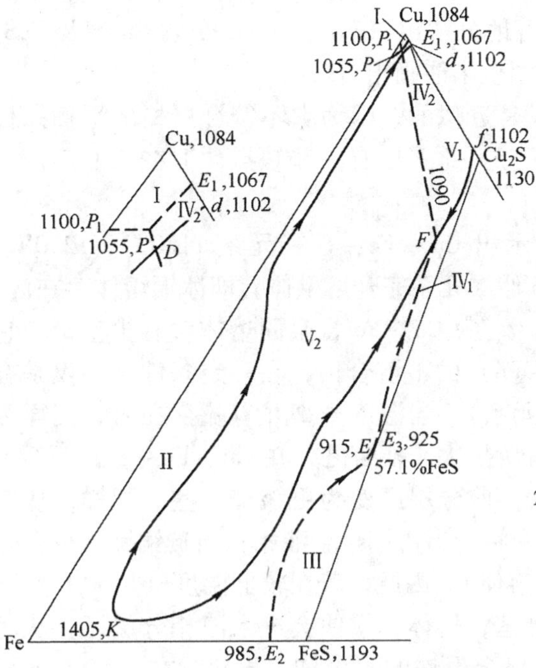

图 4－17 Cu－Fe－S 三元系状态图（简示图）

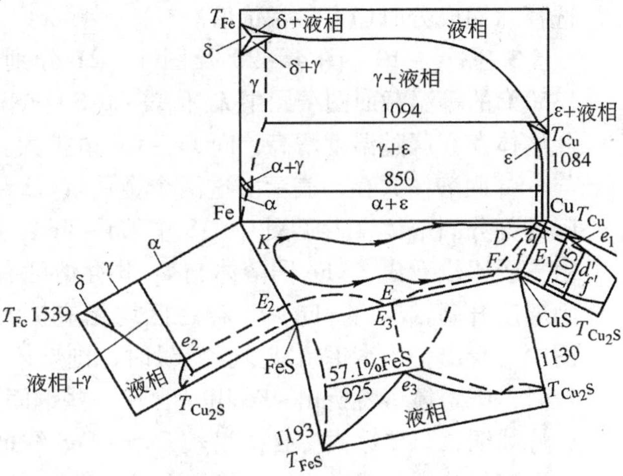

图 4－18 Cu－Fe－S 三元系（简示图）与有关侧面二元系状态图

（2）液相分层（双液相面）区即 *dDKFfd* 面区，它由 V_1 与 V_2 两部分组成：

V_1——*dDFfd* 面区，是析出 Cu_2S 固溶体初晶区，为 $L_1 \rightleftharpoons L_2 + Cu_2S$ 固溶体，两液相组成由 *fF* 及 *dD* 线上两对应点表示。

V_2——*DKFD* 面区，是析出 Fe 固溶体初晶区，为 $L_1 \rightleftharpoons L_2$ + Fe 固溶体，两液相组成由 *KF* 及 *KD* 线上两对应点表示。

（3）四条共晶线：

E_1P——Cu 固溶体与 Cu_2S 固溶体共同析出；

E_2E——Fe 固溶体与 FeS 固溶体共同析出；

E_3E——Cu_2S 固溶体与 FeS 固溶体共同析出；

FE 及 *DP*——均是 Cu_2S 固溶体与 Fe 固溶体共同析出。因被液相分层区所截，故分成两部分。

（4）一条二元包晶液相线：

P_1P——L + Fe 固溶体$\rightleftharpoons$Cu 固溶体，这是三相包晶反应。

（5）两个四相平衡不变点：

E——三元共晶点，共晶温度为 915℃（靠近 FeS－Cu_2S 连线的 E_3 处）；L_E——Cu_2S 固溶体＋FeS 固溶体＋Fe 固溶体。

P——三元包晶点，析出温度为 1085℃（靠近 Cu 角处），L_P + Fe 固溶体$\rightleftharpoons$Cu 固溶体＋Cu_2S 固溶体。

图中 *E* 点、*P* 点、液相分层区 *dDKFf* 是此图的特征标志。因为它们说明了相图上有三元共晶反应，三元包晶反应以及液相分层现象存在。

在三角形 S－Cu_2S－FeS 内，由于高价硫化铜（CuS）与高价硫化铁（FeS_2）在常压（一个大气压）及熔化温度下不稳定，因此显著地分解出硫蒸气，并转变成 Cu_2S 及 FeS。这部分相图在实验上不易做出，所以这部分相图也未能画出。

以上所介绍的 Cu－Fe－S 三元系状态图只是近似的，因为它不符合严格的平衡条件（如平衡时间不足及没有测定熔体上硫的蒸气压）。此图虽有一些缺点，但在工业生产上选择冰铜成分时仍有参考价值。

3. 图 4－19、图 4－20 及图 4－21 分别示出 Cu－Fe－S 三元系 1150℃、1250℃、1350℃的等温截面图　图中 L_1 代表 Cu_2S－FeS 假二元系完全熔融体，即冰铜熔体存在区，此熔体存在区随温度增高，向 Fe－Cu 边扩大。L_2 为 Cu－Fe 合金固熔体含有少量硫，它与 γFe 固溶体共存，表示出这两个金属（Cu－Fe）的不溶合性，在一定条件下，仅是有限的部分固熔体（参见图 4－18 中 Cu－Fe 二元系）。当温度升高并有硫存在时，同样可由三图比较看出，γFe 固溶体与 L_2 共存熔区有所扩大。换言之，在 Cu－Fe－S 三元系中因温度升高，L_1 和 $\gamma Fe+L_2$ 存在区均相应扩大，使分层区变为更狭窄一些。同样，从三图中可看出，当富铜锍减少含硫量时，则熔体中将析出富铜合金液相；当贫铜锍减少含硫量时，则熔体中将析出 γFe 相（含有一些铜固溶体）。因此，若在较低温度（1150℃）下熔炼冰铜，只要冰铜中含硫量较 CuS－FeS 线低些，熔体冰铜便会进入液相分层区，从而发生液相分层，或进入固－液两相平衡区，析出金属铁的固溶体。显然，在 1150℃下熔炼冰铜是不合适的。随着温度增高，如在 1250℃（图 4－20）与 1350℃（图 4－21）的等温截面图，冰铜熔体可在较大的组成范围内以单一均匀液相存在，既不分层，也没有金属存在，所以熔炼冰铜及冰铜吹炼，一般都在 1523～1623K 温度下进行。

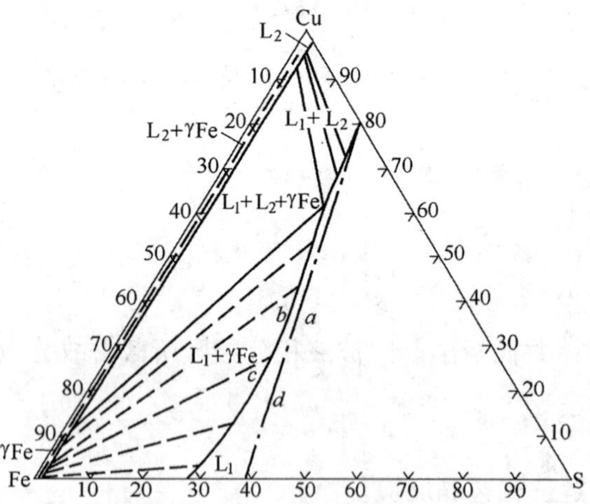

图 4－19　Cu－Fe－S 三元系在 1150℃时的等温截面

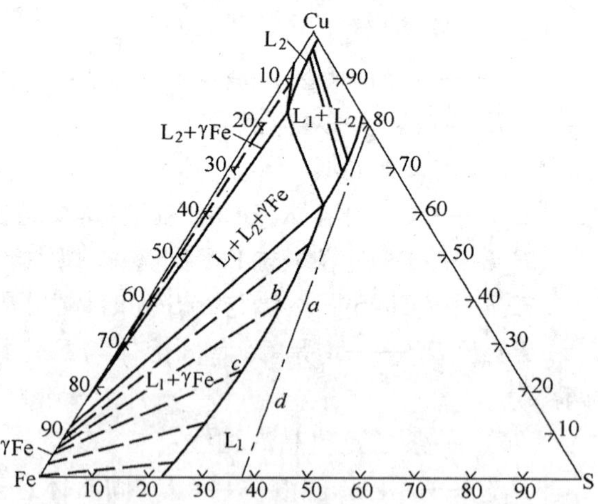

图 4－20　Cu－Fe－S 三元系在 1250℃时的等温截面

由于要避免分层现象出现，得到一均匀的冰铜熔体，所以冰铜成分应在 Cu_2S－FeS 连线与液相分层区的边界线（*fFK*）之间的区域，其合理成分是图 4－19～图 4－21 中的*abcd*所示的部分，此区内 Cu、Fe、S 的变动范围是：Cu21%～45%，Fe21%～48%，S23%～26%。

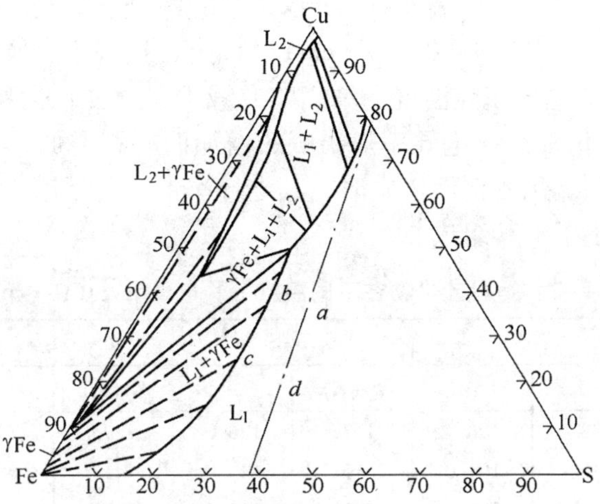

图 4-21　Cu-Fe-S 三元系在 1350℃时的等温截面

以上用冰铜中主要成分 Cu_2S、FeS 中的 Cu、Fe、S 定义为冰铜的理论成分，但实际上工厂所产的冰铜，即工业冰铜，除主要成分 Cu_2S、FeS 外还含有其他成分，如 Fe_3O_4 及少量 Au、Ag、As、Sb、Bi 及炉渣等，此外还常含有 ZnS、PbS、Ni_3S_2、CoS 等成分。

综上所述，熔体冰铜基本上是由均匀液相组成，其中主要是 Cu、Fe 和 S。工业冰铜中硫的含量按 Cu_2S 和 FeS 计算的化学量少，因此不能把冰铜视为 Cu_2S 和 FeS 的混合物。一些铁的氧化物可能溶于硫化物相中，而磁性氧化铁常以稳定化合物存在，即使在高温下也不与冰铜中的其他成分起反应。由于工业冰铜中含有氧代替硫，所以硫量大致稳定在 25% 左右。如果冰铜中硫含量降低到一定程度，则熔体进入三元系的分层区，并随冰铜组成的不同，而析出富铁或富铜的新相。

四、冰铜的主要性质

1. 熔点　冰铜的熔点与成分有关，介于 900～1050℃之间。Fe_3O_4 和 ZnS 在冰铜中会使其熔点升高，PbS 会使冰铜熔点降低；

2. 比重　为了加速冰铜与炉渣的分层，两者之间应尽量保持相当大的比重差。对固态冰铜的比重应介于 5.55～4.6 之间，因 Cu_2S 的比重为 5.55，FeS 的比重为 4.6，故冰铜的比重随其品位的增高而增大。这可由下列工业冰铜的比重数值看出：

冰铜中 Cu 的含量（%）	冰铜的比重
10.24	4.8
23.43	4.9
37.00	5.2
40.02	5.3
60.20	5.4
70.80（纯 Cu_2S）	5.5

应当指出，相同品位的冰铜，其液体比重小于固体比重。此外，冰铜中经常含有磁性氧化铁（Fe_3O_4 比重 5.18）会使冰铜的比重增大。

3. 锍的导电性　锍有很大的导电性，这在铜精矿的电炉熔炼中已得到利用。在熔矿电炉内，插入熔融炉渣的炭精电极上有一部分电流是靠其下的液态锍传导的，这对保持熔池底部温度起着重要的作用，如表4－7所示，熔融的金属硫化物都具有一定的电导率，对熔融 FeS 来说，其电导率达1400（Ω·cm）$^{-1}$以上，接近于金属的电导率，熔融硫化物（FeS、PbS 和 Ag_2S）的电导率随温度的增高略有减少，这类硫化物属于金属导体的性质。熔融硫化物（Cu_2S、Sb_2S_3）的电导率随温度的增加而略有增加，这类硫化物属于半导体性质。当硫化铁加入到硫化亚铜熔体中时，其电导率便均匀地减少。由此可见，对熔融锍的电导率的测定有助于了解其组成。

表4－7　熔融硫化物在不同温度下的电导率 κ（Ω·cm）$^{-1}$

FeS		PbS		Ag_2S		Cu_2S		Sb_2S_3	
T（K）	κ	T（K）	κ	T（K）	κ	T（K）	κ	T（K）	κ
1466	1489	1387	108.4	1173	126.0	1373	39.3	823	0.17
1468	1486	1408	104.0	1198	123.0	1412	50.0	861	0.27
1473	1482	1428	101.0	1223	120.0	1432	56.4	888	0.35
1478	1478	1438	99.7	1248	117.9	1455	63.3	937	0.52
1483	1474	1448	98.8	1273	114.4	1473	69.7	984	0.63
1488	1470	1458	97.0	1298	112.0	1505	81.6	1032	0.93
1493	1466	1468	95.4	1323	109.8	1523	91.1	1076	1.19

五、锍内组分的活度及其测定

在许多反应平衡常数的计算中，除了无限稀释的溶液以外都要采用反应物和生成物的活度以代替其浓度才正确可靠，因此如何找出体系中各组分的活度是揭示或说明反应进行方向和完成程度的一个重要问题。例如

$$Cu_2O_{(l)} + FeS_{(l)} = FeO_{(l)} + Cu_2S_{(l)}$$

反应的平衡常数：

$$K = \frac{a_{Cu_2S} \cdot a_{FeO}}{a_{Cu_2O} \cdot a_{FeS}} = 4000$$

其中 a_{Cu_2S} 和 a_{FeS} 在中等品位的冰铜中其数值大致相等，即 $a_{Cu_2S}/a_{FeS}=1$，所以 K 值的大小将决定于 a_{FeO} 和 a_{Cu_2O} 数值的大小。炉渣内 FeO 的活度，即 a_{FeO}，经测定介于0.3～0.9之间，把这些活度数值代入上式，可求出 a_{Cu_2O} 大致等于 10^{-4}。这样，熔炼系统中 Cu_2O 的活度为纯液态 Cu_2O 活度的万分之一，并将促使以上反应向右进行到底。

体系中各组分之活度在平衡状态下都是密切相关的，如果通过实验求出其中一组分的活度，其他组分的活度可应用吉布斯－杜哈姆方程式得到：

$$x_{Cu} d\ln a_{Cu} = -x_S d\ln a_S$$

而锍的活度是通过测定与熔体接触的气相中硫化氢和氢气压之比来确定，于是通过：

$$x_{Cu} \cdot d\ln a_{Cu} = -x_S d\ln \frac{p_{H_2S}/p^{\ominus}}{K \cdot p_{H_2}/p^{\ominus}}$$

方程的积分即可得铜的活度。

铜锍中活度的测定最通用的方法是化学平衡法。实验时使熔体保持一定的温度，并使之与不同比值的 H_2 和 H_2S 的混合气体相接触。H_2S 中的硫在某种程度上进入熔体。在体系达到平衡后，用化学分析方法测定熔体中硫的浓度［S］。

在这种情况下，体系中进行的反应可用下式表示：

$$H_{2(g)} + [S] \rightleftharpoons H_2S_{(g)}$$

其平衡常数为

$$K = \frac{1}{a_S} \times \frac{p_{H_2S}}{p_{H_2}} = \frac{1}{f_S[S]} \times \frac{p_{H_2S}}{p_{H_2}}$$

式中 a_S、[S]、f_S 分别代表熔体中硫的活度、浓度及活度系数。

混合气体中的硫化氢浓度随着比值$\frac{p_{H_2S}}{p_{H_2}}$的增大而增大。在温度为常数的情况下，这将导致熔体中硫的活度或浓度增大。将不同的$\frac{p_{H_2S}}{p_{H_2}}$比值下的［S］实验数值绘在图上，便可求出f_S。

例如图 4－22 所示的曲线，系根据 1200℃下熔融铜中硫的浓度随$\frac{p_{H_2S}}{p_{H_2}}$比值变化的实验数据绘成的。由此图可以看出，曲线与其切线 t 有偏差，此切线的位置表示硫在无限稀释情况下的行为。

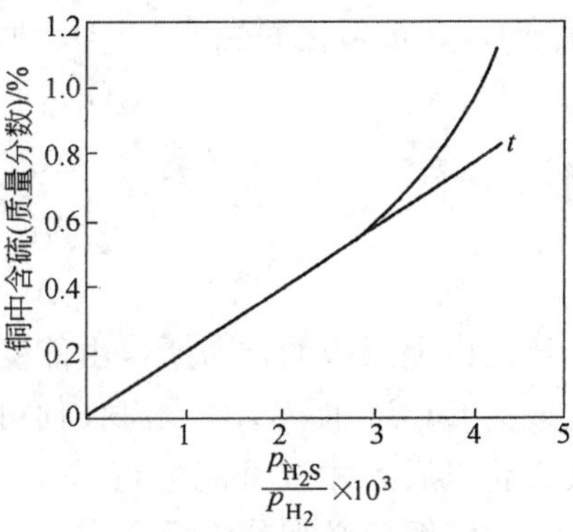

图 4－22　$Cu - H_2S - H_2$ 系中气相平衡成分与熔体含硫量的关系

根据上式，实验曲线可由

$$[S] = \frac{1}{Kf_S} \times \frac{p_{H_2S}}{p_{H_2}}$$

表示。当浓度［S］很小时，溶液遵从亨利定律，$f_S = 1$，并且曲线与斜率为 $1/K$ 的切线部分重合。根据图解确定此斜率以后，便可求出反应的平衡常数，这个数值与f_S 不同，对给定温度来说为常数，且与熔炼中硫的含量无关。知道 K 以后，即可对任何的$\frac{p_{H_2S}}{p_{H_2}}$和［S］值计算f_S。

六、锍的吹炼过程

1. 普通转炉空气吹炼锍的热力学　用各种火法熔炼获得的中间产物——铜锍、镍锍或铜镍锍都含有 FeS，为了除铁和硫均需经过转炉吹炼过程，即把液体锍在转炉中鼓入空气，在 1200～1300℃温度下，使其中的硫化亚铁发生氧化，在此阶段中要加入石英石（SiO_2）使 FeO 与 SiO_2 造渣，这是吹炼除铁过程，从而使铜锍由 xFeS · $y$$Cu_2S$ 富集为 Cu_2S、镍锍由 xFeS · $y$$Ni_3S_2$ 富集为镍高锍 Ni_3S_2、铜镍锍由 xFeS · $y$$Cu_2S$ · $z$$Ni_3S_2$ 富集为 $y$$Cu_2S$ · $z$$Ni_2S_3$（铜镍高锍）。这是吹炼的第一周期。对镍锍和铜镍锍的吹炼只有一个周期，即只能吹炼到获得镍高锍为止。

对铜锍来说吹炼还有第二周期，即由 Cu_2S 吹炼成粗铜的阶段。

现运用反应的吉布斯自由能变化来说明为什么铜锍吹炼要分两个周期。

铜锍的成分主要是 FeS、Cu_2S，此外还有少量的 Ni_3S_2 等，它们与吹入的氧（空气中的氧）作用首先发生如下反应：

$$\frac{2}{3}Cu_2S_{(l)} + O_2 = \frac{2}{3}Cu_2O_{(l)} + \frac{2}{3}SO_2$$

$$\Delta G^{\ominus} = -256898 + 81.17T\ \mathrm{J}$$

$$\frac{2}{7}Ni_3S_{2(l)} + O_2 = \frac{6}{7}NiO_{(s)} + \frac{4}{7}SO_2$$

$$\Delta G^{\ominus} = -337230 + 94.06T\ \mathrm{J}$$

$$\frac{2}{3}FeS_{(l)} + O_2 = \frac{2}{3}FeO_{(l)} + \frac{2}{3}SO_2$$

$$\Delta G^{\ominus} = -303340 + 52.68T\ \mathrm{J}$$

从这些反应的标准吉布斯自由能变化可以判断以上三种硫化物发生氧化的顺序：FeS →Ni_3S_2→Cu_2S。也就是说，铜锍中的 FeS 优先氧化生成 FeO，然后与加入转炉中的 SiO_2 作用生成 $2FeO \cdot SiO_2$ 炉渣而除去。在 Fe 氧化时，Cu_2S 不可能绝对不氧化，此时也将有小部分 Cu_2S 被氧化而生成 Cu_2O。所形成的 Cu_2O 按下列反应进行：

$$Cu_2O_{(l)} + FeS_{(l)} = FeO_{(l)} + Cu_2S_{(l)}$$

$$\Delta G^{\ominus} = -69664 - 42.76T\ \mathrm{J}$$

$$2Cu_2O_{(l)} + Cu_2S_{(l)} = 6Cu_{(l)} + SO_2$$

$$\Delta G^{\ominus} = 35982 - 58.87T\ \mathrm{J}$$

比较以上反应的吉布斯自由能变化可知，在有 FeS 存在的条件下，FeS 将置换 Cu_2O，使之成为 Cu_2S，而 Cu_2O 没有任何可能与 Cu_2S 作用生成 Cu。也就是说，只有 FeS 几乎全部被氧化以后，才有可能进行 Cu_2O 与 Cu_2S 作用生成铜的反应。这就在理论上说明了，为什么吹炼铜锍必须分为两个周期：第一周期吹炼除 Fe，第二周期吹炼成 Cu。

用类似方法比较下列两式：

$$\frac{1}{2}Ni_3S_{2(l)} + 2NiO_{(s)} = \frac{7}{2}Ni_{(l)} + SO_2 \quad (1)$$

$$\Delta G^{\ominus} = 293842 - 166.52T\ \mathrm{J}$$

$$2FeS_{(l)} + 2NiO_{(l)} = \frac{2}{3}Ni_3S_{2(l)} + 2FeO_{(l)} + \frac{1}{3}S_{2(g)} \quad (2)$$

$$\Delta G^{\ominus} = 263174 - 243.76T\ \mathrm{J}$$

可知，反应（2）较反应（1）易进行。故在炼铜转炉的温度范围内，含有少量 Ni_3S_2 的铜锍在吹炼过程中不可能按反应（1）产生金属镍。因为 Ni_3S_2 和 NiO 相互作用的反应，它的 $\Delta G^{\ominus} - T$ 线一部分在 0 线上，一部分在 0 线以下，它与 0 线相交于 1764K 也就是说，在铜锍吹炼温度（1473 ~ 1573K）小于 1764K 时，该反应不能进行，只有大于 1764K 才能进行。与铜锍吹炼相似，镍锍吹炼同样采用转炉，作业过程为注入镍锍后吹风氧化，使 FeS 氧化成 FeO，加石英熔剂与 FeO 造渣。吹炼过程的温度维持在 1473 ~ 1573K，可见镍锍吹炼过程只能按反应（2）进行到获得镍高锍为止；而不能按反应（1）生成粗镍。

无论是铜锍吹炼或是镍锍吹炼都不可能生成金属铁，即反应

$$FeS_{(l)} + 2FeO_{(l)} = 3Fe_{(l)} + SO_2 \quad (3)$$

$$\Delta G^{\ominus} = 258864 - 69.33T\ \mathrm{J}$$

在吹炼铜锍或镍锍的温度范围内反应（3）式不可能向右进行。所以铁被氧化成 FeO

后与 SiO_2 形成液态 $FeO-SiO_2$ 渣，与此同时还将发生反应：

$$6FeO + O_2 \longrightarrow 2Fe_3O_4 \tag{4}$$

反应（4）的 $\Delta G^{\ominus}_{1573K} = -226kJ$。显然，反应（4）向右进行，将生成难熔的磁性氧化铁，给操作带来困难，所以必须使熔体中生成的 FeO 迅速造渣，以使熔体中或渣相中的 FeO 活度保持较低，不利于反应（4）向右进行。对 a_{FeO} 在熔体中的理论极限值可通过以下计算得出：

$$\Delta G^{\ominus} = -RT\ln K = -2\Delta\mu_{Fe_3O_4} + 6\Delta\mu_{FeO} + \Delta\mu_{O_2}$$

如果 $a_{Fe_3O_4}=1$，则 $\Delta\mu_{Fe_3O_4}=0$ 及 $\Delta\mu_{O_2}=-167360J$

于是

$$6\Delta\mu_{FeO} = -225936 + 167360$$

得

$$\Delta\mu_{FeO} = -9763J$$

则

$$\log a_{FeO} = \frac{-9763}{8.314 \times 2.303 \times 1573} = -0.32$$

所以

$$a_{FeO} = 0.48$$

为使 FeO 在渣中的活度保持较低，除了加入过量的 SiO_2 外，操作过程还要求及时排渣，则可达到基本上完全氧化除去铁之后，获得相当纯的 Cu_2S，随后以空气氧化它即得到含有少量的残余硫和氧的金属铜。

至于存在于铜锍中的杂质锌和铅，它们是以硫化物形态存在。当吹炼时，温度高于 1179K 时，金属锌成锌蒸气挥发，ZnS 将按下式进行反应：

$$ZnS_{(l)} + 2ZnO_{(l)} = 3Zn_{(g)} + SO_2$$

反应的平衡常数

$$\log K_P = \log(p^3_{Zn} \cdot p_{SO_2}/p^{\ominus 4}) = 4.184\left(\frac{-231010}{19.15T} + 4 \times 1.75\log T + 12.9\right)$$

$$（令\ a_{ZnS} = a_{ZnO} = 1）$$

按上式计算的结果列于表 4－8。

表 4－8　反应 $ZnS + 2ZnO = 3Zn + SO_2$ 之平衡压力

T（K）	$\log(p^3_{Zn} \cdot p_{SO_2}/p^{\ominus 4})$
1100	−11.8
1200	−7.6
1400	−1.2
1600	+3.7

由计算可知，SO_2 平衡压力随温度的升高增加得很快，当温度约为 1453K 时，$\log(p^3_{Zn} \cdot p_{SO_2}/p^{\ominus 4}) = 0$，此时平衡压力已等于 10^5Pa，故在吹炼过程中，温度高于 1453K 时，生成的气态锌又进一步被氧化，以 ZnO 形态随炉气逸出。

锍中的杂质铅则按下列反应进行：

$$PbS + 2PbO = 3Pb + SO_2$$

当温度在 1123K，$p_{SO_2} = 10^5$Pa 时，吹炼形成的 PbO 为挥发物质，能随炉气逸出，且 PbO 易与 SiO_2 造渣，故冰铜吹炼时铅可被除去。

如前所述，吹炼冰铜获得金属铜是很容易的。在 1573K，有饱和氧的液体铜存在时，氧化亚铜生成吉布斯自由能等于 -98324J，在 SO_2 和氮的混合炉气中氧的分压，是由鼓入的空气通过冰铜在该温度下逸出的数值，它相当于游离状态的 Cu_2O 形成之前存在（$p_{O_2} \simeq 54Pa$）的氧势。

现对此阶段金属中硫量的近似值进行计算。

与溶液平衡的 SO_2 压力可通过下列反应吉布斯自由能变化方程式计算出来。

$$\frac{1}{2}S_2 \longrightarrow [S], \qquad \Delta G^{\ominus} = -122173 + 20.92T \text{ J}$$

$$\frac{1}{2}S_2 + O_2 \longrightarrow SO_2, \qquad \Delta G^{\ominus} = -362418 + 72.43T \text{ J}$$

合并上列方程式，则得下列反应吉布斯自由能变化

$$[S] + O_2 \longrightarrow SO_2, \ \Delta G^{\ominus} = -240245 + 51.51T \text{ J}$$

因此 $$\Delta G^{\ominus} = RT\ln p_{O_2} + RT\ln [S] - RT\ln p_{SO_2}$$

而 $$RT\ln p_{O_2} = -98324\text{J}$$

当 $p_{SO_2} = 2 \times 10^4 Pa$ 时，便可求得在 1573K 时熔体中硫的浓度：

$$[S] = 0.002 \text{ 原子百分数}$$

在饱和 Cu_2O 的条件下，金属中的氧含量可从方程式中得到：

$$\frac{1}{2}O_2 \longrightarrow [O], \ \Delta G^{\ominus} = -85939 + 7.20T \text{ J}$$

$$\Delta G^{\ominus} = \frac{1}{2}RT\ln p_{O_2} - RT\ln[O]$$

同样以 $RT\ln p_{O_2} = -98324J$ 代入，便可得到 1573K 时，$[O] = 7.0$ 原子百分数

计算表明，对于硫含量而言，吹炼法可获得相当纯的铜，但是在后一步的粗铜精炼时，需要把氧含量降低到令人满意的程度。

可见，吹炼冰铜获得金属铜是容易的，而以空气吹炼镍锍时，只能获得镍高锍为止；而吹炼铜镍锍时除获得铜镍高锍外，还会生成一部分铜镍合金。如处理铜镍矿的一种流程为：

硫化铜镍精矿→电炉熔炼→转炉吹炼除铁→磨浮分离，得铜精矿、镍精矿以及铜镍合金。

可见，这种吹炼过程与冰铜吹炼不同，只有一个周期，即硫化亚铁的氧化造渣和获得铜镍高锍（其中含一部分铜镍合金）。

铜镍合金的形成是由于铜镍锍在吹炼过程中进行着如下反应的结果：

$$(Ni_3S_2) + 4[Cu] \xlongequal{\quad} 2(Cu_2S) + 3[Ni]$$

随着吹炼过程的进行，Cu_2S 浓度不断减少，而［Cu］不断增加，此置换反应的平衡被破坏，使反应继续向右进行，亦即产生的金属镍溶于铜中。式中（ ）表示锍相内的化合物，［ ］表示金属相内的物质。

此外，还有如下反应发生：

$$4(Cu_2O) + (Ni_3S_2) \xlongequal{\quad} 8[Cu] + 3[Ni]_{Cu} + 2SO_2$$

$$(Ni_3S_2) + 4NiO_{(s)} \xlongequal{\quad} 7[Ni]_{Cu} + 2SO_2$$

生成的金属镍可溶于金属铜中。

可见，铜镍锍吹炼可以产生部分铜镍合金，同理，冰铜吹炼所产生的粗铜中，也常含少量金属镍，这是吹炼时产生上述反应的结果。

2. 回转式转炉氧气吹炼硫化镍制取粗镍　由上述铜镍锍或镍锍的吹炼过程可知，在普通转炉以空气吹炼，不能直接吹炼成金属镍，只能除去铁而得到铜镍高锍或镍高锍，然后把铜镍高锍用缓冷磨浮分离的方法，以得到相当于 Si_3N_2 的二次镍精矿，经熔化铸成阳极再电解得纯镍，这种流程的缺点是电解时电流效率不高，阳极泥的处理量大。国外有的厂是将 Ni_3S_2 焙烧成 NiO，然后在电弧内用焦炭将其还原成金属镍。长期以来，这两种流程，即电解 Ni_3S_2 得镍与焙烧 Ni_3S_2 成 NiO 再还原得镍，是两种常用的提取金属镍的方法。但近来采用了回转式转炉用氧气顶吹代替以空气吹炼的侧吹转炉应用于吹炼镍锍，并一次吹炼得到金属（粗）镍。这种炉子呈圆筒形，绕竖轴不断回转。

现将吹炼铜与吹炼镍的基本区别及热力学分析分述如下。

（1）吹炼过程的基本区别：

1）吹炼反应不同。无论是吹炼冰铜或镍锍，第一周期都是除铁，故第一周期的反应都是相同的：

$$2FeS_{(l)} + 3O_2 \longrightarrow 2FeO_{(l)} + 2SO_2$$

生成的 FeO 与加入的熔剂石英石化合而进入炉渣：

$$2FeO_{(l)} + SiO_{2(l)} \longrightarrow 2FeO \cdot SiO_{2(l)}$$

在第二周期吹炼冰铜的反应是：

$$2Cu_2S_{(l)} + 3O_2 \longrightarrow 2Cu_2O_{(l)} + 2SO_2$$

$$2Cu_2O_{(l)} + Cu_2S_{(l)} \longrightarrow 6Cu_{(l)} + SO_2$$

在第二周期吹炼镍锍的反应是：

$$2Ni_3S_{2(l)} + 7O_2 \longrightarrow 6NiO_{(s)} + 4SO_2$$

$$Ni_3S_{2(l)} + 4NiO_{(s)} \longrightarrow 7Ni_{(l)} + 2SO_2$$

冰铜吹炼的两个基本反应是气液相反应，很容易进行。而镍锍吹炼的基本反应是气、液、固相反应，热力学分析表明，它们在吹炼冰铜反应的条件下（1473～1573K）很难进行，这是镍锍吹炼的第一个困难。

2）吹炼时熔池的情况不同。吹炼冰铜过程中由于 Cu_2S 液与 Cu 液的相互溶解度较小，熔池分两液层（见图 4－23），上层是含有少量铜的 Cu_2S 层，下层是含有少量 Cu_2S 的金属铜层。吹炼时，尽管熔池中金属铜不断增加，Cu_2S 量不断减少，但是氧气接触的是一个含硫不变的 Cu_2S 液相，只有在全部 Cu_2S 氧化完了之后，才有少量 Cu_2O 生成而溶解于金属铜中。而在镍锍吹炼中，由于 Ni_3S_2 与 Ni 完全互溶为一液相（见图 4－24），随着金属镍的不断增加，熔池中硫的浓度不断降低，从而氧气接触的不仅是液相中的 Ni_3S_2，而且还有浓度不断增加的 Ni，故 Ni 会被氧化成为难溶于 Ni 中的 NiO 固相，若在不转动的转炉中吹炼，此种现象在熔体表面尤为显著，这将使吹炼过程难于进行。

3）吹炼所需的温度不同。吹炼冰铜的温度为 1473～1573K，反应很容易进行。而吹炼镍锍的反应必须在较高温度（1673K）才能进行，下面的热力学分析指出，随着熔池中硫的含量降低，温度必须提高到 1973～2073K。一般炼铜的转炉利用空气吹炼，大量废气带走很大一部分热量，使炉内温度无法达到 1973～2073K 的高温。

以上三种区别是长期以来不能用吹炼铜的转炉直接吹炼镍锍生成金属镍的主要原因。

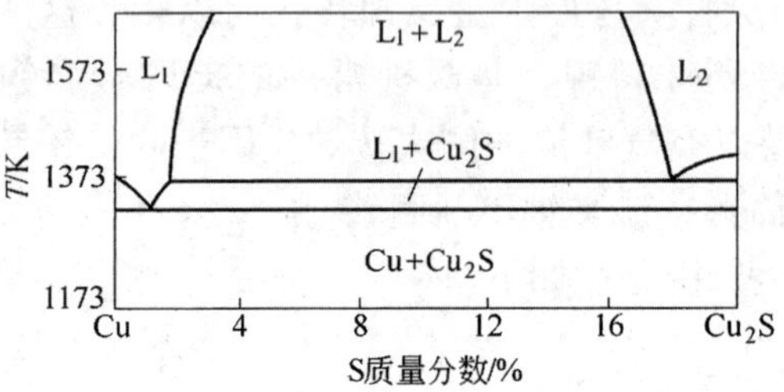

图 4-23　Cu-S 系状态图

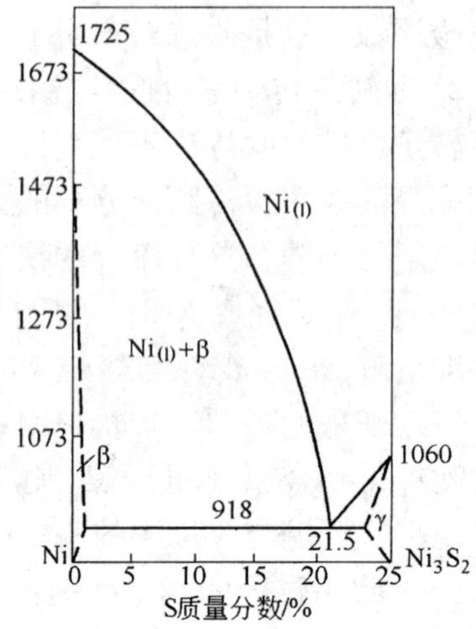

图 4-24　Ni-S 系状态图

采用氧气顶吹的回转式转炉吹镍锍，上述困难问题可得到顺利地解决。一则使用氧气，温度可达所需的高温；二则炉子除能沿横轴倾转外，本身还可以一定的转速沿纵轴回转，这样熔池得以充分的搅拌，使得固态 NiO 和液相中的 Ni_3S_2 充分接触迅速反应生成金属 Ni。

（2）硫化镍与氧化镍在非标准状态时反应的热力学分析　关于吹炼时硫化物氧化的顺序、硫化物与氧化物相互反应的顺序前已述及，但均用标准状态 $\Delta G^\ominus$ 的数据进行分析，即物质为纯固体或纯液体，气体为 10^5Pa，实际情况是 Ni_3S_2 与 Ni 液相互溶解，在熔池中形成溶液，二者都不是纯粹状态。且随着吹炼的进行 Ni_3S_2 的浓度逐渐下降，Ni 浓度逐渐上升，这是非标准态，必须用 ΔG 代替 $\Delta G^\ominus$ 来进行分析。为了便于计算，将反应

$$\frac{1}{2}Ni_3S_{2(l)} + 2NiO_{(s)} = \!= \!= \frac{7}{2}Ni_{(l)} + SO_2$$

改写为

$$[S]_{Ni} + 2NiO_{(s)} = \!= \!= 2Ni_{(l)} + SO_2$$

$$\Delta G^\ominus = 296855 - 143.51J$$

式中 $[S]_{Ni}$ 表示镍液中 Ni_3S_2 的含量，以硫的质量百分比表示，即镍液中所含的硫。这个 $\Delta G^\ominus$ 是以 1% [S]、纯 NiO 固态、纯 Ni 液、$p_{SO_2}=10^5$Pa 作为标准状态。若要求其他成分的 [S] 的 ΔG，则将得

$$\Delta G = \Delta G^\ominus + RT\ln\frac{a_{Ni}^2 \cdot p_{SO_2}/p^\ominus}{a_{[S]Ni} \cdot a_{NiO(s)}^2}$$

因为 $a_{NiO(s)}$ 是单独一相，相当于纯物质，故上式写为：

$$\Delta G = \Delta G^\ominus + RT\ln\frac{(\gamma_{Ni} \cdot x_{Ni})^2 \cdot p_{SO_2}}{f_S[\%]_S \cdot p^\ominus}$$

式中　γ_{Ni}——Ni 的活度系数；

x_{Ni}——Ni 的浓度（摩尔分数）；

f_S——硫的活度系数；

$[\%]_S$——硫的质量百分浓度。

因无活度系数数据，假定 $\gamma_{Ni}=1$，$f_S=1$。

设开始时高镍锍中各成分为

试样Ⅰ：

元素	Ni	Cu	Fe	S
质量百分浓度（%）	65	6	4	25
换算成摩尔分数 x	0.54	0.05	0.03	0.38

$$\Delta G=\Delta G^{\ominus}+RT\ln\frac{(\gamma_{Ni}\cdot x_{Ni})^2\cdot p_{SO_2}}{f_S[\%]_S\cdot p^{\ominus}}$$

$$=296855-143.51T+19.15T\log\frac{x_{Ni}^2\times p_{SO_2}}{1\times[\%]_S p^{\ominus}}$$

$$=296855-143.51T+19.15T\log\frac{(0.54)^2\times10^5}{1\times25\times10^5}$$

$$=296855-180.53T$$

当 $\Delta G=0$ 时，$T=1644\text{K}$。

即温度超过 1644K 时，反应的 ΔG 为负值，反应才能进行。随着吹炼过程不断进行，镍的含量不断增加，$[\text{S}]_{Ni}$ 含量不断减少。

试样Ⅱ：

元素	Ni	Cu	S
质量百分浓度（%）	83	7	10
换成摩尔分数 x	0.77	0.06	0.17

$$\Delta G=296855-143.51T+19.15T\log\frac{(0.77)^2\times10}{1\times10\times p^{\ominus}}$$

当 $\Delta G=0$ 时，

$$T=\frac{296855}{167.01}=1777\text{K}$$

即温度要超过 1777K，ΔG 才为负值。

试样Ⅲ：

元素	Ni	Cu	S
质量百分浓度（%）	88	8	4
换成摩尔分数 x	0.86	0.07	0.07

$$\Delta G=296855-143.51T+19.15T\log\frac{(0.86)^2\times10^5}{1\times4\times10^5}$$

当 $\Delta G=0$　　$T=\dfrac{296855}{157.55}=1884\text{K}$

试样Ⅳ：

元素	Ni	Cu	S
质量百分浓度（%）	90	9	1
换成摩尔分数 x	0.90	0.083	0.017

$$\Delta G=296855-143.51T+19.15T\log\frac{(0.9)^2}{1\times1}$$

当 $\Delta G=0$，$T=\frac{296855}{145.26}=2044K$。

根据以上分析可以得出如下几点结论：

1）镍锍如含有 FeS 时，在吹炼过程中，FeS 首先被氧化，生成 FeO；

表 4-9　某些硫酸盐离解-生成反应吉布斯自由能变化

反　应	$\Delta G^{\ominus}=4.184(a+bT\log T+cT)$ (J)			温度范围（K）	精确度 ×4.184（J）
	a	b	c		
$1/3Al_2(SO_4)_3=1/3Al_2O_3(\alpha)+SO_3$	47090	9.25	-73.51	600~1100	500
$1/3Al_2(SO_4)_3=1/3Al_2O_3(\gamma)+SO_3$	48670	—	-42.52	700~1100	2000
$BeSO_4(\gamma)=BeO+SO_3$	50180	23.03	-114.14	900~1100	500
$CaSO_4=CaO+SO_2+1/2O_2$	136830	41.61	-206.73	1100~1638	700
$3/2CdSO_4=1/2(CdSO_4\cdot 2CdO)+SO_3$	38700	—	-22.0	1100~1273	2000
$1/3Ce_2(SO_4)_3=2/3CeO_2+SO_2+1/3O_2$	63000	—	-50.97	900~1200	500
$CoSO_4=CoO+SO_3$	69230	27.63	-137.18	890~1250	500
$CoSO_4=1/3Co_3O_4+SO_2+1/3O_2$	77250	32.24	-160.62	1000~1100	500
$2CuSO_4=CuO\cdot CuSO_4+SO_3$	51780	5.11	-60.60	700~1100	500
$CuO\cdot CuSO_4=2CuO+SO_3$	52030	5.16	-57.59	800~1200	500
$1/2Er_2(SO_4)_3=1/2(Er_2O_3\cdot SO_3)+SO_3$	57810	—	-38.56	1000~1300	500
$1/3Fe_2(SO_4)_3=1/3Fe_2O_3+SO_3$	48590	8.151	-71.03	700~1000	500
$MgSO_4=MgO+SO_3$	78560	16.58	-100.69	1000~1428	1000
$MnSO_4=1/3Mn_3O_4+SO_2+1/3O_2$	75890	14.90	-106.69	700~1100	500
$Na_2SO_4=Na_2O+SO_3$	137480	14.90	-83.76	600~1157	3000
$NiSO_4=NiO+SO_3$	59290	—	-47.52	900~1200	500
$2PbSO_4=PbSO_4\cdot PbO+SO_3$	74000	16.81	-97.40	800~1139	500
$3(PbSO_4\cdot PbO)=2(PbSO_4\cdot 2PbO)+SO_3$	87920	16.81	-108.08	889~1223	500
$5/3(PbSO_4\cdot PbO)=2/3(PbSO_4\cdot 4PbO)+SO_3$	80570	16.81	-95.81	800~889	500
$5/2(PbSO_4\cdot 2PbO)=3/2(PbSO_4\cdot 4PbO)+SO_3$	71380	16.81	-85.47	889~1168	500
$PbSO_4\cdot 4PbO=5PbO+SO_3$	72870	—	-30.70	800~1108	500
$1/2Th(SO_4)_2=1/2ThO_2+SO_3$	70290	25.33	-133.60	700~1100	500
$2VOSO_4=V_2O_5+SO_2+SO_3$	85470	18.42	-150.83	700~900	500
$3ZnSO_4(\alpha)=ZnO\cdot 2ZnSO_4+SO_3$	53730	—	-45.21	800~1007	500
$3ZnSO_4(\beta)=ZnO\cdot 2ZnSO_4+SO_3$	39280	—	-30.87	1007~1200	500
$1/2(ZnO\cdot 2ZnSO_4)=3/2ZnO+SO_3$	57190	7.60	-65.63	800~1200	500

2）对于纯液态 Ni_3S_2 与纯固态 NiO 之间的反应为：

$$\frac{1}{2}Ni_3S_{2(l)}+2NiO_{(s)}=\!=\!=\frac{7}{2}Ni_{(l)}+SO_2$$

在标准状态下进行的温度 1763K 以上，若是非标准状态，如产物不是纯 Ni_3S_2（含 26.9%

S，73.1% Ni）而是高镍锍（65% ~67% Ni、25% S），则发生反应：

$$[S]_{Ni} + 2NiO \xlongequal{\quad} 2Ni + SO_2$$

随着反应的进行，反应物中硫含量减少，并且所得产物不是 Ni，而是 Ni 溶于 Ni_3S_2 中，则反应也要在高于 1643K 下进行。这显然比吹炼冰铜时的温度还要高。

3）在吹炼开始，当熔体中硫含量仍然很高（25%）时，在 1643K 操作是可行的，随着吹炼反应的进行，熔体中 S 的含量不断降低，温度需要不断提高，理论计算表明，当熔体中硫含量降低至 1% 时，温度要提高到 2043K 以上。可见，在低的含硫量下，高温起着显著的作用。按反应 $S + O_2 \rightleftharpoons SO_2$ 计算，但如用空气（288.5K）吹炼，则加热到 1923K，每 1kg 硫的氧化中净亏 1883kJ 的热量，若使用 95% 工业氧时，则每公斤硫可获得 4351.36kJ 的盈余热量，即废气量少，热利用率大大提高了。这就是为什么需要用氧气吹炼的道理。

总之，吹炼冰铜可用空气，反应温度为 1473 ~ 1573K，而吹炼镍锍开吹温度须 1673K。停吹温度视要求的终点硫含量与炉衬的寿命而定，终点硫含量要求低，则停吹温度要高，如果停吹时含硫量控制在 1%，则停吹温度要 2073K，这只有用纯氧才能达到这种温度。

习题、思考题

1. 根据 Me - S - O 系平衡图，升高温度或改变气体成分时，硫酸盐的稳定区有何变化？

2. 硫化镍于总压 10^5Pa，温度 1000K 时，气相组成范围为 3% ~10% O_2，3% ~10% SO_2 进行焙烧，问所得的焙烧产物是什么？

3. 含铜和钴的硫化矿于 950K 和 10^5Pa 下进行焙烧，生成溶于水的硫酸钴和不溶于水的氧化铜使二者分离，试确定这种选择焙烧的炉气组成的控制范围？

[$5.33 \times 10^{-4} > (p_{SO_2} \cdot p_{O_2}^{1/2})_{炉气} > 3.48 \times 10^{-5}$]

4. 将含有 94% MoS_2 的钼精矿在 900K 的温度下焙烧。试作出 Mo - S - O 系的凝聚相稳定存在区的平衡图，并说明在此条件下最稳定的凝聚相是什么？

已知反应：

（1）$Mo + S_2 \xlongequal{\quad} MoS_2$，　　$\Delta G_1^{\ominus} = -359280 + 156.19T$ J

（2）$Mo + O_2 \xlongequal{\quad} MoO_2$，　　$\Delta G_2^{\ominus} = -586178 + 233.47T - 19.3T\log T$ J

（3）$MoO_2 + 1/2O_2 \xlongequal{\quad} MoO_3$，　　$\Delta G_3^{\ominus} = -161921 + 81.59T$ J

（4）$S_2 + 2O_2 \xlongequal{\quad} 2SO_2$，　　$\Delta G_4^{\ominus} = -724836 + 144.85T$ J

[提示：Mo 的氧化物有 MoO_2、MoO_3，而硫化物为 MoS_2]

5. 一熔融冰铜，按质量计，含有 36% Cu、36% Fe、25% S 和 3% O_2，计算此冰铜中各元素的摩尔百分数及冰铜的合理成分？

设全部的铜均呈 Cu_2S 形态存在，冰铜中的 O 呈 Fe_2O_3 和 FeO 形态存在。注：计算所需硫酸盐离解 - 生成吉布斯自由能数据可查表 4 -9。

[冰铜的合理成分为 31.87% Cu_2S，55.87% FeS，7.87% FeO，4.41% Fe_2O_3]

6. 某 Me - S_2O 系中存在的凝聚相为 MeS_2、MeS、MeO_2、MeO、Me、$MeSO_4$。定性地作出该 Me - S - O 系平衡图，标明各凝聚相稳定区，列出各直线和交点的平衡关系式。

7. 近似地绘出 Cu - Fe - S 三元系状态图中 Cu_2S - FeS - Fe - Cu - Cu_2S 四边形部分，标明各液相面的初晶，判断各共、包晶线、点的性质，选择一两个组成点作冷却过程分析，试作某一温度的等温截面图。

8. 根据 Fe－S－O 系、Cu－S－O 系叠加平衡图判断，由同一金属的硫化物与氧化物相互反应生成金属，Cu 比 Fe 易于生成还是难于生成，为什么？

9. 试用三种颜色的笔将 Zn－Fe－S－O 系的各条直线划分为 Zn－S－O 系、Fe－S－O 系和生成 $ZnFe_2O_4$ 的反应三部分。

10. 为什么 MeS 不能用 C、H_2、CO 还原剂直接还原为 Me，试由 MeS 的吉布斯自由能图作简要说明。

第五章　氧化物和硫化物的火法氯化

第一节　概　　述

金属氯化物与相应金属的其他化合物比较，大都具有低熔点、高挥发性和易溶于水等性质，因此将矿石中的金属氧化物转变为氯化物，并利用上述性质将金属氯化物与一些其他化合物和脉石分离的方法早已引起冶金工作者的注意。近代化学工业的发展提供了丰富而价廉的氯气或氯化物，并且防腐技术也有了发展，因此使氯化冶金也得到了发展。所谓氯化冶金就是将矿石（或冶金半成品）与氯化剂混合，在一定条件下发生化学反应，使金属变为氯化物再进一步将金属提取出来的方法，这种冶炼方法就称为氯化冶金。

氯化冶金主要包括氯化过程、氯化物的分离过程、从氯化物中提取金属等三个基本过程。在多数的冶金原料中，金属并非以氯化物形态存在，因此从原料中制取金属氯化物的氯化过程，显然是氯化冶金最基本和最重要的过程。

氯化过程的方法在有色冶金中的应用，可分成下列几类：

（1）氯化焙烧。这个方法在有色冶金中得到广泛的应用，如在稀有金属冶金中用氯化焙烧 TiO_2 以制取 $TiCl_4$，然后经精馏提纯用镁或钠热还原得到金属钛；在轻金属冶金中，用氯气氯化菱镁矿制取无水 $MgCl_2$，然后用熔盐电解法提取金属镁；在重金属冶金中，如综合回收黄铁矿烧渣中各种有色金属、锡中矿中锡的氯化，贫镍矿石中的镍的提取等。

（2）离析法（难选氧化铜矿石的离析反应）。

（3）粗金属熔体氯化精炼。如铅中的锌和铝中的钠和钙可用通氯气于熔融粗金属中除去。

（4）氯化浸出（包括盐酸浸出，氯盐浸出）。氯化浸出是指在水溶液介质中进行的一类氯化过程，亦即湿法氯化过程。

氯化冶金对于处理复杂多金属矿石或低品位矿石以及难选矿石，从中综合分离提取各种有用金属是特别适宜的。故此法在综合利用各种矿物资源方面占有重要的地位。

第二节　氯化反应的热力学

一、金属与氯的反应

氯的化学活泼性很强，所以绝大多数金属很易被氯气氯化生成金属氯化物。所有金属氯化物的生成吉布斯自由能在一般冶金温度下均为负值，金属与氯反应的吉布斯自由能变化 $\Delta G^{\ominus}$ 与温度之间的关系多数已经测出，在某些手册、专著中可以查得。

金属氯化物的生成吉布斯自由能 $\Delta G^{\ominus}$ 与温度的关系也可用图示表达。为了便于比较，将其都换算成与一摩尔氯气反应的标准生成吉布斯自由能变化，图 5 - 1 列出了金属氯化物标准生成吉布斯自由能变化与温度的关系。

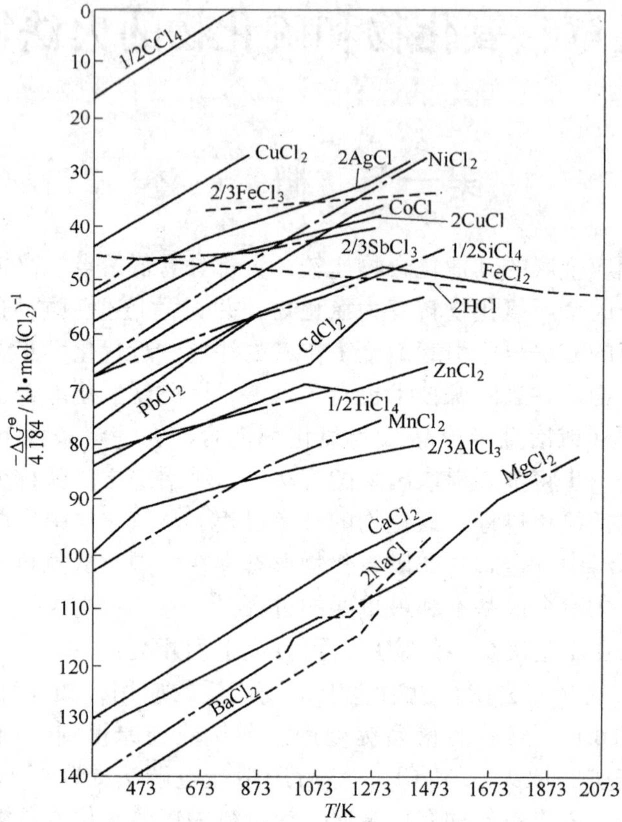

图 5 - 1　某些氯化物的 $\Delta G^{\ominus}-T$ 关系图

图 5 - 1 与氧化物的标准生成吉布斯自由能的图类似，曲线位置的高低表示了金属与氯反应时亲和力的一种顺序。凡金属氯化物生成吉布斯自由能曲线位置越在图的下面，则表示该金属氯化物的生成吉布斯自由能越负，该金属氯化物越稳定而难于分解，下面我们对此图的作用作一说明。

从图 5 - 1 可以看出，在一定温度下，曲线位置在下面的金属可以将曲线位置在上面的金属氯化物中的金属置换出来。例如在 1273K 温度下：

$$Mg + Cl_2 = MgCl_2, \quad \Delta G^{\ominus}_{MgCl_2} \quad (1)$$

$$-\frac{1}{2}Ti + Cl_2 = \frac{1}{2}TiCl_4, \quad \frac{1}{2}\Delta G^{\ominus}_{TiCl_4} \quad (2)$$

$$Mg + \frac{1}{2}TiCl_4 = MgCl_2 + \frac{1}{2}Ti, \quad \Delta G^{\ominus}_3 \quad (3)$$

$$\Delta G^{\ominus}_{(3)} = \Delta G^{\ominus}_{MgCl_2} - \frac{1}{2}\Delta G^{\ominus}_{TiCl_4}$$

$MgCl_2$ 的生成吉布斯自由能曲线在下面，$\frac{1}{2}TiCl_4$ 的生成吉布斯自由能曲线在上面，

显然 $\Delta G^{\ominus}_{MgCl_2}$ 比 $\frac{1}{2}\Delta G^{\ominus}_{TiCl_4}$ 更负，因此 $\Delta G^{\ominus}_3$ 为负值，即反应（3）可以由左向右进行，所以镁可以把 $TiCl_4$ 中的钛置换出来。工业上生产金属钛正是利用这种方法。当遇到需要将氯化物中金属还原出来的时候，我们可以用类似方法选择还原剂，例如，从图上可以看出，用钠或镁可以将 $ZrCl_4$ 中的锆还原出来。

二、金属氧化物与氯的反应

在冶金过程中有时要氯化处理的物料，如黄铁矿烧渣、低品位的贫矿等，其中的金属往往是以氧化物或硫化物的形态存在的，因此研究氧化物和硫化物的氯化作用更有实际意义。

金属氧化物被氯气氯化的反应通式如下：

$$MeO + Cl_2 = MeCl_2 + \frac{1}{2}O_2$$

反应的标准吉布斯自由能变化为：

$$\Delta G^{\ominus}_{反应} = \Delta G^{\ominus}_{MeCl_2} - \Delta G^{\ominus}_{MeO}$$

从上式可以看出，金属氧化物与氯反应的能力大小由 $\Delta G^{\ominus}_{MeCl_2}$ 与 $\Delta G^{\ominus}_{MeO}$ 之差来决定。硅、铝、钛、镁等元素虽然与氯化合能力很强，但它们与氧化合的能力更强，其 $\Delta G^{\ominus}_{MeO}$ 是一个很大的负值，在 1073K 时，$\Delta G^{\ominus}_{MeO}$ 值为 $-669440J \sim -1004160J$ 之间，它们的 $\Delta G^{\ominus}_{MeCl_2}$ 值在 1073K 时为 $-209200 - 460240J$ 之间，相减后 $\Delta G^{\ominus}_{反应}$ 仍为一正值，因此 SiO_2、TiO_2、$A1_2O_3$、MgO 在标准状态下不能被氯气所氯化。

金属氧化物与氯气反应的 $\Delta G^{\ominus}$ 与温度的关系已有人测出，列于图 5－2、图 5－3 中，从图上也可以看出：SiO_2、TiO_2、Al_2O_3、Fe_2O_3、MgO 在标准状态下不能被氯气氯化。许多金属的氧化物如 PbO、Cu_2O、CdO、NiO、ZnO、CoO、BiO 可以被氯气所氯化。

三、金属氧化物的加碳氯化反应

金属氧化物氯化反应的热力学数据表明，下列反应的平衡常数常小于 1，或者最多接近于 1：

$$MeO + Cl_2 = MeCl_2 + \frac{1}{2}O_2$$

$$K = \frac{a_{MeCl_2} \cdot p_{O_2}^{1/2}}{a_{MeO} \cdot p_{Cl_2}} \cdot p^{\ominus 1/2}$$

这样，若直接使用氯化反应，则氯的利用率很低。但在有还原剂存在时，由于还原剂能降低氧的分压，但不与氯发生明显反应，因此氯的利用能显著地提高，并且能使本来不能进行的氯化反应变为可行。碳作为还原剂是很有效的，有碳存在时，进行氯化反应的氧化物将发生如下反应：

$$MeO + C1_2 = MeCl_2 + \frac{1}{2}O_2 \tag{4}$$

$$C + O_2 = CO_2 \tag{5}$$

$$C + \frac{1}{2}O_2 = CO \tag{6}$$

由（4）×2＋(5)得

$$2MeO + C + 2Cl_2 = 2MeCl_2 + CO_2 \tag{7}$$

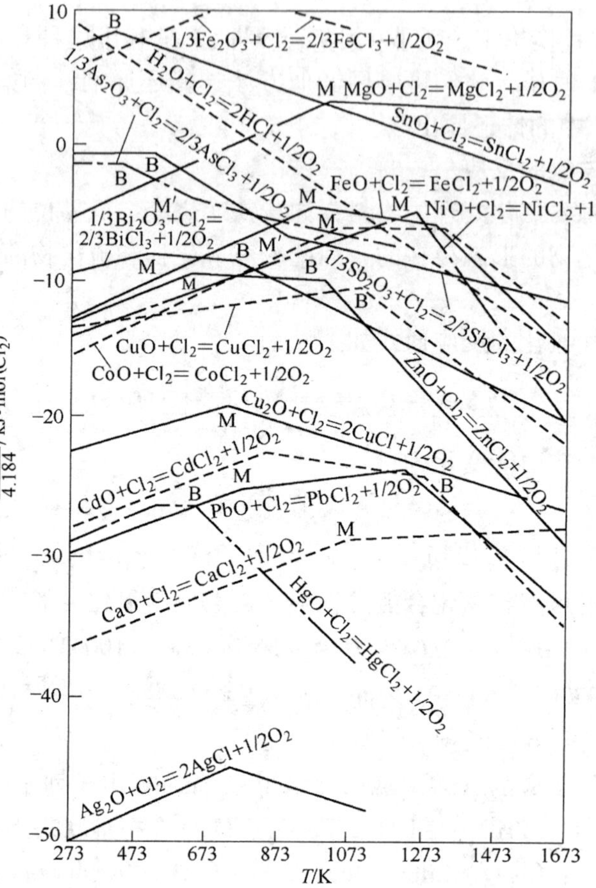

图 5－2　某些氧化物氯化反应的 $\Delta G^{\ominus}-T$ 关系图

M—氯化物熔点；B—氯化物沸点；M′—氧化物熔点

由（4）+（6）得

$$MeO + C + Cl_2 = MeCl_2 + CO \tag{8}$$

当温度小于 900K 时，加碳氯化反应主要是按（7）式进行，高于 1000K 时，则按（8）式进行反应，因此比较加碳前后反应的 $\Delta G^{\ominus}$，对加碳的氯化效果便可简便地估量出来，这可通过 TiO_2 氯化一例得到说明。

$$\frac{1}{2}TiO_2 + Cl_2 = \frac{1}{2}TiCl_4 + \frac{1}{2}O_2,\quad \Delta G^{\ominus} = 80542 - 28.24T\ \text{J}$$

$$+\quad C + \frac{1}{2}O_2 = CO,\qquad \Delta G^{\ominus} = -111713 - 87.66T\ \text{J}$$

$$\frac{1}{2}TiO_2 + Cl_2 + C = \frac{1}{2}TiCl_4 + CO,\quad \Delta G^{\ominus} = -31171 - 115.90T\ \text{J}$$

可见相当稳定而难被直接氯化的 TiO_2，在温度高于 900K 时，有固体碳存在的条件下，变得容易氯化了。加碳氯化已成为一种重要的方法，在有色冶金中已得到应用。

四、金属硫化物与氯的反应

金属硫化物在中性或还原性气氛中能与氯气反应生成金属氯化物。

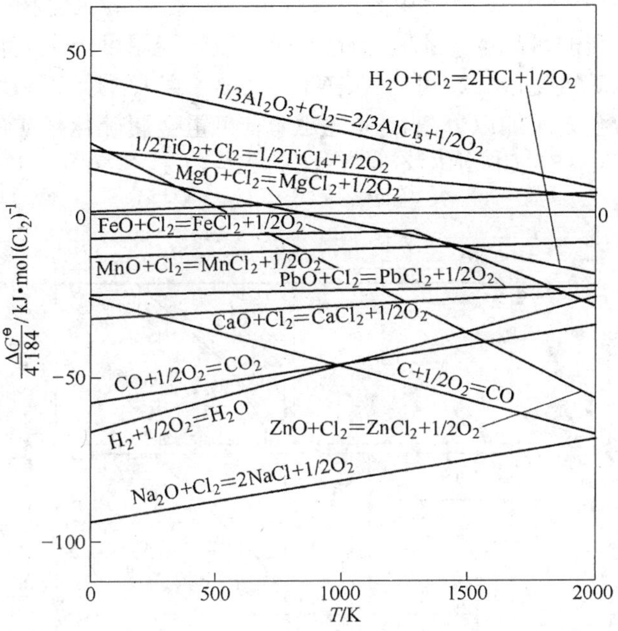

图 5－3　某些氧化物氯化反应的 $\Delta G^{\ominus}-T$ 关系图

反应

$$MeS+Cl_2 \longrightarrow MeCl_2+\frac{1}{2}S_2 \tag{9}$$

$$\Delta G^{\ominus}_{反应}=\Delta G^{\ominus}_{MeCl_2}-\Delta G^{\ominus}_{MeS}$$

氯化反应进行难易的程度由氯化物和硫化物的标准生成吉布斯自由能之差来决定。某些金属硫化物氯化反应的 $\Delta G^{\ominus}-T$ 关系如图 5－4 所示。

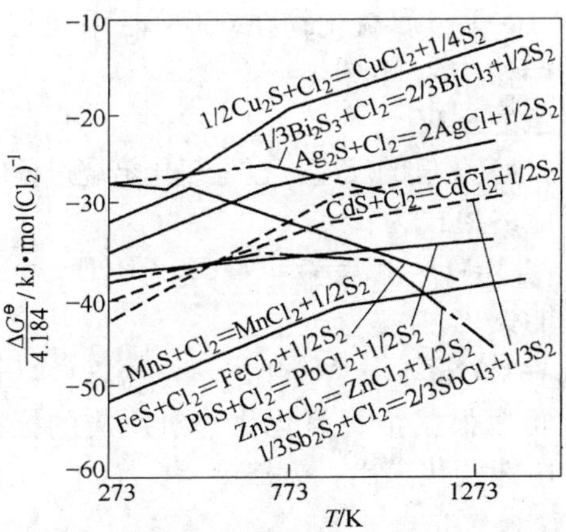

图 5－4　某些金属硫化物氯化反应的 $\Delta G^{\ominus}-T$ 关系图

从图 5－4 看出，许多金属硫化物一般都能被氯所氯化。比较图 5－2、图 5－4 可以发现，对同一种金属来说，在相同条件下，硫化物通常比氧化物容易氯化，因为金属与硫的亲和力不如金属与氧的亲和力大，所以氯从金属中取代硫比取代氧容易。

从反应式（9）可以看出，硫化物与氯反应的产物是金属氯化物和元素硫。硫可能与氯发生反应，但是，硫的氯化物是不稳定的，在一般焙烧温度下，它们会分解，最后仍为元素硫。因此，硫化矿氯化焙烧，可得到纯度高而易于贮存的元素硫和不挥发的有价金属氯化物，通过湿法冶金方法加以分离，这是处理有色重金属硫化精矿的一种可行方法。图5－5为Fe－S－Cl、Cu－S－Cl、Ni－S－Cl、Co－S－Cl系在600K时计算的$\log p_{S_2}-\log p_{Cl_2}$平衡状态图。

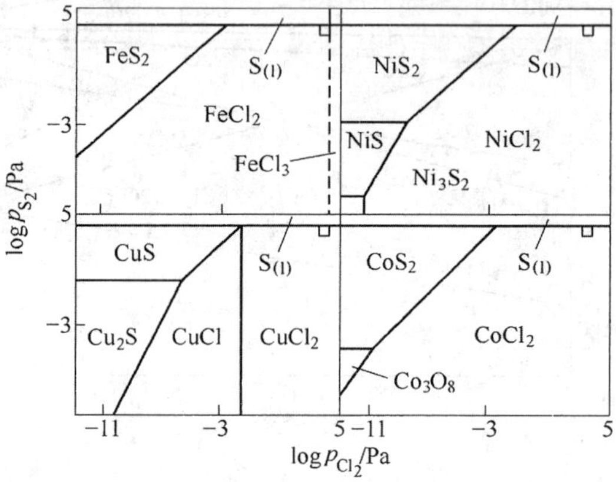

图5－5　Fe－S－Cl、Co－S－Cl、Ni－S－Cl、Cu－S－Cl系$\log p_{S_2}-\log p_{Cl_2}$图

（600K，p为10^5Pa；小方框为氯化焙烧炉气组成范围）

由图5－5可见：

（1）Me－S－Cl系中的硫位和氯位不同，因此其稳定化合物的形态亦不相同，在氯位较低的情况下，随着硫位的降低，金属硫化物将依次由高价离解成低价硫化物；反之，则高价氯化物将依次离解成低价氯化物；

（2）对于Fe、Cu、Ni、Co等金属硫化物在600K时用氯气氯化，在图中所标出的小方块的作业条件下，所得的产物均为$MeCl_2$。

五、金属氧化物与氯化氢的反应

除了氯以外，金属氧化物与氯化氢的反应，也是氯化焙烧过程中最常见的一种氯化反应。

金属氧化物与氯化氢反应的通式为：

$$MeO+HCl=\!=\!=MeCl_2+H_2O \tag{10}$$

反应的标准吉布斯自由能变化：

$$\Delta G^{\ominus}_{反应}=(\Delta G^{\ominus}_{MeCl_2}+\Delta G^{\ominus}_{H_2O})-(\Delta G^{\ominus}_{MeO}+\Delta G^{\ominus}_{HCl})$$

反应（10）的$\Delta G^{\ominus}_{反应}$也可以根据金属氧化物与氯反应的标准吉布斯自由能变化以及水与氯反应的标准吉布斯自由能变化求出，方法如下：

$$MeO+Cl_2=\!=\!=MeCl_2+\frac{1}{2}O_2,\ \Delta G^{\ominus}_{11} \tag{11}$$

$$-\quad H_2O+Cl_2=\!=\!=2HCl+\frac{1}{2}O_2,\ \Delta G^{\ominus}_{12} \tag{12}$$

$$MeO+2HCl=\!=\!=MeCl_2+H_2O,\ \Delta G^{\ominus}_{反应}$$

$$\Delta G^{\ominus}_{反应}=\!=\!=\Delta G^{\ominus}_{11}-\Delta G^{\ominus}_{12}$$

即金属氧化物与氯反应的$\Delta G_{11}^{\ominus}$减去水与氯反应的$\Delta G_{12}^{\ominus}$便为氧化物与 HCl 反应的标准吉布斯自由能变化。各种金属氧化物与氯反应的 $\Delta G^{\ominus}-T$ 图已列在图 5－2、图 5－3 中。图 5－3中有一条反应 $H_2O+Cl_2=2HCl+\frac{1}{2}O_2$ 的 $\Delta G^{\ominus}$随温度变化的曲线，该线是由左至右向下倾斜的，即反应 $H_2O+Cl_2=2HCl+\frac{1}{2}O_2$ 的标准吉布斯自由能变化在高温下负值更大，HCl 更加稳定，这预示着在用 HCl 作氯化剂时随着温度的升高，其氯化能力将下降。Cu_2O、PbO、Ag_2O、CdO、CoO、NiO、ZnO 等曲线在 H_2O 与氯反应的 $\Delta G^{\ominus}$曲线下面，这表明这些金属氧化物与 HCl 反应时 $\Delta G^{\ominus}$为负值，因此在标准状态下它们可以被 HCl 所氯化，SiO_2、TiO_2、Al_2O_3、Cr_2O_3、SnO_2 等与氯反应的曲线在水与氯反应曲线上面，它们被 HCl 氯化反应的 $\Delta G^{\ominus}$为正值，因此这些氧化物在标准状态下不能被 HCl 所氯化。MgO 与氯反应的 $\Delta G^{\ominus}-T$ 曲线和水与氯反应的 $\Delta G^{\ominus}-T$ 曲线约在 773K 处两线相交，即 773K 以下的温度在标准状态下反应：

$$MgO+2HCl \rightleftharpoons MgCl_2+H_2O \tag{13}$$

将向右进行，773K 以上的温度反应将向左进行，此时则称为金属氯化物水解。因此在工业上当氯化 MgO 生产 $MgCl_2$ 的时候，要注意防止在 773K 以上 $MgCl_2$ 重新被水分解。

在氯化焙烧时，为避免水解，需控制气相中有足够高的 HCl: H_2O 的比值。如 $SnCl_2$，当$\frac{HCl}{H_2O+HCl}$在 20% 左右，能防止 $SnCl_2$ 水解。为此应尽可能使焙烧物料干燥，使用含氢量低之燃料以减少气相中的水分含量，当然也可提高 HCl 浓度来实现，但需要消耗较多的氯化剂。

除了利用图 5－2 来分析氧化物与 HCl 的反应以外，某些重要氧化物与 HCl 反应的 $\Delta G^{\ominus}-T$ 图可参阅有关资料。

六、金属氧化物与固体氯化剂的反应

在生产实践中，经常采用氯化钙、氯化钠等固体氯化物作为氯化剂。如 $CaCl_2$ 常是化工原料的副产品，并且无毒、腐蚀性小、易于操作，因此国内外一些工厂广泛采用 $CaCl_2$、NaCl 作为氯化剂。

1. $CaCl_2$ 作氯化剂　用氯化钙作氯化剂，其与氧化物反应的通式为：

$$MeO+CaCl_2 \longleftrightarrow MeCl_2+CaO$$

上述反应 $\Delta G^{\ominus}$的计算方法有两种：一种方法是根据反应物与产物的标准生成吉布斯自由能来计算，即：

$$\Delta G_{反应}^{\ominus}=(\Delta G_{MeCl_2}^{\ominus}+\Delta G_{CaO}^{\ominus})-(\Delta G_{MeO}^{\ominus}+\Delta G_{CaCl_2}^{\ominus})$$

另一种方法是根据金属氧化物与氯反应和 CaO 与氯反应的 $\Delta G^{\ominus}$来计算，方法如下：

$$MeO+Cl_2 = MeCl_2+\frac{1}{2}O_2,\ \Delta G_{14}^{\ominus} \tag{14}$$

$$-\quad CaO+Cl_2 = CaCl_2+\frac{1}{2}O_2,\ \Delta G_{15}^{\ominus} \tag{15}$$

$$MeO+CaCl_2 = MeCl_2+CaO,\ \Delta G_{16}^{\ominus} \tag{16}$$

得
$$\Delta G_{16}^{\ominus}=\Delta G_{14}^{\ominus}-\Delta G_{15}^{\ominus}$$

可见，MeO 与 $CaCl_2$ 的反应（16）是反应（14）与（15）之差。如果我们确定了在一定温度下 MeO 与氯反应的 $\Delta G_{14}^{\ominus}$以及 CaO 与氯反应的 $\Delta G_{15}^{\ominus}$，就可以确定 $MeO+CaCl_2$ 反

应的 $\Delta G_{16}^{\ominus}$。在一定温度下 $\Delta G_{15}^{\ominus}$ 是一不变数值，而各种价数相同的氧化物氯化的 $\Delta G_{16}^{\ominus}$ 直接与 $\Delta G_{14}^{\ominus}$ 有关。因此，对于氧化物被 $CaCl_2$ 氯化的反应可利用图 5－3，即氧化物与氯反应的 $\Delta G^{\ominus}-T$ 图来加以分析。

例如：在 1273K 时

$$Ag_2O_{(s)}+CaCl_{2(s)}=AgCl_{(s)}+CaO_{(s)}$$

反应能否进行，可用图 5－3 判断：

$$Ag_2O_{(s)}+Cl_2=2AgCl_{(s)}+\frac{1}{2}O_2,\quad \Delta G_{1273}^{\ominus}\simeq-205016J$$

$$-\quad CaO_{(s)}+Cl_2=CaCl_{2(s)}+\frac{1}{2}O_2,\quad \Delta G_{1273}^{\ominus}\simeq-117152J$$

$$Ag_2O_{(s)}+CaCl_{2(s)}=2AgCl_{(s)}+CaO_{(s)},\quad \Delta G_{反应}^{\ominus}\simeq-87864J$$

$\Delta G_{反应}^{\ominus}$ 为负值，表示在标准状态下，温度为 1273K 时 Ag_2O 可以被 $CaCl_2$ 氯化。

由此可知，在图 5－3 中凡在 CaO 氯化线以下的氧化物在标准状态可以被 $CaCl_2$ 氯化，而在 CaO 氯化线上的氧化物，在标准状态下不能被 $CaCl_2$ 所氯化。

Cu_2O 的氯化线在 CaO 氯化线以上，因此在标准状态下，Cu_2O 不能被 $CaCl_2$ 所氯化，这从反应的 $\Delta G^{\ominus}$ 也可以看出：

$$Cu_2O_{(s)}+Cl_{2(g)}=Cu_2Cl_{2(g)}+\frac{1}{2}O_{2(g)},\quad \Delta G_{1273}^{\ominus}\simeq-96232J$$

$$-CaO_{(s)}+Cl_{2(g)}=CaCl_{2(s)}+\frac{1}{2}O_{2(g)},\quad \Delta G_{1273}^{\ominus}\simeq-117152J$$

$$Cu_2O_{(s)}+CaCl_{2(s)}=Cu_2Cl_{2(s)}+CaO_{(s)},\quad \Delta G_{1273}^{\ominus}\simeq 20920J$$

这表明在 1273K，标准状态下 Cu_2O 不能被 $CaCl_2$ 所氯化。

但在工业上用 $CaCl_2$ 作为氯化剂可以将黄铁矿烧渣中的 Cu_2O 氯化，因为在烧渣氯化焙烧时，焙烧炉流动的气流中还有大量的其他气体（如 N_2、O_2……）。Cu_2Cl_2 在焙烧炉气流中占 1%，气相总压力为 101325Pa，则 Cu_2Cl_2 气体的分压为 10^3Pa，此时 Cu_2O 与 $CaCl_2$ 反应能否进行的真实量度是反应的吉布斯自由能变化 ΔG 而不是 $\Delta G^{\ominus}$，对上述反应而言，应该用化学反应的等温方程式来计算，即

$$\begin{aligned}\Delta G&=\Delta G_{1273}^{\ominus}+RT\ln p_{Cu_2Cl_2}/p^{\ominus}\\&=20920+8.314\times2.303\times1273\log\frac{10^3}{10^5}\\&=-27829J\end{aligned}$$

ΔG 为负值，表示在这种条件下反应向生成 Cu_2Cl_2 的方向发展，Cu_2O 可以被 $CaCl_2$ 氯化。因此，由上述分析可知，在图 5－3CaO 氯化线以上，但离 CaO 氯化线不太远的各种氧化物，例如，PbO、CdO、Cu_2O、Bi_2O_5、ZnO、CuO、CoO、NiO 等在工业氯化条件下是可以用 $CaCl_2$ 氯化的。

Fe_2O_3 的氯化线在 CaO 氯化线以上并且离 CaO 氯化线很远，即使在工业氯化条件下也不能被 $CaCl_2$ 氯化，这可以从下面计算看出：

$$\frac{1}{3}Fe_2O_3+Cl_2=\frac{2}{3}FeCl_3+\frac{1}{2}O_2,\quad \Delta G_{1273}^{\ominus}\simeq+29288J$$

$$-\quad CaO+Cl_2=CaCl_2+\frac{1}{2}O_2,\quad \Delta G_{1273}^{\ominus}\simeq-117152J$$

$$\frac{1}{3}Fe_2O_3+CaCl_2=\frac{2}{3}FeCl_{3(g)}+CaO,\quad \Delta G_{1273}^{\ominus}\simeq+146440J$$

这表示在温度1273K，在标准状态下 Fe_2O_3 不能被 $CaCl_2$ 所氯化。

若在工业氯化条件下 $FeCl_3$ 的分压力也是 10^3Pa，则：

$$\begin{aligned}\Delta G &= \Delta G^{\ominus} + RT\ln(p_{FeCl_3}/p^{\ominus})^{2/3} \\ &= 146440 + \frac{2}{3} \times 8.314 \times 2.303 \times 1273\log\frac{10^3}{10^5} \\ &= +113930\text{J}\end{aligned}$$

ΔG 为正值，表示氯化反应不能进行。

工业上常用黄铁矿（FeS_2）作为制酸原料，黄铁矿经焙烧后剩下的烧渣中除了主要含有 Fe_2O_3 以外，常含有少量的铜、铅、锌、钴等有用金属的氧化物。这些烧渣如果拿去炼铁，不论是对炼铁作业的顺利进行还是对生铁质量都有不良影响。因此在炼铁之前，必须对烧渣进行处理，一方面使有害元素脱除以符合炼铁的要求，另一方面综合回收有价金属，达到综合利用的目的。工业上的烧渣高温氯化挥发法就是用 $CaCl_2$ 作为氯化剂，将烧渣中各种金属选择氯化，铜、铅、锌等氧化物转变为氯化物挥发出来。对中温氯化焙烧，因温度较低，上述氯化物不挥发仍然留在焙砂中，然后用水或稀酸浸出，而 Fe_2O_3 不被氯化，用作炼铁原料，从而达到有色金属与铁分离的目的。

2. NaCl 作为氯化剂　NaCl 是比较稳定的化合物，实验证明，NaCl 在氯气流中加热到1273K 仍十分稳定，不发生离解，即固体 NaCl 受热离解析出氯参与氯化反应是不可能的。此外，在干燥的空气或氧气流中，在1273K 下加热2h，NaCl 的分解量很少（约1%）。这表明以下反应：

$$2NaCl + \frac{1}{2}O_2 \rightleftharpoons Na_2O + Cl_2$$

很难向生成氯的方向进行。

因此，NaCl 在标准状态下以及在有氧存在时是不可能将一般有色金属氧化物氯化的。但实际生产上却常用 NaCl 作为氯化剂，这是因为在烧渣或矿石中存在有其他物质，如黄铁矿烧渣中一般常含有少量硫化物，该硫化物在焙烧时生成 SO_2 或 SO_3，在 SO_2 或 SO_3 的影响下，NaCl 可以分解生成氯，以氯化铜、铅、锌等金属的氧化物或硫化物。这样就可以改变反应的 ΔG 值，使本来不能进行的反应转变为在 SO_2 等参与下可以进行。以下对 NaCl 的分解问题作一概略的讨论。

在氯化焙烧的气相中，一般存在有氧、水蒸气以及物料中的硫。在焙烧过程中生成的 SO_2 或 SO_3 与 NaCl 发生副反应，生成 Cl_2 及 HCl 的副产物，从而使 MeO 被氯化，其主要反应如下：

$$2NaCl_{(s)} + \frac{1}{2}O_{2(g)} = Na_2O_{(s)} + Cl_{2(g)} \qquad (17)$$

$$\Delta G_{17}^{\ominus} = 399405 - 28.41T\log T + 24.85T \text{ J}$$

$$Na_2O_{(s)} + SO_{3(g)} = Na_2SO_{4(s)} \qquad (18)$$

$$\Delta G_{18}^{\ominus} = -575216 - 62.34T\log T + 350.45T \text{ J}$$

（17）与（18）相加：$2NaCl_{(s)} + SO_{3(g)} + \frac{1}{2}O_{2(g)} = Na_2SO_{4(s)} + Cl_{2(g)}$　（19）

$$\Delta G_{19}^{\ominus} = -175812 - 90.75T\log T + 375.30T \text{ J}$$

而
$$SO_{2(g)} + \frac{1}{2}O_{2(g)} = SO_{3(g)} \tag{20}$$

$$\Delta G_{20}^{\ominus} = -94558 + 89.37T \text{ J}$$

（19）与（20）相加：

$$2NaCl_{(s)} + SO_{2(g)} + O_{2(g)} = Na_2SO_{4(s)} + Cl_{2(g)} \tag{21}$$

$$\Delta G_{21}^{\ominus} = -270370 - 90.75T\log T + 464.68T \text{ J}$$

并有水蒸气和氯的反应：

$$H_2O + Cl_2 = 2HCl + \frac{1}{2}O_2 \tag{22}$$

反应（22）在低温时易向生成氯的方向进行，873K 以上或有硫酸盐作催化剂时 673K 以上便易向生成 HCl 的方向进行。

当 $T = 773$K 时，式（17）的 $\Delta G_{17}^{\ominus} = +355180$J，故式（17）不能向右进行，但是式（19）的 $\Delta G_{19}^{\ominus} = -88282$J 及式（21）的 $\Delta G_{21}^{\ominus} = -114223$J，故式（19）、式（21）可以向右进行，可见，NaCl 的氯化作用主要是通过 SO_2 或 SO_3 的促进作用，使其分解出氯和 HCl 来实现的。

当用 $CaCl_2$ 作为氯化剂时，由于 SO_2 和 SO_3 的存在，使氯化反应中生成的 CaO 变为 $CaSO_4$，这样氯化反应更易于进行，例如：

$$CaCl_2 + Cu_2O = Cu_2Cl_2 + CaO$$

$$CaO + SO_3 = CaSO_4$$

$$CaCl_2 + Cu_2O + SO_3 = Cu_2Cl_2 + CaSO_4$$

同理，当烧渣或矿石存在 SiO_2 时，由于 SiO_2 能与 CaO、MgO、Na_2O 结合成相应的硅酸盐，这样就降低了 CaO、MgO、Na_2O 等氧化物的活度，结果可加强 $CaCl_2$、$MgCl_2$、NaCl 的氯化作用。

综上所述可知，在氧化气氛条件下进行的氯化焙烧过程中，NaCl 的分解主要是氧化分解，但必须借助于其他组分的帮助，否则分解很难进行。在温度较低（例如中温氯化焙烧）的条件下，促使 NaCl 分解的最有效组分是炉气中的 SO_2。因而对于以 NaCl 作为氯化剂的中温氯化焙烧工艺，几乎无一例外地要求焙烧的原料含有足够数量的硫，在高温条件下进行的氯化焙烧过程中，NaCl 可借助于 SiO_2、Al_2O_3 等脉石组分来促进它的分解而无需加入硫。

基于反应（22）的存在，NaCl 分解出的氯可以和水蒸气反应生成 HCl。若氯化过程是在中性或在还原气氛中进行，则 NaCl 的分解主要是靠水蒸气进行高温水解。当然，高温水解反应的进行仍然需要其他组分（例如 SiO_2）的促进。

第三节　氯化反应的动力学

当用氯气或氯化氢作为氯化剂来氯化金属氧化物或硫化物时，氯化反应在气、固相之间进行，反应为多相反应，有关多相反应动力学的一般规律，对于氯化反应也完全适用。

研究多相反应的动力学规律，发现固气相之间的反应 $MeO_{(s)}+Cl_{2(g)} = MeCl_{2(s\cdot g)}+\frac{1}{2}O_{2(g)}$，一般由下列五个步骤组成：

（1）气相反应物向固相反应物表面扩散；

（2）气相反应物在固相表面被吸附；

（3）气相反应物与固相反应物发生反应；

（4）气相产物在固相表面解吸；

（5）气相产物经扩散离开固相表面。

整个反应速度由五个步骤中反应速度最慢的一步来决定。

在较低温度下，化学反应速度较慢，此时常常是第三个步骤决定整个多相反应的速度。当温度升高时，化学反应速度增加较快，这时扩散速度虽然比低温时高，但和反应速度比较，则扩散速度相对地变慢，此时常常是扩散速度决定了整个多相反应的速度。金属氧化物被氯气氯化的反应就为此种情况，当温度较低时，化学反应速度决定了多相反应的速度，这时称反应处于“动力学区”；当温度升高时，扩散速度决定了多相反应的速度，这时称反应处于“扩散区”。

曾经有人研究过温度对氯气氯化 CuO、NiO 和 Co_3O_4 的反应速度的影响。

当用氯气连续通过 CuO、NiO 和 Co_3O_4 的试样时，氯气速率为 $6L\cdot h^{-1}$，连续通过 1h，在不同温度下，测定氧化物的数量，测定结果如表 5－1 所示。

表 5－1　温度对 CuO、NiO 和 Co_3O_4 氯化速度的影响

温度(K)	1h 内氯化的金属量占原试样金属含量（质量分数，%）		
	CuO	NiO	Co_3O_4
573	26.92	2.30	—
673	73.00	8.25	—
773	92.25	36.80	2.70
873	97.00	74.40	45.50
973	100.00	82.50	69.50

由上表可以看出，氧化铜很容易氯化。在 573K 的温度下有 27% 的铜在 1h 内能转变为氯化物，而在 873K 时氧化铜几乎完全被氯化。NiO 的氯化速度比 CuO 慢，而 Co_3O_4 的氯化速度更慢。温度对氯化速度影响的规律性，可由下式来描述：

$$\log V = 4.184\left(\frac{W}{2.303RT}+B\right)$$

式中　V——单位时间金属被氯化的百分数；

W——活化能；

B——常数。

以 $\log V$ 和 $\frac{1}{T}\times 10^3$ 为坐标作图，便可得到如图5－6所示的曲线。

由图 5－6 可以看出，实验数据是一根折线。每一根线都有一个拐点，a、a'、a''线段相当于氯化过程处于“动力学”区，此时温度较低，即多相反应总速度由氯化反应速度所决定；b、b'、b''线段相当于氯化过程处于“扩散区”，此时温度较高，即多相反应总速

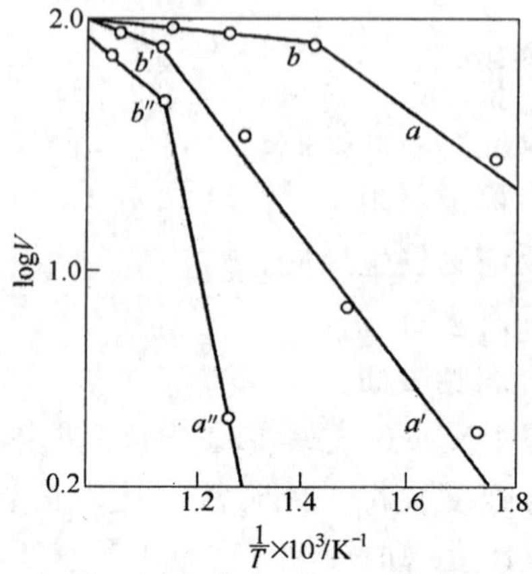

图 5－6　氯化速度与温度的关系

度由扩散过程的速度来决定。各区域的活化能可由相应线段的斜率求出，如表 5－2 所示。

表 5－2　CuO、NiO 和 Co_3O_4 氯化反应的活化能

氯化的物质	活化能（$J\cdot mol^{-1}$）	
	动力学区	扩散区
CuO	3096	2385
NiO	48534	10209
Co_3O_4	174473	21757

从表 5－2 数值同样可以看出，CuO 氯化速度很快，NiO 次之，Co_3O_4 最慢。

研究反应过程是处于“动力学区”或者是处于“扩散区”，对于在生产实际中强化反应过程，提高反应速度是有指导意义的。例如，反应处于“动力学区”，则可以用提高温度，增加固相反应物的细度等方法来提高反应速度。如反应处于“扩散区”，则除了用提高温度的方法提高扩散速度外，还可以用加大气流速度等方法来提高扩散速度。

习题、思考题

1. 能否用碳、氢作还原剂来还原其他金属氯化物？

2. 用 Cl_2 来氯化 MgO_2 当有碳质还原剂存在时，控制操作温度为 1000℃ 的条件下，可得流动性好的 $MgCl_2$ 熔体。求该体系总压为 1 大气压下，平衡气相的组成？

已知反应：

$$(1)\ Mg + Cl_2 = MgCl_2,\qquad \Delta G_1^{\ominus} = -451.87kJ$$

$$(2)\ Mg + \frac{1}{2}O_2 = MgO,\qquad \Delta G_2^{\ominus} = -468.61kJ$$

$$(3)\ C + \frac{1}{2}O_2 = CO,\qquad \Delta G_3^{\ominus} = -225.94kJ$$

$$(4)\ CO + \frac{1}{2}O_2 = CO_2,\qquad \Delta G_4^{\ominus} = -171.54kJ$$

[$\%CO = 99.42$; $\%Cl_2 = 2.58\times10^{-7}$; $\%O_2 = 2.86\times10^{-17}$; $\%CO_2 = 0.579$]

3. 温度 1000K 时，SnO_2 能否被 HCl 气体氯化？加入碳质还原剂后，如何控制气相中氧的分压来提高 SnO_2 的氯化效率？

已知反应：

$$SnO_{2(s)} + 2HCl_{(g)} \longrightarrow SnCl_{(g)} + H_2O_{(g)} + \frac{1}{2}O_{2(g)}$$

$$\Delta G^{\ominus} = 4.184\ (74230 + 5.06T\log T + 2.22 \times 10^{-3}T^2 - 54.24T)\ \text{J}$$

$$\left[控制平衡气相中\frac{p_{CO} \cdot p^{\ominus 1/2}}{p_{O_2}^{1/2}} \geqslant 2.6 \times 10^{10}\right]$$

4. 某铁厂原料中除主要含 Fe_2O_3 外，尚含有铜、银、钴等有用金属氧化物，现用 $CaCl_2$ 作氯化剂进行高温氯化挥发焙烧，挥发物拟用石灰水捕集。问此工艺方案可行否？

5. 在 1000K 温度下用氯气氯化分离 FeO、CoO 混合物料中的铁、钴，求 $p_{Cl_2}/p_{O_2}^{2/1}$ 应取何值？已知 $CoO + Cl_2 \longrightarrow CoCl_2 + \frac{1}{2}O_2\ \Delta G^{\ominus}_{1000} = 21590(\text{J})$，$FeO + Cl_2 \longrightarrow FeCl_2 + \frac{1}{2}O_2\quad \Delta G^{\ominus}_{1000} = 25230(\text{J})$。

［$4.8 \times 10^{-2} \sim 7.45 \times 10^{-2}$］

6. 为什么 TiO_2 氯化要加碳？试由热力学规律分析。

第六章　粗金属的火法精炼

第一节　粗金属火法精炼的目的、方法及分类

由矿石经熔炼制取的金属常含有杂质、当杂质超过允许含量时，金属对空气或化学药品的耐蚀性、机械性以及导电性等有所降低，为了满足上述性质的要求，通常需要用一种或几种精炼方法处理粗金属，以便得到尽可能纯的金属。在有些情况下要求金属纯度很高，在其他情况下，精炼的目的是为了得到一种杂质含量在允许范围的产品。此外，有些精炼是为了提取金属中无害的杂质，因它们有使用价值，如从铅中回收金银。

火法精炼常常是根据下列步骤来实现：

第一步，使均匀的熔融粗金属中产生多相体系（如金属－渣，金属－金属，金属－气体）。

第二步，把上述产生的各两相体系用物理方法分离。

因此，可把精炼的产物分为三类：

（1）金属－渣系；

（2）金属－金属系；

（3）金属－气体系。

当然在某种情况下，上述某两类同时存在是可能的。

对于每个体系来说，视这些相的物理性质的不同，都有特殊方法使其分离，但分离的方法有简有繁。如金属－渣系的典型例子有铜和铅的氧化精炼法使杂质入渣相与主体金属分离。在有些情况下杂质是以金属状态分离除去的，在金属－金属系中可找到熔析精炼和区域（带熔）精炼为例，后者用于生产高纯金属；蒸馏精炼和真空精炼则是金属－气体系的典型例子。

第二节　熔 析 精 炼

从矿石或精矿熔炼得到的粗金属中总含一些其他金属杂质，在大多数情况下，这些杂质对金属有坏的影响。因此，要获得较纯的金属必须将这些杂质尽可能地除去。此外，有些贵金属（如金、银）也常作为杂质而存在于粗铅等粗金属中，由这些粗金属中提取贵金属也是有色冶金过程的一个任务。

由于熔析精炼法及所用设备简单，而且精炼效率也相当高，故在有色冶金的生产实践中得到广泛的应用。

所谓熔析是指熔体在熔融状态或其缓慢冷却过程中，使液相或固相分离。在冷却金属合金时，除了共晶组成以外，都会产生熔析现象。这种现象对于铸造业来说是十分有害

的，因为熔析现象破坏了合金铸件各部分组成的均匀性，因而就造成了各部分性质的不均一性。

但是熔析现象在有色金属冶炼过程中却广泛地应用于精炼粗金属，例如粗铅熔析除银、粗锌熔析除铁除铅、粗锡熔析除铁等。

除了精炼粗金属外，也有其他一些冶金过程以熔析现象作为基础的分层熔炼，例如铜镍冰铜的分层熔炼，就是把铜镍冰铜与硫化钠共熔，在温度1363～1373K下，硫化亚铜非常容易溶于Na_2S中。而Ni_3S_2的溶解度不大，当温度降低时，由于Ni_3S_2在Na_2S中的溶解度降低而被分离出来。且按比重的差异分成两层：顶层是Na_2S-Cu_2S合金，底层是Ni_3S_2与少量Na_2S组成的合金。现在该法已被铜镍冰铜的细磨－浮选法所取代。但目前还有个别工厂用分离熔析法来处理铜镍冰铜。

熔析精炼过程是由两个步骤组成：

第一步，使在均匀的合金中产生多相体系（液体＋液体或液体＋固体）。产生多相体系可以用加热、缓冷等方法。

第二步，是由第一步所产生的两相按比重不同而进行分层。如果分层为二液相则分别放出；如果分层为固体和液体，则利用漏勺、捞渣器等使两相分离，或者使液体沿着炉底斜坡排出炉外，而固体则仍留于炉底上，从而使二相分离，锡中除铁的熔析精炼便是这个过程的典型例子。

在均匀合金中产生多相的方法有下列两种：

1. 熔化　将粗金属缓缓加热到一定温度，其中一部分熔化成液体，而另一部分仍为固体，借此将金属与其杂质分离。如图6－1所示，A（纯金属）与B（杂质）形成简单共晶体系，其共晶成分为a。设将粗金属b加热到共晶温度T时，就会出现共晶成分的液相，而杂质B则留在固相内。因此经过熔析处理，粗金属b内杂质B的组成由b%降到a%。

2. 结晶　将粗金属缓缓冷却到一定温度，熔体中某成分由于溶解度减小，因而成固体析出，其余大部分熔体仍保持在液体状态，借此以分离金属及其所含杂质。

也有这种情况，在冷却粗金属熔体时，并不出现固体，而是出现另一独立的液相，它与原来的熔体分层。如粗锌分离铅即是如此。

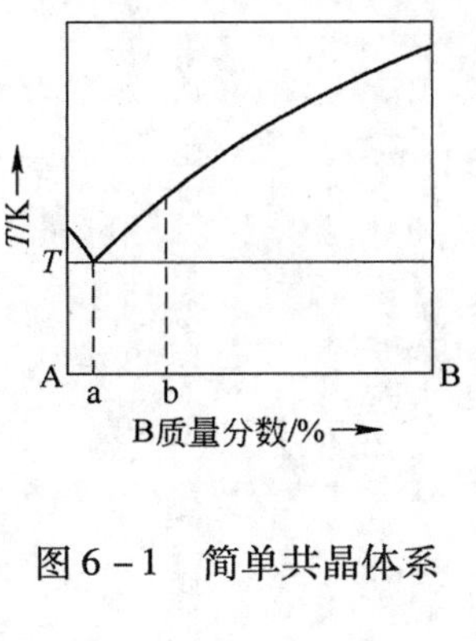

图6－1　简单共晶体系

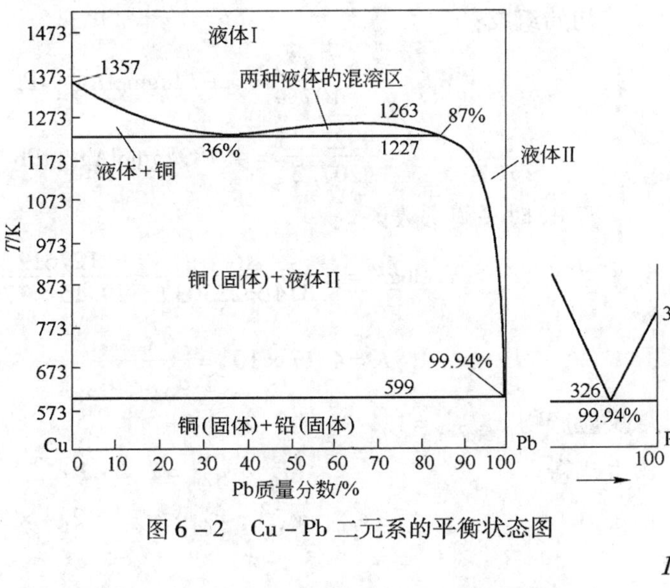

图6－2　Cu－Pb二元系的平衡状态图

以上两种方法都是在不恒温的情况下进行的。

粗金属的熔析精炼过程是以状态图为基础的。现以粗铅熔析除铜为例说明。

铅精炼的第一步是用精炼锅撇渣法除铜。Cu - Pb 系相图示于图 6 - 2。该系有一低熔点共晶，此时 99% 以上的铅以液态与固体纯铜相平衡。尽管粗铅含铜少于 1%，但铜的大部分仍可通过缓慢地冷却铅水到 723 ~623K，富铜渣便浮于铅水表面而被除去。

第三节 萃取精炼

在熔融粗金属中加入附加物，此附加物与粗金属内杂质生成不溶解于熔体的化合物而析出，这是在恒温情况下进行的。例如粗铅加锌除银，粗铅加钙除铋精炼等，都是此类方法的应用。

现以铅水加锌除银的帕克斯法来加以阐明。锌极易与银化合而生成不溶于铅水的锌银化合物。该方法在约 773K 时向粗铅中加入足够量的锌（达 2% 重量），搅拌铅水并使其稍许冷却，则在熔池上形成富银渣壳，该渣壳除含银和锌外，含铅可达 70%。

在实际操作中，常采用分两批加锌的两段脱银法。精炼过程的第一阶段产出含银很高的渣壳，但在第二阶段却为了尽可能多地从铅水中除去银而使渣壳含有过量的锌。在过程第二阶段形成的这种富锌渣壳可以用于新的一锅粗铅作为帕克斯法第一阶段所需的添加锌料。

为阐明帕克斯法所涉及的热力学，现举出下列例题。但应指出，由于在过程温度下生成的渣壳实际上也可能是由铅、银和锌的三元合金所组成，而不是夹带铅的银锌化合物。因此，在实际操作中，其组成就可能变得更复杂。

例 6 - 1 一无锌粗铅水，每吨含 7.775kg 银，在 773K 时加锌除银。今假设其反应产物是纯 Ag_2Zn_3，试求除去 98% 银时每吨粗铅所需添加的锌量？

已知：$(\gamma_{Zn}^{\ominus})_{Pb}=11$，$(\gamma_{Ag}^{\ominus})_{Pb}=2.3$。

$$2Ag_{(l)}+3Zn_{(l)}=\!=\!=Ag_2Zn_3 \quad \Delta G_{773}^{\ominus}=-127612J$$

解 以一吨粗铅为计算基础。

初始组成：

$$\frac{7.775}{107.9}=0.072kgmolAg\cdot tPb^{-1}$$

$$\frac{992.225}{207.2}=4.789kgmolAg\cdot tPb^{-1}$$

773K 时平衡常数：

$$\log K=\frac{-\Delta G^{\ominus}}{8.314\times2.303T}=\frac{127612}{19.15\times773}=8.62$$

$$K=4.17\times10^{8}=\frac{a_{Ag_2Zn_3}}{a_{Ag}^{2}\cdot a_{Zn}^{3}}$$

取反应产物 $a_{Ag_2Zn_3}=1$。

由上式得 $$a_{Ag}^{2}\cdot a_{Zn}^{3}=2.4\times10^{-9}$$

即 $$x_{Ag}^{2}\cdot\gamma_{Ag}^{\ominus2}\cdot x_{Zn}^{3}\cdot\gamma_{Zn}^{\ominus3}=2.4\times10^{-9}$$

欲除去98%的Ag，则最终残存于精炼铅中Ag量为：

$$(1-0.98)\times0.072=1.44\times10^{-3}\text{kg}\cdot\text{mol/t}$$

残存银的摩尔分数是：

$$x_{Ag}=\frac{1.44\times10^{-3}}{4.789}=3.0\times10^{-4}$$

与纯 Ag_2Zn_3 接触的熔体铅中锌的平衡摩尔分数可计算求得：

$$x_{Zn}=\sqrt[3]{\frac{2.4\times10^{-3}}{(3\times10^{-4})^2\times(2.3)^2\times(11)^3}}=0.0156$$

而乘积 $0.0156\times4.789\times65.4=4.886\text{kgZn}\cdot\text{t}^{-1}$（精炼铅），则是非常近似的残留锌含量（忽视残存的银量并假设锌浓度较小）。故与银发生反应的锌量为：

$$\frac{0.98\times7.775\times3\times65.4}{2\times107.9}=6.927\text{kg}$$

则精炼除去98%银时所需加入的锌量，即溶液中的残留锌量和与银反应的锌量之总和为：$4.886+6.927=11.81\text{kgZn}\cdot\text{t}^{-1}$（粗铅）。实践中，由于达不到平衡以及银锌化合物活度由于渣壳中铅的存在而小于1，这些都能使锌的需要量产生差异，因此实际的锌需要量稍大于上述计算的预计值。一般铅中残留的锌含量约为0.6%（质量）或大约 $5.5\text{kg}\cdot\text{t}^{-1}$（精铅），而总的添加锌量则常常接近 $18\text{kg}\cdot\text{t}^{-1}$。

第四节　区域（带熔）精炼

在有色和稀有金属冶金中，由于原子能、半导体工业的出现及其对高纯和超高纯金属的需要，促进了区域精炼的发展。

这个方法的要点，可用图6－3所示的示意图来说明：用一个可移动的加热器（感应加热线圈）使含有杂质的金属锭加热，于是，在金属锭中就有一个长约2.5～3.0cm的相当狭窄的熔化区形成。当熔化区沿着金属锭长度以每小时若干厘米的速度缓慢移动时，挨着的部分就熔化，同时杂质在熔化部分中富集，而基本金属则在再凝固部分中变得更纯。如果使这个过程重复若干次，就可以达到使金属高度纯化的目的。例如，在锗和硅的区域精炼中，使过程重复五次即可使杂质降低到 $1/10^9$ 的水平。把含杂质多的金属锭末端切除，剩下的大部分金属锭就是含杂质极微的高纯金属产品。

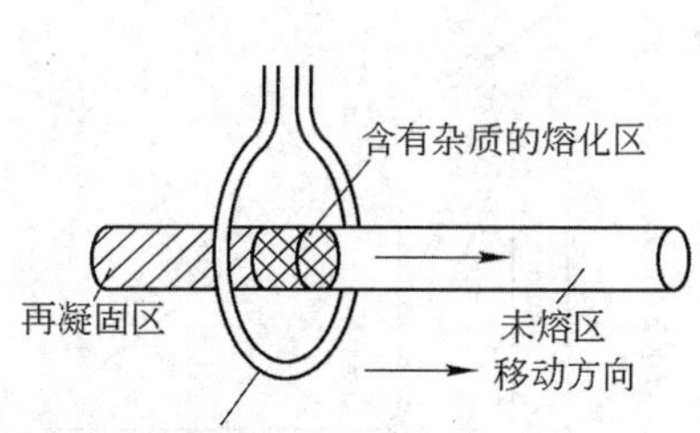

图6－3　区域精炼示意图（加热线圈由左向右移动）

可见，区域精炼是基于杂质在固相和液相间的不等量分配原理实现的。

现以有固溶体形成的二元系的一部分状态图（图6－4）作为例子进行分析。

在图6－4中，横轴上 a 点表示原始熔体的成分，与 a 熔体处于平衡状态的固溶体成分为 b 点。平衡时结晶的固溶体比原始熔体含杂质少得多。

所谓溶解度差别，是以平衡分配系数 K_0 来衡量的，平衡分配系数定义为杂质在固相

中的浓度 C_s 对杂质在液相中的浓度 C_l 之比值。因此，对图 6－4 来说，

$$K_0 = \frac{C_s}{C_l} = \frac{CB}{CA} < 1$$

K_0 值愈小，杂质在平衡溶液中的溶解度差别就愈大，结晶过程中除去杂质的程度就愈高，亦即区域精炼的效果就愈好。$K_0 < 1$，这是金属进行区域精炼的一种通常情况。在此情况下，杂质的存在使熔体的凝固点降低。如果固相线与液相线越靠近，分配系数就越接近于1，此时区域精炼就不能进行。

在实际的凝固过程中，液相不可能如图 6－4 所示那样有足够时间与整个固相达到完全平衡。因此，实际的分配系数与平衡的分配系数有偏差，这个实际的分配系数，叫做有效分配系数，以 K 表示。在 $K<1$ 的情况下，熔化区通过锭条一次后杂质沿锭条长度的分布，其一般规律如图 6－5 所示，并可用下列方程式来表述：

$$\frac{C_s}{C_0} = 1 - (1 - K) e^{-\frac{Kx}{L}} \tag{6-1}$$

式中 x——从开始端到熔区边端的距离；

C_0——杂质的初始浓度；

L——固定的熔区长度；

C_s——析出固相中杂质的浓度。

显然，从式（6－1）可知，C_s 是离试样一端距离 x 的函数，即经区域提纯一次后，金属锭中杂质浓度分布规律决定于式（6－1）。由于操作过程具有不等温的性质以及熔化带的推进速度不易确定，所以对区域提纯过程的深入分析受到了一定的限制。

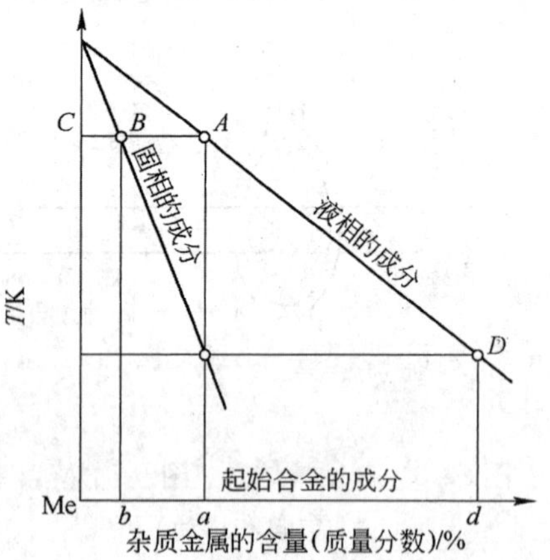

图 6－4 主金属－杂质金属平衡状态图的一部分

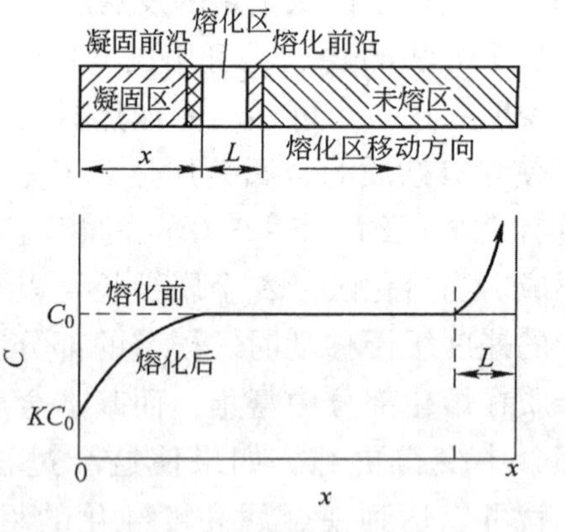

图 6－5 在 $K<1$ 的情况下，熔化区通过锭条一次后杂质沿锭条长度的分布

第五节 金属的蒸馏过程

对于那些具有无最高点和最低点的二元系沸点－组成图的合金，在通常情况下，蒸气相的成分与液相的成分是不相同的，并且蒸气相和与它成平衡的液相相比较，含有更多的

沸点较低或蒸气压较高的组元。这便有可能根据它们组成的沸点不同采取精馏方法使溶液的组元分离。因此，精馏法常在火法冶金中得到应用。如含 Pb、Cd 的金属锌在大气压下的蒸馏精炼就是一例。

含有铅、镉等杂质的锌在大气压下进行蒸馏精炼，是基于锌、镉和铅的正常沸点不同：锌的正常沸点为 1179K；镉的为 1040K；而铅则为 1798K。如果将粗锌加热到 1273K，则含在其中的锌和镉便发生沸腾并呈蒸气状态逸出，而铅以及其他杂质（铁、铜等）差不多完全成液态存在。在 1273K 的温度下，铅的蒸气压不过是 1 毫米汞柱，而铁和铜的蒸气压则更微小，因此，铅的挥发量很小，而铜和铁几乎不挥发。

分离出来的锌、镉蒸气，经冷凝后，便成为液体合金，其中通常含有 5%（原子）的镉，为了使镉与锌分离，便须进行分馏过程。

锌和镉的分馏原理，可以用图 6－6 的 Zn－Cd 二元系的沸点－组成图来说明。由该图可以看到，若把组成为 95% Zn 和 5% Cd 的合金溶液加热，则当它达到温度相当于 1163K 的 a 点时便开始沸腾。与此溶液平衡的蒸气的成分为 b（含 12% Cd）。因为 Cd 在蒸气中的含量比在液态合金中的含量更多，所以在蒸发了一些溶液之后，剩下的溶液中含 Zn 更高。因此，使溶液再在较高的温度下蒸发，最后剩下的溶液几乎只含锌，从而可得到纯度很高的精炼锌。

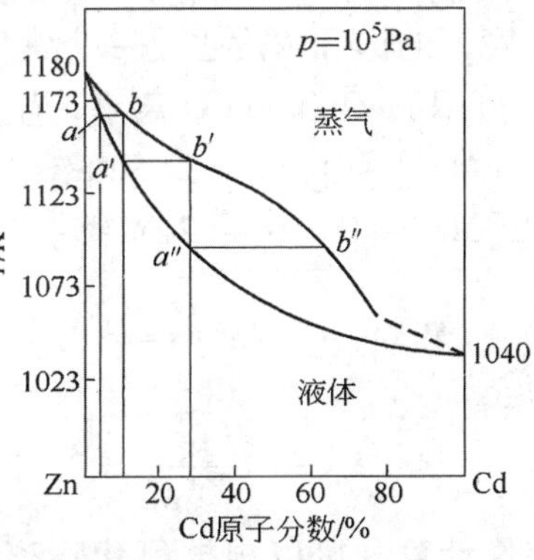

图 6－6　Zn－Cd 二元系的沸点－组成图

如果将溶液中逸出的成分为 b 的蒸气冷却到 1143K，亦即使体系处在液－气两相状态的区域中，则得到含 10% Cd 的凝聚液 a' 和含 30% Cd 的蒸气 b'。当蒸气 b' 冷却到 1103K 时，又得到含 25% Cd 的凝聚液 a'' 和含 60% Cd 的蒸气 b''。这样连续下去，最后逸出的蒸气将是纯组元 Cd。因此，在像 Zn－Cd 这一类无最高点或最低点的体系中，任何二元合金常可用蒸馏法将它们分离成为纯金属。

第六节　氧化精炼

氧化精炼的实质是利用空气中的氧通入被精炼的粗金属熔体中，使其中所含的杂质金属氧化除去，该法的基本原理是基于金属对氧亲和力的大小不同，使杂质金属氧化生成不溶于主体金属的氧化物，或以渣的形式聚集于熔体表面，或以气态的形式（如杂质 S）被分离。

氧化精炼过程，通常是把粗金属在氧化气氛中熔化，将空气或富氧鼓入金属熔池中或熔池表面，有时也可加入固体氧化剂，如主体金属氧化物或 $NaNO_3$ 等氧化剂。发生的反应主要是杂质金属 Me′的氧化，生成的杂质金属氧化物 Me′O 从熔池中析出，或以金属氧化物挥发（如 As_2O_3、Sb_2O_3 等），而与主体金属分离。

显然，如果生成的 Me′O 与主体金属 Me 的比重差很小，上浮困难，那么力求用氧化精炼法去除杂质 Me′是不可能的。

当空气鼓入熔池中形成气泡时，于是在气泡与熔体接触的界面处发生如下反应：

$$2[\mathrm{Me}] + \mathrm{O_2} == 2[\mathrm{MeO}] \qquad (1)$$

$$2[\mathrm{Me'}] + \mathrm{O_2} == 2[\mathrm{Me'O}] \qquad (2)$$

由于杂质 Me′浓度小，直接与氧接触机会少，故杂质金属 Me′按式（2）直接被氧化的反应可以忽略。因此，当金属熔体与空气中的氧接触时，熔融的主体金属便首先按反应式（1）氧化成 MeO，随即溶解于［Me］中，并被气泡搅动向熔体中扩散，使其他杂质元素 Me′氧化，实质上起到了传递氧的作用。故氧化精炼的基本反应以下式表示：

$$[\mathrm{MeO}] + [\mathrm{Me'}] == (\mathrm{Me'O}) + [\mathrm{Me}] \qquad (3)$$

$$K_C = \frac{[\mathrm{Me}]\cdot(\mathrm{Me'O})}{[\mathrm{Me'}]\cdot[\mathrm{MeO}]}$$

对反应（3）来说，可认为 $a_{\mathrm{Me}}=1$。至于 a_{MeO}，由于熔融金属 Me 在氧化阶段始终为 MeO 所饱和，故可认为在该温度下的饱和浓度也是一个常数。

反应（3）的平衡常数 K_C 可用 MeO 和 Me′O 离解－生成反应的平衡常数来表示：

即

$$2[\mathrm{Me'}] + \mathrm{O_2} == 2(\mathrm{Me'O}) \qquad K_{\mathrm{Me'O}} \qquad (4)$$

$$2[\mathrm{Me}] + \mathrm{O_2} == 2[\mathrm{MeO}] \qquad K_{\mathrm{MeO}} \qquad (5)$$

$$\frac{1}{2}[(4)-(5)]得 \quad [\mathrm{MeO}] + [\mathrm{Me'}] == (\mathrm{Me'O}) + [\mathrm{Me}] \qquad K_C \qquad (6)$$

则

$$K_C = \sqrt{\frac{K_{\mathrm{Me'O}}}{K_{\mathrm{MeO}}}}$$

对反应（6），为了进行定量计算，可以根据氧化物离解压的概念及氧化精炼过程的特点来确定杂质金属 Me′被除去的程度。因此可把式（6）写成如下形式：

$$2[\mathrm{Me}+\mathrm{Me'}] + \mathrm{O_2} == 2(\mathrm{Me'O}) + 2[\mathrm{Me}] \qquad (7)$$

简写为：

$$2[\mathrm{Me'}] + \mathrm{O_2} == 2(\mathrm{Me'O}) \qquad (8)$$

式（8）的反应平衡常数：

当 $a_{\mathrm{Me'O}}=1$，

$$K_C = \frac{1}{[\mathrm{Me'}]^2\cdot p_{\mathrm{O_2(Me'O)}}/p^{\ominus}} \qquad (6-2)$$

同温下生成饱和溶液时：

$$K_C = \frac{1}{[\mathrm{Me}]^2_{饱和}\cdot p^{\ominus}_{\mathrm{O_2(Me'O)}饱和}/p^{\ominus}} \qquad (6-3)$$

在给定温度下，式（6－2）和式（6－3）的 K_C 消去得：

$$\frac{1}{[\mathrm{Me'}]^2\cdot p_{\mathrm{O_2(Me'O)}}} = \frac{1}{[\mathrm{Me'}]^2_{饱和}\cdot p^{\ominus}_{\mathrm{O_2(Me'O)}饱和}}$$

当反应达平衡时 $p_{\mathrm{O_2(Me'O)}} = p^{\ominus}_{\mathrm{O_2(MeO)}饱和}$

便求得
$$[Me'] = \sqrt{\frac{p^{\ominus}_{O_2(Me'O)饱和}}{p^{\ominus}_{O_2(MeO)饱和}}[Me']_{饱和}} \tag{6-4}$$

显然，当氧化精炼反应 $p_{O_2(Me'O)} = p^{\ominus}_{O_2(MeO)饱和}$ 时，反应达平衡，精炼过程终止，这时的［Me′］值，便是氧化精炼以后残留在被精炼的金属中杂质的浓度（摩尔分数）。

用氧化精炼法除去金属杂质的过程也可以通过研究下列平衡关系来考察：

$$MeO + Me' \longrightarrow Me + Me'O \tag{9}$$

$$K_C = \frac{a_{Me} \cdot a_{Me'O}}{a_{Me'} \cdot a_{MeO}} \tag{6-5}$$

如熔融金属为氧所饱和，则在此情况下，式（6－5）可简化成：

$$K_C = \frac{a_{Me'O}}{a_{Me'}} = \frac{\gamma_{Me'O} \cdot x_{Me'O}}{\gamma^{\circ}_{Me'} \cdot x_{Me'}}$$

即
$$x_{Me'} = \frac{1}{K_C} \cdot \frac{\gamma_{Me'O} \cdot x_{Me'O}}{\gamma_{Me'}} \tag{6-6}$$

由式（6－6）可知，为得到良好的精炼效果，希望有小的 $\gamma_{Me'O}$ 和 $x_{Me'O}$ 值及大的 $\gamma_{Me'}$ 与 K_C 值。炉渣的形成及其及时放出，可使 $x_{Me'O}$ 值降低。如铜氧化精炼时添加 SiO_2 以除铅或添加苏打、石灰以除砷、锑及锡等都可使 $\gamma_{Me'O}$ 值减小。

氧化精炼时杂质氧化次序：以铜火法精炼为例来说明这个问题。在阳极炉、阴极炉中进行火法精炼铜时，杂质在熔融铜中的行为十分重要。我们可以通过研究下列平衡关系来考察：

$$Cu_2O + Me' \longrightarrow 2Cu + Me'O \tag{10}$$

$$K = \frac{a^2_{Cu} \cdot a_{Me'O}}{a_{Cu_2O} \cdot a_{Me'}}$$

假定在熔融铜中杂质金属的 $\gamma_{Me'}$ 及 $a_{Me'O}$ 各自相等的情况下，根据热力学数据求算出各金属杂质的 K 值，通过比较 K 值的大小，便可判断金属氧化的顺序。由于 As、Sb、Bi 的 K 值很小，故一般情况下，氧化法难以把它们除去。

氧化精炼实例：

1. 粗铜氧化精炼除铁　由硫化铜精矿熔炼所得的冰铜，经吹炼后得粗铜，含 0.5%～1.5% 的杂质，主要为铁、硫、锌、镍等。因铁对氧的亲和力大且其氧化物易于造渣，所以铁是属于易除去的元素。

氧化精炼就是向液体粗铜内鼓入空气来氧化杂质，精炼的熔体温度通常是在 1200℃ 下进行的。由于铜的数量比杂质数量占绝对多数，故铜先氧化成 Cu_2O，溶解在熔融铜中的 Cu_2O 和铁按下列反应进行：

$$[Cu_2O] + [Fe] = 2[Cu] + (FeO) \tag{11}$$

铁的高级氧化物 Fe_2O_3 及 Fe_3O_4 的分解压都大于 Cu_2O 的分解压，故不可能在铜液内靠 Cu_2O 将铁氧化成 Fe_2O_3 或 Fe_3O_4，只是处于熔体表面层中的少量铁，才有可能被炉气中的氧氧化成高价氧化物。

现以粗铜火法精炼除铁为例来讨论一下除铁的极限浓度，可把反应（11）看成：

$$[Fe] + [O] = (FeO) \tag{12}$$

则铁除去的限度，可据式（6－4）求出：

$$[Fe]=[Fe]_{饱和}\cdot\sqrt{\frac{p^{\ominus}_{O_2(FeO)饱和}}{p^{\ominus}_{O_2(Cu_2O)饱和}}} \tag{6-7}$$

从 Cu－Fe 状态图（见图 6－7）知道，当温度为 1473K 时，铁的溶解度 5% 即 $[Fe]_{饱和}=5\%$，将 $[Fe]_{饱和}$从质量百分数换算成摩尔分数：

$$[Fe]_{饱和}=\frac{\frac{5}{56}}{\frac{5}{56}+\frac{95}{64}}=0.057$$

而氧化亚铁离解压计算式为：

$$\log p_{O_2(FeO)}=\frac{-28410}{T}+7.54$$

当温度为 1473K 时：

$$p^{\ominus}_{O_2(FeO)}=10^{-11.75}$$

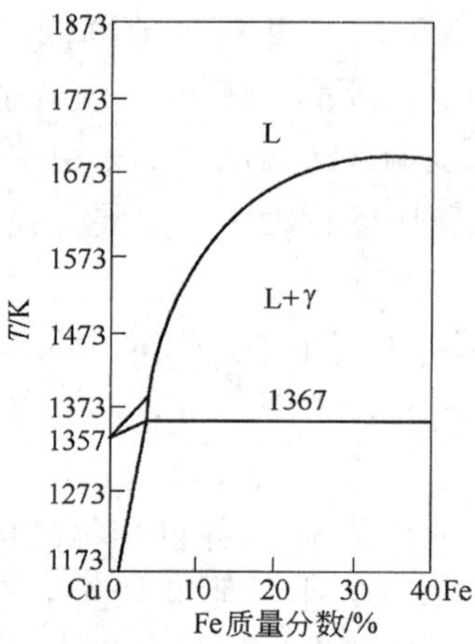

图 6－7　Cu－Fe 系

氧化亚铜按下反应的离解压计算式为：

$$2Cu+\frac{1}{2}O_2 = Cu_2O$$

$$\frac{1}{2}\log p^{\ominus}_{O_2(Cu_2O)}=\frac{-10210}{T}+9.954-0.8567\log T$$

温度为 1473K 时：

$$p^{\ominus}_{O_2(Cu_2O)}=4.17Pa$$

将有关数值代入式（6－7）：

$$[Fe]=0.057\sqrt{\frac{1.79\times10^{-7}}{4.17}}=1.178\times10^{-5}摩尔分数$$

再将 1.178×10^{-5} 换算成质量百分比：

设 x 为 100 克铜水所溶解 Fe 的克数，则：

$$\frac{\frac{x}{56}}{\frac{x}{56}+\frac{100-x}{64}}=1.178\times10^{-5}$$

$$x=0.00103\%$$

即火法炼铜时，铁可降低到十万分之一左右。

2. 粗铜氧化除硫　熔炼铜矿所得的粗铜中通常含有少量杂质硫，硫在铜水中以 Cu_2S 形态存在，它可与铜水中少量的 Cu_2O 相互作用生成金属铜和二氧化硫气体，显然，降低二氧化硫在炉气氛中的部分压力，会促使硫较完全除去。如果采用含硫较高的燃料时，则将在炉气中生成大量的二氧化硫，它与铜作用，致使铜液硫除不尽，影响铜的质量。所以，对于铜的火法精炼过程以及铜线锭生产来说，研究铜水中的含硫量具有重要的意义。

二氧化硫与铜的相互作用通常可用下式表示：

$$6Cu_{(l)}+SO_{2(g)}=\!=\!=Cu_2S_{(Cu中)}+2Cu_2O_{(Cu中)}$$

或写为：

$$SO_{2(g)}=\!=\!=S_{(Cu中)}+2O_{(Cu中)} \tag{13}$$

反应（13）的吉布斯自由能变化与温度的关系为：

$$\Delta G_T^{\ominus}=107215-34.48T\ \mathrm{J}$$

$$\lg K_P=\frac{-5600}{T}+1.801$$

根据下列关系：

$$[\%S]=\frac{K_P\cdot p_{SO_2}/p^{\ominus}}{[\%O]^2}=\frac{K_P\cdot p_{SO_2}}{[\%O]^2\cdot p^{\ominus}}$$

在给定温度、p_{SO_2}以及氧含量的情况下，即可算出铜水中硫的平衡含量。

根据测定，当重油含硫为0.5%、2.0%、4.0%并完全燃烧时，产物中二氧化硫的部分压力 p_{SO_2}分别为26.66、119.97、199.95Pa，燃料和还原用重油的含硫量愈低，其燃烧时在炉气中生成的二氧化硫的部分压力也低，则平衡时液体铜中硫的浓度也相应降低。为了保证铜的质量，减少硫的有害作用，在粗铜精炼时要求把铜水中的硫浓度降低到0.01%以下。粗铜经氧化精炼之后，阳极铜的含硫量可降低到0.002%～0.008%。实践中指出，应用含硫2%的重油作燃料，对精炼铜的质量不会产生多大的影响。

此外，在一定的二氧化硫分压下，若使用含硫较高的重油，在一定范围内调整温度和铜熔体中含氧量这两个因素，也可以达到脱硫所要求的程度。即降低温度和提高铜水中氧的含量，也同样能降低铜水中硫含量。为防止铜水中微量杂质的还原和避免铜水中重新吸收某些气体，以改善铜的性质，阳极铜一般保留0.05%～0.1%左右的氧，而生产铜线锭的精炼铜含氧量为0.03%～0.05%。

3. 粗铅氧化除锡　粗铅氧化精炼主要目的是除去锡、砷和锑。锡、砷和锑较铅更易氧化，因此，采用小反射炉中于800K时向液态铅中鼓入压缩空气以氧化含锡的粗铅。

例6-2　假设反应产物是纯 $PbO_{(s)}$ 和纯 $SnO_{2(s)}$，试求用氧化精炼法所能达到的锡的最小含量是多少。

已知　$Sn_{(l)}+O_2=\!=\!=SnO_{2(s)}$，　$\Delta G_{800K}^{\ominus}=-583877\mathrm{J}$

$$Pb_{(l)} + \frac{1}{2}O_2 \xlongequal{\quad} PbO_{(s)}, \qquad \Delta G^{\ominus}_{800K} = -219660J$$

800K 时　　$(\gamma^{\ominus}_{Sn})_{Pb} = 2.3$

解　对总反应

$$Sn_{(l)} + 2PbO_{(s)} \xlongequal{\quad} 2Pb_{(l)} + SnO_{2(s)}$$

求得 $$\Delta G^{\ominus} = -144557J$$

则 800K 时的平衡常数为：

$$\log K = \frac{144557}{8.314 \times 2.303 \times 800} = 9.4378$$

$$K = 2.74 \times 10^9 = \frac{a_{SnO_2} \cdot a^2_{Pb}}{a_{Sn} \cdot a^2_{PbO}}$$

杂质在金属熔体中的浓度很小，因此可将粗铅熔体看作纯铅，所以 $a_{Pb} = 1$，假定各氧化物是以纯固态存在而且活度为 1。

得 $$K = 2.74 \times 10^9 = \frac{1}{x_{Sn} \cdot \gamma^{\ominus}_{Sn}}$$

所以 $$x_{Sn} = \frac{1}{2.63 \times 10^9 \times 2.3} = 1.59 \times 10^{-10}$$

或 $$\%Sn \approx \frac{100 \times 1.59 \times 10^{-10} \times 118.7}{207.2} = 9.1 \times 10^{-9}$$

从铅中氧化除锡是很有效的精炼方法。在工厂实践中，锡可除至极微量。当 SnO_2 能与其他物质形成化合物或氧化物固溶体时，就降低了氧化锡的活度，从而使过程更为有效。搅拌金属以加速整个熔池的反应可使锡除去而铅损失最少。

第七节　硫 化 精 炼

用硫除去金属中的杂质是有色金属精炼过程中若干反应的基础。如粗铅中的铜、粗锡中的铜和铁，或粗锑中的铜和铁，都常用加硫方法将铜、铁除去。

熔融粗金属加硫以后，首先形成金属硫化物 MeS，其反应为：

$$Me + S \xlongequal{\quad} MeS$$

此金属硫化物与溶解于金属中的杂质——Me′、Me″等发生相互反应，MeS 与 Me′间的反应可用下式表示：

$$MeS + Me' \xlongequal{\quad} Me'S + Me$$

反应的方向决定于 $\Delta G^{\ominus}$，而 $\Delta G^{\ominus}$ 又决定于 MeS 与 Me′S 的标准生成吉布斯自由能，亦可通过比较硫化物离解压的大小作出判断，即：

$$\Delta G^{\ominus} = \Delta G^{\ominus}_{Me'S} - \Delta G^{\ominus}_{MeS} = \frac{1}{2}RT\ln p_{S_2(Me'S)}/p^{\ominus} - \frac{1}{2}RT\ln p_{2(MeS)}/p^{\ominus}$$

若使反应向右进行，必须要 $p_{S_2(Me'S)} < p_{S_2(MeS)}$。即主金属硫化物在给定温度下的离解压大于杂质硫化物的离解压时，杂质硫化物才能形成。如果所形成的各种杂质硫化物在熔体中的溶解度很小，而且比重也比较小，那么，它们便浮到熔体表面而被除去。

前面讨论的是自由金属硫化物的离解压，即反应：

$$Me + S = MeS$$

中 Me、MeS 两个凝聚相彼此互不溶解，也不与其他物质形成熔体而成独立相存在的情况。此时硫化物离解压仅是温度的函数。如果物质间形成溶液，则硫化物的离解压是温度与熔体硫化物浓度的函数。

溶于金属熔体内的硫化物按下式离解：

$$2[MeS] = 2[Me] + S_2$$

$$K = \frac{[Me]^2}{[MeS]^2} \cdot p_{S_2}/p^{\ominus}$$

p_{S_2}表示熔体中 MeS 的离解压。它可通过熔体中硫化物的还原反应及 H_2S 的合成反应求得：

$$2[MeS] + 2H_2 = 2[Me] + 2H_2S \tag{1}$$

$$K_1 = \frac{[Me]^2 \cdot (p_{H_2S}/p^{\ominus})^2}{[MeS]^2 \cdot (p_{H_2}/p^{\ominus})^2} = \frac{[Me]^2 \cdot p_{H_2S}^2}{[MeS]^2 \cdot p_{H_2}^2}$$

$$2H_2 + S_2 = 2H_2S \tag{2}$$

$$K_2 = \frac{(p_{H_2S}/p^{\ominus})^2}{(p_{H_2}/p^{\ominus})^2 \cdot p_{S_2}/p^{\ominus}} = \frac{p_{H_2S}^2}{p_{H_2}^2 \cdot p_{S_2}} \cdot p^{\ominus}$$

式（1）减式（2）得式（3）：

$$2[MeS] = 2[Me] + S_2 \tag{3}$$

则

$$K = \frac{[Me]^2}{[MeS]^2} \cdot p_{S_2}/p^{\ominus} = \frac{K_1}{K_2}$$

或

$$\log K = \log K_1 - \log K_2$$

而已知

$$\log K_2 = \log \frac{p_{H_2S}^2 \cdot p^{\ominus}}{p_{H_2}^2 \cdot p_{S_2}} = \frac{9539}{T} - 5.21$$

$$\log K_1 = 2\log \frac{[Me] V_{H_2}}{[MeS] V_{H_2S}}$$

由实验测得［MeS］及 V_{H_2S}、V_{H_2}，并分别代入上述有关方程即可求得 K 及熔体中 MeS 的 p_{S_2}。

以下为硫化精炼实例。

1. 粗铅加硫除铜精炼　前已述及，粗铅用撇渣法初步除铜，而加硫则可达到完全除铜的目的，此时主要由于铜对硫的亲和力大于铅对硫的亲和力，因而由硫化亚铜构成的二次浮渣浮出熔池而被从表面撇去。这种处理方法能使粗铅中铜含量降至0.005%（质量）以下。

2. 粗锡加硫除铜铁　铁和铜对硫的亲和力较锡大，故可利用加硫将其自锡中除去。

加硫后生成的 SnS 在 Sn 内的溶解度不大，很快就达到饱和而析出成独立相。SnS 与 Fe 及 Cu 反应生成的 FeS 及 Cu_2S 也以独立相析出。

其反应为：

$$SnS_{(s)} + 2[Cu] \xlongequal{} Cu_2S_{(s)} + [Sn]$$

$$SnS_{(s)} + [Fe] \xlongequal{} FeS_{(s)} + [Sn]$$

由于 SnS 是独立相，恒温时其离解压在反应过程中是不变的，Cu_2S 及 FeS 的离解压将按下式变化：

$$p_{S_2 \cdot Cu_2S} = K_{Cu_2S} \cdot \frac{p^{\ominus}}{[Cu]^4}$$

$$p_{S_2 \cdot FeS} = K_{FeS} \cdot \frac{p^{\ominus}}{[Fe]^2}$$

Cu_2S 的离解压在低温时较 FeS 大，又前者是随铜浓度的四次方而变，后者则随铁浓度的二次方而变，所以在浓度相同时，锡中除铁优先进行，即使铜浓度略大于铁时亦然。

3. 锑中加硫除铁及铜　温度在锑的熔点（903K）时，Fe 及 Cu 对硫的亲和力比 Sb 大得多，故 Fe 及 Cu 很容易自 Sb 中除去。

实际操作时用 Sb_2S_3 加入锑中。Sb_2S_3 部分溶解于 Sb 内。溶解的 Sb_2S_3 与 Fe 及 Cu 反应：

$$[Sb_2S_3] + 3[Fe] \xlongequal{} 2[Sb] + 3FeS_{(s)}$$

$$[Sb_2S_3] + 6[Cu] \xlongequal{} 2[Sb] + 3Cu_2S_{(s)}$$

从 $[Sb_2S_3]$ 的离解压与铜及铁的硫化物在平衡时离解压相等的关系，可知此两种金属残留于 Sb 中的浓度。

即

$$[Fe] = K' \cdot \frac{1}{[Sb_2S_3]^{1/3}}$$

$$[Cu] = K'' \cdot \frac{1}{[Sb_2S_3]^{1/6}}$$

火法炼锑和炼铅的方法之一，是用铁屑自硫化锑矿或硫化铅矿中按反应：

$$Sb_2S_3 + 3Fe \xlongequal{} 2Sb + 3FeS$$

$$PbS + Fe \xlongequal{} Pb + FeS$$

生成金属 Sb 和金属 Pb 的熔炼（通常叫做沉淀熔炼）均系应用此原理，基于同一原理，硫化铋（Bi_2S_3）矿也可采用沉淀熔炼。

习题、思考题

1. 镍的氧化是按下式进行：$2Ni_{(l)} + O_2 \xlongequal{} 2NiO_{(s)}$，$\Delta G^{\ominus} = -505009 + 189.20T$ J。若在 1473K 温度下氧化精炼铜时，熔体中含[Ni] = 19%（质量），问镍可除到什么程度（以%浓度表示）？若在 1523K 温度下，熔体中含 [Ni] = 30%（质量）时，脱除程度又如何？以上计算结果能否说明除镍反应是吸热反应，从而提高操作温度使镍脱除更彻底？

[0.28%，0.46%]

2. 含有 Fe、Ni、Ag、S 等杂质的粗铜氧化精炼时，若采用鼓入空气于铜水中，把杂质氧化除去。试作 $\Delta G - T$ 图并判断哪些杂质能氧化，哪些杂质不能氧化，杂质氧化的顺序如何？

已知反应：

(1) $4[Cu] + O_2 \xlongequal{} 2[Cu_2O]$，　　$\Delta G_1 = -361498 + 163.76T$ J

(2) $2[Fe] + O_2 \xlongequal{} 2(FeO)$，　　$\Delta G_2 = -528858 + 212.88T$ J

(3) $2[Ni] + O_2 \longrightarrow 2\ (NiO)$, $\Delta G_3 = -480072 + 280.50T$ J

(4) $4[Ag] + O_2 \longrightarrow 2\ (Ag_2O)$, $\Delta G_4 = -101253 + 327.94T$ J

(5) $[S] + O_2 \longrightarrow SO_2$, $\Delta G_5 = -257107 + 58.74T$ J

3. 设在 623K 的温度下进行铅的加硫除铜精炼，问铅中的铜可能降低的最小含量为多少？

已知反应：

(1) $4\ [Cu]_{Pb} + S_{2(g)} \longrightarrow 2Cu_2S_{(s)}$ $\Delta G_1^{\ominus} = -317566 + 101.04T$ J

(2) $2Pb_{(l)} + S_{2(g)} \longrightarrow 2[PbS]_{Pb}$, $\Delta G_2^{\ominus} = -279742 + 134.93T$ J

[0.005% Cu]

4. 根据测定，当重油含硫为 0.5%，2% 及 4% 完全燃烧时，产物中 SO_2 的分压力 P_{SO_2} 分别为 26.66、119.97、199.95Pa，试计算当铜水温度为 1373K、O_2 含量为 0.01% 和 0.05% 时，[%S] 是多少？

已知反应：

$$[S]_{Cu} + 2[O]_{Cu} \longrightarrow SO_2$$

[[%S] = 0.014，0.0006；0.0625，0.0025；0.1041，0.0042]

5. 简要说明氧化精炼和硫化精炼的基本原理。

6. 熔析精炼与区域精炼有何异同　试简要说明。

7. 粗铜中含有 Fe、As、Sb、Au、Ag 等组分，粗铜氧化精炼时各组分的行为如何？

8. A、B 两金属的相图为一形成简单共晶的二元素，其共晶组成约在中点，能否用熔析法分离 A、B？C、D 两金属的相图为一具有局部固溶体的二元素，能否用区域精炼法分离 C、D？

第七章　湿法冶金浸出、净化和沉积

第一节　湿法冶金反应热力学基础

在有色金属冶金中，湿法冶金得到广泛的应用。例如，金、银、铜、镍、钴、锌、铀、钨、钼及其他许多有色和稀有元素的提取以及氧化铝的生产等都要用到湿法冶金。

湿法冶金包括三个主要过程，即：

（1）浸出。用溶剂使有价成分转入溶液；

（2）净化。除去浸出后溶液中的有害杂质，制备符合从其中提取有价成分要求的溶液；

（3）沉积。从净化后溶液中使有价成分呈纯态析出。

在分别讨论浸出、净化、沉积、电解等过程的原理之前，下面首先讨论一下与各过程都有关的湿法冶金热力学中的几个基本问题。由于篇幅有限，离子和电解质的活度、溶解热和稀释热、水溶液中的反应热、水溶液中离子的生成热、离子的标准生成吉布斯自由能等等基本问题不在这里讨论，请参阅有关专著。

一、离子熵的对应原理及其应用

在湿法冶金中，经常遇到的离子大致分为四个类型：

（1）简单的阳离子；

（2）简单的阴离子及 OH^- 离子；

（3）含氧的络合阴离子；

（4）含氢氧的络合阴离子。

在表 7－1 中以横线划分开这四类离子。

表 7－1 所列的四个类型中任何离子的绝对熵数据，是根据每个温度下氢离子的绝对熵值按下列方程计算出来的：

$$\bar{S}_i^{\ominus}(\text{绝对}) = \bar{S}_i^{\ominus}(\text{相对}) + \bar{S}_{H^+}^{\ominus}(\text{绝对}) \times (z_+ \text{或} z_-) \tag{7-1}$$

式中，z_+ 或 z_- 为阳离子或阴离子的电荷数，若是阴离子，则 z_- 为负值。

利用这些数据，把同类型中各个离子在某温度下的绝对熵分别对应于各个离子在参考温度 25℃下的绝对熵作图，就会发现各对应图点之间存在直线关系。图 7－1a 的对应图，说明简单阳离子在 25℃和 100℃下的绝对熵值之间存在直线关系，同时说明简单阴离子的情况也是如此。图 7－1b 的对应图，则表明阴离子在 25℃和 100℃下的绝对熵值也存在着直线关系。

在 25℃和 150℃或其他温度下，各类离子的绝对熵值之间也有这种直线关系存在。这种对应关系，可用下列方程表示：

$$\bar{S}_{(i)_T}^{\ominus}\ (\text{绝对}) = a_T + b_T \bar{S}_{(i)298}^{\ominus}\ (\text{绝对}) \tag{7-2}$$

式（7－2）所示的直线规律性，叫做离子熵的对应原理。根据表 7－1 或图 7－1 的数据，可以确定每个温度下各类离子的熵对应式（7－2）中的常数 a_T 和 b_T，如表7－2A所示。

表7－1　某些离子在不同温度下的相对熵和绝对熵

离　子	在下列各温度下离子的相对熵（$J\cdot K^{-1}\cdot mol^{-1}$）			在下列各温度下离子的绝对熵（$J\cdot K^{-1}\cdot mol^{-1}$）		
	25℃（298K）	100℃（373K）	150℃（423K）	25℃（298K）	100℃（373K）	150℃（423K）
H^+	0	0	0	－20.92	8.37	27.20
Li^+	11.30	26.36	32.22	－9.62	34.72	59.41
Na^+	61.59	70.29	71.55	40.67	78.66	98.74
K^+	101.17	105.02	106.69	80.25	113.39	133.89
Cs^+	132.67	155.23	—	117.75	163.59	—
Ag^+	70.12	77.82	99.58	49.20	86.19	126.78
Mg^{2+}	－119.12	－114.64	－113.39	－160.96	－97.91	－58.99
Ca^{2+}	－55.06	－58.16	－62.34	－96.90	－41.42	－7.95
Sr^{2+}	－40.29	－45.61	－52.30	－82.13	－28.87	2.09
Ba^{2+}	13.85	1.67	－8.79	－27.99	18.41	45.61
Mn^{2+}	－90.92	－89.96	—	－132.76	－73.22	—
Gd^{3+}	－188.03	－201.67	—	－250.79	－176.56	—
F^-	－10.04	－30.96	－50.63	10.88	－39.33	－77.82
Cl^-	55.23	30.12	13.81	76.15	21.76	－13.39
Br^-	84.52	55.23	38.49	105.44	46.86	11.30
I^-	110.04	84.94	—	130.96	76.57	—
OH^-	－13.39	－38.49	－55.23	7.53	－46.86	－82.42
ClO_4^-	197.07	200.41	—	217.99	192.05	—
NO_3^-	148.83	129.29	—	169.74	120.92	—
SO_4^{2-}	14.31	－30.12	－51.46	56.15	－46.86	－105.86
CO_3^{2-}	－46.61	－119.24	－153.13	－4.27	－135.98	－207.53
HSO_4^-	121.96	140.16	159.83	142.88	131.80	132.63
HCO_3^-	86.86	85.77	90.79	107.78	77.40	63.60
$H_2PO_4^-$	92.63	96.65	—	113.55	88.28	—
HPO_4^{2-}	－35.86	－98.74	—	5.98	－115.48	—

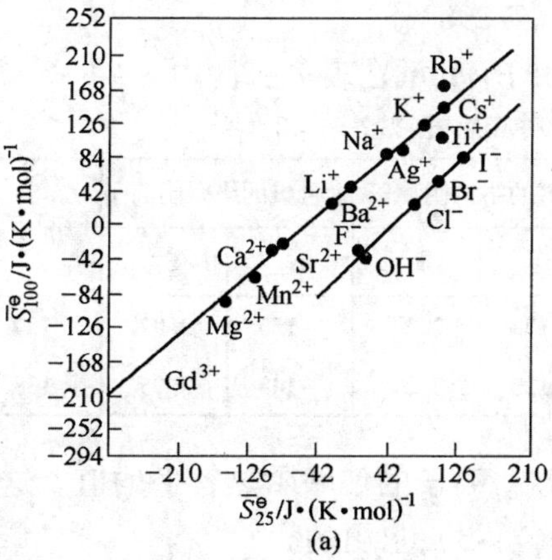

图7－1a　说明简单阳离子和简单阴离子在25℃和100℃下存在直线关系的对应图

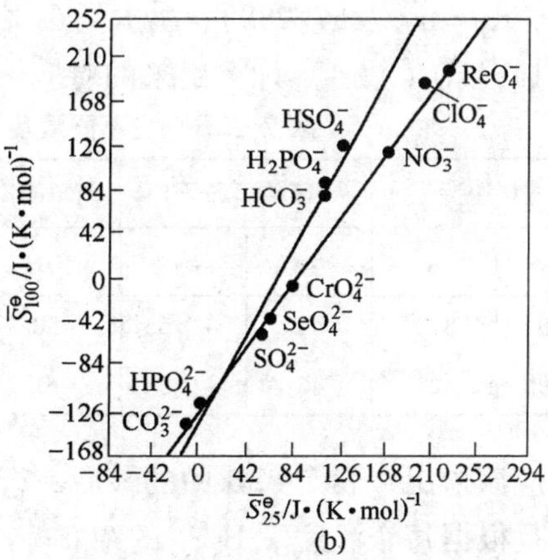

图7－1b　说明含氧和含氢氧的络合阴离子在25℃和100℃下存在直线关系的对应图

式（7-2）对高温下的湿法冶金反应来说，具有重要的意义，其具体应用有两个方面：

（1）如果已经知道任何类型中的某离子在25℃（298K）的常温下的标准绝对熵值，便可根据表7-2A中的有关常数值按照式（7-2）算出同一离子在更高温度下的标准绝对熵值：

表7-2A　在不同温度下各类离子的熵对应方程中的常数 a_T 和 b_T 的值

温　度		简单阳离子		简单阴离子及OH		含氧的络合阴离子		含氢氧的络合阴离子		标准状态
℃	K	a_T	b_T	a_T	b_T	a_T	b_T	a_T	b_T	[$H^+_{(aq)}$离子的绝对熵值]
25	298	0	1.000	0	1.000	0	1.000	0	1.000	-20.92
100	373	10.3	0.876	-13.0	1.000	-31.0	1.476	-30.3	1.894	8.37
150	423	16.2	0.792	-21.3	0.989	-46.4	1.687	(-50.0①)	(2.381②)	27.20

表中①、②常数是从较低温度下外推相应的 a_T 和 b_T 值加以估算的，误差可能比较大。

（2）更为重要的是通过它可以求得离子在298K与更高温度 TK之间的偏摩尔热容的平均值$[\overline{C}_P^{\ominus}]_{298}^{T}$，这是一个进行高温湿法冶金关于离子反应热力学的计算中不可缺少的数据。

从热力学第三定律知道，离子热容在298K与 TK之间的平均值按下列方程计算：

$$\overline{C}_{P(i)}^{\ominus}\Big|_{298}^{T}=\frac{\overline{S}_{(i)T}^{\ominus}\text{（绝对）}-\overline{S}_{(i)298}^{\ominus}\text{（绝对）}}{\ln\dfrac{T}{298}} \qquad (7-3)$$

根据式（7-2）和式（7-3），可以得到：

$$\overline{C}_{P(i)}^{\ominus}\Big|_{298}^{T}=\frac{a_T-(1.000-b_T)\,\overline{S}_{(i)298}^{\ominus}\text{（绝对）}}{\ln\dfrac{T}{298}} \qquad (7-4a)$$

式（7-4a）可改写成下面的形式：

$$\overline{C}_{P(i)}^{\ominus}\Big|_{298}^{T}=\alpha_T+\beta_T\,\overline{S}_{(i)298}^{\ominus}\text{（绝对）} \qquad (7-4b)$$

式中，$\alpha_T=a_T/(\ln T/298)$；$\beta_T=-(1.000-b_T)/(\ln T/298)$。

根据式（7-4）计算出来的对应热容常数 α_T 和 β_T 列举在表7-2B中。

表7-2B　在不同温度下各类离子的对应热容常数 α_T 和 β_T

温　度		简单阳离子		简单阴离子及OH		含氧的络合阴离子		含氢氧的络合阴离子		$[\overline{C}_{P(H^+)}^{\ominus}]_{298}^{T}$
℃	K	α_T	β_T	α_T	β_T	α_T	β_T	α_T	β_T	
100	373	46	-0.55	-58	0.00	-138	2.24	-135	3.97	129.70
150	423	46	-0.59	-61	-0.03	-133	2.27	-143	3.95	138.07

应该指出，表7-2B中的最后一行所列，是 $H^+_{(aq)}$ 离子的偏摩尔热容平均值。这些数值，是根据每个温度下 $H^+_{(aq)}$ 的绝对标准熵按照式（7-3）求出的。

二、半电池反应及电子的热力学性质

在处理湿法冶金反应时，例如在绘制电位-pH图时，往往遇到对半电池还原-氧化

反应

$$aA + bB + ze = cC + dD$$

进行热力学计算的问题。在此情况下，如果能把电子作为一个反应组分来考虑的话，那么在知道了电子的热力学性质以后，我们就可以像处理一般化学反应那样来处理半电池反应。这样，就必须考虑和确定电子的热力学性质。

电子在任何温度下的热力学性质，可以根据公认的规定，在对参考的氢半电池反应（SHE）

$$H^+ + e \xlongequal{} \frac{1}{2}H_2$$

进行考虑以后就可以很容易确定下来。

由于 SHE 的 $\varepsilon^{\ominus}$ 随温度变化的关系不知道，所以对标准氢电极作以下一些规定：

（1）$\Delta G_T^{\ominus}$（SHE）$=0$，$\varepsilon_T^{\ominus}$（SHE）$=0$，$a_{H^+}=1$，$p_{H_2}=101325\text{Pa}$；根据吉布斯－赫姆荷茨方程

$$\Delta H^{\ominus} = zF\left(T\frac{\partial \varepsilon^{\ominus}}{\partial T} - \varepsilon^{\ominus}\right)$$

和

$$\Delta S^{\ominus} = zF\frac{\partial \varepsilon^{\ominus}}{\partial T}$$

以及

$$\Delta C_{PT}^{\ominus} = \left(\frac{\partial \Delta H_T^{\ominus}}{\partial T}\right)_P$$

我们得到在任何温度下

（2）$\Delta H_T^{\ominus}$(SHE)$=0$；

（3）$\Delta S_T^{\ominus}$(SHE)$=0$；

（4）$\Delta C_{PT}^{\ominus}$(SHE)$=0$。

根据式（1）、（2）、（3）和（4），便可求得电子在所有温度下的各种热力学数值：

$$\Delta G_{(e)T}^{\ominus}=0；\ \Delta H_{(e)_T}^{\ominus}=0；\ \bar{S}_{(e)T}^{\ominus}=\frac{1}{2}S_{(H_2)T}^{\ominus}-\bar{S}_{(H^+)T}^{\ominus}；$$

$$C_{P(e)T}^{\ominus}=\frac{1}{2}C_{P(H_2)T}^{\ominus}-\bar{C}_{P(H^+)T}^{\ominus} \tag{7-5}$$

由此可见，当我们对半电池还原－氧化反应进行热力学计算时，考虑或不考虑电子的 $S^{\ominus}$ 和 $C_P^{\ominus}$ 必将导致反应的 $\Delta S_{298}^{\ominus}$ 和 $\Delta C_{P298}^{\ominus}$ 值（或在任何其他温度下的值）得到很不相同的结果。但是，只要我们把由半电池还原－氧化反应与参考的（SHE）反应所组成的全电池考虑一下以后，就会清楚地知道在对半电池还原－氧化反应进行计算时必须考虑电子的热力学性质。即使是不用相对熵而用绝对熵，也仍然有必要考虑电子的熵。

前面已经提到过，在现时，公认的规定是 $H_{(aq)}^+$ 在所有温度下的 $\bar{S}_{(H^+)T}^{\ominus}$ 都等于零。在 298K 下，取气态氢的 $S_{(H_2)298}^{\ominus}=130.59\text{J}\cdot\text{K}^{-1}\cdot\text{mol}^{-1}$。这样，便可求得 $S_{(e)298}^{\ominus}=65.30\text{J}\cdot\text{K}^{-1}\cdot\text{mol}^{-1}$。

在绝对标尺中，$H_{(aq)}^+$ 的 $\bar{S}^{\ominus}$ 随温度而变化；取 $\bar{S}_{(H^+)298}^{\ominus}$（绝对）$=-20.92\text{J}\cdot\text{K}^{-1}\cdot\text{mol}^{-1}$ 则得到一个数值不同的电子熵：$S_{(e)298}^{\ominus}$（绝对）$=65.30-(-20.92)=86.22\text{J}\cdot\text{K}^{-1}\cdot\text{mol}^{-1}$。

三、在有离子参与时反应的 $\Delta G_T^{\ominus}$ 的求法

一般说来，在高于 298K 的任何温度下，任何反应的 $\Delta G_T^{\ominus}$ 的计算式可推导如下：

自 $\Delta G_{298}^{\ominus}=\Delta H_{298}^{\ominus}-298\Delta S_{298}^{\ominus}$ 以及 $\Delta G_T^{\ominus}=\Delta H_T^{\ominus}-T\Delta S_T^{\ominus}$ 可得到：

$$\Delta G_T^{\ominus}-\Delta G_{298}^{\ominus}=(\Delta H_T^{\ominus}-\Delta H_{298}^{\ominus})-(T\Delta S_T^{\ominus}-298\Delta S_{298}^{\ominus})$$

以 $\Delta H_T^{\ominus}=\Delta H_{298}^{\ominus}+\int_{298}^{T}\Delta C_P^{\ominus}\mathrm{d}T$ 和 $\Delta S_T^{\ominus}=\Delta S_{298}^{\ominus}+\int_{298}^{T}\frac{\Delta C_P^{\ominus}}{T}\mathrm{d}T$ 的关系代入前式并经过整理后得到：

$$\Delta G_T^{\ominus}=\Delta G_{298}^{\ominus}-(T-298)\Delta S_{298}^{\ominus}+\int_{298}^{T}\Delta C_P^{\ominus}\mathrm{d}T-T\int_{298}^{T}\frac{\Delta C_P^{\ominus}}{T}\mathrm{d}T$$

如果反应组分的 $C_P^{\ominus}=\varphi(T)$ 已知，则问题容易处理。但是，离子形态的反应组分的 $\overline{C}_P^{\ominus}=\varphi(T)$ 目前还很缺乏。在此情况下，要确定有离子参与的反应的 $\Delta G_T^{\ominus}$ 计算式，就不得不以 $\Delta C_P^{\ominus}$ 在 298K 与 TK 两个温度之间的平均值 $\Delta\mid\widetilde{C}_P^{\ominus}\mid_{298}^{T}$ 代入前式而后进行积分。这样，便可得到 $\Delta G_T^{\ominus}$ 的计算式如下：

$$\Delta G_T^{\ominus}=\Delta G_{298}^{\ominus}-(T-298)\Delta S_{298}^{\ominus}+(T-298)\Delta\widetilde{C}_P^{\ominus}\mid_{298}^{T}-\left(T\ln\frac{T}{298}\right)\Delta\widetilde{C}_P^{\ominus}\mid_{298}^{T}\quad(7-6)$$

对呈原质和化合物形态的反应组份来说，其 $\widetilde{C}_P^{\ominus}\mid_{298}^{T}$ 可通过已知的 $C_P^{\ominus}=\varphi(T)$ 式很容易求得。至于离子的 $\overline{C}_{P(i)}^{\ominus}\mid_{298}^{T}$，则可根据式（7－4）算出。

四、水的热力学稳定区

在湿法冶金中，各种过程是在酸、碱或盐的水溶液中甚至有时就是在水中完成的。水溶液中存在的氢离子和氢氧离子以及水的分子，能被还原和氧化，伴随析出气态的氢或氧。

因此，如果在水介质中有氧化剂或还原剂存在，那么它们在一定条件下可以使氢氧离子或水分子氧化成气态氧，或者使氢离子或水分子还原为气态氢。

如果在给定条件下，溶液中有电极电位比氢电极电位更负电性的还原剂存在，那么还原过程就可能发生。而在酸性介质中决定于电化学反应 $2H^+ + 2e = H_2$ 或者在碱性介质中决定于电化学反应 $2H_2O + 2e = H_2 + 2OH^-$ 的氢电极电位可以下式表示：

$$\varepsilon_{H^+/H_2}=\varepsilon_{H^+/H_2}^{\ominus}-\frac{RT}{zF}\ln\frac{1}{a_{H^+}^2}-\frac{RT}{zF}\ln\frac{p_{H_2}}{p^{\ominus}}\quad(7-7)$$

因为已知在任何温度下 $\varepsilon_{H^+/H_2}^{\ominus}=0$ 和 $z=2$，故在 298K、373K 和 423K 等温度下，式（7－7）分别具有以下各形式：

$$\varepsilon_{(H^+/H_2)298}=-0.0591\mathrm{pH}-0.0295\log p_{H_2}+0.0295\log p^{\ominus}\quad(7-8a)$$

$$\varepsilon_{(H^+/H_2)373}=-0.0740\mathrm{pH}-0.0370\log p_{H_2}+0.0370\log p^{\ominus}\quad(7-8b)$$

$$\varepsilon_{(H^+/H_2)423}=-0.0839\mathrm{pH}-0.0420\log p_{H_2}+0.0420\log p^{\ominus}\quad(7-8c)$$

如果在给定条件下，溶液中有电极电位比氧电极电位更正电性的氧化剂存在，那么水的氧化作用就可能发生。在酸性介质中决定于电化学反应 $O_2 + 4H^+ + 4e = 2H_2O$ 或在

碱性介质中决定于电化学反应 $O_2 + 2H_2O + 4e = 4OH^-$ 的氧电极电位可以下式表示。

$$\varepsilon_{O_2/OH^-} = \varepsilon^{\ominus}_{O_2/OH^-} - \frac{RT}{zF}\ln\frac{p^{\ominus}}{p_{O_2}a^4_{H^+}} \tag{7-9}$$

在这里，$z = 4$。根据前面已讨论的计算原理和方法，可以求出式（7－9）在 298K、373K 和 423K 等温度下分别具有以下各形式：

$$\varepsilon_{(O_2/OH^-)298} = 1.229 - 0.0591\text{pH} + 0.0148\log p_{O_2} - 0.0148\log p^{\ominus} \tag{7-10a}$$

$$\varepsilon_{(O_2/OH^-)373} = 1.178 - 0.0740\text{pH} + 0.0185\log p_{O_2} - 0.0185\log p^{\ominus} \tag{7-10b}$$

$$\varepsilon_{(O_2/OH^-)423} = 1.136 - 0.0839\text{pH} + 0.0210\log p_{O_2} - 0.0120\log p^{\ominus} \tag{7-10c}$$

由此可见，有水或有由其电离而来的离子参与的各种还原－氧化过程，与水溶液的 pH 值有密切的关系。这个关系，可用图解的方法表示出来。在 25℃下，这个关系如图 7－2所示。图中横坐标为溶液的 pH 值，而纵坐标表示电极电位。

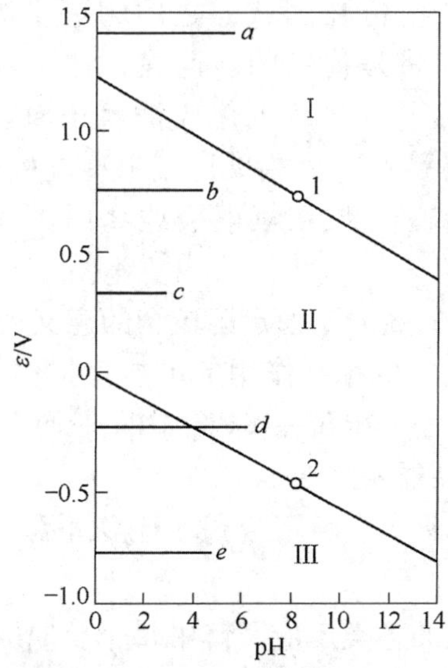

图 7－2　水溶液稳定存在的区域

1—p_{O_2}为 101325Pa 时氧电极电位随 pH 的变化；

2—p_{H_2}为 101325Pa 时氢电极电位随 pH 的变化

a—Au^{3+}/Au；*b*—Fe^{3+}/Fe^{2+}；*c*—Cu^{2+}/Cu；*d*—Ni^{2+}/Ni；*e*—Zn^{2+}/Zn

根据式（7－8a）和式（7－10a），在 p_{O_2} 和 p_{H_2} 各等于 101325Pa 的条件下，氧电极电位和氢电极电位分别与溶液的 pH 有如图 7－2 所示的直线 1 和 2 的关系。这两条直线把整个电位－pH 图划分为Ⅰ、Ⅱ、Ⅲ三个区域。

通过对图 7－2 含义的理解，可作出以下几点结论：

（1）凡位于区域Ⅰ中其电极电位高于氧电极电位的氧化剂（例如 Au^{3+}），都会使水分解而析出氧气，例如，图 7－2 中 *a* 所示的反应 $4Au^{3+} + 6H_2O \longrightarrow 4Au + 3O_2 + 12H^+$。这个过程将一直进行到氧化剂由于活度减小而电位降低以及氧电极由于介质酸度增大而电位增大，终于导致两个电位相等时为止。

（2）凡位于区域Ⅲ中其电极电位低于氢电极电位的还原剂（例如 Zn），在酸性溶液中能使氢离子还原而析出氢气，例如，图 7－2 中 e 所示的反应 $Zn + 2H^+ \longrightarrow Zn^{2+} + H_2$。这个过程将一直进行到还原剂随着它的消耗而电位升高以及氢电极由于介质酸度降低而电位降低，终于导致两个电位值相等时为止。

（3）电位处在如图 7－2 中 d 所示位置的 $Ni^{2+}-Ni$ 体系及其他类似的体系，其特点是，此类体系可以与水处于平衡，也可以使水分解而析出氢，这要看介质的酸度如何而定。

（4）水分解过程的速度，可能大也可能小，这要看氧化或还原过程中的阻力因素的值是大还是小而定。但是，从原则上讲，氧化－还原体系与水之间的平衡仅在区域Ⅱ中才有可能。例如，氧化－还原体系 Fe^{3+}/Fe^{2+}（见图 7－2 中 b）或者铜电极 Cu^{2+}/Cu（见图 7－2 中 c）就可以与水的离子或分子平衡共存。

（5）以线 1 和 2 围成的区域Ⅱ，就是所谓的水的热力学稳定区。

（6）根据以上分析可见，电位在区域Ⅱ之内的一切体系，从它们不与水的离子或分子相互作用这个意义来说，将是稳定的。但是，如果在压力下使这些体系饱和以气态氧或气态氢，那么它们仍然可以被氧氧化或被氢还原。因此，从对气态氧或气态氢的作用来说，这些体系又不是稳定的。相反地，那些电极电位在氧电极线 1 以上的体系不会与气态氧发生反应，而那些电位在氢电极线 2 以下的体系也不会与气态氢发生作用。

对湿法冶金来说，掌握水的热力学稳定区域图的意义很重要，因为这个图对判断参与过程的各种物质与溶剂（水）发生相互作用的可能性提供了理论依据，而且它也是金属－H_2O 系和金属化合物－H_2O 系的电位－pH 图中的一个组成部分。

五、电位－pH 图的结构原理和方法

根据化学平衡原理，一般说来，确定金属－H_2O 系和金属化合物－H_2O 系电位－pH 图的结构，包括以下几个步骤：

（1）确定体系中可能发生的各类反应及其中每个反应的平衡方程式；

（2）利用参与反应的各组分的热力学数据计算反应的 $\Delta G_T^\ominus$，从而求得反应的平衡常数 K 或标准电极电位 $\varepsilon_T^\ominus$；

（3）由此可导出体系中各个反应的电极电位 ε_T 以及 pH 的计算式；

（4）根据 ε_T 和 pH 的计算式，在指定离子活度或气相分压的条件下算出各个反应在一定温度下的 ε 值和 pH 值；

（5）最后，把各个反应的计算结果表示在以 ε（V）为纵坐标和以 pH 为横坐标的图上，便得到所研究的体系在给定条件下的电位－pH 图。

照例，体系中可能存在的反应，大致分为两个类型：

（1）有电子得失的还原－氧化反应；

（2）水解－中和反应。

第一类反应，就是半电池还原－氧化反应 $aA + bB + ze = cC + dD$。现将这类反应在所考虑的每个温度下的有关计算公式归结如下，其中 $\varepsilon^\ominus$ 和 ε 的单位均为 V 而 $\Delta G_T^\ominus$ 的单位皆为 J：

$$t = 25℃,\ T = 298K$$

$$\varepsilon_{298}^{\ominus} = \frac{-\Delta G_{298}^{\ominus}}{z \times 96500}$$

$$\varepsilon_{298} = \varepsilon_{298}^{\ominus} - \frac{0.0591}{z}\log \frac{a_{\mathrm{C}}^{c} a_{\mathrm{D}}^{d}}{a_{\mathrm{A}}^{a} a_{\mathrm{B}}^{b}} \tag{7-11a}$$

$$t = 100℃;\ T = 373\mathrm{K}$$

$$\Delta G_{373}^{\ominus} = \Delta G_{298}^{\ominus} - 75\Delta S_{298}^{\ominus} - 8.74\Delta \widetilde{C}_{P}^{\ominus} \mid _{298}^{373}$$

$$\varepsilon_{373}^{\ominus} = \frac{-\Delta G_{373}^{\ominus}}{z \times 96500}$$

$$\varepsilon_{373} = \varepsilon_{373}^{\ominus} - \frac{0.0740}{z}\log \frac{a_{\mathrm{C}}^{c} a_{\mathrm{D}}^{d}}{a_{\mathrm{A}}^{a} a_{\mathrm{B}}^{b}} \tag{7-11b}$$

$$t = 150℃;\ T = 423\mathrm{K}$$

$$\Delta G_{423}^{\ominus} = \Delta G_{298} - 125\Delta S_{298}^{\ominus} - 23.18\Delta \widetilde{C}_{P}^{\ominus} \mid _{298}^{423}$$

$$\varepsilon_{423}^{\ominus} = \frac{-\Delta G_{423}^{\ominus}}{z \times 96500}$$

$$\varepsilon_{423} = \varepsilon_{423}^{\ominus} - \frac{0.0839}{z}\log \frac{a_{\mathrm{C}}^{c} a_{\mathrm{D}}^{d}}{a_{\mathrm{A}}^{a} a_{\mathrm{B}}^{b}} \tag{7-11c}$$

在第二类反应中，可以举出 $Cu^{2+} + H_2O = CuO + 2H^+$ 作为例子。这类反应的 pH 与其他离子活度之间的关系，是通过平衡常数 K 求得的。现将有关 K 在所考虑的每个温度下的计算公式归结如下：

$$t = 25℃;\ T = 298\mathrm{K}$$

$$\log K_{298} = \frac{-\Delta G_{298}^{\ominus}}{5.707 \times 10^{3}} \tag{7-12a}$$

$$t = 100℃;\ T = 373\mathrm{K}$$

$$\log K_{373} = \frac{-\Delta G_{373}^{\ominus}}{7.142 \times 10^{3}} \tag{7-12b}$$

$$t = 150℃;\ T = 423\mathrm{K}$$

$$\log K_{423} = \frac{-\Delta G_{423}^{\ominus}}{8.100 \times 10^{3}} \tag{7-12c}$$

基于上述原理和方法，下面以 $Cu - H_2O$ 系为例对电位 - pH 图进行具体的绘制，并从湿法冶金的观点指出其中某些用途。

六、$Cu - H_2O$ 系的电位 - pH 图

对 $Cu - H_2O$ 系来说，体系中可能发生的反应以及根据反应组分的热力学数据（见表 7 - 3）按上列各温度下的有关公式导出的 ε_T 和 pH 的计算式，列举在表 7 - 4 中。

根据表 7 - 4 所列的反应式及其在不同温度下的 ε_T 和 pH 计算式，便可作出如图 7 - 3（a）、（b）和（c）所示的 $Cu - H_2O$ 系在 25℃、100℃和 150℃下的电位 - pH 图。现对此图作以下一些说明。

表 7－3　Cu－H_2O 系中各反应组分在不同温度下的热力学数据

反应组分的表示式	$\Delta G^{\ominus}_{f298}$ (kJ·mol^{-1})	$S^{\ominus}_{298}$ (J·K^{-1}·mol^{-1})	$\tilde{C}^{\ominus}_P \mid ^{373}_{298}$ (J·K^{-1}·mol^{-1})	$\tilde{C}^{\ominus}_P \mid ^{423}_{298}$ (J·K^{-1}·mol^{-1})
$H^+_{(aq)}$	0	0	+129.70	+138.07
$H_2O_{(l)}$	−237.19	+69.94	+75.44	+75.90
$H_{2(g)}$	0	+130.59	+28.87	+28.87
$O_{2(g)}$	0	+205.03	+34.73	+34.73
$Cu_{(s)}$	0	+33.30	+24.73	+24.85
$Cu^{2+}_{(aq)}$	+64.98	−98.74	+267.78	+276.14
$CuO_{(s)}$	−127.19	+43.51	+45.48	+46.02
$Cu_2O_{(s)}$	−146.36	+100.83	+70.33	+70.92
$CuO^{2-}_{2(aq)}$	−182.00	−96.23	−699.23	−679.94
e(电子)	0	+65.30	−115.27	−123.64

表 7－4　Cu－H_2O 系中的反应以及各个反应在不同温度下的 ε_T 和 pH 的计算式

反应式	在不同温度下的计算式		
	$t=25$℃，$T=298$K	$t=100$℃，$T=373$K	$t=150$℃，$T=423$K
(1) $Cu^{2+}+2e$ ══ Cu	$\varepsilon=0.337+0.0295\log a_{Cu^{2+}}$	$\varepsilon=0.337+0.0370\log a_{Cu^{2+}}$	$\varepsilon=0.336+0.0420\log a_{Cu^{2+}}$
(2) Cu_2O+2H^++2e ══ $2Cu+H_2O$	$\varepsilon=0.471-0.0591$pH	$\varepsilon=0.435-0.0740$pH	$\varepsilon=0.411-0.0839$pH
(3) $2Cu^{2+}+H_2O+2e$ ══ Cu_2O+2H^+	$\varepsilon=0.203+0.0591$pH$+0.0591\log a_{Cu^{2+}}$	$\varepsilon=0.241+0.0740$pH$+0.0740\log a_{Cu^{2+}}$	$\varepsilon=0.266+0.0839$pH$+0.0839\log a_{Cu^{2+}}$
(4) $Cu^{2+}+H_2O$ ══ $CuO+2H^+$	pH$=3.95-0.5\log a_{Cu^{2+}}$	pH$=2.795-0.5\log a_{Cu^{2+}}$	pH$=2.265-0.5\log a_{Cu^{2+}}$
(5) $2CuO+2H^++2e$ ══ Cu_2O+H_2O	$\varepsilon=0.670-0.0591$pH	$\varepsilon=0.654-0.0740$pH	$\varepsilon=0.644-0.0839$pH
(6) $2CuO_2^{2-}+6H^++2e$ ══ Cu_2O+3H_2O	$\varepsilon=2.56+0.0591\log a_{CuO_2^{2-}}-0.1773$pH	$\varepsilon=2.756+0.0740\log a_{CuO_2^{2-}}-0.2220$pH	$\varepsilon=2.930+0.0839\log a_{CuO_2^{2-}}-0.2517$pH
(7) $CuO_2^{2-}+4H^++2e$ ══ $Cu+2H_2O$	$\varepsilon=1.515+0.0295\log a_{CuO_2^{2-}}-0.1182$pH	$\varepsilon=1.596+0.0370\log a_{CuO_2^{2-}}-0.1480$pH	$\varepsilon=1.671+0.0420\log a_{CuO_2^{2-}}-0.1676$pH
(8) $CuO+H_2O$ ══ $CuO_2^{2-}+2H^+$	pH$=15.97+0.5\log a_{CuO_2^{2-}}$	pH$=14.41+0.5\log a_{CuO_2^{2-}}$	pH$=13.63+0.5\log a_{CuO_2^{2-}}$
(O) O_2+4H^++4e ══ $2H_2O$	$\varepsilon=1.229-0.0591$pH$+0.0148\log p_{O_2}-0.0148\log p^{\ominus}$	$\varepsilon=1.178-0.0740$pH$+0.0185\log p_{O_2}-0.0185\log p^{\ominus}$	$\varepsilon=1.136-0.0839$pH$+0.0210\log p_{O_2}-0.01210\log p^{\ominus}$
(O′) $2H^++2e$ ══ H_2	$\varepsilon=-0.0591$pH$-0.0295\log p_{H_2}+0.02951\log p^{\ominus}$	$\varepsilon=-0.0740$pH$-0.0370\log p_{H_2}+0.0370\log p^{\ominus}$	$\varepsilon=-0.0839$pH$-0.0420\log p_{H_2}+0.0420\log p^{\ominus}$

（1）在作图 7－3 时，已指定所有含铜离子的活度皆等于 1；p_{O_2} 和 p_{H_2} 则各等于 101325Pa。

（2）第一类有电子得失的还原－氧化反应又可分为两个分类。第一个分类是有电子

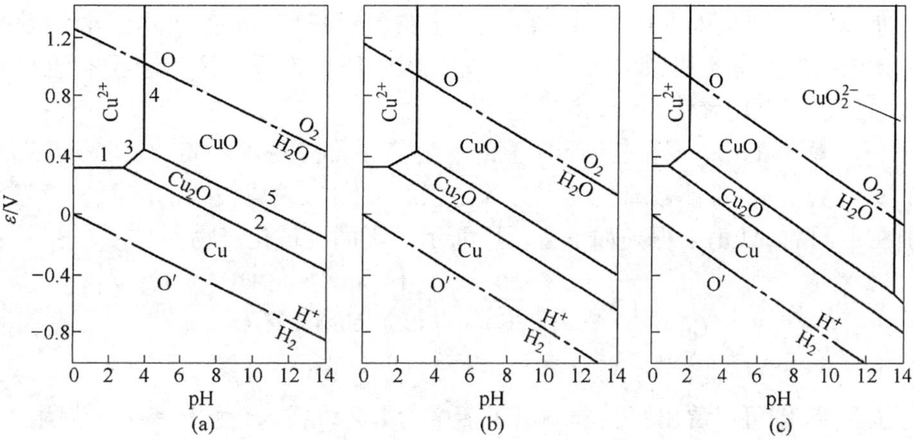

图 7－3　Cu－H_2O 系在不同温度下的电位－pH 图（$a=1$）

（a）25℃；（b）100℃；（c）150℃

迁移但 ε_T 与 pH 无关的半电池还原－氧化反应；第二个分类则是有电子迁移而且 ε_T 与 pH 有关的半电池还原－氧化反应。这两个分类的反应在 ε－pH 图中分别以水平线和倾斜线表示其平衡位置。第二类水解－中和反应则在图中以垂直线表示其平衡位置。各线围成的区域即为该区域内注明的物质在热力学上稳定存在的区域。

（3）线 O 与 O′之间的面积相当于前面已讨论过的热力学稳定区。

（4）在研究高温下的电位－pH 图时，应该考虑到离子活度系数和 pH 随温度变化的情况。对湿法冶金反应来说，在比 25℃更高的温度 t 下的平均活度系数可按下式计算：

$$\log\gamma_{\pm m(t)} = \log\gamma_{\pm m(25)} - |z_+ z_-| \frac{\sqrt{I}}{1+\sqrt{I}} [A_{\gamma(t)} - A_{\gamma(25)}] \tag{7-13}$$

式中　I——离子强度，$I=\frac{1}{2}\sum m_t z_i^2$；

A_γ——与温度有关的系数。

不同温度的 A_γ 值列在下面：

t（℃）	25	60	100	150	200	300
A_γ	0.511	0.545	0.595	0.689	0.809	0.983

这样一来，在绘制图 7－3 时，虽然对含铜离子的活度在不同温度下指定了同一个数值，但应注意到离子的活度实际上在各个温度下是各不相同的。

至于在 t℃下的 pH 值则可用下式计算：

$$\mathrm{pH}_{(t)} = \frac{\mathrm{p}K_{w(t)}}{\mathrm{p}K_{w(25)}} \times \mathrm{pH}_{(25)} \tag{7-14}$$

式中　K_w 为水的电离常数，$\mathrm{p}K_w=-\log K_w$。不同温度下的 $\mathrm{p}K_w$ 值列在下面：

t（℃）	25	60	100	150	200	300
$\mathrm{p}K_w$	13.997	13.05	12.21	11.65	11.30	11.19

根据式（7－14），在指定 $\mathrm{pH}_{(t)}$ 后，可求得与之相对应的 $\mathrm{pH}_{(25)}$ 值。

从图 7－3（a）、（b）和（c）所示的 Cu－H_2O 系的电位－pH 图，可得出以下几点与湿法冶金有关的结论：

（1）如果没有氧或其他氧化剂存在，则铜在图示任何 pH 值的水溶液中都是稳定的相，因为铜电极线在氢电极线 O′的上面。这对铜的浸出来说，意味着没有氧存在的情况下既不能用酸也不能用碱使铜转入溶液。

（2）当有氧存在时，铜在任何 pH 值的水溶液中都变得不稳定，亦即从热力学来说，铜在整个 pH 值范围内都能被氧化，因为氧电极线 O 位在铜电极线的上面。而且，在氧化时，分别在不同的 pH 值下得到如下各反应所示的不同的氧化产物：

$$Cu + \frac{1}{2}O_2 + H_2O \longrightarrow \begin{cases} (1)\ Cu^{2+} + 2OH^- \\ (2)\ CuO + H_2O \\ (3)\ CuO_2^{2-} + 2H^+ \end{cases}$$

从电位 - pH 图可以看出：当含铜离子活度为 1 时，在 pH 为 3 ~ 14 的范围内，从热力学看来有利于铜氧化生成不溶性的 Cu_2O 和 CuO；而在低于或高于此范围的 pH 下，则可分别生成可溶性的 Cu^{2+} 及 CuO_2^{2-} 离子。

如果要使铜呈稳定的 Cu^{2+} 离子形态进入溶液，显然要在有氧存在的条件下尽可能地使浸出溶液保持较小的 pH 值。

（3）如果是浸出赤铜矿 Cu_2O，从图 7 - 3 可以清楚地看出，也必须要有氧或其他氧化剂存在和使溶剂保持较小的 pH 值。对黑铜矿 CuO 的浸出来说，则只要使溶剂的 pH 维持在图 7 - 3 所示线 4 左边更小的数值范围，就可以使铜呈 Cu^{2+} 形态进入溶液。应该指出，当溶液中 Cu^{2+} 离子的活度发生变化时，线 4 以及与此有关的线 1 和线 3 在图中的位置都会发生变动：Cu^{2+} 离子活度增大时，线 4 和线 3 将分别向右和右上角移动而线 1 将向上平移；离子活度减小时，则这些线分别向相反的方向移动。这说明，为了使浸出的最后溶液中产出符合要求的离子浓度，必须事先选定适当的 pH 值。

（4）在有氢存在的情况下，所有呈氧化态的铜都能被氢还原为金属铜，因为氢电极线 O′位在铜所有的氧化态的电极电位线的下面。

（5）氧或氢的压力的增大，在热力学上对铜的氧化或还原都能产生影响，因为随着 p_{O_2} 或 p_{H_2} 的升高，线 O 和线 O′就分别向上或向下平移，这将分别导致氧电极与铜电极之间或氢电极与铜电极之间的电位差增大，从而分别使得氧化趋势或者还原趋势增大。

第二节　浸出过程

一、概述

浸出的实质在于利用适当的溶剂使矿石、精矿和半产品中的一种或几种有价成分优先溶出，使之与脉石分离。

矿石和精矿通常都是复杂的多元和多相体系，由一系列矿物组成。有价值的矿物多半是硫化物、氧化物、氢氧化物、砷化物、碳酸盐等化合物。有时，有价矿物也可在原料中呈自然金属形态存在。

视矿石和精矿的组成、性质及其需要条件而定，浸出过程可在一般的浸出槽中或在密闭的压煮器中进行。前者属于常压浸出，而后者属于加压浸出。在两种情况下，除了常压下的渗透浸出以外，矿浆通常都要进行搅拌。

有时，为了使有价成分转变为可溶性的化合物，原料在浸出之前须经预先焙烧处理。

浸出所用的溶剂，应具有以下各种性质：

（1）能选择性地迅速溶解矿石中的有价矿物；

（2）对脉石和矿石中通常含有的杂质不发生作用；

（3）价格低廉而且来源容易；

（4）没有危险，便于使用；

（5）对于设备没有腐蚀作用；

（6）能够再生使用。

工业上作为溶剂用的有：水；酸（通常为硫酸或盐酸）；氨溶液和碱溶液；盐溶液（如贵金属浸出时所用的氰化钠或氰化钾溶液）。

二、浸出反应的分类

如上所述，在工业上常把浸出过程分为常压浸出和加压浸出两大类，其中又包括水浸出、酸性浸出、碱性浸出和盐溶液浸出，并在加压条件下还有，有无气相参与反应的浸出之分。

但是，从冶金原理的观点看来，为了分析和研究过程遵循的共同规律，将浸出按其主要反应（即有价成分转入溶液的溶解反应）的特点进行分类是更为便利的。这样一来，可将溶解反应分为三大类：简单的溶解、溶质价不发生变化的化学溶解和溶质价发生变化的氧化－还原溶解。

1. 简单的溶解　当金属在固相中呈可溶于水的化合物形态存在时，浸出过程的主要反应就是有价成分从固相转入溶液的简单溶解，如下式所示：

$$MeSO_4 + aq \longrightarrow MeSO_{4(aq)}$$

或者

$$MeCl_2 + aq \longrightarrow MeCl_{2(aq)}$$

重金属的化合物经硫酸化焙烧或氯化焙烧后的水浸出，是这类反应的典型例子。

2. 溶质价不发生变化的化学溶解　这类浸出反应有以下三种不同情况：

（1）金属氧化物与酸作用，按下式形成溶于水的盐：

$$MeO + H_2SO_4 \longrightarrow MeSO_4 + H_2O$$

硫化锌精矿氧化焙烧后的酸性浸出，可作为这类反应的实例。

（2）某些难溶于水的化合物（如 MeS、$MeCO_3$ 等）与酸作用，化合物的阴离子按下式转为气相：

$$MeS + H_2SO_4 \longrightarrow MeSO_4 + H_2S\uparrow$$

或者

$$MeCO_3 + H_2SO_4 \longrightarrow MeSO_4 + \underset{\underset{H_2O + CO_2\uparrow}{\downarrow}}{H_2CO_3}$$

（3）难溶于水的有价金属 Me 的化合物与第二种金属 Me′的可溶性盐发生复分解反应，形成第二种金属的更难溶性盐和第一种金属的可溶性盐，如下式所示：

$$MeS_{(s)} + Me'SO_4 \longrightarrow Me'S_{(s)} + MeSO_4$$

具体例子可以举出 $NiS_{(s)} + CuSO_4 \longrightarrow CuS_{(s)} + NiSO_4$ 等反应。

白钨矿用苏打溶液进行的加压溶出，也是属于这个类型，其反应如下：

$$CaWO_{4(s)} + Na_2CO_3 \longrightarrow\!\!\!\!= CaCO_{3(s)} + Na_2WO_4$$

3. 溶质价发生变化的氧化－还原溶解　这类反应可能有以下各种不同的情况：

（1）金属的氧化靠酸的氢离子还原而发生：

$$Me + H_2SO_4 \longrightarrow MeSO_4 + H_2$$

按照这类反应，所有负电性的金属均可溶解在酸中。

（2）金属的氧化靠空气中的氧而发生：

$$Me + H_2SO_4 + \frac{1}{2}O_2 \longrightarrow MeSO_4 + H_2O$$

正电性金属的溶解就是如此。

（3）金属的氧化靠加入溶液的氧化剂而发生，例如：

$$Me + Fe_2(SO_4)_3 \longrightarrow MeSO_4 + 2FeSO_4$$

或者

$$Me + H_2SO_4 + H_2O_2 \longrightarrow MeSO_4 + 2H_2O$$

上述第一种反应已得到应用，例如用于铜的湿法冶金；第二种反应由于过氧化氢价格昂贵尚未在工业上应用。

（4）与阴离子氧化有关的溶解。在许多浸出场合下，金属由难溶化合物转入溶液的过程，只有在难溶化合物中与金属相结合的阴离子被氧化时才可能进行。作为实例，可以举出某些硫化精矿在进行所谓加压氧浸出时硫离子氧化成元素硫的反应：

$$MeS + H_2SO_4 + \frac{1}{2}O_2 \longrightarrow MeSO_4 + H_2O + S$$

硫离子氧化成元素硫的反应也可按下式发生：

$$MeS + 2Me'Cl_x = MeCl_2 + 2Me'Cl_{x-1} + S$$

在此情况下，实际得到应用的 $Me'Cl_x$ 是 $FeCl_3$ 或其他一些有价态变化的氯化物溶剂。

硫化物中的硫氧化成 SO_4^{2-} 的反应

$$MeS + 2O_2 \longrightarrow MeSO_4$$

也是属于这个类型。

（5）基于金属还原的溶解　这类溶解反应可以在被提取金属能形成几种价的离子的情况下发生。含有高价金属的难溶化合物，可以在金属还原成更低价时转变为可溶性化合物。例如，氧化铜用亚铁盐浸出的反应

$$3CuO + 2FeCl_2 + 3H_2O \longrightarrow CuCl_2 + 2CuCl + 2Fe(OH)_3$$

就是一个实例。

（6）有络合物形成的氧化－还原溶解　用氰化钾或氰化钠溶液溶解金或银的过程，是这类反应中常见的一个实例。对金的氰化钠溶液浸出来说，其反应为：

$$2Au + 4NaCN + H_2O + \frac{1}{2}O_2 \longrightarrow 2NaAu(CN)_2 + 2NaOH$$

此外，硫化镍的氨溶液浸出也是一个重要的实例，其反应如下：

$$Ni_3S_2 + 10NH_4OH + (NH_4)_2SO_4 + 4\frac{1}{2}O_2 \longrightarrow 3Ni(NH_3)_4SO_4 + 11H_2O$$

应该指出，在浸出时，有价金属转变为络合物的反应具有不少优点。例如，能进行选择性的溶解，因为矿物中有些伴生金属不形成络合物；络合物的形成，使得金属在给定溶剂中的溶解度增大，从而有利于产出浓度较高的溶液；溶液的稳定性能提高，亦即金属的络合离子与其简单离子相比不易发生水解。所有这些，使得有络合离子形成的溶解反应在湿法冶金中得到日益广泛的应用。

三、浸出反应的热力学分析

如第一节所述，和任何化学反应一样，为了解决浸出反应进行的可能性及其进行的限度问题，要采用热力学的方法。

溶剂与有价矿物作用的可能性，决定于反应吉布斯自由能变化的符号。

如果反应进行时是体系的自由焓减少，则此反应可自动地进行。在此情况下，自由焓减量愈大，则反应进行愈容易和愈完全。但是，如果反应进行时是体系的自由焓增大，则该反应不能自动地进行，也就是溶剂不能使有价成分浸出。为了说明问题，现以铜及其某些化合物与最常用的各种试剂进行反应的情况作为例子，并列出各个反应在标准状态下的$\Delta G^{\ominus}$数据，以资比较，如表 7－5 所示。

表 7－5　铜及其某些化合物与各种试剂进行反应的可能性

反　应	$\Delta G^{\ominus}_{298}$（$kJ \cdot mol^{-1}$）	反应进行的可能性
$Cu + H_2SO_4 = CuSO_4 + H_2$	+80.33	不进行
$Cu + 2H_2SO_4 = CuSO_4 + H_2SO_3 + H_2O$	+46.44	不进行
$Cu + H_2SO_4 + 1/2O_2 = CuSO_4 + H_2O$	-156.48	容易进行
$Cu + 2HCl = CuCl_2 + H_2$	+86.61	不进行
$Cu + 2HCl + 1/2O_2 = CuCl_2 + H_2O$	-150.62	容易进行
$Cu + 3HNO_3 = Cu(NO_3)_2 + HNO_2 + H_2O$	-73.22	进　行
$Cu + FeCl_3 = CuCl + FeCl_2$	-83.68	进　行
$Cu + 2FeCl_3 = CuCl_2 + 2FeCl_2$	-106.69	进　行
$Cu + CuCl_2 = 2CuCl$	-60.25	进　行
$CuO + H_2SO_4 = CuSO_4 + H_2O$	-29.71	可　能
$CuO + 2HCl = CuCl_2 + H_2O$	-23.43	可　能
$CuO + 2HNO_3 = Cu(NO_3)_2 + H_2O$	-3.35	可　能
$3CuO + 2FeCl_3 + 3H_2O = 3CuCl_2 + 2Fe(OH)_3$	-150.62	容易进行
$3CuO + 2FeCl_2 + 3H_2O = CuCl_2 + 2CuCl + 2Fe(OH)_3$	-35.15	可　能
$Cu_2O + 2H_2SO_4 + 1/2O_2 = 2CuSO_4 + 2H_2O$	-167.78	容易进行
$Cu_2O + H_2SO_4 = CuSO_4 + H_2O + Cu$	-10.46	可　能
$Cu_2O + 2H_2SO_4 = 2CuSO_4 + H_2O + H_2$	69.45	不进行
$CuS + 2FeCl_3 = CuCl_2 + 2FeCl_2 + S$	-58.58	进　行
$CuS + CuCl_2 = 2CuCl + S$	-15.48	可　能
$Cu_2S + 4FeCl_3 = 2CuCl_2 + 4FeCl_2 + S$	-128.03	容易进行
$Cu_2S + 2CuCl_2 = 4CuCl + S$	-36.82	可　能
$CuS + H_2SO_4 + 1/2O_2 = CuSO_4 + H_2O + S$	-108.37	容易进行
$CuS + H_2SO_4 = CuSO_4 + H_2 + S$	+128.87	不进行
$Cu_2S + 2H_2SO_4 + O_2 = 2CuSO_4 + 2H_2O + S$	-228.45	容易进行
$Cu_2S + 2H_2SO_4 = 2CuSO_4 + 2H_2 + S$	+175.31	不进行

从表 7－5 可以看出，对铜及其化合物来说，热力学上可能进行的溶解反应，像第一节中所讨论过的那样，也可分为三个类型：可溶性化合物溶于水的简单溶解（表中未示）；无价变的化学溶解；有价变的电化学溶解。而且，在这三类浸出反应中，电化学溶

解的场合经常遇到。对其他金属矿物原料的浸出来说，实际情况也是这样。因此，在湿法冶金中，经常采用电位 - pH 图来说明体系的热力学规律。这一点对 Cu - H_2O 系的反应来说，已在前面讨论过。为了加深对电位 - pH 图的理解和应用，现再结合铀矿的酸浸出过程进行分析和计算。

1. 铀矿的酸浸出　自然界产出的铀矿，通常是含铀在 0.1% 左右的低品位矿石，选矿效果很差，故大都是直接采用湿法冶金方法处理。所用的浸出方法，虽然有酸浸出和碳酸盐浸出两种，但目前仍以前者为主。在这里，只讨论铀矿的酸浸出过程。

根据酸浸出条件的不同，可将铀矿石分为两类：第一类铀矿中的主要含铀矿物是次生的矿物 UO_3 和 U_3O_8；第二类铀矿的主要成分则是原生的矿物 UO_2。这样，根据前面已讨论过的原理和方法，利用各反应组分已知的 $\Delta G_f^{\ominus}$ 数据，便可作出 U - H_2O 系在 25℃ 下的电位 - pH 图，如图 7 - 4 所示。

第一类铀矿中含有的铀矿物 UO_3 和 U_3O_8，在浸出过程中的溶解反应分别如式（1）和式（2）所示：

$$UO_3 + 2H^+ = UO_2^{2+} + H_2O$$

$$pH = 7.4 - 0.5\log a_{UO_2^{2+}} \tag{1}$$

$$3UO_2^{2+} + 2H_2O + 2e = U_3O_3 + 4H^+$$

$$\varepsilon = -0.40 + 0.1182pH + 0.08865\log a_{UO_2^{2+}} \tag{2}$$

反应（1）和（2）的平衡条件，在图 7 - 4 中分别以线①和②表示，其中的符号 0、-2和 -4 分别表示 $a_{UO_2^{2+}} = 1$、10^{-2}和 10^{-4}的条件。因为浸出液中铀的浓度通常是1g · L^{-1}，所以在这里考虑 UO_2^{2+} 的体积摩尔浓度为 10^{-2} mol · L^{-1}（即相当于含铀 2.38g · L^{-1}）的条件，并在此浓度下可认为活度系数等于 1。

从图 7 - 4 可以看出，UO_3 和 U_3O_8 溶解的 pH 都相当高。但式（2）与式（1）不同，前者必须要有氧化剂存在时才能使 U_3O_8 溶解而呈 UO_2^{2+} 离子形态转入溶液。在 $a_{UO_2^{2+}} = 10^{-2}$的情况下，氧化剂的电位必须高于（-0.577 + 0.1182pH）V 才能满足要求。然而，在上述的 pH 范围内，实际是产生 $UO_2(OH)_2$ 沉淀，因为 UO_2^{2+}（双氧铀离子）不稳定，并按下列反应发生水解：

$$UO_2^{2+} + 2H_2O = UO_2(OH)_2 + 2H^+$$

$$pH = 2.5 - 0.5\log a_{UO_2^{2+}} \tag{3}$$

从式（3）和图 7 - 4 可以看出，为了使矿石中的 UO_3 和 U_3O_8 呈双氧铀离子形态进入浓度为 10^{-2}mol · L^{-1}的溶液，在 25℃ 下就必须使溶剂的 pH 维持在 3.5 以下。这些条件在实践中是不难办到的。

在自然界中，含 UO_2 为主的第二类铀矿是主要的含铀资源。从图 7 - 4 可以看出，在浸出过程中，UO_2 的溶解反应：

$$UO_2 + 4H^+ = U^{4+} + 2H_2O$$

$$pH = 0.95 - 0.25\log a_{U^{4+}} \tag{4}$$

在 $a_{U^{4+}} = 10^{-2}$的情况下，要求溶剂的 pH 低于 1.45。事实上，因为 UO_2 是难溶的氧化物，所以不用相当浓的酸是不能使之按反应（4）溶解成为 U^{4+} 而进入溶液的。但是，若有氧化剂存在，则 UO_2 可按下式溶解：

$$UO_2^{2+} + 2e \rightleftharpoons UO_2;\ \varepsilon = 0.220 + 0.0295\log a_{UO_2^{2+}} \tag{5}$$

从图7-4可以看出，反应（5）在pH低于3.5的UO_2^{2+}稳定区域中进行。因此，可使浸出物质在酸性溶液中呈氧化态，从而使得第二类铀矿的溶解成为可能。氧化剂的存在使UO_2溶解的比例增大，是铀矿酸浸的特点。用浓酸浸出，会使矿石中的其他成分也溶解，并使酸的消耗量增大，所以浸出过程应尽可能用稀酸进行。

氧化剂的作用，也可用电位-pH图进行分析和计算。从平衡理论的观点来看，凡平衡电位在线⑤以上的物质都能成功地用作UO_2的氧化剂。但在实践中，氧化剂的选择还必须从反应速度、试剂的价格和供应来源、对设备的腐蚀性以及对铀的夹杂不纯等方面来考虑。

从反应速度的观点看来，有效的氧化剂是三价铁离子。各种氧化剂对UO_2的氧化作用表示在图7-5中。图中有关的反应（3）~（6）是取图7-4中带“-2”符号的线绘出的。

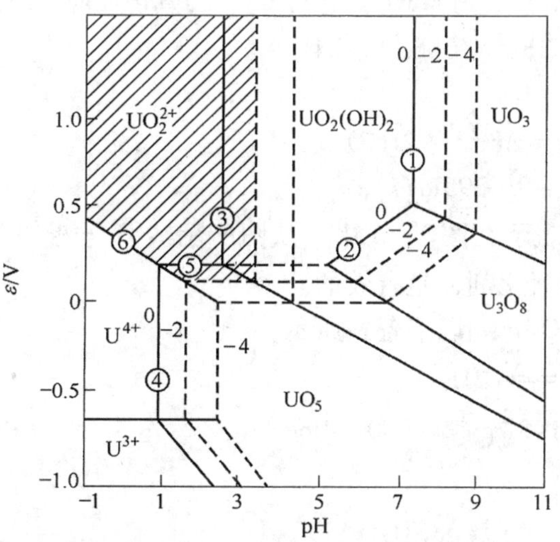

图7-4　U-H_2O系在25℃下的电位-pH图

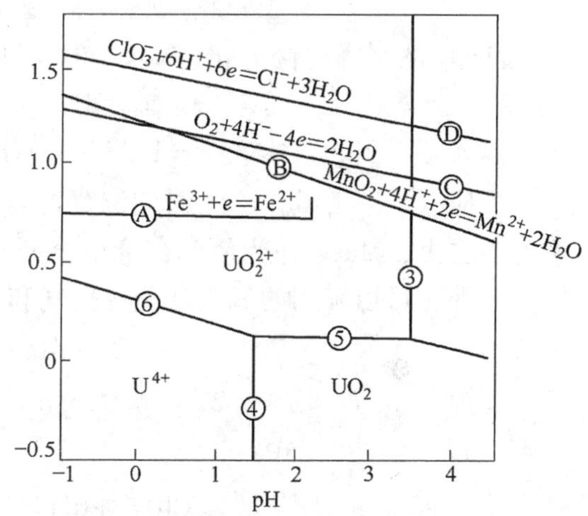

图7-5　说明铀矿浸出的U-H_2O系的部分电位-pH图

Fe^{3+}/Fe^{2+}体系的平衡电位：

$$Fe^{3+} + e \rightleftharpoons Fe^{2+};\ \varepsilon = 0.771 + 0.0591\log a_{Fe^{3+}}/a_{Fe^{2+}} \tag{A}$$

在$a_{Fe^{3+}}/a_{Fe^{2+}} = 1$时的位置，以Ⓐ线表示在图7-5中。

根据原电池反应原理，知道Fe^{3+}/Fe^{2+}对UO_2的氧化反应

$$2Fe^{3+} + UO_2 \rightleftharpoons UO_2^{2+} + 2Fe^{2+} \tag{A'}$$

是由反应（A）和（5）综合而成。从图7-5可以看出，随着反应（A'）的进行，$\varepsilon_{Fe^{3+}/Fe^{2+}}$由于$a_{Fe^{3+}}$不断下降和$a_{Fe^{2+}}$同时不断上升而不断降低，但$\varepsilon_{UO_2^{2+}/UO_2}$则相反地由于$a_{UO_2^{2+}}$的升高而增大，并终于导致两个电极电位相等。在此情况下，反应达到平衡，氧化过程亦告终止。反应的平衡常数可求得如下：

$$\Delta\varepsilon = \varepsilon_{Fe^{3+}/Fe^{2+}} - \varepsilon_{CO_2{}^{2+}/CO_2}$$

$$=0.551+0.0295\log\frac{a_{Fe^{3+}}^2}{a_{Fe^{2+}}^2 a_{UO_2^{2+}}}=0$$

从而得到：

$$\log K=\log\frac{a_{Fe^{2+}}^2 a_{UO_2^{2+}}}{a_{Fe^{2+}}^2}=\frac{0.551}{0.0295}=18.68$$

$$K=4.79\times10^{18}$$

计算结果表明，Fe^{3+} 对 UO_2 的氧化反应进行得很完全。另一方面，反应的推动力显然就是水平线Ⓐ和⑤之间的距离，也就是两者的电位差 $\Delta\varepsilon$。根据图 7－5 的估计，这个电位差大概要在 0.35V 以上才可能使反应开始进行。

铁的存在，在很多情况下是由于矿石本身含有 Fe_2O_3 而在矿石磨碎、浸出过程中一起进入溶液。在浸出液中，通常含有 0.5～2g・L^{-1}Fe；如果铁的含量少于此数，则要另外加入。

为了使 UO_2 的氧化有效地进行，必须保持溶液中的铁呈三价状态。因此，要考虑使 Fe^{2+} 氧化成 Fe^{3+} 所采用的氧化剂。在实践中，常常是用 MnO_2，它对 Fe^{2+} 的氧化反应如下：

$$2Fe^{2+}+MnO_2+4H^+ \longrightarrow 2Fe^{3+}+Mn^{2+}+2H_2O$$

MnO_2 的平衡电位与 pH 有以下的关系：

$$MnO_2+4H^++2e \longrightarrow Mn^{2+}+2H_2O$$

$$\varepsilon=1.23-0.1182\text{pH}-0.0295\log a_{Mn^{2+}} \qquad (B)$$

反应（B）在 $a_{Mn^{2+}}=1$ 时的位置，以线Ⓑ表示在图 7－5 中，从图所示线Ⓑ与Ⓐ的关系可以看出，MnO_2 作为使 Fe^{2+} 氧化成 Fe^{3+} 的氧化剂，是有效的。

此外，可以采用的氧化剂还有空气和 $NaClO_3$，如以下各式所示：

$$O_2+4H^++4e \longrightarrow 2H_2O$$

$$\varepsilon=1.229-0.0591\text{pH}+0.0148\log p_{O_2}-0.0148\log p^{\ominus} \qquad (C)$$

其中，$p_{O_2}=21278.25$Pa。

$$ClO_3^-+6H^++6e \longrightarrow Cl^-+3H_2O$$

$$\varepsilon=1.51-0.0591\text{pH}+0.00985\log\frac{a_{ClO_3^-}}{a_{Cl^-}} \qquad (D)$$

但是，实际上在酸性溶液中以常压空气氧化 Fe^{2+} 是缓慢的。如果溶液中没有铁离子，仅用 MnO_2 或 $NaClO_3$ 不能有效地使 UO_2 氧化。在此处，Fe^{3+}/Fe^{2+} 对 UO_2 的氧化起着催化剂的作用。因此，氧化剂的添加可以通过测定溶液的氧化－还原电位来控制。测定结果表明，在实际溶液中，Fe^{3+} 和 Fe^{2+} 的等浓度电位值是 0.65～0.68V。根据反应速度的理论，反应在 Fe^{3+} 与 Fe^{2+} 等浓度的情况下进行得较快，所以当溶液的电位在 0.65～0.68V 时就添加二氧化锰。

在铀矿的硫酸浸出过程中，溶液的 pH 实际上控制在 1～2 之间。因此，U^{4+} 被 Fe^{3+} 氧化成 UO_2^{2+} 的反应是可能发生的，如下式所示：

$$2Fe^{3+}+U^{4+}+2H_2O \longrightarrow 2Fe^{2+}+UO_2^{2+}+4H^+$$

这个反应是由反应（A）和电极反应（6）综合而成，后者可以下式表示：

$$UO_2^{2+}+4H^++2e \longrightarrow U^{4+}+2H_2O$$

$$\varepsilon = 0.33 - 0.1182\text{pH} + 0.0295\log\frac{a_{UO_2^{2+}}}{a_{U^{4+}}} \quad (6)$$

反应（6）在 $a_{UO_2^{2+}}/a_{U^{4+}}=1$ 时的平衡位置以线⑥表示在图 7-4 和图 7-5 中。

综上所述，利用电位-pH 图可以清楚地表明铀矿物在水溶液中反应的热力学规律。下面再结合硫化矿的酸浸出及其他有关反应讨论一下 MeS-H_2O 系的电位-pH 图。

2. 硫化矿的酸浸出　用硫酸浸出硫化矿的酸溶反应可以下列通式表示：

$$MeS_{(s)} + 2H^+ = Me^{2+} + H_2S_{(aq)}$$

在溶液中，溶解了的 H_2S 可按下式发生离解：$H_2S = HS^- + H^+$；$HS^- = S^{2-} + H^+$。生成的这些含硫离子及 H_2S 本身又可被各种氧化剂氧化，并可在溶液不同的 pH 值下生成不同价态的氧化产物。

所有这些变化以及与之有关的其他各种变化发生的条件和规律性，可以通过 MeS-H_2O 系在 25℃下的电位-pH 图了解清楚。在这里，我们举出 ZnS-H_2O 系在 25℃下的电位-pH 图为例，借以说明一般。

ZnS-H_2O 系中各有关反应组分在 25℃下的 $\Delta G_f^\ominus$ 数据列举在表 7-7 中。H^+、$H_{2(g)}$、$O_{2(g)}$、$H_2O_{(l)}$ 以及 e 的相应数据，可从表 7-3 中查出。

根据表 7-6 及表 7-3 所列有关数据，按照前面已讨论过的原理和方法，可求出 ZnS-H_2O系中各有关反应及其在 25℃下的 ε 和 pH 计算式，如表 7-7 所示。

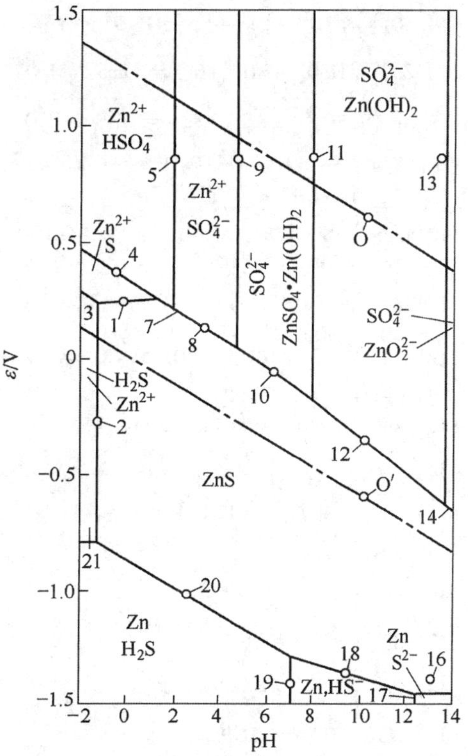

图 7-6　ZnS-H_2O 系在 25℃下的电位-pH 图

表 7-6　ZnS-H_2O 系中各有关反应组分的 $\Delta G_{f298}^\ominus$ 数据

反应组分	$\Delta G_{f298}^\ominus$（kJ·mol^{-1}）	反应组分	$\Delta G_{f298}^\ominus$（kJ·mol^{-1}）
$S_{(s)}$	0	$ZnS_{(s)}$	-198.32
$H_2S_{(aq)}$	-27.36	$Zn^{2+}_{(aq)}$	-147.19
$S^{2-}_{(aq)}$	83.68	$Zn(OH)_{2(s)}$	-551.66
$HS^-_{(aq)}$	12.59	$ZnSO_4\cdot Zn(OH)_{2(s)}$	-1470.22
$HSO^-_{4(aq)}$	-752.87	$ZnO^{2-}_{2(aq)}$	-389.28
$SO^{2-}_{4(aq)}$	-741.99	$Zn_{(s)}$	0

表 7-7　ZnS-H_2O 系中的反应及其在 25℃下的 ε 和 pH 的计算式

反应式	ε 和 pH 的计算式
（1）$Zn^2 + S + 2e = ZnS$	$\varepsilon = 0.265 + 0.0295\log a_{Zn^{2+}}$
（2）$ZnS + 2H^+ = Zn^{2+} + H_2S$	$pH = -2.084 - 0.5\log a_{Zn^{2+}} - 0.5\log a_{H_2S}$

反 应 式	ε 和 pH 的计算式
(3) $S+2H^{+}+2e = H_2S$	$\varepsilon=0.142-0.0591pH-0.0295\log a_{H_2S}$
(4) $HSO_4^{-}+7H^{+}+6e = S+4H_2O$	$\varepsilon=0.338-0.0689pH+0.00985\log a_{HSO_4^-}$
(5) $SO_4^{2-}+H^{+} = HSO_4^{-}$	$pH=1.91-\log a_{HSO_4^-}+\log a_{SO_4^{2-}}$
(6) $SO_4^{2-}+8H^{+}+6e = S+4H_2O$	$\varepsilon=0.357-0.0788pH+0.00985\log a_{SO_4^{2-}}$
(7) $Zn^{2+}+HSO_4^{-}+7H^{+}+8e = ZnS+4H_2O$	$\varepsilon=0.320-0.0517pH+0.0074\log a_{Zn^{2+}}\cdot a_{HSO_4^-}$
(8) $Zn^{2+}+SO_4^{2-}+8H^{+}+8e = ZnS+4H_2O$	$\varepsilon=0.334-0.0591pH+0.0074\log a_{Zn^{2+}}\cdot a_{SO_4^{2-}}$
(9) $2Zn^{2+}+SO_4^{2-}+2H_2O = ZnSO_4\cdot Zn(OH)_2+2H^{+}$	$pH=3.77-0.5\log a_{SO_4^{2-}}-\log a_{Zn^{2+}}$
(10) $ZnSO_4\cdot Zn(OH)_2+SO_4^{2-}+18H^{+}+16e = 2ZnS+10H_2O$	$\varepsilon=0.364-0.0665pH+0.0037\log a_{SO_4^{2-}}$
(11) $ZnSO_4\cdot Zn(OH)_2+2H_2O = 2Zn(OH)_2+2H^{+}+SO_4^{2-}$	$pH=8.44+0.5\log a_{SO_4^{2-}}$
(12) $Zn(OH)_2+10H^{+}+SO_4^{2-}+8e = ZnS+6H_2O$	$\varepsilon=0.425-0.0739pH+0.0074\log a_{SO_4^{2-}}$
(13) $ZnO_2^{2-}+2H^{+} = Zn(OH)_2$	$pH=14.25+0.5\log a_{ZnO_2^{2-}}$
(14) $ZnO_2^{2-}+SO_4^{2-}+12H^{+}+8e = ZnS+6H_2O$	$\varepsilon=0.635-0.0887pH+0.0074\log a_{ZnO_2^{2-}}\cdot a_{SO_4^{2-}}$
(15) $ZnO_2^{2-}+SO_4^{2-}+12H^{+}+10e = Zn+S^{2-}+6H_2O$	$\varepsilon=0.216-0.0709pH-0.0591\log a_{S^{2-}}+0.0591\log a_{ZnO_2^{2-}}\cdot a_{SO_4^{2-}}$
(16) $ZnS+2e = Zn+S^{2-}$	$\varepsilon=-1.461-0.0295\log a_{S^{2-}}$
(17) $S^{2-}+H^{+} = HS^{-}$	$pH=12.43+\log a_{S^{2-}}-\log a_{HS^-}$
(18) $ZnS+H^{+}+2e = Zn+HS^{-}$	$\varepsilon=-1.093-0.0295pH-0.0295\log a_{HS^-}$
(19) $HS^{-}+H^{+} = H_2S$	$pH=7.0+\log a_{HS^-}-\log a_{H_2S}$
(20) $ZnS+2H^{+}+2e = Zn+H_2S$	$\varepsilon=-0.886-0.0591pH-0.0295\log a_{H_2S}$
(21) $Zn^{2+}+2e = Zn$	$\varepsilon=-0.763+0.0295\log a_{Zn^{2+}}$
(0) $O_2+4H^{+}+4e = 2H_2O$	$\varepsilon=1.229-0.0591pH+0.0148\log p_{O_2}-0.0148\log p^{\ominus}$
(0′) $2H^{+}+2e = H_2$	$\varepsilon=-0.0591pH-0.0295\log p_{H_2}+0.0295\log p^{\ominus}$

根据表 7－7 作出的 $ZnS-H_2O$ 系在 25℃下的电位－pH 图见图 7－6，并在下面对它的绘制和用途做一些说明。

（1）溶解了的 H_2S，在有氧化剂存在的情况下，可按下列程序进行氧化：$H_2S\rightarrow S\rightarrow S_2O_3^{2-}\rightarrow SO_3^{2-}\rightarrow HSO_4^{-}$ 或 SO_4^{2-}。由于 $S_2O_3^{2-}$ 和 SO_3^{2-} 都是不稳定的离子，故在图 7－6 中未加考虑。

（2）为了作电位－pH 图，必须知道含锌离子以及 H_2S 和含硫离子的活度。

如果要求硫酸浸出后产出的浸出液含有锌 $100\sim200g\cdot L^{-1}$ 或 $1.5\sim3.0mol\cdot L^{-1}$，则在此浓度范围内，由于 $\gamma_{\pm}$ 约为 0.04，故 $a_{Zn^{2+}}=0.06\sim0.12$。在作图 7－6 时，设 $a_{Zn^{2+}}=0.1=a_{ZnO_2^{2-}}$。

在 25℃及 $p_{H_2S}=101325Pa$，H_2S 在水中的溶解度为 $0.1mol\cdot L^{-1}$。为了便于作图，在

这里取 a_{H_2S}以及各种含硫离子的活度均等于0.1。

（3）p_{O_2}和 p_{H_2}都指定为101325Pa。

（4）此外，还必须指出，由于各种碱式盐的形成以及金属离子呈多价形态存在，故所有这些 MeS - H_2O 系的电位 - pH 图比 ZnS - H_2O 系的要复杂得多。关于 CdS、CuS、FeS、NiS、CoS 等其他 MeS - H_2O 系的电位 - pH 图可参阅文献［11］。

（5）利用电位 - pH 图，可全面而又简便地表述包括 ZnS 在内的各种硫化物在湿法冶金过程中的热力学规律和必要的条件。

例如，对硫化锌来说，如图7 - 6所示，它的酸溶反应要求溶剂酸度很高，故实际上它是在加压氧和高温的条件下用硫酸浸出。在这个有氧作用的过程中，由于溶液的 pH 值不同而可能有下列四种基本反应发生，并各自得到不同的氧化产物：

$$2ZnS + O_2 + 4H^+ = 2Zn^{2+} + 2S + 2H_2O$$

$$ZnS + 2O_2 = Zn^{2+} + SO_4^{2-}$$

$$ZnS + 2O_2 + 2H_2O = Zn(OH)_2 + SO_4^{2-} + 2H^+$$

$$ZnS + 2O_2 + 2H_2O = ZnO_2^{2-} + SO_4^{2-} + 4H^+$$

从电化学的观点来看，上述四种基本氧化反应可认为是由下列原电池反应组成：

在正极：
$$O_2 + 4H^+ + 4e = 2H_2O$$

在负极，对于上述四种反应各有：

$$ZnS = Zn^{2+} + S + 2e$$

$$ZnS + 4H_2O = Zn^{2+} + SO_4^{2-} + 8H^+ + 8e$$

$$ZnS + 6H_2O = Zn(OH)_2 + SO_4^{2-} + 10H^+ + 8e$$

$$ZnS + 6H_2O = ZnO_2^{2-} + SO_4^{2-} + 12H^+ + 8e$$

所有这些反应发生的条件及其变化规律都可以从图7 - 6中清楚地看出。

总之，当有氧存在时，ZnS 及许多其他金属硫化物在任何 pH 值的水溶液中都是不稳定的相，亦即从热力学来说，硫化锌在整个 pH 值的范围内都能被氧氧化，并在不同的 pH 值下分别得到如上列四种反应所示的不同的氧化产物。被氧氧化的趋势，决定于氧电极与硫化物电极之间的电位差。若与其他金属硫化物在相同条件下进行比较，根据参考文献［11］，可得到下列氧化趋势的递减顺序：

$$FeS \rightarrow NiS \rightarrow CoS \rightarrow ZnS \rightarrow CdS \rightarrow CuS$$

重金属硫化物在水溶液中直接氧化得元素硫或按反应 $MeS + 2H^+ = Me^{2+} + H_2S$ 及 $H_2S + \frac{1}{2}O_2 = S + H_2O$ 通过 H_2S 中间阶段而生成元素硫的反应趋势，具有与上述相同的递减顺序。

氧的压力对包括 ZnS 在内的各种重金属硫化物在水溶液中氧化反应的热力学影响不显著。例如，压力即使由101325Pa 升高到5066250Pa，氧电极在25℃下的电位升高的数值也不过0.025V。但是，从动力学看来，氧的压力却是一个影响反应速度的重要因素。

（6）从图7 - 6还可以看出，ZnS 在任何 pH 的水溶液中都不能被氢还原成金属。

（7）温度对反应的影响，可于求出 $\Delta G_T^{\ominus}$ 后从按前述原理和方法绘制的比25℃更高的温度下的电位 - pH 图中推测出来。含铁闪锌矿精矿在110℃和 $p_{O_2} = 141855$Pa 条件下的加压氧硫酸浸出法，已在生产实践中得到应用。

四、浸出反应的动力学分析

前面已经提到，浸出反应是属于溶液与固体物质之间的多相反应体系。在多相体系中，反应在相界面上发生，并且在总的过程中还应该包括与溶剂向相界面迁移以及与反应产物由相界面排开有关的阶段，也就是应该包括扩散阶段。

为了推导浸出动力学方程，必须了解过程在各个具体情况下进行的机理以及其他一系列因素。在这里，我们认为按照前面关于浸出反应的分类进行问题的讨论是较为方便的。

1. 简单溶解反应的动力学方程　设有一固体化合物，用其粉末压制成球团，使球团悬吊置于水中旋转，并在一定时间间隔内分析溶液，便可发现溶质浓度增大的速度遵循下列方程：

$$\frac{dC}{d\tau}=k(C_s-C) \tag{7-15}$$

式中　C——溶质在 τ 时刻的浓度；

C_s——化合物在实验温度下在水中的溶解度；

k——速度常数。

在 $\tau=0$、$C=0$ 的起始条件下积分式（7-15），便可导出：

$$\int_0^c \frac{dC}{C_s-C} = k\int_0^\tau d\tau$$

$$-\int_0^c d\ln(C_s-C) = k\int_0^\tau d\tau$$

$$2.303\log\frac{C_s}{C_s-C}=k\tau \tag{7-16}$$

式（7-16）就是简单溶解反应的动力学方程。从式（7-16）可以看出，将$\log C_s/(C_s-C)$对 τ 作图，便得一条直线。由直线的斜率可求出 k。

图 7-7 为简单溶解机理的示意图。由此图可见，在简单溶解过程中，有一饱和层迅速在紧靠相界面处形成，从而观测到的速度简单地说就是溶剂化了的分子由饱和层扩散到溶液本体中的速度。显然，在此情况下，溶解速度与温度和搅拌速度都有关系。

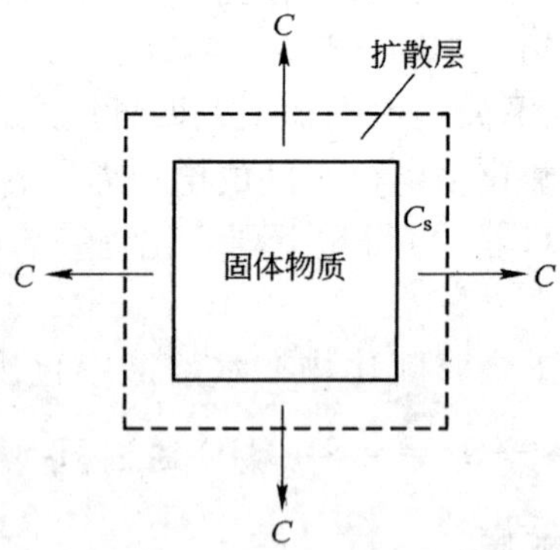

图 7-7　简单溶解的示意图

2. 化学溶解反应的动力学方程　固态氧化锌在硫酸溶液中的浸出，可作为这类反应的一个典型实例。

反应 $ZnO + H_2SO_4 = ZnSO_4 + H_2O$ 在固体 ZnO 的表面上进行，溶剂 H_2SO_4 也主要是在表面上消耗。因此，紧靠表面的硫酸浓度 ξ 比其在溶液本体的浓度要小，溶液中溶剂的浓度随着远离反应区逐渐增大。在离开表面某一距离的地方，也就是在所谓液流的中心（见图7-8），化学反应对溶液的成分实际上已经不发生影响，并且溶剂在这里的浓度 C 最大。相反的，反应产物（$ZnSO_4$）的浓度在紧靠表面处最大，而在液流中心最小。

由于液流中心和相界面之间的这种浓度差，故发生溶剂质点向相界面迁移，而反应产物的质点则由相界面向中心迁移。

因此，一般说来，浸出过程可认为是由以下各个步骤组成：

（1）溶剂质点由液流中心向固体矿物外表面的外扩散；

（2）溶剂借所谓内扩散沿着矿物的孔隙和裂缝向体内的深入渗透；

（3）溶剂质点在固体表面上的吸附（表面包括矿物的外表面以及孔隙和裂缝的内表面在内）；

（4）被吸附的溶剂与矿物之间的化学反应；

（5）反应产物的解吸；

（6）反应产物由反应区表面向液流中心的扩散。

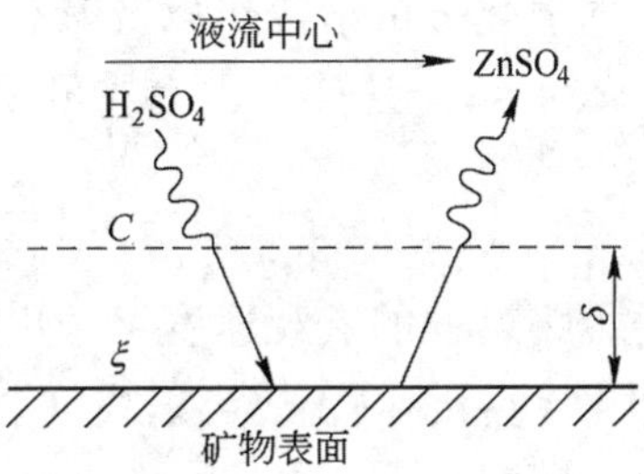

图 7-8　H_2SO_4 化学溶解 ZnO 的示意图

C—溶剂在液流中心的浓度；ξ—溶剂在矿物表面的浓度；δ—扩散层厚度

以上各环节可以分为两类，吸附-化学变化环节[(3)、(4) 和 (5)]及扩散环节[(1)、(2) 和 (6)]。

现来讨论一下简化了的情况，并设浸出决定于两个阶段——溶剂向反应区的迁移和相界面上的化学相互作用。根据菲克定律，溶剂由溶液本体向矿物单位表面扩散的速度可表示如下：

$$V_D = -\frac{\mathrm{d}C}{\mathrm{d}\tau} = D\frac{C-\xi}{\delta} = k_D(C-\xi) \tag{7-17}$$

式中　V_D——单位时间内由于溶剂向矿物表面迁移而引起的浓度降低，即扩散速度；

$\frac{C-\xi}{\delta}$——浓度梯度；

D——扩散系数（即浓度梯度等于 1 时的扩散速度）；

k_D——扩散或传质速度常数，等于 D/δ。

在矿物表面上，发生浸出过程的化学反应，其速度根据质量作用定律可表示如下：

$$V_R = -\frac{\mathrm{d}C}{\mathrm{d}\tau} = k_R\xi^n \tag{7-18}$$

式中　V_R——单位时间内由于溶剂在矿物表面上发生化学反应而引起的浓度降低，即化学反应速度；

k_R——吸附-化学变化的动力学阶段的速度常数；

n——反应级数。

经过短时间以后，稳定状态建立起来。在此情况下，各循序渐进环节的速度便相等，也就是说，溶剂质点向矿物单位表面供给的速度等于溶剂在单位表面上因化学反应而消耗的速度，并可用过程的宏观速度 V 表示。

这个原理的正确性可证明如下。设 $V_D > V_R$，也就是设溶剂的供应比其消耗于反应更快。这将导致溶剂在相界面积累，引起 ξ 增大，浓度降（$C-\xi$）减小，结果 V_D 降低，而反应速度 V_R 却在这时增大。因此，速度的不等性减小，并终于成立 $V_R = V_D$ 的关系。

如果 $V_D < V_R$，也就是若溶剂向表面的供应比其消耗更慢，那么溶剂在紧靠表面的浓度即开始降低。结果，V_D 增大而 V_R 降低，这又将导致各个环节的速度自动地变为相

等。

根据等式 $V_D=V_R$，可以求出 ξ。由式（7－17）和式（7－18）得到：

$$k_D\ (C-\xi)\ =k_R\xi^n$$

对氧化锌的酸浸出以及其他许多类似的化学溶解过程来说，反应速度都服从一级方程，故 $n=1$。这样，由上式可求得：

$$\xi=\frac{k_D}{k_D+k_R}C \tag{7-19}$$

因为过程的宏观速度 V（也就是单位时间内单位表面上溶剂的实际消耗）等于 V_R，亦即 $V=V_R=k_R\xi$，故当以式（7－19）中的 ξ 代入后便得到：

$$V=\frac{\mathrm{d}C}{\mathrm{d}\tau}=\frac{k_Dk_R}{k_D+k_R}C \tag{7-20}$$

对于上面计算的结果，我们已经把不能直接测出的紧靠表面的溶剂浓度 ξ 从方程式中消去，使过程的宏观速度能用可测的溶液本体中的溶剂浓度表示出来。

如果 $k_R \ll k_D$，则式（7－20）变为纯粹的一级反应方程。这意味着，如果扩散速度相当大，而反应速度常数的值很小，则过程的速度整个受反应本身的速度所控制。相反的，如果 $k_R \gg k_D$，则得到扩散方程，也就是过程整个受扩散速度的控制。

比值 k_Rk_D/k_D+k_R 起着宏观变化速度常数 k 的作用，因而式（7－20）可具有下列形式：

$$-\frac{\mathrm{d}C}{\mathrm{d}\tau}=kC \tag{7-21}$$

在 $\tau=0$、$C=C_0$ 的起始条件下积分式（7－21），可导出：

$$-\int_{C_0}^{C}\frac{\mathrm{d}C}{C}=k\int_0^{\tau}\mathrm{d}\tau$$

$$\ln\frac{C_0}{C}=k\tau \tag{7-22}$$

式中，C_0 为溶剂的起始浓度。

式（7－22）就是化学溶解一级反应的动力学方程。将 $\ln\frac{C'_0}{C}$ 对 τ 作图，得到一条直线，根据其斜率可求出 k 值。

已经实验证实，有许多类似于氧化锌酸浸出的化学溶解反应遵循式（7－22）所示的规律。

3. 电化学溶解反应的动力学方程　前面已经指出，具有电化学性质的溶解反应大量地出现在湿法冶金中。在这里，以氯化铁水溶液作氧化剂对黄铜矿矿物进行溶解的反应为例，分析和讨论固－液多相体系动力学问题。对这类反应的机理，按照电化速度模型进行研究，能得到明确的概念。

氯化铁溶解黄铜矿的反应以下式表示：

$$CuFeS_2+4FeCl_3\longrightarrow CuCl_2+5FeCl_2+2S \tag{1}$$

按照原电池理论，任何氧化－还原反应体系可拆开为两个半电池反应。对反应（1）来说，这意味着在矿物表面上有阳极区和阴极区存在，每个区域分别进行释放电子的氧化反应和吸收电子的还原反应，其机理见图 7－9。

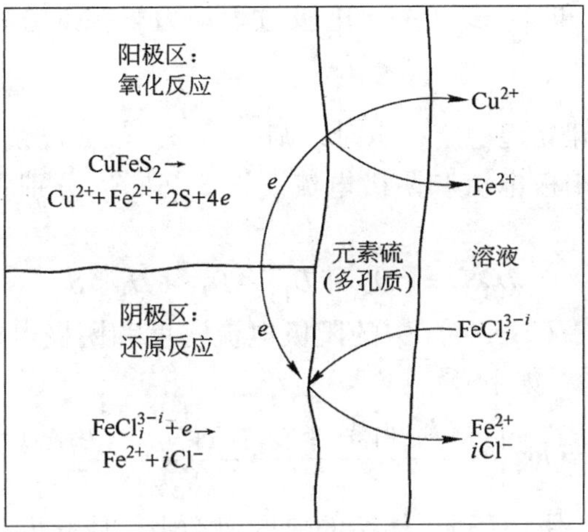

图 7－9　三氯化铁溶解黄铜矿的反应机理

如图 7－9 所示，阳极反应：

$$CuFeS_2 \longrightarrow Cu^{2+} + Fe^{2+} + 2S + 4e \quad (2)$$

生成的元素硫，覆盖在矿物颗粒表面上，形成多孔质层，允许溶剂由溶液通过向表面迁移以及产物由表面通过向溶液本体排开。阳极反应(2)的速度以阳极电流密度表示如下：

$$D_A = k_A e^{\frac{\beta_A zF\varepsilon_A}{RT}} \quad (7-23)$$

式中　D_A ——电流密度；

k ——常数；

F ——法拉第常数；

ε ——电位；

β ——迁移系数；

z ——在速度控制步骤中迁移的电子数。

对阴极区来说，考虑到三价铁能与氯离子形成络合离子，故有以下四个平行进行的还原反应：

$$Fe^{3+} + e \longrightarrow Fe^{2+} \quad (3)$$

$$FeCl^{2+} + e \longrightarrow Fe^{2+} + Cl^- \quad (4)$$

$$FeCl_2^+ + e \longrightarrow Fe^{2+} + 2Cl^- \quad (5)$$

$$FeCl_3 + e \longrightarrow Fe^{2+} + 3Cl^- \quad (6)$$

因此，根据（3）～（6）四个阴极反应得到下列四个关系式：

$$D_{K_1} = k_{K_1} a_{Fe^{3+}} e^{\frac{-(1-\beta_{K1})zF\varepsilon K}{RT}} \quad (7-24a)$$

$$D_{K_2} = k_{K_2} a_{FeCl^{2+}} e^{\frac{-(1-\beta_{K2})zF\varepsilon K}{RT}} \quad (7-24b)$$

$$D_{K_3} = k_{K_3} a_{FeCl_2^+} e^{\frac{-(1-\beta_{K3})zF\varepsilon K}{RT}} \quad (7-24c)$$

$$D_{K_4}=k_{K4}a_{FeCl_3}e^{\frac{-(1-\beta_{K4})zF\varepsilon K}{RT}} \tag{7-24d}$$

在本例中，取 $z=1$ 和 $\beta=\frac{1}{2}$（关于电极过程动力学基本方程的推导和详细的讨论参阅第九章第二节）。

应该指出，当体系建立起稳定状态时，则 $\varepsilon_A=\varepsilon_K=\varepsilon_m$ 以及 $I_A=I_K$，其中 ε_m 为混合电位而 I_A 和 I_K 分别为阳极电流和阴极电流。设 S_A 和 S_K 分别为阳极表面积和阴极表面积，则得到：

$$D_AS_A=(D_{K_1}+D_{K_2}+D_{K_3}+D_{K_4})S_K \tag{7-25}$$

将式（7-23）和式（7-24）中的阳极电流密度和阴极电流密度代入式（7-25），便可求得表示 ε_m 的关系式如下：

$$\varepsilon_m=\frac{2.303RT}{F}\log\left\{\frac{S_K(k_{K_1}a_{Fe^{3+}}+k_{K_2}a_{FeCl^{2+}}+k_{K_3}a_{FeCl_2^+}+k_{K_4}a_{FeCl_3})}{S_Ak_A}\right\} \tag{7-26}$$

为了将式（7-26）用于所讨论体系的速度模型中，使此方程按氯离子活度和三价铁总浓度表示出来是方便的。

已知三价铁与氯离子形成络合离子的反应平衡常数有以下关系：

$$Fe^{3+}+Cl^-═══FeCl^{2+}\;;\;K_1=\frac{a_{FeCl^{2+}}}{a_{Fe^{3+}}.a_{Cl^-}} \tag{7}$$

$$Fe^{3+}+2Cl^-═══FeCl_2^+\;;\;K_2=\frac{a_{FeCl_2^+}}{a_{Fe^{3+}}\cdot a_{Cl^-}^2} \tag{8}$$

$$Fe^{3+}+3Cl^-═══FeCl_{3(aq)}\;;\;K_3=\frac{a_{FeCl_3}}{a_{Fe^{3+}}\cdot a_{Cl^-}^3} \tag{9}$$

以及呈氯化铁形态加入溶液中的三价铁总浓度有以下关系：

$$[Fe(\text{Ⅲ})]=[Fe^{3+}]+[FeCl^{2+}]+[FeCl_2^+]+[FeCl_{3(aq)}] \tag{10}$$

利用式（7）、式（8）、式（9）和式（10）等关系式并考虑到 $a_1=\gamma_i\ [i]$ 的关系，则式(7-26)可改写为：

$$\varepsilon_m=\frac{2.303RT}{F}\log\left\{\frac{S_K[Fe(\text{Ⅲ})][k_{K_1}+k_{K_2}K_1a_{Cl^-}+k_{K_3}K_2a_{Cl^-}^2+k_{K_4}K_3a_{Cl^-}^3]}{S_Ak_A\left[\frac{1}{\gamma_{Fe^{3+}}}+\frac{K_1a_{Cl^-}}{\gamma_{FeCl^{2+}}}+\frac{K_2a_{Cl^-}^2}{\gamma_{FeCl_2^+}}+\frac{K_3a_{Cl^-}^3}{\gamma_{FeCl_3}}\right]}\right\} \tag{7-27}$$

应该指出，式（7-27）是在 $D_A=d_A-d_K\approx d_A$ 以及 $D_K=d_K-d_A\approx d_K$ 的条件下导出的（参阅第九章第二节）。这一点也符合实验数据，因为混合电位基本上不受添加亚铁离子的影响。

至此，将式(7-27)代入式(7-23)，便可得到表示黄铜矿浸出速度的关系式如下：

$$速度=k_AS_Ae^{\frac{F\varepsilon_m}{2RT}}$$

$$=k_AS_A\left\{\frac{S_K[Fe(\text{Ⅲ})][k_{K_1}+k_{K_2}K_1a_{Cl^-}+k_{K_3}K_2a_{Cl^-}^2+k_{K_4}K_3a_{Cl^-}^3]}{S_Ak_A\left[\frac{1}{\gamma_{Fe^{3+}}}+\frac{K_1a_{Cl^-}}{\gamma_{FeCl^{2+}}}+\frac{K_2a_{Cl^-}^2}{\gamma_{FeCl_2^+}}+\frac{K_3a_{Cl^-}^3}{\gamma_{FeCl_3}}\right]}\right\}^{1/2} \tag{7-28}$$

设 S 为经受溶解的矿物的总表面积，Φ_A 和 Φ_K 分别为表现阳极行为和阴极行为的总表面积分数，则 $S_A=\Phi_AS$ 和 $SK=\Phi_KS$。这样一来，由式（7-28）可导出：

$$速度 = k_S S \tag{7-29}$$

式中　k_S——表面反应的比速度，而且

$$k_S = (k_A)^{1/2}(\phi_A \phi_K)^{1/2}[\mathrm{Fe(III)}]^{1/2}\left\{\frac{k_{K_1}+k_{K_2}K_1 a_{\mathrm{Cl}^-}+k_{K_3}K_2 a_{\mathrm{Cl}^-}^2+k_{K_4}K_3 a_{\mathrm{Cl}^-}^3}{\frac{1}{\gamma_{\mathrm{Fe}^{3+}}}+\frac{K_1 a_{\mathrm{Cl}^-}}{\gamma_{\mathrm{FeCl}^{2+}}}+\frac{K_2 a_{\mathrm{Cl}^-}^2}{\gamma_{\mathrm{FeCl}_2^+}}+\frac{K_3 a_{\mathrm{Cl}^-}^3}{\gamma_{\mathrm{FeCl}_3}}}\right\}^{1/2} \tag{7-30}$$

在另一方面，设 $W_0 = \frac{4}{3}\pi r_0^3 \rho$ 为球状矿物的起始重量，$W = \frac{4}{3}\pi r^3 \rho$ 为矿物在 τ 时刻的重量，则在 τ 时刻黄铜矿已反应重量的分数 α 将为：

$$\alpha = \frac{W_0 - W}{W_0} = 1 - \frac{r^3}{r_0^3} \tag{7-31}$$

式中　ρ——矿物密度；

r_0——矿物颗粒的起始半径；

r——矿物颗粒在 τ 时刻的半径。

由式（7-31）可得到：

$$r = r_0(1-\alpha)^{1/3} \tag{7-32}$$

同时，颗粒表面积 $S = 4\pi r_0^2$。这样，表面反应速度又可用下式表示：

$$-\frac{\mathrm{d}W}{\mathrm{d}\tau} = W_0\frac{\mathrm{d}\alpha}{\mathrm{d}\tau} = k_S S = k_S 4\pi r_0^2\ (1-\alpha)^{2/3} \tag{7-33}$$

从而得到

$$\frac{\mathrm{d}\alpha}{\mathrm{d}\tau} = \frac{3k_S\ (1-\alpha)^{2/3}}{r_0\rho} \tag{7-34}$$

对式（7-34）进行分离变量和积分，可求得：

$$1-(1-\alpha)^{1/3} = k\tau \tag{7-35}$$

式中，k 为实验速度常数。

与式（7-34）相比较，得到：

$$k = \frac{k_S}{r_0\rho} \tag{7-36}$$

式（7-35）就是本例所讨论体系的浸出动力学方程。以 $[1-(1-\alpha)^{1/3}]$ 对 τ 作图，得到一条直线。这一点已经实验证实，如图 7-10 所示。

此外，式（7-36）预示 k 与颗粒起始半径成反比例变化，也可在实验中观测到（见图 7-11）。

式（7-30）指出，表面反应的比速度 k_S 随着三价铁总浓度的平方根而变化。这个结果也已经实验证实，如图 7-12 所示。

五、影响浸出速度的因素

在影响浸出速度的许多因素中，重要的有：矿块的大小，过程进行的温度，矿浆的搅拌速度，溶剂的浓度等。

如上所述，浸出是溶液-固体之间的多相过程，在其他条件相同的情况下，浸出速度与固相和液相的接触表面成正比。因此，浸出过程的速度随着矿块大小的减小（对单位

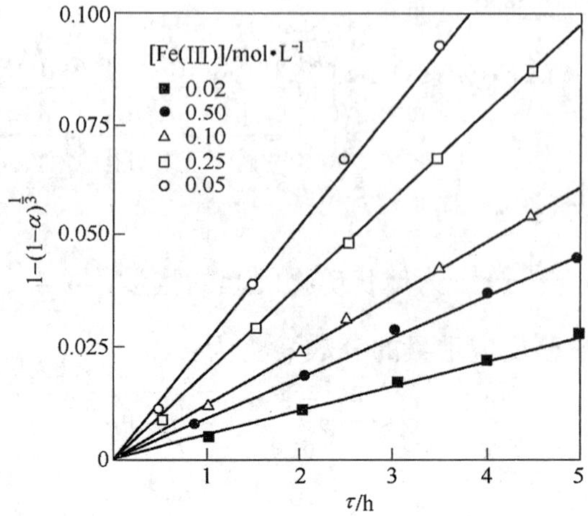

图7－10　在不同的呈 $FeCl_3$ 形态加入的［Fe（Ⅲ）］浓度下浸出黄铜矿的动力学曲线

铜矿试样：含铜33.06%、铁29.04%和硫33.25%的天然矿物0.5g，0.072mm＜粒度＜0.088mm；溶剂：除 $FeCl_3$ 外尚含有 HCl1.0 和 NaCl3.0mol·L^{-1}，温度－96℃

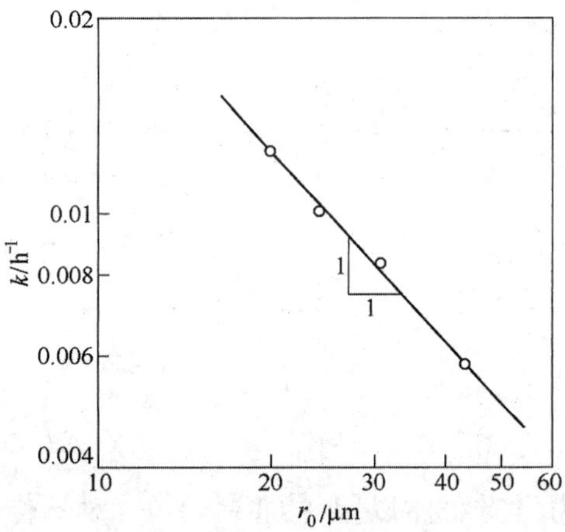

图7－11　实验速度常数与颗粒粒度的关系

（实验条件除粒度改变和［Fe（Ⅲ）］固定为0.1mol·L^{-1}外，其余与图7－10相同）

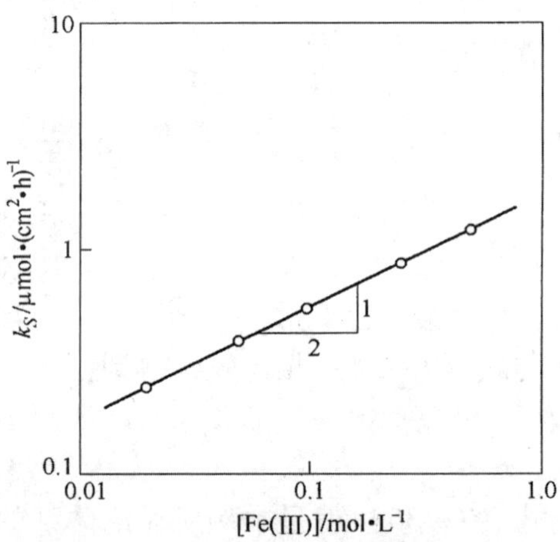

图7－12　三价铁总浓度对表面反应速度的影响

重量而言的表面积增大）而增大，见图7－13。

由图7－13可见，矿石在浸出之前应破碎和磨细，以便使溶剂容易与有价成分发生作用。矿石破碎磨细的程度，决定于有价成分在矿石中的分布情况、经济因素以及所采用的浸出方法。但是，矿石也不宜过分磨细，否则将会使矿浆的黏度增大，从而降低浸出速度。最适宜的矿块大小，须预先由实验确定。

温度对浸出过程的影响决定于其对过程限制步骤的影响。在动力学区域中，得到：

$$k \approx k_K = k_0 e^{-\frac{W_R}{RT}}$$

式中　k_0——常数，相当于活化能等于零时的反应速度常数；

R——气体常数；

W_R——反应活化能。

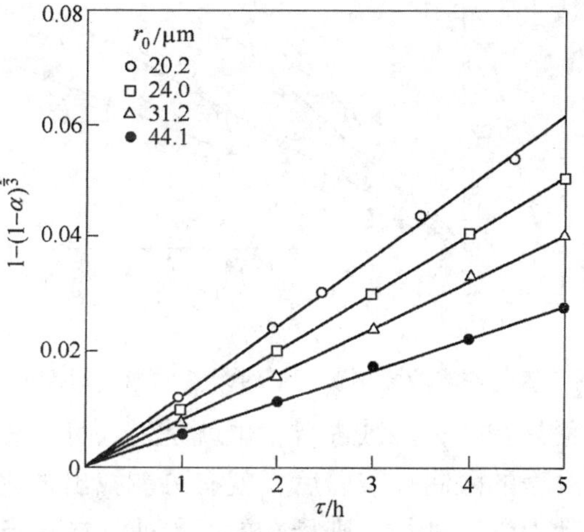

图 7－13　矿物粒度对用三氯化铁溶液浸出黄铜矿的速度的影响

（实验条件除粒度外其余与图 7－11 相同）

对大多数的反应来说，活化能在 29.29～83.68kJ · mol^{-1}的范围内。

温度对反应速度的影响，也可大致由范特－荷甫规则来确定。根据这个规则，温度升高 10℃，反应速度约增大到 2～4 倍，也就是说，反应速度的温度系数等于 2～4。

如果过程是受物质迁移（扩散）的限制，则浸出速度与温度的关系可用下式表示：

$$k \approx k_D = k'_0 e^{-\frac{W_D}{RT}}$$

式中　k'_0——常数；

W_D——扩散活化能。

扩散过程也需要活化能，因为扩散质点在其运动时不断地落入和跳出溶剂质点力场的范围。但是，扩散过程由于没有完全断裂和形成化学键的情况发生，故进行时需要较小的活化能，一般为 8.37～29.29kJ · mol^{-1}。这个数值较小的活化能，通常可用来作为判断过程在扩散区进行的标志。

扩散速度的温度系数一般在 1.5 以下。

图 7－14 为用含 NaCl、HCl 和 $FeCl_3$ 各 3.0、1.0 和 0.1mol · L^{-1}的溶液浸出黄铜矿（颗粒为－0.088＋0.072mm）时，溶液温度对铜的浸出率所起的影响。

从图 7－14 可以看出，在其他条件如粒度、溶剂等相同的情况下，进入溶液的铜的数量随着温度的升高而增大。在其他金属矿石浸出的场合下，也有类似的规律性出现。因为随着温度的升高，化学反应速度比扩散速度增大得更快，所以当温度升高时往往使过程由动力学区转移到扩散区。

在这里，还应该指出，用实验方法确定若干温度水平的 k 值以后，便可根据前面两个指数式计算活化能，并可以 $\ln k$ 对 $1/T$ 坐标作图表示速度随温度变化的关系。根据所得的

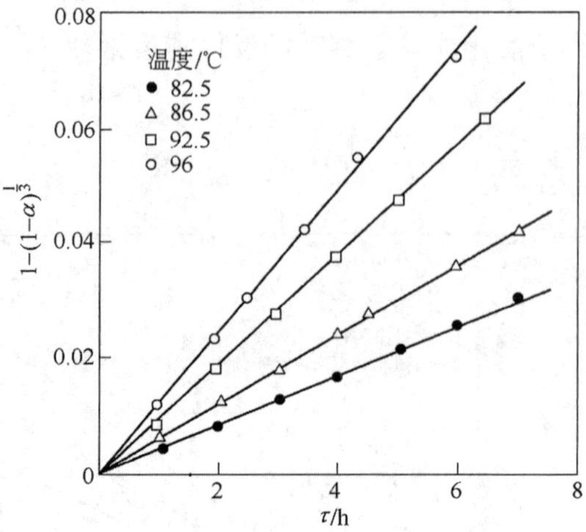

图 7－14　用三氯化铁溶液浸出黄铜矿时溶液的温度对铜的转化分数的影响

活化能数值，可判断过程是在什么区域进行，也就是说，可以查明过程的限制步骤是化学反应还是扩散。查明了过程的限制环节以后，就有可能找出强化浸出过程的途径。

如果浸出过程是在动力学区进行，则最有效的加速反应进行的措施是：提高温度、增大溶剂浓度、降低矿石粒度、提高固体的孔率、使用催化剂等等。

如果浸出过程是受外扩散的限制，也就是假使过程的限制步骤是液相中的扩散，则必须首先提高液流的速度和增大紊流程度（用加强搅拌的方法）。

如果固体中的内扩散成为浸出过程的控制阶段，那么强化过程的方法是使矿石磨细和增大孔隙的相对体积。

在常压浸出过程中，温度可能升高的限度受到溶液沸腾温度的限制。但是，如果浸出是在加压下进行，则过程的温度可以按照溶液上面的蒸气压力相应的增大，而使浸出过程加速进行。

前面已经提到，在大多数的情况下，浸出时都要使矿浆进行搅拌。搅拌的目的在于使扩散层厚度 δ 减小。扩散层厚度与搅拌速度成反比，可近似地用下式表示：

$$\delta = \frac{K}{W^n}$$

式中　K——常数；

W——搅拌速度；

n——指数，一般约为 0.6。

当搅拌时，会产生具有高速的涡流，这种涡流能带走大部分的扩散层。搅拌并不能消除扩散层，即使很激烈的搅拌也不能将全部的扩散层去掉，这是因为靠近晶体的饱和溶液层与晶体之间有着牢固的附着力，而且从水力学原理知道，液体在固体表面层的流动是与整个液体的运动有区别的，也就是当整个液体已处在相当剧烈的紊流时，固体表面层附近的液体仍然可以是处于层流状态。剧烈地搅拌虽不能完全破坏扩散层，但对任何个别情况都可以迅速地将扩散层减小至一定的限度。当搅拌速度达到一定值时，进一步提高搅拌速度，并不能加速离子或分子的扩散速度，在此情况下，反应的进行已不受扩散条件的限制，而是受反应进行的动力学因素所限制。图 7－15 为氰化物溶液的搅拌速度对于纯金、金银合金以及金铜合金溶解速度的影响。从图上可以看出，最大的溶解速度是与一定的搅拌速度相适应，再继续增加搅拌速度不但不能增加溶解速度，反而会使之降低。对于每一具体情况而言，最好的搅拌速度须由实验预先确定。

溶剂的浓度对于反应速度和溶解作用影响很大。溶剂浓度增大，溶解速度和溶解程度均随之增大。这可从图 7－16 所示黄铜矿在氯盐溶液中的浸出率与氯化钠浓度的关系看出。但溶剂浓度过高，不仅不经济，而且会引起杂质进入溶液的量增多。最适当的溶剂浓度应该是这样，即在此浓度的条件下，被提取的有价成分能迅速溶解而杂质进入溶液的数量又最少。适宜的溶剂浓度须由实验预先确定。

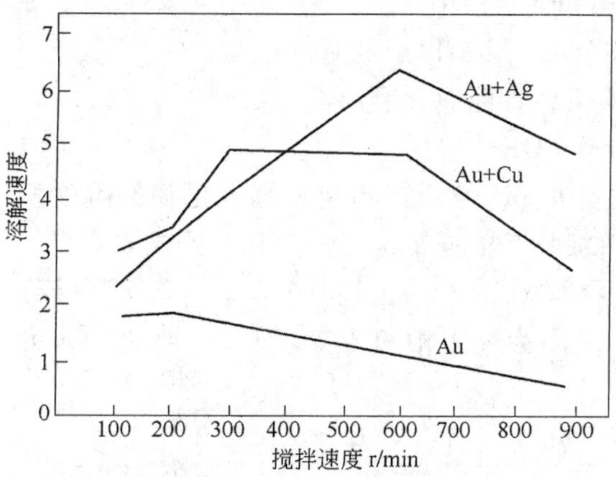

图 7－15 氰化物溶液的搅拌速度对于纯金、金银合金以及金铜合金溶解速度的影响

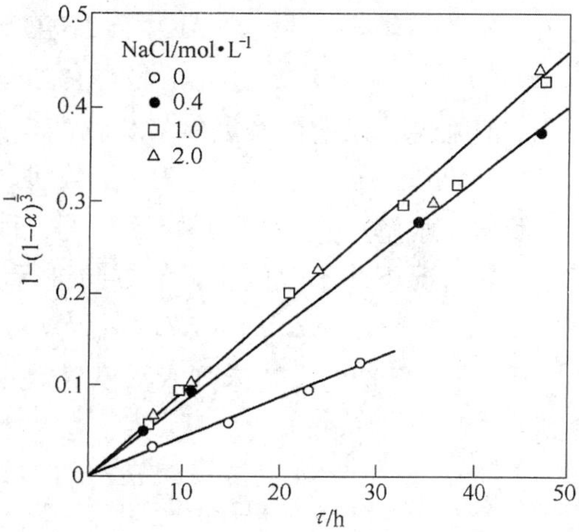

图 7－16 含 $FeCl_3$ 和 HCl 各为 0.2mol · L^{-1} 的溶液中氯化钠浓度对黄铜矿转化分数的影响

第三节 离子沉淀

一、概述

湿法冶金的第二个和第三个主要工序是净化和沉积，它们在某些情况下具有共同的理论基础。例如，用锌粉从含铜、镉的硫酸锌溶液中使铜、镉置换沉积，从工序上讲是个净化过程，而用铁粉从含铜溶液中置换出海绵铜，从工序上讲又是个沉积过程。但是，两者的理论基础完全相同。因此，从冶金原理的观点来看，不按工序而按共性讨论问题是恰当的。这些问题主要包括离子沉淀和金属从溶液中的沉积。本节讨论关于离子沉淀的问题。

所谓离子沉淀，就是溶液中某种离子在沉淀剂的作用下呈难溶化合物形态沉淀的过程。为了达到使有价金属和杂质彼此分离的目的，实际上有两种不同的做法：一是使杂质呈难溶化合物形态沉淀而有价金属留在溶液中，这就是所谓的溶液净化沉淀法；另一则是相反的使有价金属呈难溶化合物形态沉淀而杂质留在溶液中，这个过程称为制备纯化合物的沉淀法。

湿法冶金中经常遇到的难溶化合物有氢氧化物、硫化物以及碳酸盐、黄酸盐、草酸盐和诸如 AgCl、$CaWO_4$ 等其他难溶化合物。但具有普遍意义的是形成难溶氢氧化物的水解法和呈硫化物沉淀的选择分离法，故在下面只讨论这两种方法的基本原理和应用问题。

二、氢氧化物及碱式盐的沉淀

除了少数的碱金属氢氧化物以外，大多数的金属氢氧化物都属于难溶化合物。在生产实践中，使溶液中的金属离子呈氢氧化物形态沉淀，包含两个不同方面的目的；一是使主要金属从溶液中呈氢氧化物沉淀，这可以举出在生产氧化铝时使铝酸钠溶液中的铝呈$Al(OH)_3$形态沉淀以及在稀有金属冶金中使稀土元素呈氢氧化物形态沉淀等作为实例；一是使杂质从酸性浸出液中呈氢氧化物形态沉淀，并可以举从锌焙砂酸性浸出液中水解－中和沉淀除去铁、锰、砷、锑、铝等杂质的净化过程作为典型的例子。

从物理化学的观点来看，上述两种生成难溶氢氧化物的反应都属于水解过程。对铝来说，由于它在溶液中存在的形态不同，故水解反应有不同的表示形式：

$$AlO_2^- + 2H_2O = Al(OH)_3 + OH^-$$

$$Al^{3+} + 3H_2O = Al(OH)_3 + 3H^+$$

一般来说，难溶的金属氢氧化物的生成反应可以下面通式表示：

$$Me^{z+} + zOH^- = Me(OH)_{z(s)} \qquad (1)$$

照例，水解反应（1）是可逆过程，而且只有在 pH 值保持不变和氢氧化物的溶度积足够小的情况下才不会向相反的方向进行。当沉淀物与溶液平衡时，由基本公式知：

$$\mu^*_{Me^{z+}} + RT\ln a_{Me^{z+}} + z\,\mu^*_{OH^-} + zRT\ln a_{OH^-} = \mu_{Me(OH)_z} \qquad (7-37)$$

式（7－37）的右边未列入活度对数一项，是因为纯固相的活度取为 1。由此，即可得到：

$$\ln a_{OH^-} = \frac{\mu^{\ominus}_{Me(OH)_z} - \mu^*_{Me^{z+}} - z\mu^*_{OH^-}}{zRT} - \frac{1}{z}\ln a_{Me^{z+}} \qquad (7-38)$$

式中 $\mu^{\ominus}_{Me(OH)_z} - \mu^*_{Me^{z+}} - z\mu^*_{OH^-} = \Delta G^{\ominus}_{(1)}$，后者显然是反应（1）的标准自由焓变化。在25℃下，$\Delta G^{\ominus}_{(1)}$ 可从反应组分的 $\Delta G^{\ominus}_f$ 数据求出。

以 $a_{OH^-} = \frac{K_w}{a_{H^+}}$代入式（7－38），经整理后得到：

$$pH_{(1)} = \frac{\Delta G^{\ominus}_{(1)}}{2.303zRT} - \log K_w - \frac{1}{z}\log a_{Me^{z+}} \qquad (7-39)$$

因为 $Me(OH)_z$ 的浓度积 $K_{SP} = a^z_{OH^-} \cdot a_{Me^{z+}}$，所以得 $\log K_{SP} = \frac{\Delta G^{\ominus}_{(1)}}{2.303RT}$。这样式（7－39）可写成以下形式：

$$pH_{(1)} = \frac{1}{z}\log K_{SP} - \log K_W - \frac{1}{z}\log a_{Me^{z+}} \qquad (7-40)$$

由此式可见，各种金属形成氢氧化物的 $pH_{(1)}$ 与该金属的热力学性质（$\Delta G^{\ominus}_{(1)}$ 和 K_{SP}）及其在溶液中的离子活度有关。表 7－8 根据式（7－39）和（7－40）列出了某些金属的各种有关数据。

表 7－8 可用来比较各种金属形成氢氧化物的顺序。当氢氧化物从含有几种阳离子价相同的多元盐溶液中沉淀时，首先开始析出的是其形成 pH 值最小，从而其溶解度最小的氢氧化物。在金属相同但其离子价不同的体系中，高价阳离子总是比低价阳离子在 pH 更小的溶液中形成氢氧化物，这也是由于高价金属氢氧化物比低价氢氧化物的溶解度更小的缘故。所有这些都可从表 7－8 清楚地看出。这个决定氢氧化物沉淀次序的规律，乃是各

种有关湿法冶金过程的基础。

表 7-8　某些金属在25℃及 $a_{Me^{z+}}=1$ 时形成氢氧化物的 pH 值以及有关数据

氢氧化物的形成反应（1）	$\Delta G^{\ominus}_{(1)}$ (kJ)	K_{SP}	溶解度（$mol \cdot L^{-1}$）		形成 $Me(OH)_z$ 的 $pH_{(1)}$	
			$z=3$	$z=2$	$z=3$	$z=2$
$Tl^{3+}+3OH^-=Tl(OH)_3$	-250.16	1.45×10^{-44}	4.81×10^{-12}	—	-0.61	—
$Co^{3+}+3OH^-=Co(OH)_3$	-245.68	9.12×10^{-44}	7.62×10^{-12}	—	-0.35	—
$Sb^{3+}+3OH^-=Sb(OH)_3$	-219.62	3.31×10^{-39}	1.05×10^{-10}	—	1.17	—
$Fe^{3+}+3OH^-=Fe(OH)_3$	-212.09	6.92×10^{-38}	2.25×10^{-10}	—	1.62	—
$Al^{3+}+3OH^-=Al(OH)_3$	-186.86	1.78×10^{-33}	2.82×10^{-9}	—	3.08	—
$Bi^{3+}+3OH^-=Bi(OH)_3$	-173.43	4.07×10^{-31}	1.11×10^{-8}	—	3.87	—
$Lu^{3+}+3OH^-=Lu(OH)_3$	-135.35	1.9×10^{-24}	5.15×10^{-7}	—	6.09	—
$Yb^{3+}+3OH^-=Yb(OH)_3$	-134.68	2.5×10^{-24}	5.51×10^{-7}	—	6.13	—
$Er^{3+}+3OH^-=Er(OH)_3$	-133.51	4.1×10^{-24}	6.24×10^{-7}	—	6.20	—
$Eu^{3+}+3OH^-=Eu(OH)_3$	-131.55	9.0×10^{-24}	7.60×10^{-7}	—	6.32	—
$Gd^{3+}+3OH^-=Gd(OH)_3$	-130.21	1.4×10^{-23}	8.48×10^{-7}	—	6.38	—
$Y^{3+}+3OH^-=Y(OH)_3$	-129.87	1.6×10^{-23}	8.87×10^{-7}	—	6.42	—
$Sm^{3+}+3OH^-=Sm(OH)_3$	-125.98	8.4×10^{-23}	1.33×10^{-7}	—	6.64	—
$Ce^{3+}+3OH^-=Ce(OH)_3$	-125.52	1.0×10^{-22}	1.39×10^{-6}	—	6.70	—
$Nd^{3+}+3OH^-=Nd(OH)_3$	-122.67	3.2×10^{-22}	1.86×10^{-6}	—	6.84	—
$Pr^{3+}+3OH^-=Pr(OH)_3$	-120.79	6.7×10^{-22}	2.23×10^{-6}	—	6.94	—
$La^{3+}+3OH^-=La(OH)_3$	-107.11	1.7×10^{-19}	8.91×10^{-6}	—	7.74	—
$Sn^{2+}+2OH^-=Sn(OH)_2$	-144.43	4.9×10^{-19}	—	2.31×10^{-9}	—	1.34
$Cu^{2+}+2OH^-=Cu(OH)_2$	-108.28	1.07×10^{-16}	—	2.99×10^{-7}	—	4.52
$Ni^{2+}+2OH^-=Ni(OH)_2$	-90.29	1.51×10^{-16}	—	3.36×10^{-6}	—	6.09
$Zn^{2+}+2OH^-=Zn(OH)_2$	-90.08	1.66×10^{-16}	—	3.46×10^{-6}	—	6.11
$Co^{2+}+2OH^-=Co(OH)_2$	-87.95	3.98×10^{-16}	—	4.63×10^{-6}	—	6.30
$Fe^{2+}+2OH^-=Fe(OH)_2$	-84.01	1.91×10^{-15}	—	7.93×10^{-6}	—	6.64
$Cd^{2+}+2OH^-=Cd(OH)_2$	-77.70	2.40×10^{-14}	—	1.82×10^{-5}	—	7.19
$Mn^{2+}+2OH^-=Mn(OH)_2$	-76.48	4.0×10^{-14}	—	2.15×10^{-5}	—	7.30
$Mg^{2+}+2OH^-=Mg(OH)_2$	-63.14	8.71×10^{-12}	—	1.3×10^{-4}	—	8.47

在应用这个规律时，必须记住氢氧化物的形成 pH 与被沉淀金属的离子活度有关，并如式（7-40）所示，是随着 $a_{Me^{z+}}$ 的减小而增大的。

必须指出，纯的氢氧化物，只能从稀溶液中或者说只能从形成氢氧化物的金属离子的活度很小的溶液中沉淀出来。因此，往往是析出碱式盐，而不是析出纯的氢氧化物。在所有的场合下，像在纯氢氧化物沉淀时的情况那样，首先析出的碱式盐是那些生成反应自由焓变化负值最大的化合物。

碱式盐的沉淀作用，只有当其生成反应的自由焓减小数值大于纯氢氧化物生成反应的自由焓减小数值时，才可能发生。

现来讨论形成碱式盐的热力学规律。设有碱式盐 $\alpha_{Me}A_{z/y}\cdot\beta Me(OH)_z$，其生成反应以下式表示：

$$(\alpha+\beta)Me^{z+}+\frac{z}{y}\alpha A^{y-}+z\beta OH^-=\alpha MeA_{z/y}\cdot\beta Me(OH)_z \tag{2}$$

按照与上面类似的方法进行推导，对反应（2）来说得到：

$$pH_{(2)} = \frac{\Delta G_B^{\ominus}}{2.303 z\beta RT} - \log K_w - \frac{\alpha + \beta}{z\beta}\log a_{Me^{z+}} - \frac{\alpha}{\gamma\beta}\log a_A^{\gamma-} \quad (7-41)$$

从式（7－41）可以看出，形成碱式盐的 $pH_{(2)}$，与被沉淀金属的离子活度和价数（系数 z）、阴离子的活度及其价数（系数 γ）、碱式盐的成分（系数 α 和 β）等有关。表7－9列举了某些金属在 25℃下以及阳离子和阴离子的活度皆等于 1 的条件下形成碱式盐的 pH 值及有关数据。

从表 7－9 可以看出，同一金属的碱式盐的成分对碱式盐形成的 pH 值有很大的影响。在阳离子相同的情况下改变阴离子，将会对碱式盐的成分，并进而对形成碱式盐的 pH 值发生影响。除了同一金属的碱式盐以外，在某些场合下，还可能形成诸如 $2H_3BO_3 \cdot Ni(OH)_2$等的复合盐。

表 7－9　某些金属在 25℃及 $a_{Me^{z+}}=1$ 和 $a_{A^{y-}}=1$ 时形成碱式盐的 pH 及有关数据

碱式盐的化学式	$\Delta G_{(2)}^{\ominus}$（kJ）	形成碱式盐的 $pH_{(2)}$
$5Fe_2(SO_4)_3 \cdot 2Fe(OH)_3$	－820.06	<0
$Fe_2(SO_4)_3 \cdot Fe(OH)_3$	－305.43	<0
$CuSO_4 \cdot 2Cu(OH)_2$	－253.13	3.1
$2CdSO_4 \cdot Cd(OH)_2$	－123.43	3.9
$ZnSO_4 \cdot Zn(OH)_2$	－116.73	3.8
$ZnCl_2 \cdot 2Zn(OH)_2$	－206.27	5.1
$3NiSO_4 \cdot 4Ni(OH)_2$	－401.66	5.2
$FeSO_4 \cdot 2Fe(OH)_2$	－197.48	5.3
$CdSO_4 \cdot 2Cd(OH)_2$	－190.79	5.8

应该指出，关于各种碱式盐和复合盐的形成问题，目前还研究得不够充分。

从表 7－9 还可以看出，和上述氢氧化物的情况一样，三价金属的碱式盐与二价同一金属的碱式盐相比较，可以在更低的 pH 下沉淀。因此，为了使金属呈难溶化合物形态沉淀，在沉淀之先或在沉淀的同时使金属离子氧化成更高价态是合理的做法。在这一方面，铁的氧化沉淀对许多金属的湿法冶金来说具有普遍的意义。

下面就以铁的氧化沉淀为例来讨论一下这个过程的一般原理。

我们知道，Me^{3+}/Me^{2+}体系的氧化－还原电位可用下式表示：

$$\varepsilon = \varepsilon_{Me^{3+}/Me^{2+}}^{\ominus} + 0.0591\log\frac{a_{Me^{3+}}}{a_{Me^{2+}}} \quad (7-42)$$

从式（7－42）可以看出，视比值 $a_{Me^{3+}}/a_{Me^{2+}}$ 而定，ε 可以变为很大和很小的数值。如果比值 $a_{Me^{3+}}/a_{Me^{2+}}$ 变得使式（7－42）中的 ε 高过于氧电极电位（见前面），那么三价离子便开始还原，使氧从水中析出。例如，氧化还原体系 Co^{3+}/Co^{2+} 的电位，通常便是位在氧电极电位线之上。这就导致呈简单离子形态的 Co^{3+} 离子不能在水溶液中以任何可感觉到的浓度存在。因此，要以空气中的氧使镍盐溶液中的 Co^{2+} 氧化成 Co^{3+} 而后呈 $Co(OH)_3$ 形态沉淀是不可能的。在此情况下，要使钴呈 $Co(OH)_3$ 形态沉淀而与镍分离，就必须使用某种强烈的氧化剂（例如 NaOCl）。

Fe^{3+}/Fe^{2+} 体系的氧化－还原电位，对各种实际浓度来说，都是在氧电极电位的下面。因此，二价和三价两种铁离子的最终浓度可以同时在水溶液中存在，并且可以用空气中的氧使二价铁离子氧化。

图 7－17 为 25℃下 Fe^{3+}/Fe^{2+} 体系的氧化－还原电位与溶液 pH 的关系。图中有关反应及其 ε 和 pH 的计算式列在下面：

$$O_2 + 4H^+ + 4e \rightleftharpoons 2H_2O$$

$$\varepsilon = 1.229 - 0.0591pH + 0.0148\log p_{O_2} - 0.0148\log p^{\ominus} \quad (3)$$

$$Fe^{3+} + e \rightleftharpoons Fe^{2+}$$

$$\varepsilon = 0.771 - 0.0591\log a_{Fe^{2+}} + 0.0591\log a_{Fe^{3+}} \quad (4)$$

$$Fe^{3+} + 3H_2O \rightleftharpoons Fe(OH)_3 + 3H^+$$

$$pH = 1.60 - \frac{1}{3}\log a_{Fe^{3+}} \quad (5)$$

$$Fe(OH)_3 + 3H^+ + e \rightleftharpoons Fe^{2+} + 3H_2O$$

$$\varepsilon = 1.054 - 0.1773pH - 0.0591\log a_{Fe^{2+}} \quad (6)$$

$$Fe^{2+} + 2H_2O \rightleftharpoons Fe(OH)_2 + 2H^+$$

$$pH = 6.70 - \frac{1}{2}\log a_{Fe^{2+}} \quad (7)$$

$$Fe(OH)_3 + H^+ + e \rightleftharpoons Fe(OH)_2 + H_2O$$

$$\varepsilon = 0.262 - 0.0591pH \quad (8)$$

图 7－17 表明了 Fe^{3+} 和 Fe^{2+} 在不同 pH 值下在盐溶液中的平衡条件。

设有 pH＝0.5 的酸性溶液，其中含有活度都等于 1 的 Fe^{3+} 和 Fe^{2+} 两种离子。这个体系的氧化－还原电位，如反应（4）所示，即为该体系的标准电位，并在图 7－17 中以 a_1 点表示（ε＝0.771V 及 pH＝0.5）。现中和这个溶液。起初，只有酸被中和，而电位不发生变化。当 pH 达到开始形成 $Fe(OH)_3$ 的数值［a_2 点，其值由反应（5）可算出为 1.60］时，如继续加入碱，便会导致三价铁的沉淀。

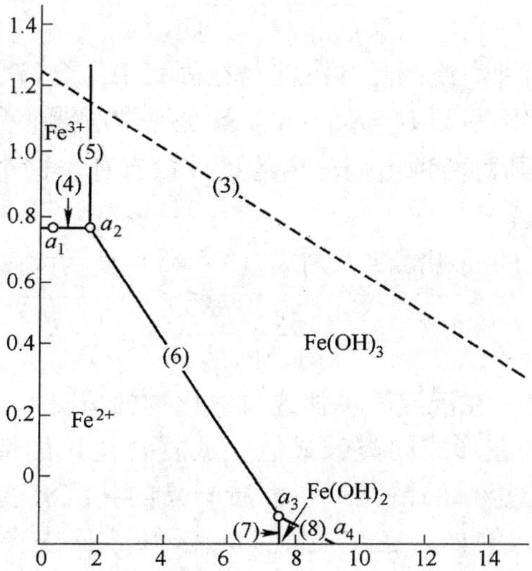

图 7－17　25℃下 Fe^{3+}/Fe^{2+} 系的氧化－还原电位与溶液 pH 值的关系

三价铁的浓度减少，引起电位发生变化。在 a_2a_3 线段内，Fe（OH)$_3$ 沉淀的电位与 pH 的关系可从反应（6）算出。这种关系一直维持到二价铁开始沉淀的 pH 值为止。以后继续加入碱，便将导致三价和二价铁同时沉淀。

二价铁开始沉淀的 pH 值，可由反应（7）算出。

在 a_3a_4 线段内，Fe（OH)$_3$ 和 Fe（OH)$_2$ 同时沉淀的电位与 pH 的关系可以从反应（8）算出。

此外，一个值得注意的问题是金属在它们呈氢氧化物析出时的共沉淀问题。

两种金属在溶液与沉淀物达成平衡时共沉淀的可能性应决定于什么规律呢？根据质量作用定律，对每种金属来说（为了简化方程式，设金属以及阴离子彼此的价都相同）可写出下列平衡条件：

$$\frac{[a_{\mathrm{Me}}]\ [a_{\mathrm{A}}]}{\{a_{\mathrm{MeA}}\}}=K$$

式中，括号［］表示溶解了的物质，{} 则表示形成固相的物质。这个方程既适用于纯固相 {MeA} 与溶液的平衡，也适用于含有 MeA 作为一个组分的固溶体与溶液的平衡。设作为固相标准状态的纯物质的活度等于 1。在这样选择标准状态的情况下，多相平衡的常数便等于溶度积：

$$\frac{[a_{\mathrm{Me}}]\ [a_{\mathrm{A}}]}{\{a_{\mathrm{MeA}}\}}=K=K_{SP}$$

因此，对阴离子相同的两种盐来说，若有两种沉淀物从同一溶液中析出，则必将成立以下关系：

$$\frac{[a_{\mathrm{Me}_1}]\ \{a_{\mathrm{Me}_2\mathrm{A}}\}}{[a_{\mathrm{Me}_2}]\ \{a_{\mathrm{Me}_1\mathrm{A}}\}}=\frac{K_{SP_1}}{K_{SP_2}} \tag{7-43}$$

由此可导出类质同晶型的共沉淀定律如下：

$$\frac{[a_{\mathrm{Me}_1}]}{[a_{\mathrm{Me}_2}]}=\frac{K_{SP_1}\ \{a_{\mathrm{Me}_1\mathrm{A}}\}}{K_{SP_2}\ \{a_{\mathrm{Me}_2\mathrm{A}}\}}$$

从上式可以看出，两种类质同晶共沉淀物在固相中的含量之比与这两种物质在溶液中的含量之比成正比例。比例系数 $D=K_{SP_1}/K_{SP_2}$ 就是通常所谓的分配系数。可以大于或小于 1。系数 D 离开 1 愈远，则对两种组分分离的条件愈有利。这个定律已从许多实验数据得到证实。

如果两种金属呈独立的固相沉淀，则式（7-43）变为大家熟知的方程式：

$$\frac{[a_{\mathrm{Me}_1}]}{[a_{\mathrm{Me}_2}]}=\frac{K_{SP_1}}{K_{SP_2}}$$

从这些方程可以看出，在沉淀简单盐或氢氧化物的情况下，两种金属的共沉淀与阴离子的活度（浓度）无关。在形成同类碱式盐（或复合盐）的情况下，关系保持不变。在形成异类碱式盐（或复合盐）的情况下，类质同晶的共沉淀变为不可能，而呈独立相共沉淀的规律也更加复杂。例如，在杂质呈 $\mathrm{Me_2(OH)}_z$ 而主要金属呈 $y\{\mathrm{Me_1(OH)}_z\}\cdot x\{\mathrm{Me_1A}\}$ 形式沉淀的情况下，成立以下关系：

$$\frac{[a_{\mathrm{Me}_2}]}{[a_{\mathrm{Me}_1}]^{x+y}[a_{\mathrm{A}}]^{x}[a_{\mathrm{OH}^-}]^{z(y-1)}}=\frac{K_{SP_{\mathrm{A}}}}{K_{SP_{\mathrm{B}}}}$$

式中　K_{SPA}——氢氧化物的溶度积；

K_{SPB} ——碱式盐（Me_1）的溶度积；

a_A ——溶液中阴离子的活度；

a_{OH^-}——溶液中 OH^- 离子的活度。

在此情况下，共沉淀也与溶液中阴离子的活度（浓度）以及溶液的 pH 值有关，因为杂质呈 $Me_2(OH)_z$ 形态沉淀。

下面更详细地讨论一下关于两种二价金属呈类质同晶氢氧化物形态共沉淀的问题。从式 $[a_{Me}][a_{OH^-}]^2/\{a_{Me(OH)_2}\}=K_{SP}$ 出发，对两个组分来说可写出以下方程：

主要金属

$$pH=\frac{1}{2}\log\frac{K_{SP_1}}{K_w^2}-\frac{1}{2}\log[a_{Me_1}]+\frac{1}{2}\log[a_{Me_1(OH)_2}]$$

杂质

$$pH=\frac{1}{2}\log\frac{K_{SP_2}}{K_w^2}-\frac{1}{2}\log[a_{Me_2}]+\frac{1}{2}\log[a_{Me_2(OH)_2}]$$

在类质同晶共沉淀的情况下，此两个组分在固相中的活度都小于 1。因此，在共沉淀下形成氢氧化物的 pH 值总是低于各个组分呈独立相形成氢氧化物的 pH 值，因为在后一种情况下固相的活度等于 1。

对主要金属来说，由于杂质共沉淀引起的 pH 值变化是不大的，因为它在沉淀中的活度接近于 1。

对沉淀物中浓度很小的杂质来说，析出 pH 向酸性一方移动的可能性是很大的。

从同一方程出发，可得出：

$$\log\{a_{Me_1(OH)_2}\}=\log a_{Me_1}-\log\frac{K_{SP_1}}{K_w^2}+2pH$$

$$\log\{a_{Me_2(OH)_2}\}=\log a_{Me_2}-\log\frac{K_{SP_2}}{K_w^2}+2pH$$

由此可见，杂质在固相中的平衡浓度与溶液的 pH 有关。

溶液的 pH，可从对主要金属而言的关系式中求得。取 $\{a_{Me_1(OH)_2}\}\approx1$，对结果的精确度没有什么影响，从而：

$$a_{H^+}^2=\frac{a_{Me_1}K_w^2}{K_{SP_1}}=\frac{a_{Me_2}K_w^2}{K_{SP_2}\{a_{Me_2(OH)_2}\}}$$

以及最终结果：

$$\{a_{Me_2(OH)_2}\}=\frac{a_{Me_2}K_{SP_1}}{a_{Me_1}K_{SP_2}}$$

在用沉积法进行分离时，可能有两种原则上不同的情况。

第一种情况是，使主要金属（为了便于分析问题，以 Me_2 表示）保留在溶液中而将杂质 Me_1 沉淀除去。如果杂质 Me_1 呈独立的固相沉淀，那么杂质在经过净化以后的溶液中的最小浓度决定于 $a_{Me_1}=K_{SP_1}/K_{SP_2}\cdot a_{Me_2}$ 的平衡。如果要使溶液净化到 Me_1 的活度低于 $[a_{Me_1}]$，则主要金属也将开始沉淀。

第二种情况是，使主要金属 Me_1 呈纯沉淀物分离而杂质 Me_2 保留在溶液中。在此情况下，金属与杂质分离的最大限度决定于同一关系式的平衡。当被沉淀金属在溶液中的浓度未达到 a_{Me_1} 以前，杂质不会析出；当溶液中的活度达到等于 a_{Me_1} 以后，杂质便开始共沉淀。此后，两种金属在继续析出的沉淀物中以及在剩余溶液中的活度之比值均保持恒定。

由上述分析不难看出，比值 K_{SP_1}/K_{SP_2} 小于或大于1，分别决定了第一种或第二种分离方法应用的可能性。

在类质同晶共沉淀的情况下，净化的可能性更受到限制，而且也决定于 K_{SP_1}/K_{SP_2} 的比值。

设起始溶液含杂质的量等于 B，并设在进行主要金属的沉淀时欲得到 $\frac{a_{Me_1}}{\{a_{Me_1}\}}=n$ 的结果。如果溶液体积为 VL 和有 Pg 沉淀物形成，则：

$$[a_{Me_2}]V+\{a_{Me_2}\}P=B$$

从式（7－43）知道：

$$\frac{[a_{Me_1}]K_{SP_2}}{\{a_{Me_1}\}K_{SP_1}}=\frac{[a_{Me_2}]}{\{a_{Me_2}\}}=n\frac{K_{SP_2}}{K_{SP_1}}$$

以及

$$\frac{[a_{Me_2}]V}{\{a_{Me_2}\}P}=n\frac{K_{SP_2}V}{K_{SP_1}P}$$

由此得到：

$$1+n\frac{K_{SP_2}V}{K_{SP_1}P}=\frac{B}{\{a_{Me_2}\}P}$$

以及最终结果：

$$\{a_{Me_2}\}=\frac{B}{P+n\frac{K_{SP_2}}{K_{SP_1}}V}$$

如果 $K_{SP_2}/K_{SP_1}>1$，则杂质的主要部分留在溶液中。相反的，如果 $K_{SP_2}/K_{SP_1}<1$，则实际上全部杂质进入沉淀物。在此情况下，为了使杂质保留在溶液中，n 必须取很大的数值。

在重复 m 次沉淀后，溶液中的杂质量将决定于下列方程：

$$\{a_{Me_2}\}_m=\frac{B}{\left\{P+n\frac{K_{SP_2}}{K_{SP_1}}V\right\}^m}$$

由此可见，重复若干次沉淀后的分离效果将呈幂的关系升高。

应该指出，以上讨论的各种规律对平衡体系有代表性，而且在许多场合下能实现。在形成非平衡沉淀物的情况下，转为平衡状态的过程动力学可能起决定性的作用。这个问题目前还很少研究。

三、硫化物的沉淀

在现代湿法冶金中，以气态 H_2S 作为沉淀剂使水溶液中的金属离子呈硫化物形态沉淀的方法已得到工业应用，并经实践证明是一个既经济而效率又很高的方法。这个方法实际用于两种目的不同的场合：一种场合是使有价金属从稀溶液中沉淀，得到品位很高的硫化物富集产品，以备进一步回收处理；另一种场合则是进行金属的选择分离和净化，在主要金属仍然保留在溶液中的同时使伴同金属呈硫化物形态沉淀。

下面以二价金属为例对这个沉淀过程进行热力学分析。

金属离子在水溶液中以气态 H_2S 沉淀的过程可表示如下：

$$H_2S_{(g)} = H_2S_{(aq)}$$

$$K_1 = \frac{a_{H_2S}}{f_{H_2S}} = \varphi(T) \tag{9}$$

$$Me^{2+} + H_2S_{(aq)} = MeS_{(s)} + 2H^+$$

$$K_2 = \frac{a_{H^+}^2}{a_{Me^{2+}}a_{H_2S}} = \psi(T) \tag{10}$$

式中 f_{H_2S}——气态 H_2S 的逸度；

a_{H_2S}——溶解了的 H_2S 的活度。

反应（10）由以下两个反应综合而成：

$$MeS_{(s)} = Me^{2+} + S^{2-}; \ K_{SP} = a_{Me^{2+}}a_{S^{2-}} = \varphi(T) \tag{11}$$

$$H_2S_{(aq)} = 2H^+ + S^{2-}; \ K_i = \frac{a_{H^+}^2 a_{S^{2-}}}{a_{H_2S}} = \psi(T) \tag{12}$$

反应（10）=（12）－（11）。式（11）中的 K_{SP} 就是 MeS 的溶度积。某些二价金属硫化物在 25℃下的 K_{SP} 值见表 7－10，它们随温度变化的关系则表示在图 7－18 中。

表 7－10　某些金属硫化物在 25℃下的溶度积

金属硫化物	$\log K_{SP}$	K_{SP}
FeS	−16.88	1.32×10^{-17}
NiS	−19.55	2.82×10^{-20}
CoS	−21.64	1.80×10^{-22}
ZnS	−23.63	2.34×10^{-24}
CdS	−25.67	2.14×10^{-26}
PdS	−26.64	2.29×10^{-27}
CuS	−34.62	2.40×10^{-35}

硫化氢的电离常数 K_i 也是温度的函数，如图 7－19 所示。

从图 7－18 和图 7－19 可以看出，K_{SP} 和 K_i 均随温度的升高而增大。反应（10）的平衡决定于反应（11）和（12）的同时平衡，亦即 $K_2 = K_i/K_{SP}$。

对上述各种金属硫化物来说，沉淀反应（10）的平衡除了 CuS 以外，都随着温度的升高向右移动，因为 CuS 的沉淀是放热过程而其余硫化物的沉淀皆是吸热过程。

对反应（9）来说，温度的升高不利于 H_2S 在水溶液中的溶解，因为这是一个放热过程。例如，在 25℃下，$\Delta H^\ominus = \Delta H^\ominus_{fH_2S(aq)} - \Delta H^\ominus_{fH_2S(g)} = -39.12 + 20.17 = 18.95\text{kJ}$。

为了保证 H_2S 有足够的溶解度，必须在加压下通入 H_2S。在此情况下，H_2S 的溶解度与温度和压力的关系可根据式（9）表示如下：

$$m_{H_2S}\gamma_{H_2S} = K_1 x \eta_{H_2S} \Sigma P$$

式中，K_1 与温度的关系可通过反应（9）的 $\Delta G_1^\ominus$ 与温度的关系求得。η_{H_2S} 为 H_2S 的逸度系数，可利用牛顿图求出。$\Sigma P = P_{H_2O} + P_{H_2S}$，而 x 为气相中 H_2S 的摩尔分数。

这样，H_2S 的溶解度与温度和压力的关系可绘成一个切合实用的图，如图 7－20 所示。

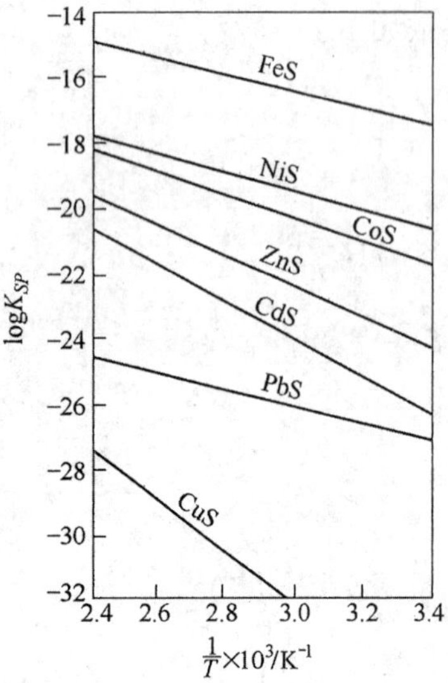

图 7－18　某些金属硫化物的溶度积与温度的关系

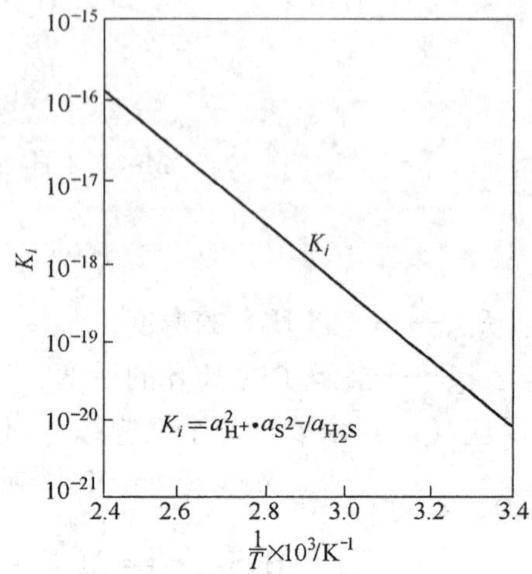

图 7－19　硫化氢在水溶液中的电离常数与温度的关系

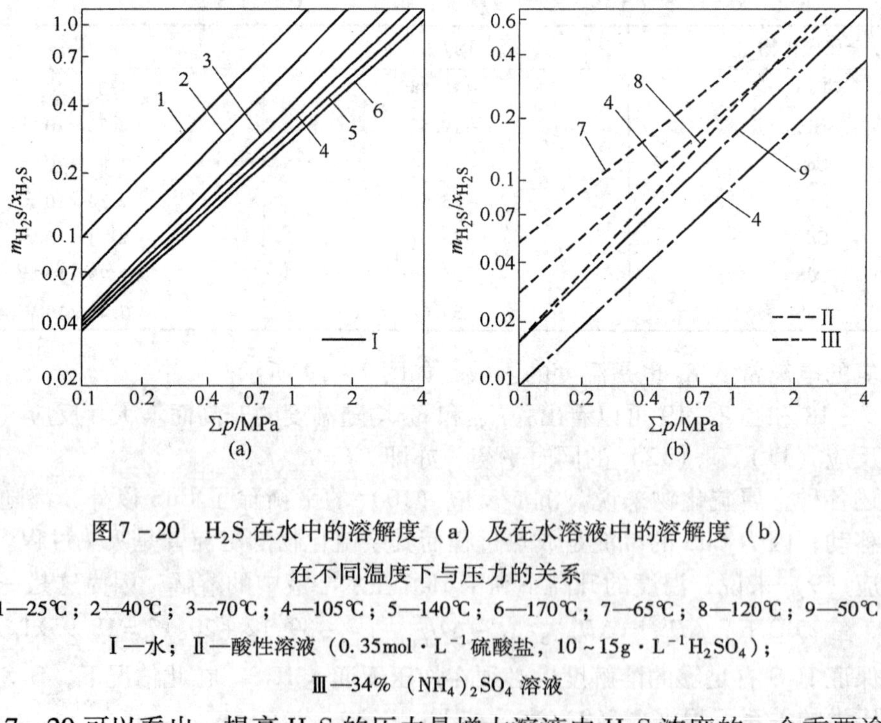

图 7－20　H_2S 在水中的溶解度（a）及在水溶液中的溶解度（b）在不同温度下与压力的关系

1—25℃；2—40℃；3—70℃；4—105℃；5—140℃；6—170℃；7—65℃；8—120℃；9—50℃

Ⅰ—水；Ⅱ—酸性溶液（0.35mol · L^{-1} 硫酸盐，10～15g · L^{-1} H_2SO_4）；

Ⅲ—34%（NH_4）$_2SO_4$ 溶液

从图 7－20 可以看出，提高 H_2S 的压力是增大溶液内 H_2S 浓度的一个重要途径。

除了温度和压力这两个影响硫化物沉淀的因素以外，还有一个必须考虑的因素，这就是溶液的 pH 值。

pH 值与其他因素的关系，可通过 K_{SP} 和 K_i 推导出来。以式（11）除式（12），便得到：

$$pH = \frac{1}{2}\log K_{SP} - \frac{1}{2}\log K_i - \frac{1}{2}\log a_{H_2S} - \frac{1}{2}\log a_{Me^{2+}} \qquad (7-44)$$

根据以上分析，通过式（7－44）的关系，便可从热力学上预示在给定条件下用 H_2S 沉淀二价金属硫化物的效果。

第四节　金属从水溶液中的沉积

一、金属从水溶液中沉积的方法

金属从水溶液中的沉积，是决定整个湿法冶金成功与否的主要过程之一。

在现代湿法冶金中，有各种不同的沉积金属的方法。最合理方法的选择，与一系列的因素有关，其中重要的因素是：

（1）原料的特点；

（2）水和电的供应及其价格；

（3）浸出时所得溶液的成分；

（4）沉积时所需要的试剂、蒸气以及其他物料的价格；

（5）最后产物的质量和纯度；

（6）劳动条件等等。

从溶液中沉积金属的重要方法有：

（1）置换沉积；

（2）加压氢还原；

（3）电解沉积；

（4）可溶性阳极的电解。

在有色和稀有金属冶金中，置换沉积法可用于提取金属，也可用于溶液的净化。例如，用锌自氰化物溶液中沉积金和银、用铁自铜盐溶液中沉积铜、用锌或铝从硫酸盐溶液中沉积铟和铊的提取金属过程以及用锌从含铜和镉的硫酸锌溶液中置换铜和镉的净化过程等等都是常见的置换沉积。

加压氢还原法目前主要是用在从溶液中提取铜、镍、钴等金属。用二氧化硫作为气体还原剂在压力下从硫酸铜溶液中使铜还原的过程，与加压氢还原一起是属于加压气体还原过程的范围。由于原理相同，下面将只讨论加压氢还原过程。

电解沉积法可用在铜、锌、镉、镓、铼等金属的湿法冶金中。可溶性阳极的电解法可用在合金的电解以及用在铜、镍、钴、铅、铋、铟等许多金属的电解精炼中。

本节讨论（1）和（2）两个问题；（3）和（4）两个过程在第九章中讨论。

二、金属从水溶液中的置换沉积

1．置换沉积过程进行的热力学可能性　如果将较负电性的金属浸入到较正电性金属的盐溶液中，则较负电性的金属将自溶液中取代出较正电性的金属，而本身则进入溶液。例如，将锌置于硫酸铜溶液中，便有铜析出和有锌进入溶液：

$$CuSO_4 + Zn = Cu + ZnSO_4$$

或者

$$Cu^{2+} + Zn = Cu + Zn^{2+}$$

同样地，用铁可以取代溶液中的铜以及用锌可以置换溶液中的镉和金：

$$Cu^{2+} + Fe = Fe^{2+} + Cu$$

$$Cd^{2+} + Zn = Zn^{2+} + Cd$$

$$2Au(CN)_2^- + Zn = Zn(CN)_4^{2-} + 2Au$$

基于用较负电性的金属从溶液中取代出较正电性金属的反应而进行的过程，便叫做置换沉积。

从热力学来说，任何金属均可能按其在电位序（表 7－11）中的位置被更负电性的金属从溶液中置换出来。

表 7－11　某些电极的标准电位（电位序）

电　极	反　应	$\varepsilon^{\ominus}$（V）
Li^+，Li	$Li^+ + e \longrightarrow Li$	−3.01
Cs^+，Cs	$Cs^+ + e \longrightarrow Cs$	−3.02
Rb^+，Rb	$Rb^+ + e \longrightarrow Rb$	−2.98
K^+，K	$K^+ + e \longrightarrow K$	−2.92
Ca^{2+}，Ca	$Ca^{2+} + 2e \longrightarrow Ca$	−2.84
Na^+，Na	$Na^+ + e \longrightarrow Na$	−2.713
Mg^{2+}，Mg	$Mg^{2+} + 2e \longrightarrow Mg$	−2.38
Al^{3+}，Al	$Al^{3+} + 3e \longrightarrow Al$	−1.66
Zn^{2+}，Zn	$Zn^{2+} + 2e \longrightarrow Zn$	−0.763
Fe^{2+}，Fe	$Fe^{2+} + 2e \longrightarrow Fe$	−0.44
Cd^{2+}，Cd	$Cd^{2+} + 2e \longrightarrow Cd$	−0.402
Tl^+，Tl	$Tl^+ + e \longrightarrow Tl$	−0.335
Co^{2+}，Co	$Co^{2+} + 2e \longrightarrow Co$	−0.267
Ni^{2+}，Ni	$Ni^{2+} + 2e \longrightarrow Ni$	−0.241
Sn^{2+}，Sn	$Sn^{2+} + 2e \longrightarrow Sn$	−0.14
Pb^{2+}，Pb	$Pb^{2+} + 2e \longrightarrow Pb$	−0.126
H^+，H_2	$H^+ + e \longrightarrow \frac{1}{2}H_2$	±0.000
Cu^{2+}，Cu	$Cu^{2+} + 2e \longrightarrow Cu$	+0.337
Cu^+，Cu	$Cu^+ + e \longrightarrow Cu$	+0.52
$I_{2(s)}$，I^-	$\frac{1}{2}I_2 + e \longrightarrow I^-$	+0.536
Hg_2^{2+}，Hg	$\frac{1}{2}Hg^{2+} + e \longrightarrow Hg$	+0.798
Ag^+，Ag	$Ag^+ + e \longrightarrow Ag$	+0.799
Hg^{2+}，Hg	$Hg^{2+} + 2e \longrightarrow Hg$	+0.854
$Br_{2(l)}$，Br^-	$\frac{1}{2}Br_2 + e \longrightarrow Br^-$	+1.066
$Cl_{2(g)}$，Cl^-	$\frac{1}{2}Cl_2 + e \longrightarrow Cl^-$	+0.358
Au^+，Au	$Au^+ + e \longrightarrow Au$	+1.50
$F_{2(g)}$，F^-	$\frac{1}{2}F_2 + e \longrightarrow F^-$	+2.85
O_2，OH^-	$H_2O + \frac{1}{2}O_2 + 2e \longrightarrow 2OH^-$	+0.401
O_2，H_2O	$O_2 + 4H^+ + 4e \longrightarrow 2H_2O$	+1.229

$$z_2Me^{z1+} + z_1Me_2 = z_2Me_1 + z_1Me_2^{z2+}$$

在有过量的置换金属存在的情况下，上述反应将一直进行到平衡为止，也就是将一直进行到两种金属的电化学可逆电位相等时为止。因此，反应的平衡条件可表示如下：

$$\varepsilon_1^{\ominus} + \frac{RT}{z_1 F}\ln a_1 = \varepsilon_2^{\ominus} + \frac{RT}{z_2 F}\ln a_2 \tag{7-45}$$

如果两种金属的价相同，那么式（7－45）可改写为：

$$\varepsilon_2^{\ominus} - \varepsilon_1^{\ominus} = \frac{RT}{zF}\ln \frac{a_1}{a_2} \tag{7-46}$$

从式（7－46）可见，在平衡状态，溶液中两种金属离子活度之比可用下式表示：

$$\frac{a_1}{a_2} = 10^{\frac{(\varepsilon_2^{\ominus} - \varepsilon_1^{\ominus})zF}{2.303RT}} \tag{7-47}$$

根据式（7－47）对二价金属所作的一些计算结果，列举在表7－12中。

表7－12　在平衡状态被置换金属和置换金属离子活度的比值

置换金属	被置换金属	金属的标准电位（V）		a_1/a_2
		置换金属	被置换金属	
Zn	Cu	−0.763	+0.337	1.0×10^{-38}
Fe	Cu	−0.440	+0.337	1.3×10^{-27}
Ni	Cu	−0.241	+0.337	2.0×10^{-20}
Zn	Ni	−0.763	−0.241	5.0×10^{-19}
Cu	Hg	+0.337	+0.798	1.6×10^{-16}
Zn	Cd	−0.763	−0.401	3.2×10^{-13}
Zn	Fe	−0.763	−0.440	8.0×10^{-12}
Co	Ni	−0.267	−0.241	4.0×10^{-2}

从表7－12可以看出，在许多场合下，用置换法可能使溶液中被置换金属的离子几乎完全除去。

然而，置换过程的进行决定于一系列的动力学因素，而不是仅仅决定于平衡状态。

2. 置换沉积过程的机理和动力学　置换沉积也称为内电解，其理论基本上是沿着原电池理论发展的。

根据电极反应动力学的现代理论（详见第九章），在任何与电解质相接触的金属表面上，进行着共轭的阴极和阳极的电化学反应。为了这些反应的进行，阴极区与阳极区的空间分离不是必要的，也就是说，表面的化学上和物理上的不同性并不必要。这些反应是在完全相同的等电位的金属表面上进行。因此，如果把一块金属放在一种含有更正电性金属离子的溶液中，那么由于热力学的不稳定性以及共轭电化学反应进行的可能性，便立即在金属与溶液之间开始离子交换，并在金属上有为被置换金属覆盖的表面区段形成。电子将沿着金属由置换金属流向被置换金属的阴极区段。在阳极区段，则不可避免地会发生逆过程——置换金属的离子化，其数量与被置换金属的数量相当（图7－21）。

在置换过程中，被置换金属和置换金属的浓度不断变化，这就不可避免地会引起两种金属的可逆电位以及阳极极化和阴极极化发生变化。因此，过程的速度随着时间发生急剧的变化。

为了判断置换过程的速度，就必须知道这些数值随时间的变化。一般说来，如果在置换过程中总速度一开始就受到诸如极化和电阻等几个因素的限制，那么动力学规律便极为复杂。由于这个缘故，不可能期望从开始至最终的整个过程服从一个规律。在置换的最初瞬间，反应速度将决定于晶核形成的速度，并且应该随着阴极表面的形成一起增大。当阴极表面已经在应有的程度上形成以后，置换速度便开始受其他因素的限制，而且，与限制步骤的特点无关，置换速度将随着时间消逝逐渐降低。因此，置换速度随时间变化的全曲线应从最高点通过（图 7－22）。曲线的上升部分，照例是在极短的时间内出现，并且往往不能用实验方法测得。

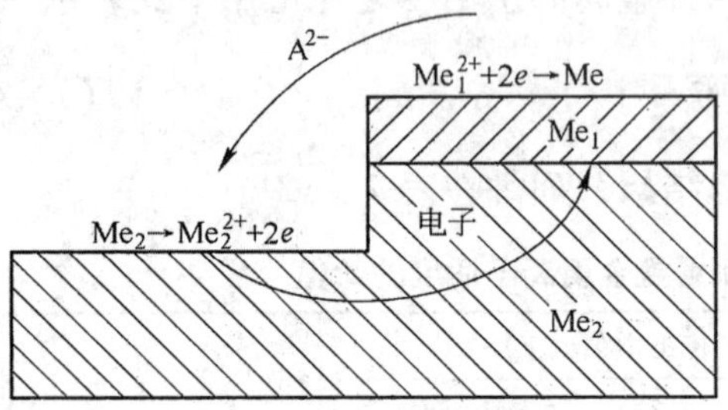

图 7－21　置换沉积过程的示意图

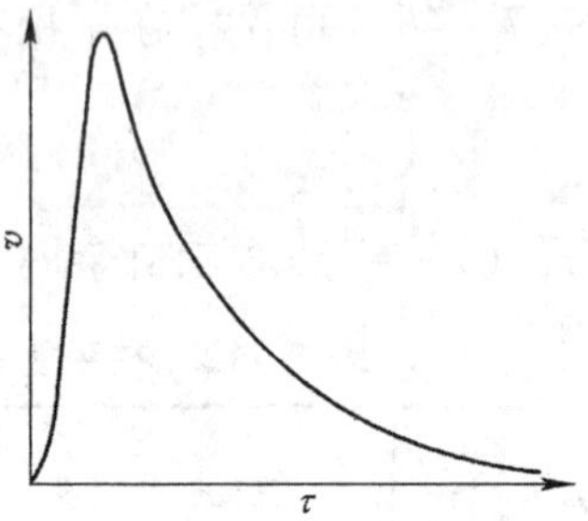

图 7－22　置换速度随时间的变化

如果不考虑图 7－22 中曲线的上升部分，那么，在最简单的情况下，动力学规律或者是可以决定于阴极过程的速度（过程的阴极限制），或者是可以决定于阳极过程的速度（过程的阳极限制），抑或是决定于电解质中的欧姆电压降。

在过程为阳极限制的情况下，被置换金属表面上测得的电位随着反应的进行向正的一方移动，趋近于纯正电性金属的电位。相反的，在阴极限制的情况下，被置换金属的电位则向更负一方移动并趋近于原电池负电性金属的电位。已经实验确定，在用镍置换铜时，被置换的铜的电位在实验过程中向更正值方向移动，这说明镍置换铜离子的速度决定于阳极过程的速度；相反的，在铜－锌微电池模型中，阴极电位则向着更负值方向变化而且锌阳极电位实际上保持不变，这说明置换速度基本上受阴极过程的限制。

至于置换过程的动力学方程问题，也经过许多研究。研究结果表明，在大多数情况下，置换速度服从下列一级反应的速度方程：

$$-\frac{dC_{Me_1}}{d\tau}=kC_{Me_1} \tag{7-48}$$

在某些情况下，例如在有锌盐和镉盐存在时用锌置换铁，置换速度遵循二级反应速度方程：

$$-\frac{dC_{Me_1}}{d\tau}=kC_{Me_1}^2 \tag{7-49}$$

同时，也必须指出，还有许多其他影响置换过程及反应结果的重要因素。首先，用于置换或还原的金属应该和与被置换金属结合的物质组成可溶性的化合物。铁不能与氨组成可溶性的络合物，故不能用来置换氨液中的铜。

其次，呈固相形态加入用于还原的金属应该过量，这一点在欲除去极少量的较正电性的金属时特别重要。置换金属的表面愈大，反应便进行得愈迅速和愈完全。由此可知，金属还原剂必须尽可能磨细加入溶液，因为置换剂的粒度愈小，其表面积就愈大。

再次，必须进行搅拌，以除去沉积在金属还原剂表面上的被置换的金属。当用铁从溶液中置换铜时，一部分甚至全部的铁表面会被析出的铜所覆盖，因而这个表面变成惰性。因此，应该使铜溶液以相当大的速度绕铁循环，或者是用振动或其他方法除去铁表面上松软的沉淀铜。

最后，还必须提到置换过程中可能在阴极上发生的两个副反应：氧的还原以及氢气的析出。

在电解质中，经常有一定数量被溶解的氧存在。氧由于具有很高的正电位，故在阴极上按下列反应还原：

$$O_2 + 4H^+ + 4e \longrightarrow 2H_2O \quad (1)$$

在许多场合下，还必须考虑到负电性金属与电解质中氢离子的相互反应。如果置换金属的电位处于氢电极在给定条件下的可逆电位之上，那么这种金属便不能与溶液处于平衡，并将进行金属的自溶解过程而析出氢气。这将导致在阴极上出现下列过程：

$$2H^+ + 2e \longrightarrow H_2 \quad (2)$$

副反应（1）和（2）对置换过程是不利的，因为会使置换金属无益的溶解（没有相当数量的被置换金属析出），并可能在置换后期引起被置换金属的逆溶解。

反应（1）的速度决定于氧在电解质中的溶解度，不过，氧的溶解度实际上是不大的，因此，氧的阴极还原反应的速度也是有限的。

氢离子阴极还原过程的速度决定于两个因素，溶液的 pH 值以及氢在被置换和置换金属上析出的超电位。电解质酸性愈强以及氢的析出超电位愈低，反应（2）的速度便愈大。

反应（1）和（2）在置换原电池阴极区域的并列进行，会导致置换过程在未达到平衡很早以前便停止。同时，如果沉积物中还原金属的数量不足（其表面由于溶解而急剧减小），那么便会开始有被置换金属的逆溶解作用发生。

由此看来，在置换过程中，置换金属与被置换金属之间不能达到热力学平衡，不仅决定于欧姆阻力和极化阻力，而且还与上述微电池阴极区段内进行的副反应有关。

此外，还应该指出对置换过程有影响的其他因素。其中，温度对置换过程的速度和程度有很大的影响。随着温度的升高，离子向阴极区段扩散的速度增大、化学极化急剧降低、阳极区段发生去钝化作用等等。因此，提高温度，照例可使过程大大加速和使置换指标改善。

在置换过程中，溶液的阴离子和各种表面活性物质也起着重要的作用。例如，在硝酸盐溶液中，置换过程对电位序规律有各种偏差发生，这是由于硝酸根离子还原为亚硝酸根离子比金属离子还原为金属更加容易的缘故。再如，氯离子可使诸如镍等金属的表面不容易发生钝化，从而氯化物溶液对于用镍置换更正电性金属离子是有利的。

至于谈到局外离子、表面活性物质等因素对置换过程的影响，目前还研究得不够充分。不过，仍然可以断言，如果这些物质能使电极过程的进行更加容易，那么它们反映到置换反应上也是有利的。如果这些物质阻止电极过程的进行，那么整个置换过程也将受到阻止。例如，在用铁置换铜离子的情况下，若加入少量的硫脲，则会使阴极极化曲线向负的一方移动而使阳极极化曲线向正的一方移动。因此，硫脲可使铜的接触置换速度减缓几十倍。

三、加压氢还原

用氢使金属从溶液中还原析出的反应可表示如下：

$$Me^{z+} + \frac{1}{2}zH_2 \xlongequal{} Me + zH^+ \tag{3}$$

为了使反应（3）由左向右进行，$\Delta G_{(3)}$就必须是负值。在这里，$\Delta G_{(3)}$以下式表示：

$$\Delta G_{(3)} = -zF\ (\varepsilon_{Me} - \varepsilon_H) \tag{7-50}$$

式中ε_{Me}和ε_H为金属电极和氢电极的电位。

如前所述，金属电极和氢电极的电位可用能斯特公式表示如下：

$$\varepsilon_{Me} = \varepsilon_{Me}^{\ominus} + \frac{2.303RT}{zF}\log a_{Me^{2+}} \tag{7-51}$$

$$\varepsilon_H = -\frac{2.303RT}{F}pH - \frac{2.303RT}{zF}\log\frac{p_{H_2}}{p^{\ominus}} \tag{7-52}$$

从式（7－50）可以看出，如果$\varepsilon_{Me} > \varepsilon_H$，反应（3）便可向金属还原的一方进行，直到$\varepsilon_{Me} = \varepsilon_H$时建立平衡为止。

在式（7－52）中，p_{H_2}为以Pa表示的氢的压力。从这个方程可以看出，在一定的p_{H_2}下，ε_H与pH值呈直线关系（图7－23）。

方程（7－51）所示的金属电极电位与其离子浓度的关系也表示在图7－23中。

可用图7－23来简明地分析氢还原过程所需的热力学条件。很明显，只有当金属线高于氢线时，还原过程在热力学上才是可能的。从图7－23可以看出，增大反应（3）的还原程度有两个途径。第一个途径是靠增大氢的压力和提高溶液的pH值来降低氢电极电位，而且后者比前者更为有效，因为增大p_{H_2}100倍对电位移动的效果只抵得pH增加一个单位的效果。第二个途径是靠增加溶液中金属离子浓度来提高金属电极的电位。

从图7－23还可以看出，在还原过程中，随着金属离子浓度的减小，ε_{Me}向更负值的方向移动。因此，为了还原过程的进行，除了在溶液中保留一定的金属离子最终浓度以外，还必须在溶液中造成相应的氢电位，也就是必须在溶液中保持相应的pH值。如图7－23所示，这个条件对标准电位比氢标准电位更低的金属的还原来说具有特别重要的意义。

根据式（7－51）和式（7－52），可以导出金属析出的完全程度与溶液最后的pH值之间的一定关系。因为反应（3）的平衡是在$\varepsilon_{Me} = \varepsilon_H$的条件下发生的，故此关系式具有以下的形式：

$$\log a_{Me^{2+}} = -zpH - \frac{z}{2}\log\frac{p_{H_2}}{p^{\ominus}} - \frac{\varepsilon_{Me}^{\ominus}zF}{2.303RT} \tag{7-53}$$

图7－24为式（7－53）的图解。从图中可以看出，正电性金属的还原，无论溶液的酸度如何，实际上都可能进行。对负电性金属（镍、钴、铅、镉等）的还原来说，则必须使由反应（3）形成的酸中和，使溶液的pH值维持在一定的范围内。可用的方法之一是使还原反应在氨溶液中进行，例如：

$$MeSO_4 + H_2 + 2NH_4OH \xlongequal{} Me + (NH_4)_2SO_4 + 2H_2O \tag{4}$$

$$Me\ (NH_3)_2SO_4 + H_2 \xlongequal{} Me + (NH_4)_2SO_4 \tag{5}$$

反应（4）和（5）表明，负电性金属（Ni、Co、Cd）在氨溶液中的析出是可能的。锌的还原则必须采用强碱溶液，而且还未必可能实现。在所有的情况下，提高氢的压力都会使氢的电位向负值增大，从而使还原过程加速进行。

综合以上分析，可得出有关加压氢还原过程的理论性结论如下：

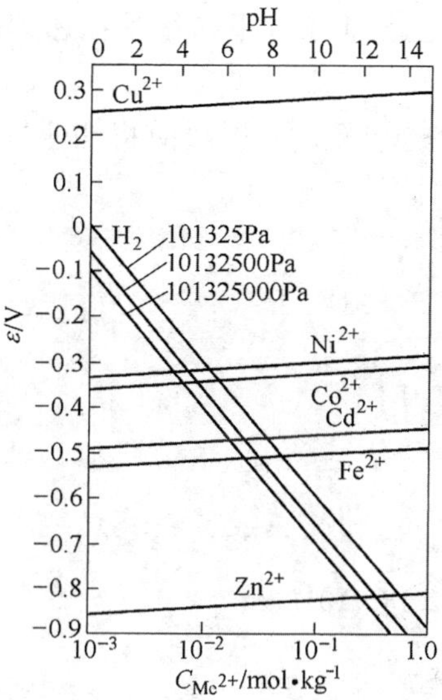

图 7－23　在 25℃下 ε_{Me} 与 Me^{2+} 离子浓度以及 ε_H 与溶液的 pH 值的关系

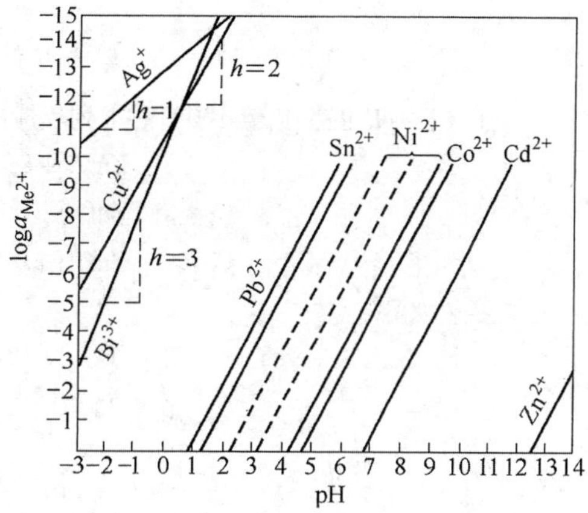

图 7－24　在 25℃及 $p_{H_2}=101325Pa$（对镍来说还列举了 $p_{H_2}=1013250$ 和 10132500Pa）的条件下用氢还原金属的可能完全程度

（1）用氢从溶液中还原金属的可能性，可根据标准电极电位的比较加以确定；

（2）正电性的金属实际上可以在溶液的任何酸度下用氢还原；标准电极电位为负值的金属的还原，则需要保持高的 pH，采用氨溶液可以满足这个要求。

以上所讨论的内容，是属于用氢使金属从其盐溶液中还原的热力学的范围。下面来讨论一下关于动力学的问题。

根据用氢从苏打溶液中还原钒和铀以及从氨溶液中还原铜等方面的动力学研究结果，表明在强烈搅拌溶液以充分消除扩散因素的条件下，还原反应属于零级反应，其速度可用下列通式表示：

$$-\frac{dC}{d\tau}=K\left(\frac{p_{H_2}}{p_{H_2}^{\ominus}}\right)^{1/2}Se^{-\frac{W}{RT}} \qquad (7-54)$$

式中　$-\frac{dC}{d\tau}$——单位时间内溶液中金属离子浓度的降低，亦即反应的速度（瞬间速度）；

K——与单位的选择有关的常数；

p_{H_2}——氢的分压，以 Pa 为压力单位；

S——催化剂表面积；

W——反应的表观活化能。

从方程（7－54）可以看出，反应具有明显的多相体系的特点，并且在控制过程速度的阶段中，经常是原子氢参与作用。

已经确定，氢的活化照例不是在溶液中发生，而是发生在吸附溶液中分子氢的固体表面上。以此可解释金属总是首先在浸入溶液中的压煮器壁、搅拌桨及其他金属部件上析出这一事实，因为固体的表面乃是独特的催化剂。吸附氢和发生氢活化作用（$H_2 \rightleftharpoons 2H$）

的固体表面愈大，还原反应也就进行愈迅速。因此，在工业条件下，往往在还原前把适当的固体（通常就是待还原的金属粉末）加入溶液中。

从式（7－54），还可以看出，随着温度和氢压力的增高，还原反应将加速进行。

习题、思考题

1. 在电位－pH图上描绘100℃时下列反应的平衡条件：

$$Zn^{2+}+2e=\!=\!=Zn$$

$$ZnO+2H^{+}=\!=\!=Zn^{2+}+H_2O$$

$$ZnO+2H^{+}+2e=\!=\!=Zn+H_2O$$

已知条件如下：

$$C^{\ominus}_{p(Zn)}=5.35+2.40\times10^{-3}T$$

$$C^{\ominus}_{p(ZnO)}=11.71+1.22\times10^{-3}T-2.18\times10^{5}T^{-2}$$

$$C^{\ominus}_{p(H_2O)}\Big|_{298}^{373}=75.44$$

$$C^{\ominus}_{p(H_2)}\Big|_{298}^{373}=28.83$$

物种	Zn^{2+}	ZnO	Zn	H_2O	H_2	H^+
$\mu^{\ominus}_{298}$（kJ·mol^{-1}）	－147.20	－318.19	0	－237.19	0	0
$S^{\ominus}_{298}$（J·mol^{-1}·K^{-1}）	－106.48	43.93	41.63	69.94	130.59	0

2. 已知25℃时，反应 $Fe^{3+}+Ag=\!=\!=Fe^{2+}+Ag^{+}$ 的平衡常数 $K=0.531$，$\varepsilon^{\ominus}_{Fe^{3+}/Fe^{2+}}=0.771V$，求 $\varepsilon^{\ominus}_{Ag^{+}/Ag}$。 [$\varepsilon^{\ominus}_{Ag^{+}/Ag}=0.787V$]

3. 25℃下，如果在含有2mol的 $ZnSO_4$ 溶液中同时有0.01mol的 Fe^{2+} 存在：

（1）能否用中和水解法使Fe呈Fe（OH）$_2$ 的形态沉淀除去？

（2）如果预先将 Fe^{2+} 全部氧化成 Fe^{3+} 后，Fe（OH）$_3$ 开始沉淀的pH是多少？ [pH＝2.28]

（3）当pH＝5.4时，溶液中还残留多少mol铁？

已知条件为：

物种	H_2O	Zn^{2+}	$Zn(OH)_2$	$Fe(OH)_2$	Fe^{2+}	Fe^{3+}	$Fe(OH)_3$
$\mu^{\ominus}_{298}$（kJ·mol^{-1}）	－237.19	－147.21	－554.80	－483.54	－84.94	－10.54	－694.54
γ	—	0.036	—	—	0.75	1	—

[$m_{Fe^{3+}}=4.266\times10^{-12}$]

4. 用ZnS还原溶液中的 Fe^{3+}，反应为：

$$2Fe^{3+}+ZnS=\!=\!=Zn^{2+}+2Fe^{2+}+S$$

计算25℃下反应的平衡常数，以及当溶液中 $a_{Zn^{2+}}=0.07$ 时，Fe^{3+} 能还原的程度（$a_{Fe^{2+}}/a_{Fe^{3+}}$）。已知 $\mu^{\ominus}_{ZnS}=-198.32kJ\cdot mol^{-1}$，其余数据自己查阅取用。

5. 在锌湿法冶金中得到含镉和钴的溶液，问在溶液净化时可用什么金属置换Cd和Co，试计算置换反应的标准电动势及平衡常数。

6. 在25℃及101325Pa下，向 $m_{Cd^{2+}}=0.1$ 的硫酸镉溶液中通入 H_2S 使之饱和，若溶液的pH＝1，问溶液中尚有未被 H_2S 沉淀的 Cd^{2+} 若干？已知CdS在25℃下的 $K_{SP}=2.14\times10^{-26}$，以及25℃下 H_2S 在其饱和溶液中的溶度积 $a^2_{H^+}a_{S^{2-}}=3.55\times10^{-21}$。 [$a_{Cd^{2+}}=5.43\times10^{-7}$]

7. 在25℃及101325Pa下，将 H_2S 气体通入含 Ni^{2+} 5g·L^{-1}的硫酸盐溶液中，问NiS开始沉淀的pH为若干？已知 $K_{SP(NiS)}=2.82\times10^{-20}$。 [pH＝0.99]

8. 已知氯化铅在25℃下在水中的溶解度等于38.66mmol·L^{-1}。在相同条件下经10.5min后，1L溶液中溶解了氯化铅6.14mmol，而经过1h后，溶解了24.58mmol。求（1）溶解速度常数；（2）溶液饱和氯化铅达90%所需的时间。 [(1)0.01669min^{-1};(2)137.9min]

9. 在恒温下进行浸出试验，测出了反应物浓度随时间变化的数据，如下表所示：

实验编号	τ（min）	反应物浓度（g·L^{-1}）		
		c	ln$c$	$1/c$
1	0	54.0	3.9890	18.50×10^{-3}
2	10	40.14	3.6924	24.91×10^{-3}
3	19	30.60	3.4210	32.68×10^{-3}
4	28	23.40	3.1527	42.74×10^{-3}
5	35	19.02	2.9455	52.58×10^{-3}
6	42	15.48	2.7400	64.60×10^{-3}
7	54	10.68	2.3684	93.63×10^{-3}
8	60	9.94	2.2966	111.86×10^{-3}
9	66	7.48	2.0122	133.69×10^{-3}
10	75	5.81	1.7600	172.12×10^{-3}

证明此反应不是零级或二级而是一级反应，并计算k值为多少？ [$K=0.02965min^{-1}$]

10. 在有氧存在的条件下，用碳酸钠－碳酸氢钠混合溶液溶解UO_2矿粉。实验在恒温下进行，结果如下：

τ（h）	0	0.5	1	1.5	2	2.5	3	3.5	4
W（g）	4.00	3.21	2.53	1.95	1.47	1.08	0.76	0.51	0.33

试求溶解反应的速度常数。 [0.1417h^{-1}]

11. 在置换过程中，通常在阴极区段有何副反应发生？对置换过程有何影响？详细加以分析讨论。

12. 在用铁置换铜离子的情况下，若加入少量的硫脲，会产生什么后果，为什么？

13. 试述电位－pH图的结构和绘制方法要点。

14. 水的稳定性受到破坏的标志是什么？

15. 试根据金的氰化反应阐述浸出时反应控制的条件。

16. 从溶液中置换沉积金属时，被置换金属离子的残余浓度如何确定？用方程式说明其影响因素。

17. 以二价金属为例，写出置换沉积的热力学条件，置换沉积为什么要防止氢的析出，应采取哪些措施防止氢析出？

18. 用高压氢从溶液中还原金属时，从热力学观点出发，氢压力大小对过程的影响大于溶液pH变动的影响，对否？

第八章　溶剂萃取和离子交换

第一节　溶剂萃取

一、概述

在湿法冶金中，溶剂萃取是一种分离、富集或纯化金属的方法，其实质在于使金属离子或其化合物由水溶液转入与水不相混溶的液体有机相之中。由此得到的萃合液接着进行反萃取，再使被萃取的金属由有机相转入水相。有机相经再生后，返回萃取过程循环使用。其原则流程见图 8－1。

通常，溶剂萃取是整个湿法冶金流程中的一个过程，用于处理从矿石原料浸出或分解等过程得来的含杂质溶液（亦即图 8－1 中所示的原液）。根据原液的组成及性质，合理选择使用萃取剂和稀释剂是溶剂萃取成败的关键。

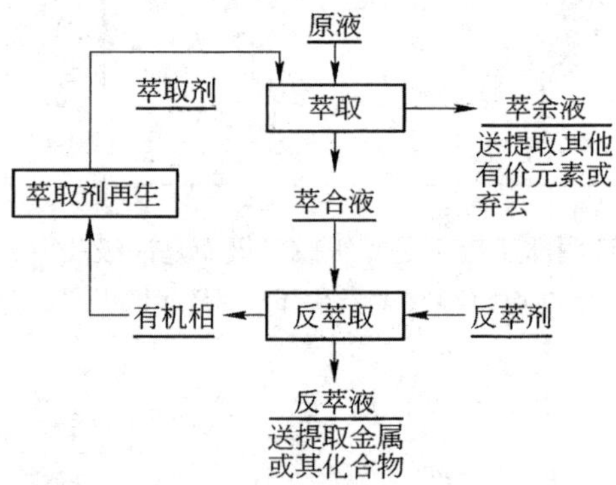

图 8－1　从水溶液中萃取金属的原则流程

目前，溶剂萃取作为一个湿法冶金工序得到多方面的应用，例如钒、铟、铊、锗和碲的提取及净化；铜的提取；镍和钴的分离；钽和铌、锆和铪、钼和铼的提取和分离；钨的提取；稀土和铂族金属的提取、分离和净化等。

溶剂萃取的应用，在许多场合下简化了工艺流程，提高了金属的回收率和原料综合利用的可能性，值得不断研究和开发利用。

二、分配常数，分配比，萃取率，分离系数之间的关系

溶剂萃取体系是多元两相体系，由含有无机物的水溶液（即水相）和含有有机溶剂（或萃取剂与稀释剂）的有机相所组成。该两相应互不相溶，但绝对不互溶是难以达到的。萃取反应在两相间发生，因此具有多相反应的特点。

萃取是多元两相体系中质的传递过程，或是被萃物（溶质）在两相间的分配过程。溶质在水相和有机相中的分配平衡可用相律 $f = C - P + 2$ 来概括其一般热力学性质。对于一个二元液－液体系来说，只有一个溶质时，组分数 $C = 3$（含两个溶剂），自由度 f 为 3。在给定温度和给定压力下 $f = 1$。此时，溶质在第一相中的浓度可以任意改变，但另一相中的浓度随第一相中浓度的变化而变化。当溶质在两相中状态相同时，其浓度比值应是常数。

根据能斯特分配定律，两相平衡时溶质在两相中的化学位相等，即 $\mu_{有} = \mu_{水}$，从而

$$\mu_{有}^{\ominus} + RT\ln a_{有} = \mu_{水}^{\ominus} + RT\ln a_{水}$$

$$(\mu_{有}^{\ominus} - \mu_{水}^{\ominus})/RT = \ln a_{水}/a_{有}$$

$$e^{-(\mu_{有}^{\ominus}-\mu_{水}^{\ominus})/RT}=a_{有}/a_{水}=c_{有}\gamma_{有}/c_{水}\gamma_{水}$$

其中，c 为摩尔浓度，γ 为活度系数。当溶质浓度较低时，活度系数 $\gamma_{有}$ 和 $\gamma_{水}$ 都接近于1，$\mu_{有}^{\ominus}$、$\mu_{水}^{\ominus}$为常数，故有 $c_{有}/c_{水}$ 为常数，即

$$K=c_{有}/c_{水}$$

分配定律仅适用于溶质浓度较低，接近于理想体系，溶质和溶剂不发生化学作用，溶质以同种的分子状态分配在两相中的情况。只有一些非电解质分子（如卤素分子、少数金属卤化物，氧化物和有机化合物）以同一分子状态分配在两相中时，才服从分配定律。大多数金属化合物在萃取过程中伴随化学反应，在两相中其分子状态也不完全相同，从而不服从分配定律。

对于无机物的萃取来说，由于被萃物（溶质）在两相中常以几种化学形式存在，如 RE^{3+} 在 HNO_3 溶液中可能以 RE^{3+}、$RE(NO_3)^{2+}$、$RE(NO_3)_2^{+}$、$RE(NO_3)_3$…等形式存在，以一般常规的方法，只能测其总浓度，而无法测出其中某一状态的浓度。因此，为了方便起见，不采用分配常数，而采用分配比来表示溶质在两相中的分配情况。

分配比是当萃取体系平衡时，被萃物在有机相的总浓度与其在水相中的总浓度之比值，以符号 D 表示：

$$D=\frac{\sum c_{有}}{\sum c_{水}}=\frac{c_{1有}+c_{2有}+c_{3有}+\cdots}{c_{1水}+c_{2水}+c_{3水}+\cdots}$$

其中，$c_{1有}$、$c_{2有}$、$c_{3有}$…和 $c_{1水}$、$c_{2水}$、$c_{3水}$…分别表示在有机相和水相中不同化学形式的溶质浓度。D 是一个无量纲的量，随溶质的浓度、萃取剂浓度等条件改变而改变。D 也表示在一定条件下萃取剂萃取金属离子的能力，分配比越大，萃取金属离子的能力越强。

萃取率是被萃物（溶质）进入有机相的量占被萃物原始总量的百分率，以符号 E 表示：

$$\begin{aligned}E&=\frac{被萃物在有机相中的量}{被萃物的原始总量}\times 100=\frac{c_{有}V_{有}}{c_{有}V_{有}+c_{水}V_{水}}\times 100\\&=\frac{D}{D+\dfrac{V_{水}}{V_{有}}}\times 100\end{aligned}$$

当 $V_{水}=V_{有}$ 时，得到：

$$E=\frac{D}{D+1}\times 100$$

上式表明了萃取率和分配比的关系。分配比越大，则萃取率越高；$V_{水}/V_{有}$ 越小，则萃取率越高。萃取率越高，该萃取剂萃取金属离子的能力越强。

在溶剂萃取分离的情况下，为了说明两种溶质的分离效果，引入分离系数的概念。显然，分离系数 β 等于溶质1和溶质2的分配比 D_1 和 D_2 的比值，即：$\beta=D_1/D_2$。

β 值反映了两种溶质的分离效果。易被萃取溶质的分配比与不易被萃取的溶质的分配比相差愈大，两种溶质的分离效果便愈好。β 值愈接近于1，则分离效果愈差。若 $\beta=1$，则表明两种溶质不能萃取分离。在实际应用中，要求萃取体系的 $\beta\geqslant 2$。

三、萃取剂、稀释剂及盐析剂

萃取剂和稀释剂是有机相的基本组成部分。有时，有机相中仅含萃取剂，不含稀释

剂。对金属离子的萃取分离来说，合理选择萃取剂和稀释剂是十分重要的。

1. 萃取剂及其性质　萃取剂是指能与被萃取物（如金属离子）相结合，并使被萃取物转入有机相的试剂。

在金属离子的分离中，萃取剂的选择主要从金属离子的萃取分离、分配比和萃取剂本身的物理性质等几个方面来考虑。理想的萃取剂应满足以下的要求：

（1）有选择性，即被分离的元素间有较高的分离系数。

（2）有高的萃取容量，即一定体积的萃取剂能容纳较多的金属离子。

（3）在萃合液反萃后易于再生。

（4）易于与水相分离，即两相的密度要有较大差别，黏度要小，表面张力要大。

（5）操作安全，即无毒性、不易燃、不挥发。

（6）储藏时较稳定，并在萃取或反萃取时不易被酸、碱所分解，并对氧化剂、还原剂比较稳定。

（7）价廉，来源充足。

实际上，要找到一种能完全满足以上要求的萃取剂是不可能的，所以要根据具体情况来选择合适的萃取剂。

常用的一些萃取剂及其性质见表 8－1。

2. 稀释剂及其性质　稀释剂是指在萃取过程中不与被萃取物发生化学作用，只改变有机相的物理性质的溶剂。仅起溶剂作用，不改变有机相的化学性质，故又称为惰性溶剂。实际上，完全惰性的溶剂是没有的。

烃及取代烃是常用的稀释剂，其主要性质列在表 8－2 中。在工业生产中最常用的稀释剂是煤油。

从萃取化学的角度来看，稀释剂在萃取过程中主要具有以下 3 种作用：

（1）改变萃取剂的浓度，以便调节与控制萃取剂的萃取能力，使之有利于元素的分离。例如，用 TBP－煤油为有机相萃取分离铀、钍、稀土时，高浓度的 TBP（20%左右）可以从硝酸溶液中共萃取铀和钍，低浓度的 TBP（约 5%左右）则只从硝酸溶液中萃取铀。

（2）改变萃取剂的萃取性能。在生产实践和大量的萃取试验中发现，稀释剂对萃取剂的萃取性能有较显著的影响，对同一种萃取剂，使用不同的稀释剂时，萃取性能会有显著变化，引起这种变化的原因之一是稀释剂与萃取剂之间发生某种作用。例如，使用酸性磷型萃取剂对金属离子进行萃取时，萃取剂的聚合程度随稀释剂的极性而改变，稀释剂极性越小，萃取剂聚合状态（多为二聚）越多，因为萃取剂的二聚体和金属离子作用要比单体的作用更稳定，所以萃取时金属的分配比就越大。相反，如果使用极性大的稀释剂醇、酮等，它们和酸性磷型萃取剂的—OH 基形成氢键，如此就降低了萃取剂对金属离子的作用，而使分配比变小。

（3）改变萃合物在有机相的溶解度。稀释剂除与萃取剂之间发生作用，影响到对金属离子的萃取外，也可与萃合物作用，对金属离子的萃取率发生影响，这种作用集中地表现在萃合物在稀释剂中溶解度的大小上。例如，萃合物分子中若含有水分子，则极性大的稀释剂能通过与水分子的作用，使其溶解度增大。在用羧酸萃取金属离子时，常带有水化层，极性越强的稀释剂对水化层的溶剂化作用越强，萃取能力也就越大。

由上述可知，在选择稀释剂时，除了考虑到其物理性能好，化学稳定性高等因素外，

表 8－1　常用萃取剂及其性质

名　称	M	d (g/cm^3)	b·p (℃)	m·p (℃)	f·p (℃)	p (Pa)	n_D	η (10^{-3} Pa·s)	σ (表面张力) (10^{-2}N/m)	ε(介电常数)	水溶度 ($g/1000cm^3$)
甲基异丁基酮	100.156	0.8006	115.65	−83.5	15.6	2666 (25℃)	1.3958	0.585	23.64	13.11	2%容积
仲辛醇	130.232	0.8193	179	—	73	—	1.4250	14.3	—	8.2	0.08%
异戊醇	88.151	0.8129 (15℃)	132.00	−117.2	45.6	1333 (40.8℃)	1.4085 (15℃)	4.81 (15℃)	24.77 (15℃)	14.7 (25℃)	2.67% (25℃)
磷酸三丁酯	266.32	0.9727 (25℃)	142 (213.32Pa) 298(分解)	−71	146	—	1.4247	3.32 (25℃)	—	—	0.28 (25℃)
甲基膦酸二甲庚酯 (P_{350})	320.45	0.9148	—	< −75	165	—	1.4360 (25℃)	7.5677 (25℃)	28.9 (25℃)	4.55	~0.01 (25℃)
三正辛基氧化膦	386.65	—	—	50~55	—	—	—	—	—	—	0.008
N，N二正混合基乙酰胺（A101）	299.4	0.8667	180~220 (400Pa)	—	—	—	1.4552	—	3.09	—	0.58% (26.2℃)
二正戊基亚砜	190	—	—	51~60	—	—	—	—	—	—	—
二正辛基亚砜	274	—	—	71~72	—	—	—	—	—	—	—
三正辛胺	353.66	0.805	365~367	—	—	—	1.447	8.41	28.35	2.25	<0.01 (25℃)
三烷基胺 (N_{235})	—	0.8153 (25℃)	180~230 (399Pa)	−64	189	—	1.4525 (25℃)	10.4	28.2 (25℃)	2.44	0.01 (25℃)
氯化三烷基甲铵	—	0.8951 (25℃)	—	−35	160	—	1.4687 (25℃)	12.04	31.1	—	
二(2－乙基己基)磷酸(P_{204})	322.43	0.9700 (25℃)	—	< −78	206	—	1.4419	0.42	28.8	—	0.012 (25℃)

表 8－2　常用稀释剂及其物理性质

类　别	化 合 物	M	b·p (℃)	$d_{20℃}$ (g/cm^3)	$\eta\times10^{-3}$ (Pa·s)	f·p (℃)	ε
脂肪烃	正己烷	86.18	68	0.6594	0.326	−25.7	1.890
	煤　油	—	200~260	0.795	—	—	—
	石脑油	—	150~215	0.775	—	—	—
芳香烃	苯	78.11	80.1	0.8787	0.652	−10.7	2.284
	甲　苯	92.13	110.6	0.8669	0.590	4.4	2.438
	邻二甲苯	106.16	144	0.8968	0.810	27.3	2.568
	间二甲苯	106.16	139	0.8684	0.620	—	2.374
	对二甲苯	106.16	138	—	0.648	—	2.270
环烷烃	环己烷	84.16	80.7	0.778	1.07 (15℃)	−71.2	2.02
取代烃	氯　仿	119.38	61.2	1.4892	0.58	不易燃	4.806
	四氯化碳	153.82	76.75	1.5942	0.965	不易燃	2.238
	二硫化碳	76.14	45	1.2628	0.37	不易燃	2.641

还应考虑它对萃取剂的选择性、萃取率、萃取容量等方面产生的影响。

3. 盐析剂及其对萃取的影响　盐析剂是在体系中加入一种本身不被萃取，但与被萃物的酸根相同，并能使被萃取物的萃取率提高的盐类。由盐析剂而提高被萃取物萃取率的现象称为盐析效应。例如，在 TBP 萃取 $UO_2(NO_3)_2$ 和 $RE(NO_3)_3$ 的体系中加入硝酸盐（如碱金属、碱土金属的硝酸盐等），一般能提高它们的萃取率。产生盐析效应的原因是：

（1）在体系中加入盐析剂后，体系中 NO_3^- 浓度增大，因而金属的分配比提高。因为分配比 D 分别与 NO_3^- 浓度的二和三次幂成正比，所以金属离子的萃取率提高。

（2）由于盐析剂的阴阳离子的水化作用，所以加入之后致使体系中自由水分子浓度降低，相对于未加入盐析剂时，被萃取物的活度提高，因而也促使金属离子的萃取率增大。也可以认为自由水分子浓度降低，抑制了 UO_2^{2+} 或 RE^{3+} 的水化作用，因此降低了金属离子的亲水性，也有利于金属离子的萃取。

盐析剂的盐析效应与盐析剂的水化能力有关，水化作用越大，盐析作用越强。在阴离子的类型和浓度相同时，阳离子的电荷愈高，半径愈小，则盐析作用愈大。对于主族元素来说，有如下次序：$Al^{3+} > Mg^{2+} > Li^+ > Na^+ > NH_4^+ > K^+$。但副族元素并不完全符合上述规律。

对于其他中性络合萃取体系来说，盐析效应都是较明显的，盐析剂的加入将促进萃取率的提高。

在用 N_{263} 萃取 $UO_2(NO_3)_2$ 或 $RE(NO_3)_3$ 的体系中，由于盐析效果，添加 $NaNO_3$ 作盐析剂有利于 UO_2^{2+} 或 RE^{3+} 离子的萃取。对用胺或季铵盐萃取其他许多金属离子来说，盐析效应对金属萃取率的影响按 $Cl^- > SO_4^{2-} > F^-$ 顺序降低，这个顺序也就是这些阴离子与金属阳离子形成金属络合阴离子的能力大小的次序。

四、萃取剂的分类、结构及苯取机理

一个萃取体系的优劣，在很大程度上决定于萃取剂的本性。因此，了解萃取剂的结构与萃取性能的关系，对选择及研制萃取剂具有十分重要的意义。

萃取剂的萃取能力及选择性在很大程度上决定于萃取剂的结构（包括原子的化合顺序和其空间排列，以及定量的组成）和分子的物理状态（原子和键的极性、极化度、溶解度和聚合性能等）。因此，在研究萃取性能时，主要从反应基团的活性、空间效应、溶解度等几个方面着手。

在萃取过程中，萃取剂和被萃取的金属元素大多数都是形成一定形式的萃合物（螯合物，离子缔合体，中性络合物等）。在生成萃合物时，起作用的是萃取剂反应基团的活性，即试剂官能团起作用的原子的酸碱性（给出或接受质子与电子的能力）。所以，对能生成新键的原子和原子团的活性程度，以及引入不同的取代基对其活性的影响，早就引起了人们的注意，并进行过一些研究。

分子空间位阻和萃取剂的溶解度（水溶性及油溶性）等因素，对萃取剂的选择性和萃取能力具有很大的影响。中心原子的屏蔽程度，以及由此而引起形成络合物的可能性和络合物的稳定性，都与分子空间特性有关。可以说，分子的空间特性是结构相近的同类有机萃取剂选择性不同的最主要原因。

从萃取化学的观点来看，水溶液中的离子都是水化了的并牢固地保留在水相中。要使它们转入有机相中，只有当萃取体系中的过程是在吉布斯自由能减少的条件下发生才有可能，并可列式表明各种过程涉及的基本原理如下：

$$\begin{pmatrix}\text{待萃取的水化了的金属阳离子}\\ \text{或金属络合阴离子或中性络合物}\end{pmatrix}_{\text{水}}+\begin{pmatrix}\text{有机萃取剂}\\ \text{加惰性溶剂}\end{pmatrix}_{\text{有}}\longrightarrow$$

$$\left(\text{萃合物}\right)_{\text{有}}+\begin{pmatrix}\text{含 }H^+\text{ 或 }Cl^-\text{ 或 }F^-\text{ 或 }NO_3^-\\ \text{或 }SO_4^{2-}\text{ 等离子的萃余液}\end{pmatrix}_{\text{水}},\ \Delta G<0$$

上式表明，在利用各种有机化合物作为萃取剂的情况下，当萃取剂与被萃取溶质相互作用致使水化能得到补偿时，这个条件便可能实现。按照这个条件，可把萃取剂分成两大类。属于第一类的是中性萃取剂，这是一类有机化合物，其分子能与被萃取的溶质形成电子－活化中心型的配位键，这种键比水分子键更牢固。也就是说，被萃取剂分子溶剂化的能量超过水化作用的能量。

属于第二类萃取剂的是各种有机碱及其盐或者是各种有机酸及其盐。这些有机化合物能在与水溶液接触时发生萃取剂分子中的无机阴离子或阳离子和水溶液中的同名离子之间的离子交换过程。在此情况下，萃取进行的条件乃是由有机相转入水相的离子的水化能高过于由水相被萃取进入有机相的离子的水化能。这类萃取剂就叫做液体离子交换萃取剂，并视被交换离子的种类而定，可再分为阴离子交换和阳离子交换两个类型的萃取剂。在此基础上，按照所采用的萃取剂不同，可把萃取过程分成以下三类：用中性萃取剂进行的萃取；用阴离子交换剂进行的萃取；用阳离子交换剂进行的萃取。

此外，还应该指出，有一种较为罕见的情况，就是在萃取过程中无化学变化发生，可以认为是一种简单的物理分配。例如，有某些像 I_2、$GeCl_4$ 那样的对称共价分子，由于它们在有机溶剂中的溶解度通常比在水中的溶解度高出许多倍，故可被萃取而转入有机相。又对有机化合物来说，如果某些弱酸的离解作用在有强酸存在的条件下完全被抑制，那么这些弱酸的被萃取也列入这个类型。例如，醋酸 CH_3COOH 在有矿物酸存在的条件下极少发生水解，从而可按简单物理分配类型用有机溶剂进行萃取。对这个类型的萃取，本书不再讨论。

表 8－3 列举了按上述分类的各类具有代表性的萃取剂及其结构式。下面分别对各类萃取剂的特征及萃取过程的作用机理进行讨论和分析。

1. 用中性萃取剂进行的萃取　这类萃取剂为数众多，如表 8－3 所示，有代表性者包括酮、醇、醚，中性的含磷、含硫和含氮的有机化合物。从结构上看来，所有中性萃取剂分子中均含有能使氧原子通向体系空间的活性基团，如羰基 $\left(-\underset{\underset{\displaystyle O}{\|}}{C}-\right)$、磷酰基 $\left(\!\begin{smallmatrix}\diagdown\\ -\\ \diagup\end{smallmatrix}\!P{=}O\right)$、亚硫酰基 $\left(-\underset{\underset{\displaystyle O}{\|}}{S}-\right)$ 等皆是，而且由于 C 与 O、P 与 O 以及 S 与 O 之间的电负性差均较大，故彼此之间键的极性都较强，键上电子云在很大程度上偏向氧原子，增大 O 给予电子的能力。按照路易斯概念，这些含电子给予体 O 的萃取剂属于碱，而金属阳离子属于能接受电子的酸，从而上述活性基上的氧原子能直接与被萃取金属化合物中的金属阳离子配位或者间接地通过氢键与金属结合而形成中性络合物。醚（R—O—R）和醇（R—OH）分子中的氧原子也是电子给予体，分子中的电子云也偏向氧原子，但由于空间效应和其他因素较前三者差，从而导致它们中含有的氧原子与金属阳离子发生溶剂化作用的能力减弱。

表 8－3　常用萃取剂的名称和结构

类型	名　称	结 构 式	我国商品名	国外商品名或英文缩写
中性萃取剂	甲基异丁基酮	$(CH_3)_2CH—CH_2—C(=O)—CH_3$	甲基异丁基酮	MIBK
	仲辛醇	$C_6H_{13}—CH(CH_3)—OH$	辛醇－2	Octanol－2
	异戊醇	$(CH_3)_2CHCH_2CH_2OH$		
	磷酸三丁酯	$(C_4H_9O)_3P=O$	磷酸三丁酯	TBP
	甲基膦酸二甲庚酯	$[CH_3(CH_2)_5CH(CH_3)O]_2P(=O)CH_3$	P－350	
	三正辛基氧化膦	$(C_8H_{17})_2P(=O)C_8H_{17}$		TOPO
	二正戊基亚砜	$C_5H_{11}S(=O)C_5H_{11}$		DPSO
	二正辛基亚砜	$C_8H_{17}S(=O)C_8H_{17}$		DOSO
	N，N 二正混合基乙酰胺	$CH_3—C(=O)—N(R_1)(R_2)$	A101	
阴离子交换萃取剂	多支链二十烷基伯胺	$CH_3—C(CH_3)_2—(CH_3—C(CH_3)H)_4—NH_2$	伯胺型	Primone JMT
	三正辛胺	$N(—CH_2(CH_2)_6CH_3)_3$	叔胺型	TOA
	三烷基胺	$N[C_nH_{2n+1}]_3$　$n=8\sim10$	N_{235}	
	氯化三烷基甲铵	$CH_3—N[(—CH_2)_nCH_3]_3^+Cl^-$　$n=6\sim10$	N_{263}	
	三月桂胺	$N[—CH_2(CH_2)_{10}CH_3]_3$		TLA
阳离子交换萃取剂	脂肪酸	$R—C(=O)OH$，$R=C_nH_{2n+1}$ $(n=7\sim9)$		
	环烷酸	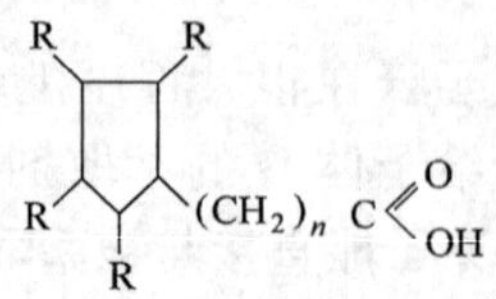	环烷酸	Naphthenic acid
	异构酸	$R—C(R')(R)—C(=O)OH$	C－547	Versatic acid

续表 8-3

类型	名称	结构式	我国商品名	国外商品名或英文缩写
阳离子交换萃取剂	二（2-乙基己基）磷酸	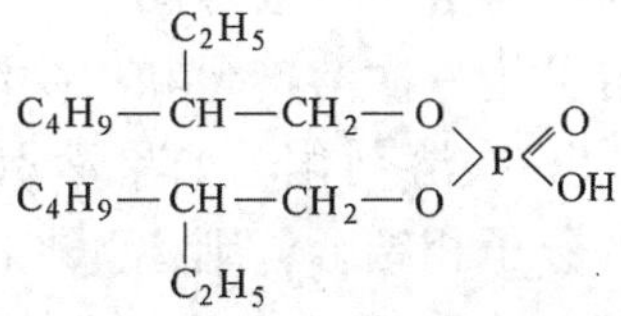	P_{204}	D_2EHPA 或 HDEHP
	5，8-二—乙基-7-羟基十二烷肟	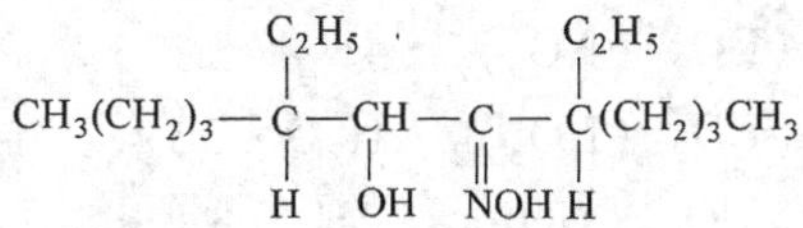	N_{509}	LIX-63
	2-羟基-5-烷基二苯甲酮肟	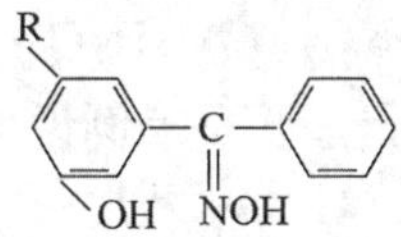	N_{510}	LIX-64
	7-烷基-8-羟基喹啉	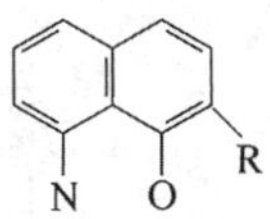		Kelex-100
	硫茂酰基三氟丙酮	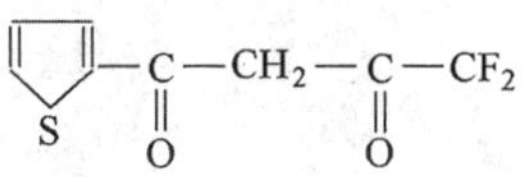		TTA
	8-羟基喹啉	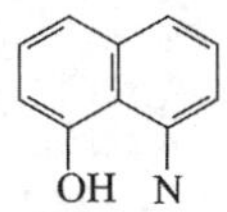		HO_x

用中性萃取剂进行萃取的特点是：

（1）被萃取金属化合物呈中性分子存在；

（2）萃取剂和溶剂本身也是中性分子；

（3）中性的萃取剂或溶剂与被萃取物组成中性的溶剂络合物。

在这类萃取中，最典型的例子是用溶在煤油中的 TBP 从硝酸介质中萃取$UO_2(NO_3)_2$。在水相中的铀，虽然呈 UO_2^{2+}、$UO_2(NO_3)^+$、$UO_2(NO_3)_2$、$UO_2(NO_3)_3^-$ 等多种形态存在，但被萃取的是中性分子 $UO_2(NO_3)_2$，TBP 与 $UO_2(NO_3)_2$ 结合起来所生成的萃合物 $UO_2(NO_3)_2 \cdot 2TBP$ 也是中性分子。

此外，在硝酸或弱酸性溶液中，类似机理也出现在稀土元素的萃取中，如下列各反应所示：

$$La^{3+} + 3NO_3^- + 3TBP_{有} \longrightarrow La(NO_3)_3 \cdot 3TBP_{有}$$

$$Ce^{4+} + 4NO_3^- + 2TBP_{有} \longrightarrow Ce(NO_3)_4 \cdot 2TBP_{有}$$

$$RE^{3+} + 3NO_3^- + 3P_{350有} \longrightarrow RE(NO_3)_3 \cdot 3P_{350有}$$

$$Ce^{3+} + 3CNS^- + 4TOPO_{有} \longrightarrow Ce(CNS)_3 \cdot 4TOPO_{有}$$

$$Ce^{3+} + 3CNS^- + 4DOSO_{有} \longrightarrow Ce(CNS)_3 \cdot 4DOSO_{有}$$

根据上述反应，中性络合萃取的机理是用中性的有机萃取剂（如 TBP、P_{350}、TOPO、

DOSO 等）与被萃取物的中性化合物（如 La（NO_3）$_3$、Ce（CNS）$_3$ 等）结合成中性络合物（如 La（NO_3）$_3$ · 3TBP，Ce（CNS）$_3$ · 4DOSO 等）而被萃取进入有机相。

酮、醇、醚等在 HNO_3 或弱酸性溶液中萃取金属盐时（如硝酸铀酰），是属于络合物萃取的类型。在这一类型中，又可分为一次溶剂化和二次溶剂化两类。当金属离子与萃取剂分子直接以配价键结合时，称为一次溶剂化。如果萃取剂分子不直接与金属离子相结合，而是通过氢键与第一配位层的分子相结合，则称为二次溶剂化。现分别说明如下：

（1）一次溶剂化　硝酸铀酰通过一次溶剂化而生成的萃合物有下列 4 种组成：

$$UO_2(NO_3)_2 \cdot 4S_{有}$$
$$UO_2(NO_3)_2 \cdot H_2O \cdot 3S_{有}$$
$$UO_2(NO_3)_2 \cdot 2H_2O \cdot 2S_{有}$$
$$UO_2(NO_3)_2 \cdot 3H_2O \cdot S_{有}$$

上式中 S 表示酮、醇、醚等的分子。下面二例说明萃合物的合理结构式：

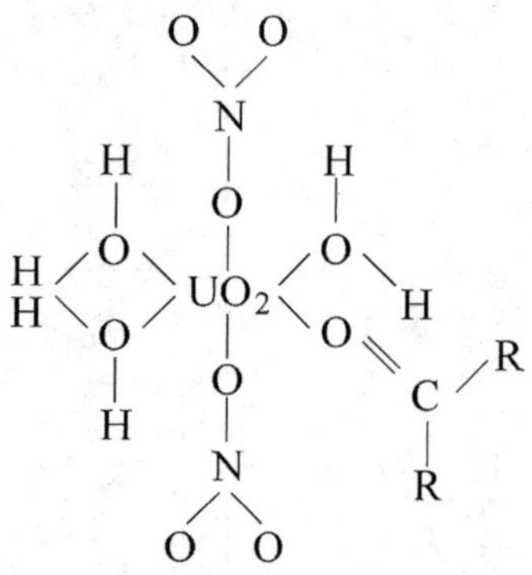

$UO_2(NO_3)_2 \cdot 3H_2O \cdot$ MiBK

（MiBK－甲基异丁基酮）

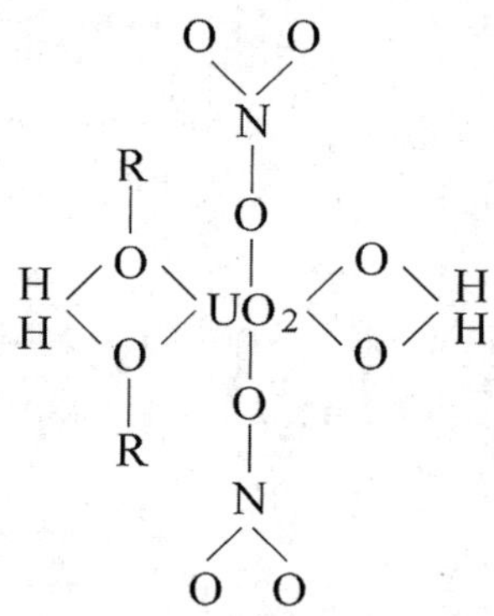

$UO_2(NO_3)_2 \cdot$ 4i－BuOH（i－BuOH－异丁醇）

（2）二次溶剂化　硝酸铀酰通过二次溶剂化而生成的萃合物组成为：

$$UO_2(NO_3)_2 \cdot 4H_2O \cdot xS\ (x \leqslant 4)。$$

例如，$UO_2(NO_3)_2 \cdot 4H_2O \cdot 2ROR$ 的合理结构式是：

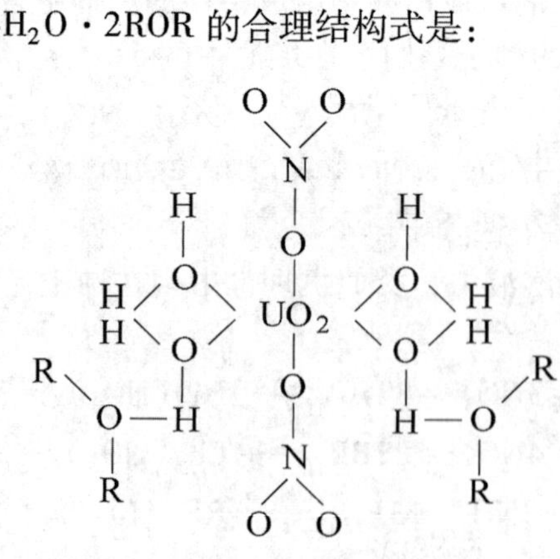

(R O R代表醚)

综合以上讨论，可以看出：在酸度适当的介质中，用中性萃取剂进行萃取，是通过一次溶剂化或二次溶剂化实现的。因此，把此类萃取又叫做溶剂化萃取是颇为合理的。

此外，取代酰胺这类萃取剂在国外作为工业萃取剂应用还未见报道。我国合成了N，N混合基乙酰胺，已首先在冶金中应用。

取代乙酰胺的通式为 $R_1-\overset{\overset{\displaystyle O}{\|}}{C}-N\begin{matrix}\diagup R_2\\ \diagdown R_3\end{matrix}$，和酮相似也是以羰基作活性基团的萃取剂。这种萃取剂的羰氧给电子能力比酮类稍强。$R_1=CH_3$，$R_2=R_3=C_{7\sim9}H_{15\sim19}$代号为A101的萃取剂，其萃取能力稍大于MiBK。在取代酰胺中导入了—NR_2基团，使水溶性及挥发性减少，而闪点及沸点升高（见表8-1）。这类萃取剂的抗氧化能力较酮和醇强，在实践中已证明A101等取代酰胺比MiBK等更优良。纯的取代酰胺虽较酮醇的黏度大，但加入煤油或二乙苯等稀释剂便可改善。经多年的工业应用证明，这类萃取剂具有稳定性高、水溶性小、挥发性低、选择性好等一系列优点。

研究萃取剂结构对其萃取影响的结果表明，氮原子上烷基碳链加长或芳基取代都会导致萃取能力减弱。但烷基α位上支链化（即仲碳原子）则使其萃取能力稍有增强。羰基邻近α碳原子上支链化则由于空间位阻而使萃取能力减弱，这种情况当萃取剂对金属配位数高时尤为显著。

有关对N，N二烷基乙酰胺的应用研究证明：这类萃取剂可用于钽、铌分离以及铊、铼、镓、锂的提取，还可望用来提取其他一些金属。

关于用A101在高浓度盐酸溶液中萃取铊的机理，见下面第二类萃取讨论中的举例说明。

2. 用阴离子交换萃取剂进行萃取　用本类萃取剂进行萃取是属于阴离子交换的离子缔合机理。所用萃取剂包括胺类有机物以及前面已讨论过的含氧中性萃取剂（取代酰胺、酮、醇和醚等）。胺类萃取剂以胺盐中的阴离子与金属络合阴离子进行交换，形成离子缔合体而被萃取进入有机相；类似地，含氧萃取剂以𬭸盐中的阴离子与金属络合阴离子进行交换，也形成离子缔合体而实现萃取。现分别讨论如下。

（1）𬭸盐萃取　从冶金原理的观点来看，在用取代酰胺、酮、醇、醚等进行𬭸盐萃取时，必须考虑到以下几个重要因素：

1）被萃取的金属离子必须呈络合阴离子形态存在。络合阴离子的稳定性越大越有利于萃取，且络合阴离子的亲水性越差越好。一般说来，金属离子应在HF、HCl、HBr、HI、HCNS、HNO_3等介质中而不宜在高价含氧酸介质中进行萃取。

2）𬭸盐形成的能力决定于含氧萃取剂的碱性，萃取剂碱性越强越有利，其次序为：醚＜醇＜酮＜取代酰胺。𬭸离子的亲水性越差越好，这就要求萃取剂有适当的分子量。

3）𬭸盐萃取一般要在高酸度条件下进行，以保证最大限度地生成金属络合阴离子和有机阳离子。所以，金属离子的萃取率受体系酸度影响较大。

现以在高浓度盐酸介质中用醚萃取$FeCl_3$以及用A101萃取$TlCl_3$为例，说明阴离子交换的𬭸盐萃取反应的一般机理如下：

ⓐ萃取$FeCl_3$　𬭸盐形成反应：$\left(\begin{matrix}R\diagdown\\ \quad O\\ R\diagup\end{matrix}\right)_{有}+HCl=\!=\!=\left(\begin{matrix}R\diagdown\\ \quad O\\ R\diagup\end{matrix}-H^+Cl^-\right)_{有}$

金属络合阴离子形成反应：$FeCl_3+HCl=\!=\!=FeCl_4^-+H^+$

阴离子交换反应：

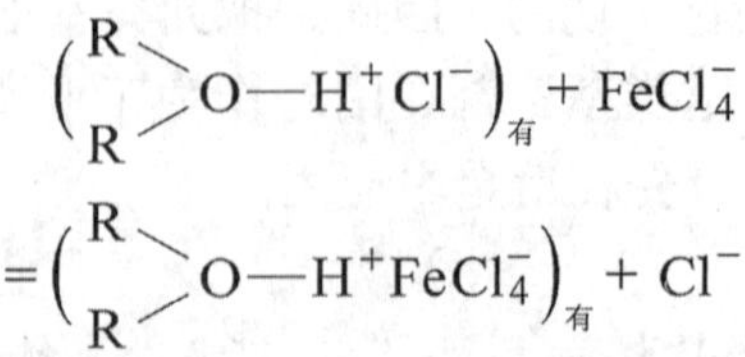

ⓑ萃取 $TlCl_3$　按照完全类似的机理，得到以下的离子缔合体：

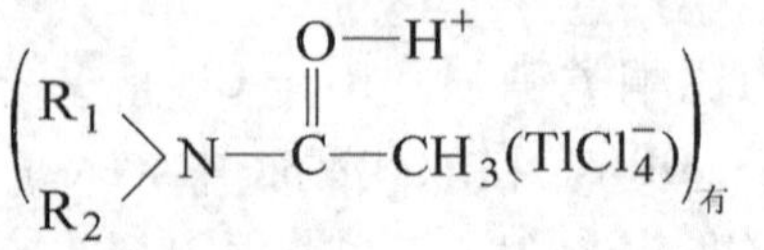

（2）胺盐萃取　这是在湿法冶金中得到广泛应用的一种萃取分离金属的方法，涉及的金属种类甚多，值得注意。如表 8－2 所示，属于这个类型的主要萃取剂有伯、仲、叔胺以及季铵盐。

伯、仲、叔胺萃取剂在酸性溶液中，如在 H_2SO_4 溶液中；分别生成 $RNH_3^+HSO_4^-$、$R_2NH_2^+HSO_4^-$、$R_3NH^+HSO_4^-$。在 HCl 溶液中，分别生成 $RNH_3^+Cl^-$、$R_2NH_2^+Cl^-$、$R_3NH^+Cl^-$。在 H_2SO_4 或 HCl 溶液中，如有金属离子存在时，即可被萃取。如在 H_2SO_4 介质中用三辛胺萃取铀和在 HCl 介质中用三辛胺萃取钴。其反应分别如下：

$$UO_2(SO_4)_2^{2-} + (R_3NH)_2SO_{4有} \rightleftharpoons (R_3NH)_2UO_2(SO_4)_{2有} + SO_4^{2-}$$

$$CoCl_4^{2-} + 2R_3NH^+Cl^-_{有} \rightleftharpoons (R_3NH^+)_2CoCl^{2-}_{4有} + 2Cl^-$$

萃取剂也可以是季铵盐（$R_4N^+Cl^-$），在此情况下，因已形成阳离子，不再需要与 H^+ 结合，所以可以在中性或碱性溶液中萃取金属，从而应用适应性扩大。用 N_{263}（氯化三烷基甲铵）萃取稀土时，其萃合物组成为：

$$\{CH_2N[(CH_2)_{7\sim12}CH_3]_3\}^+\{RE(NO_3)_4\}^-$$

应该指出，在用胺萃取金属时，发现除阴离子交换机理外，还存在一种所谓的加合反应机理。现以用胺萃取铂系金属为例，并作扼要说明。

伯胺、仲胺和叔胺在酸性溶液中都是在生成胺盐 AmHX（Am 代表胺分子；HX 代表无机酸分子）后，才萃取铂系金属的络合阴离子。例如，在 HCl 介质中出现以下两种萃取机理：

1）阴离子交换机理

$$2AmHCl_{有} + PtC_6^{2-} \rightleftharpoons (AmH)_2PtCl_{6有} + 2Cl^-$$

2）加合反应机理

$$2Am_{有} + PtCl_6^{2-} \rightleftharpoons Pt(Am)_2Cl_{4有} + 2Cl^-$$

按加合反应进行萃取的特点是速度缓慢。由于胺分子进入络合物的内配位层成为内络合物，故也称为内络合物萃取反应机理。这种形态的萃合物非常稳定，但反萃取却很困难。实验证明，从伯胺至仲、叔胺两种机理中的加合反应比例依次减小，其原因乃是由于烷基数目增加，引起氮原子与金属直接结合的位阻增大，不利于加合反应进行。在研究中又发现一个有益的作用，即萃合物中阴离子络合物与水相中的阴离子络合物存在着交换反应。例如：

$$2(AmH)_3IrCl_{6有} + 3PtCl_6^{2-} \rightleftharpoons 3(AmH)_2PtCl_{6有} + 2IrCl_6^{3-}$$

这种交换萃取的能力大小有如下次序：钯 > 铂（Ⅳ）> 铱 > 铑（Ⅲ）> 钌（Ⅲ）。在此次序中，前面的金属可把存在于有机相中后面的金属置换出来。这种作用可使铂系金属的分离系数增大，故有利于铂系金属的分离提纯。

3. 用阳离子交换萃取剂进行的萃取　属于这个类型的萃取是用有机酸及其盐以及螯合剂对金属阳离子进行萃取的过程，被萃取的金属阳离子交换萃取剂中的阳离子（H^+）的过程发生在相间的界面上，所以萃取机理属于相间阳离子交换。

表 8－3 列入作为阳离子交换萃取剂的有机酸主要有羧酸和二烷基磷酸。磺酸因其吸湿性和水溶性较大，而且选择性也差，还容易乳化，实际应用极有限，故未列入表 8－3 中。这些有机酸用于萃取时，也可称为酸性萃取剂。

羧酸通式为 RCOOH，这是一种弱酸性萃取剂。羧酸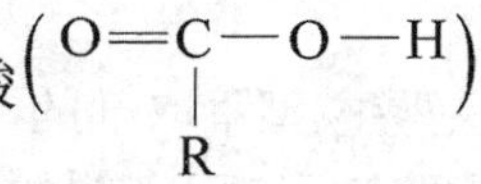上的氢可以解离。当 OH 和酰基相连后，由于羰基中的 π 电子的极化，氧上的电子密度很高，这一对 π 电子和羟基中氧上的未共享电子对还起着共轭作用，这都促使羟基上的氢解离为氢离子。氢解离以后，氧上即带有一个负电荷，这样就更容易供给电子与原来羰基的 π 电子发生共轭作用。同时，这个负电荷不是集中在一个氧原子上，而是平均分配在两个氧和一个碳上。因此，这个负离子比较稳定。由于羧基上有“活泼”的氢，使得羧基与羧基之间可以有效地彼此缔合，所以羧酸的挥发性较低，羧酸的沸点比等分子量的醇还高一些。根据 X 射线测定，羧酸在苯、氯仿、煤油中形成二聚体：

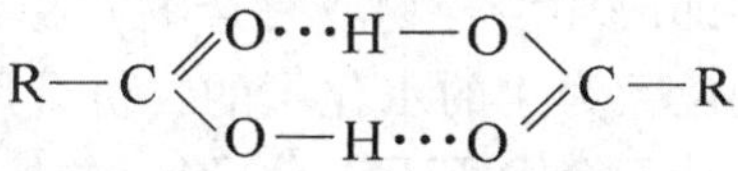

但在极性溶剂（如醇）中，由于极性溶剂与羧酸缔合，使二聚体减少。

羧酸及其盐类在水中有较大的溶解度。作为萃取剂的羧酸要有足够长的碳链，以减小其水溶性，在工业上常采用含 7～9 个碳的脂肪酸作为萃取剂。9 个碳以上的脂肪酸凝固点高，离解常数 K_α 减小，不宜作萃取剂。在实践中发现，带支链结构的羧酸物理性能较好。特别吸引人的是某些环烷酸（石油产品）和异构羧酸，它们化学性能稳定，物理性能好，具有较好的选择性，价格又便宜，所以在湿法冶金中，特别是在分离镍、钴中受到人们的重视。

羧酸能有效地从微酸性或碱性溶液中进行萃取，萃取中主要是受水相酸度、金属阳离子的价数及其酸性所影响。不同价数及不同酸性的金属阳离子的萃取行为有很大的差别，容易通过调节 pH 值来达到彼此有效的分离。通常最大的萃取率是在刚好低于金属氢氧化物沉淀的 pH 值下得到。改变 R 的结构，可使萃取能力发生变化。例如减少支链及增加链长能使萃取能力有所增大；引入负诱导效应或电负性的取代基——芳基或在链烷基的 α 位置上卤代能显著增大萃取能力，但金属的萃取顺序几乎与 R 基的性质无关。

不同介电常数的稀释剂，对羧酸萃取能力的影响不明显。

酸性磷型萃取剂是由磷酸分子中的三个羟基或部分被烷氧基置换得到的一烷基膦酸、二烷基磷酸或部分被烷基置换得到的一烷基膦酸和二烷基膦酸，或一个被烷基，另一个被烷氧基置换得到的一烷基膦酸一烷基酯，其相应的结构式为：

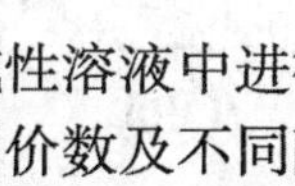
一烷基膦酸

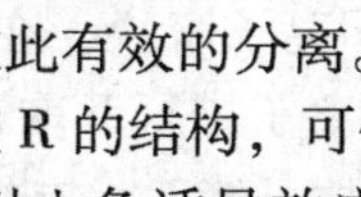
二烷基膦酸

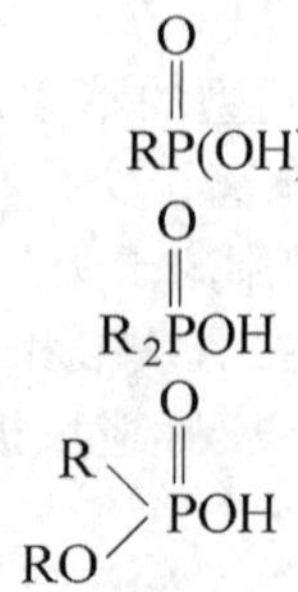

一烷基膦酸

二烷基膦酸

一烷基膦酸一烷基酯

其中，属于烷基磷酸型萃取剂的二－（2－乙基己基）磷酸（简称 P_{204} 或 D_2EHPA，如表 8－3 所示）得到广泛应用。例如用于萃取分离稀土，从酸浸出液中提取铀，萃取铍，萃取铟和铊以及萃取分离钴、镍等。

D_2EHPA 和羧酸一样，也在常用的多种非极性稀释剂（见表 8－2）中形成二聚体，如下列结构式所示：

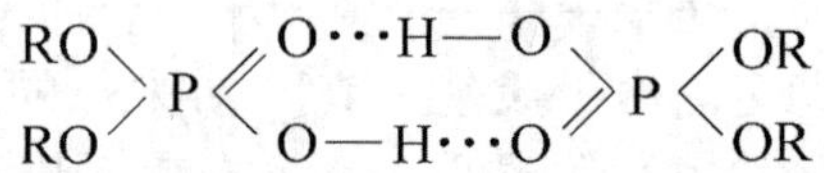

从以上两种有机酸二聚体的结构式可以看出，二聚体分子的阴离子是一个二齿配位体，这就为形成内络合物（亦即成环络合物或螯合物）提供了条件。例如，在通常的条件下，用 D_2EHPA 萃取一个配位数为 4 的水化了的二价金属阳离子 $Me(H_2O)_4^{2+}$ 时，需要两个 D_2EHPA 二聚体分子（或四个 D_2EHPA 分子），并按阳离子交换机理进行萃取，形成八元螯环，如下列反应所示：

$$Me(H_2O)_4^{2+} + 2(HR_2PO_4)_{2有} \rightleftharpoons [Me(R_2PO_4)_2 \cdot 2HR_2PO_4]_{有} + 2H^+ + 4H_2O$$

呈八元螯环的萃合物的结构式可表示如下：

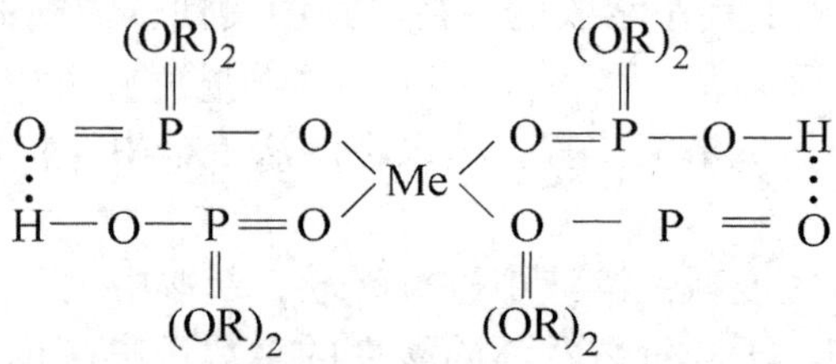

对像 MoO_2^{2+}、ZrO_2^{2+}、UO_2^{2+} 等一类金属阳离子来说，在两个 D_2EHPA 二聚体分子作用下，可在弱酸介质中按阳离子交换机理对阳离子进行萃取，但因为 D_2EHPA 中 $\geqslant P=O$ 基发生了极化以及基上氧原子是电子给予体，故可能发生有机酸分子对阳离子的附加溶剂化作用直至阳离子的最大配位数（通常为 6）为止。现以钼酰阳离子为例说明如下：

萃取反应：$MoO_2^{2+} + 2(HR_2PO_4)_2 \rightleftharpoons [MoO_2(R_2PO_4)_2 \cdot 2HR_2PO_4]_{有} + 2H^+$

萃合物结构式：

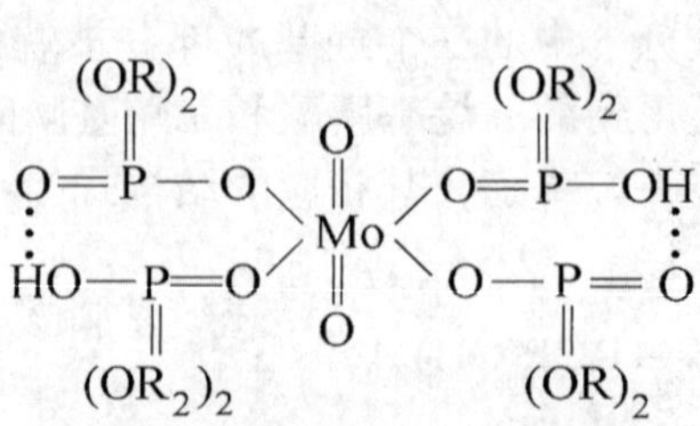

这样一来，把螯合萃取剂与酸性萃取剂合并列入阳离子交换萃取剂这个类型进行分析讨论是恰当的。

螯合萃取剂是一种结构特殊的有机化合物，在其分子中同时含有能与金属阳离子形成共价键和配位键的基团。能与金属阳离子形成共价键的基团有：$—COOH$，$—SO_3H$，$=POOH$，$=NOH$（肟基），OH（醇基或烯醇基，后者是烯醇重排结果：$—CH_2—C(=O)— \rightleftharpoons —CH=C(OH)—$），$—SH$ 以及其他类似的基团。所有这些基团都含有可移动的氢原子，可在形成络合物的过程中为金属所取代。

能形成配位键的基团则可举出：酮基（$—C(=O)—$），氨基（$—NH_2$，$=NH$，$\equiv N$），肟基（$=NOH$），醇分子中的羟基氧等。

由此可见，所有螯合萃取剂分子都是多齿（通常为二齿）配位体，形成内络合（螯合）化合物。具有代表性的螯合萃取剂与酸性萃取剂合并列在表 8－3 所示的阳离子交换萃取剂类型中。

如果金属离子的配位数不超过其价数的二倍，则螯合物在配位上处于饱和（即没有游离的配位键）。若配位数大于价数的二倍，那么就有部分的配位点游离着，并通常被水分子占据；这些水分子可被稀释剂分子挤掉，或者是由于在稀释剂分子和水分子之间有氢键形成而阻隔。大部分用于萃取的螯合剂都是离解常数小于 10^{-3} ~ 10^{-4} 的弱酸。

早年，由于螯合剂组成复杂和价格昂贵，一直是限于在分析化学和无机化学领域应用。从 50 年代起，以 Lix63（Lix 为液体离子交换剂的英文字缩写，63 是铜的原子量）为代表的第一代铜的螯合萃取剂才开始得到工业应用，用于从堆浸溶液中萃取铜。以后，由于有机化学、石油化工的飞速发展，给研制和使用新型的、价廉的、特效的萃取剂提供了条件。因此，螯合剂逐渐在湿法冶金中作为萃取剂得到较为广泛的应用，涉及重、轻、稀、贵为数众多的有色金属，值得继续研究和开发推广用途。

现在，按表 8－3 所列的一些螯合萃取剂，举例说明在萃取过程中与金属阳离子反应的机理如下：

用 Lix63 萃取铜　反应及萃合物的结构式可表示如下：

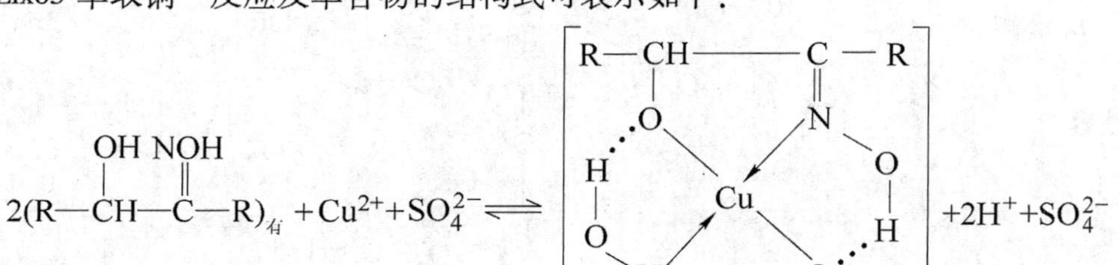

Kelex－100是十二烯基－8－羟基喹啉

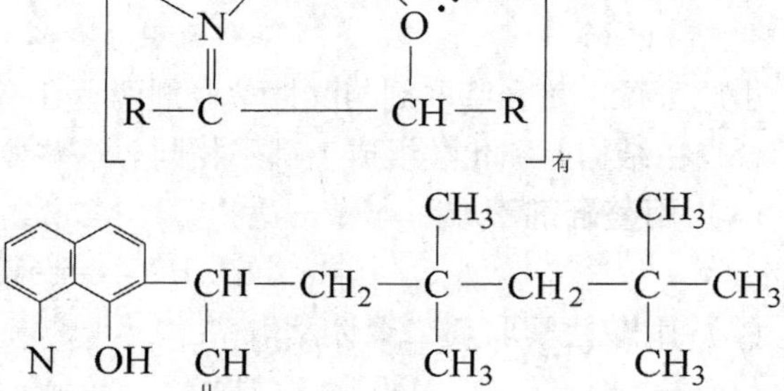

这是一种萃取铜及其他有色金属常用的螯合剂。对铜的萃取来说，Kelex－100 的酸性及萃取能力比各种 Lix 型萃取剂都要大得多，比较顺序为：Kelex－100≫Lix70＞Lix64N＞Lix64≫Lix63。

用 HTTA 萃取镧 萃取反应及萃合物结构式可表示如下：

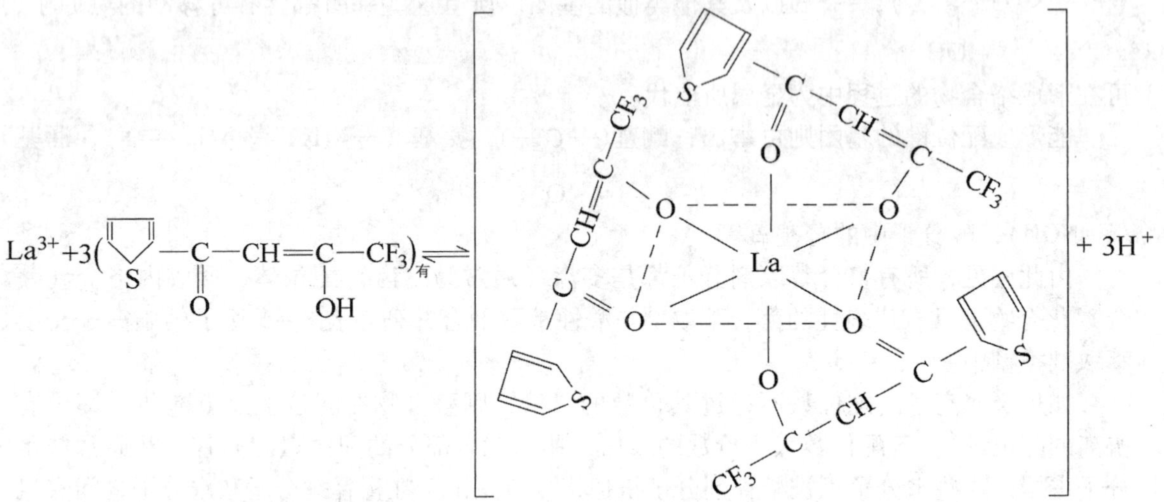

结果得到六元螯环萃合物。

为了与酸性萃取剂比较，这里举出用 D_2EHPA 萃取稀土作为例子。

反应式：$RE^{3+} + 3(HR_2PO_4)_{2有} \rightleftharpoons RE(R_2PO_4)_3 \cdot 3HR_2PO_{4有} + 3H^+$

萃合物结构式：
（八元螯合环）

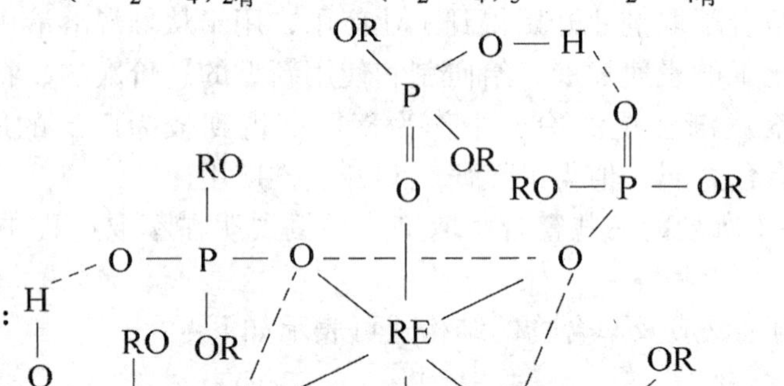

由此可见，螯合萃取剂与酸性萃取剂两者在萃取机理上同属于阳离子交换类型，但形成的萃合物在结构上和化学组成上都不相同。这些概念可用以下两个通式更清楚地表达出来：

（1）用螯合剂萃取

$$Me^{n+} + nHA_{有} \rightleftharpoons MeA_{n有} + nH^+$$

（2）用酸性萃取剂二聚体萃取

$$Me^{n+} + n(HA)_{2有} \rightleftharpoons MeA_n \cdot nHA_{有} + nH^+$$

式中　HA——萃取剂分子；

$(HA)_2$——二聚体分子；

H ——萃取剂分子中可移动的 H 原子，在萃取过程中被 Me 取代而成为 H^+ 离子转入水相；

A ——萃取剂分子中结合着的阴离子。

在后面另段讨论有关用各类萃取剂进行萃取的平衡时，还会用到这些反应式。

五、用各类萃取剂进行萃取的平衡

1. 中性萃取的平衡　下面以用 TBP 进行萃取为例进行讨论。

在有溶剂化物形成的情况下，硝酸溶液中的萃取以下列反应式描述：

$$Me^{n+} + nNO_3^- + qTBP \rightleftharpoons Me(NO_3)_n \cdot qTBP$$

在水溶液中 Me^{n+} 和稀释剂中 TBP 为低浓度的情况下，$\gamma_{Me^{n+}} = \gamma_{TBP} = 1$。从而

$$K_C = [Me(NO_3)_n \cdot qTBP]_{有} / [Me^{n+}]_{水}[TBP]_{有}^q[NO_3^-]_{水}^n$$

因为 $[Me(NO_3)_n \cdot qTBP]_{有}/[Me^{n+}]_{水} = D$，故 $K_C = D/[TBP]_{有}^q[NO_3^-]_{水}^n$。在 $[NO_3^-]$ = 常数时，$D = K'[TBP]_{有}^q$，从而得到：

$$\log D = \log K' + q\log[TBP]_{有} \tag{8-1}$$

式中　$K' = K_C[NO_3^-]^n$。

根据 $\log D - \log[TBP]$ 直线的斜率，可以确定溶剂化数的值。

盐析剂（HNO_3 或诸如 $NaNO_3$、$Al(NO_3)_3$ 的各种硝酸盐）的存在，对用 TBP 从硝酸溶液中进行萃取的指标有很大影响。

盐析剂的作用受两个因素的制约：

（1）D 由于不离解的络合物的浓度升高而增大（同离子效应）；

（2）盐析剂离子的水化，这会使未结合水的浓度减小并促使被萃取离子的脱水和萃取剂分子的溶剂化。

在用 TBP 进行萃取中，酸也会从硝酸水溶液中被萃取转入有机相中。在 HNO_3 浓度达 4mol/L 时，形成的化合物是含一个酸分子的 $TBP \cdot HNO_3$，而在更高浓度下，则是含两个酸分子的 $TBP \cdot 2HNO_3$（硝酸的超化学计量萃取）。由于萃取剂的结合，酸浓度的增大可伴随 D 的减小（例如，在萃取 U、Th 时的情况就是如此）。

在其他情况下，随着 HNO_3 浓度的增大，D 不断升高（Zr、Hf 萃取时），因为阻止水解的因素以及保证形成不离解分子具有优势影响。

当锆和铪从硝酸介质中被萃取时，分配比不仅与 NO_3^- 和 TBP 的浓度有关，而且也与 H^+ 离子的浓度有关，这一点可以从萃取反应看出：

$$Zr(OH)_2^{2+} + 4NO_3^- + 2H^+ + 2TBP \rightleftharpoons Zr(NO_3)_4 \cdot 2TBP + 2H_2O$$

$$K_C = \frac{[Zr(NO_3)_4 \cdot 2TBP]_{有}}{[Zr(OH)_2^{2+}]_{水}[NO_3^-]_{水}^4[H^+]_{水}^2[TBP]_{有}^2}$$

与前相类似地，得到

$$D = K_C[NO_3^-]_{水}^4[H^+]_{水}^2[TBP]_{有}^2 \tag{8-2}$$

当 $[NO_3^-]$ = 常数和 $[H^+]$ = 常数时，则得到：

$$D = K'[TBP]^2 \text{ 和 } \log D = \log K' + 2\log[TBP] \tag{8-3}$$

按照方程（8-2），锆和铪的分配比随着 HNO_3 浓度增大而升高。相反，分离系数

$\beta = D_{Zr}/D_{Hf}$在此情况下却下降，因为D_{Hf}增大的程度比D_{Zr}的更大（见图8－2）。

因此，为了锆和铪的分离，最好是在HNO_3浓度约为6mol的条件下用TBP进行萃取，在此情况下β值仍然很大（约12），而且同时锆的分配比值还是足以使之转入有机相。

此外，用中性萃取剂MiBK和TBP进行萃取的重要实例是钽和铌的分离，过程在氢氟酸溶液中进行。这两种萃取剂的萃取规律性相似。

钽和铌这两个元素在高浓度（$>4mol \cdot L^{-}$）的HF介质中呈H_2TaF_7、$HTaF_6$以及H_2NbF_6、$HNbF_6$等络合酸的形态存在。在这样的溶液中，钽和铌按水化——溶剂化机理被萃取，形成组成为$(H_3O(H_2O)_3 \cdot 3TBP)^+A^-$的络合物，其中$A^-$为$HTaF_7^-$或$HNbF_7^-$。

从图8－3可以看出，钽能用TBP从弱酸性或强酸性溶液中很好地被萃取，而铌只能在HF浓度$>4mol \cdot L^{-1}$的条件下才被萃取。其原因在于：铌不同于钽，在低酸浓度下呈水解离子$NbOF_5^{2-}$形态存在。因此，钽和铌的萃取反应各不相同，如下列各式所示：

$$TaF_7^{2-} + 2H^+ + 3TBP + 4H_2O \rightleftharpoons (H_3O \cdot 3H_2O \cdot 3TBP)\ HTaF_7$$

$$NbOF_5^{2-} + 4H^+ + 2F^- + 3TBP + 3H_2O \rightleftharpoons (H_3O \cdot 3H_2O \cdot 3TBP)\ HNbF_7$$

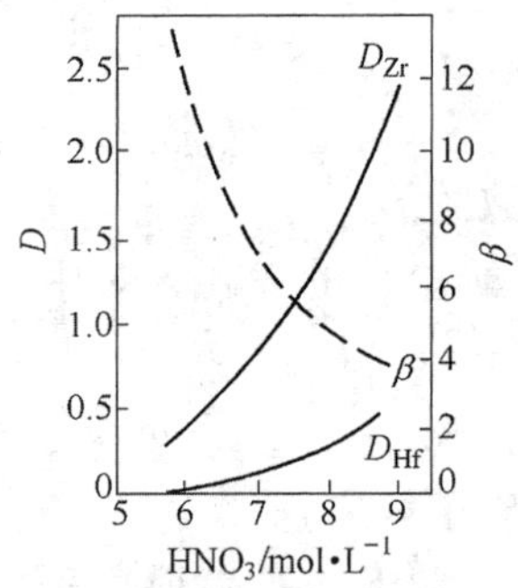

图8－2　锆和铪在有机相（TBP在煤油中的20%溶液）与水相之间的分配比D和分离系数β与HNO_3浓度的关系。原水相中含Zr10g·L^{-1}和Hf 0.2g·L^{-1}

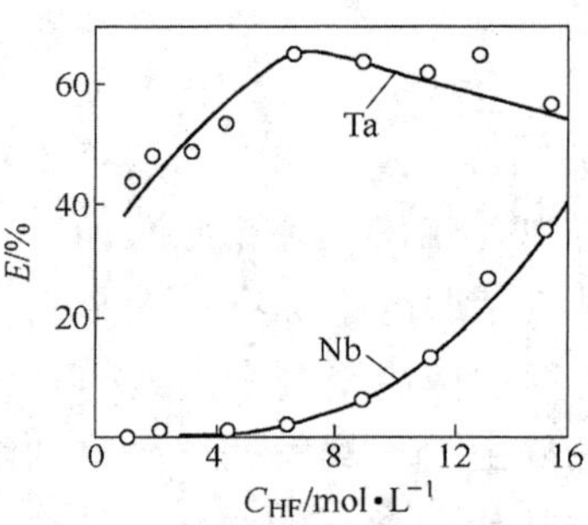

图8－3　用MiBK萃取钽和铌的萃取率E与氢氟酸浓度C_{HF}的关系。原水相中含Ta16g·L^{-1}和Nb19.2g·L^{-1}

对这两个反应来说，平衡常数表示如下：

$$K_{Ta} = \frac{[(H_3O \cdot 3H_2O \cdot 3TBP)HTaF_7]_{有}}{[TaF_7^{2-}]_{水}[H^+]_{水}^2[TBP]_{有}^3}$$

$$K_{Nb} = \frac{[(H_3O \cdot 3H_2O \cdot 3TBP)HNbF_7]_{有}}{[NbOF_5^{2-}]_{水}[H^+]_{水}^4[F^-]_{水}^2[TBP]_{有}^3}$$

据此，可得到：

$$D_{Ta} = K_{Ta}\ [H^+]_{水}^2\ [TBP]_{有}^3 \tag{8-4}$$

$$D_{Nb} = K_{Nb}\ [H^+]_{水}^4\ [F^-]_{水}^2\ [TBP]_{有}^3 \tag{8-5}$$

由此可见，铌的分配比与钽的分配比相比较在更大程度上与氢离子浓度有关。所以，铌只有在HF浓度$>4mol \cdot L^{-1}$时才被萃取。

在钽的萃取曲线上出现最高点，这是因为氢氟酸力争萃入有机相而伴随形成溶剂化物$TBP \cdot HF$的缘故。在此情况下，萃取按下列反应进行：

$$TaF_7{}^{2-} + 3TBP \cdot HF_{有} + 4H_2O \rightleftharpoons$$

$$(H_3O \cdot 3H_2O \cdot 3TBP)HTaF_{7有} + H^+ + 3F^-$$

据此，得到：

$$D_{Ta} = K_{Ta}\ [TBP \cdot HF]^3_{有}/([H^+]_{水}\ [F^-]^3_{水}) \quad (8-6)$$

从式（8－6）可以看出：D_{Ta}随着氢和氟的离子的浓度增大而减小。

用TBP从氢氟酸溶液中萃取和分离钽和铌的工艺包括三个阶段：

第一阶段，从HF浓度约12mol/L的溶液中一起萃取Ta和Nb，以使分配比小($D=0.001 \sim 0.01$)的杂质（Fe，Mn，Ti，Si，Sn等）完全分离。

第二阶段，用少量的水反萃取Nb，水量要按计算使得反萃取液中含HF刚好在2mol·L^{-1}左右（氢氟酸与Nb一道被反萃，此外，在H_2NbF_7水解成H_2NbOF_5时也有HF生成）。

第三阶段，用NH_4F溶液反萃取钽。

2. 阴离子交换萃取的平衡　在阴离子交换萃取的情况下，可被萃取转入有机相中的含金属阴离子具有不同的性质。

Re、Mo、W等金属，在水溶液中呈诸如ReO_4^-、MoO_4^{2-}、WO_4^{2-}、$Mo_7O_{24}^{6-}$、$HW_8O_{21}^{5-}$、$H_2W_{12}O_{42}^{10-}$、$H_2W_{12}O_{40}^{6-}$等简单的或多聚的阴离子形态存在，并转入有机相中。多电荷的阴离子多半呈电荷较少的质子化形态被萃取。

大多数金属呈诸如$CoCl_4^{2-}$、$FeCl_4^-$、$PtCl_6^{2-}$、TaF_7^{2-}等络合阴离子形态转入有机相，但在水溶液中占优势的形态也可能不是金属的络合阴离子，而是阳离子。

水溶液中存在的阴离子的萃取以下列式子表示：

$$A^{n-}_{水} + n\ (AmX)_{有} \rightleftharpoons (Am_nA)_{有} + nX^-_{水}$$

式中，Am^+表示在用季铵盐萃取时的NR_4^+或者是表示在用胺萃取时的$NR_xH_{4-x}^+$（$x=1 \sim 3$）。

平衡常数

$$K_C = [Am_nA]_{有}[X^-]^n_{水}/([A^{n-}]_{水}[AmX]^n_{有})$$

分配比

$$D = [Am_nA]_{有}/[A^{n-}]_{水}$$

从而得到：

$$\log D = \log K_C + n\log\ [AmX]_{有} - n\log\ [X^-]_{水} \quad (8-7)$$

由此可见，分配比是按照水溶液中X^-离子浓度增大的程度而减小。在$[AmX]_{有}=$常数的情况下，直线$\log D = f\{\log\ [X^-]_{水}\}$的斜率等于阴离子的电荷数$n$。

在$[AmX]_{有}$及$[X^-]_{水}=1$条件下，等于分配比D和决定阴离子相互交换次数n的平衡常数K_C之值与阴离子的水化能有关联。水化能愈大，阴离子由水相转入有机相就愈困难，平衡常数也就愈小。

平衡常数递减的次序为：$ClO_4^- > NO_3^- > Cl^- > HSO_4^- > F^- > OH^-$；与此相对应的水化能递增的次序为：

离　子	ClO_4^-	NO_3^-	Cl^-	F^-	OH^-
水化作用的$-\Delta G^{\ominus}$（kJ·moL^{-1}）	209	289	330	447	463

可以举出用三辛胺（TOA）从硫酸水溶液中萃取铼，作为萃取含金属阴离子的实用例子。

TOA能在硫酸浓度从1%到50%的宽广范围内有效地萃取ReO_4^-离子；浓度达150g·L^{-1}的Cl^-和NO_3^-离子在溶液中的存在对铼的萃取没有影响。与含$C_7 \sim C_9$的醇相混合的煤油用作 TOA 的溶剂。铼的反萃取用5% ~10%的氨溶液进行。

络合阴离子的萃取过程要复杂得多，可以提出分两步进行的方法。

（1）络合阴离子在水相中的形成：

$$Me^{z+} + nX^- \rightleftharpoons MeX_n^{(n-z)-}$$

$$\beta_n = [MeX_n^{(n-z)-}]/([Me^{z+}][X^-]^n) \tag{8-8}$$

式中，β_n 为络合物形成常数。

（2）络合阴离子的萃取：

$$MeX_{n水}^{(n-z)-} + (n-z)AmX_{有} \rightleftharpoons Am_{(n-z)}MeX_{n有} + (n-z)X_{水}^-$$

$$K_C = [Am_{(n-z)}MeX_n]_{有}[X^-]_{水}^{n-z}/([MeX_n^{(n-z)-}]_{水}[AmX]_{有}^{n-z}) \tag{8-9}$$

现在，一方面以水相中金属的总浓度、阴离子 $X_{水}^-$ 的浓度以及形成常数 β_n 来表示阴离子络合物的浓度，一方面假定只有游离的金属阳离子 Me^{z+} 和络合阴离子 $MeX_n^{(n-z)-}$ 在水相中存在。这样，可得到：

$$\begin{aligned}[Me_{\Sigma}]_{水} &= [MeX_n^{(n-z)-}]_{水} + [Me^{z+}]_{水} \\ &= [MeX_n^{(n-z)-}]_{水}(1 + 1/\beta_n[X^-]_{水}^n)\end{aligned}$$

$$[MeX_n^{(n-z)-}]_{水} = [Me_{\Sigma}]_{水}\frac{\beta_n[X^-]_{水}^n}{1+\beta_n[X^-]_{水}^n} \tag{8-10}$$

将式（8－10）代入式（8－9），得到：

$$K_C = \frac{[Am_{(n-z)}MeX_n]_{有}[X^-]_{水}^{n-z}}{[Me_{\Sigma}]_{水}\dfrac{\beta_n[X^-]_{水}^n}{1+\beta_n[X^-]_{水}^n}[AmX]_{有}^{n-z}} \tag{8-11}$$

因为$[Am_{(n-z)}MeX_n]_{有}/[Me_{\Sigma}]_{水} = D$,所以从方程(8－11)可得到：

$$D = K_C[AmX]_{有}^{n-z}\frac{\beta_n[X^-]_{水}^n}{1+\beta_n[X^-]_{水}^n}\cdot\frac{1}{[X^-]_{水}^{n-z}} \tag{8-12}$$

当$\beta_n[X^-]_{水}^n \ll 1$(即当溶液中 X^- 离子浓度低和 β_n 之值小)时，金属在水溶液中基本上呈阳离子形态存在，亦即：

$$[MeX_n^{(n-z)-}]_{水} \ll [Me^{z+}]_{水} \approx [Me_{\Sigma}]_{水}$$

在此情况下，得到：

$$D = K_C[AmX]_{有}^{n-z}\beta_n[X^-]_{水}^n/[X^-]_{水}^{n-z}$$

或者

$$D = K_{\Sigma}[AmX]_{有}^{n-z}[X^-]_{水}^z \tag{8-13}$$

式中，$K_C = K_{\Sigma}\beta_n$。

这样一来，当对在水溶液中基本上呈阳离子形态存在的金属的络合阴离子进行萃取时，提高配位体 X^- 在水溶液中的浓度将导致分配比增大。

如果β_n $[X^-]^n \gg 1$（即如果 X^- 离子在溶液中的浓度高，β_n 之值大），那么络合阴离子在水溶液中占优势，而萃取平衡以式（8－9）来表述。

在此情况下，分配常数为：

$$D = K_C[AmX]_{有}^{n-z}/[X^-]_{水}^{n-z} \tag{8-14}$$

也就是说，分配比像在萃取简单阴离子那样是随着阴离子 X^- 的浓度增大而减小。

在以式（8－12）表述的一般情况下，分配比与阴离子 X^- 浓度的关系曲线上应呈现最高点。当 X^- 浓度小于与之相对应的 D_{max} 时，分配比增大；而在 X^- 浓度大于 D_{max} 时，则分配比随着 X^- 浓度增大而下降。最高点的位置决定于 β_n 和 K_C 之值、n 和 z 的数值以及萃取率和金属的浓度。

3. 阳离子交换萃取的平衡　前面已经说过，在用螯合剂进行萃取的过程中，萃取反应以下列通式表示：

$$Me^{n+} + nHA_{有} \rightleftharpoons MeA_{n有} + nH^+$$

$$K_C = [MeA_n]_{有}[H^+]^n / ([Me^{n+}][HA]_{有}^n) \tag{8-15}$$

一般认为，萃取反应中的萃合物是在水相中形成的，而后萃合物在两相中分配进入有机相。因此，总的萃取反应平衡由以下四个平衡组成：

首先，是螯合剂 HA 在两相中分配：

$$HA_{水} \rightleftharpoons HA_{有}$$

$$K_{HA}(\text{分配常数}) = [HA]_{有}/[HA]_{水} \tag{8-16}$$

其次，螯合剂在水相中解离：

$$HA \rightleftharpoons H^+ + A^-$$

$$K_d(\text{离解常数}) = [H^+][A^-]/[HA] \tag{8-17}$$

第三，金属络合物在水相中的形成：

$$Me^{n+} + nA^- \rightleftharpoons MeA_n$$

$$\beta_{MeA_n}(\text{金属络合物稳定常数}) = \frac{[MeA_n]}{[Me^{n+}][A^-]^n} \tag{8-18}$$

第四，金属络合物在两相中分配：

$$MeA_{n水} \rightleftharpoons MeA_{n有}$$

$$K_{MeAn}(\text{金属络合物分配常数}) = [MeA_n]_{有}/[MeA_n]_{水} \tag{8-19}$$

在水相中 Me^{n+} 不发生水解、聚合和其他络合以及有机相仅以 MeA_n 单一形态存在的情况下，可将以上各常数代入式（8－15）中，从而得到 K_C 与各常数之间的关系如下：

$$K_C = K_{MeA_n}\beta_{MeA_n}(K_d/K_{HA})^n \tag{8-20}$$

当 Me^{n+} 在水相中的浓度可忽略不计时，则萃取金属离子的分配比可表示为：

$$D = K_C\frac{[HA]_{有}^n}{[H^+]_{水}^n} = K_{MeA_n}\beta_{MeA_n}\left(\frac{K_d}{K_{HA}}\right)^n\frac{[HA]_{有}^n}{[H^+]_{水}^n} \tag{8-21}$$

式（8－21）表明，对电荷为 n^+ 的金属离子，其中性螯合物的分配比 D 值与有机相中螯合剂平衡浓度的 n 次幂成正比，与水相中氢离子浓度的 n 次幂成反比，如果在一定的 $[HA]_{有}$ 下以 $\log D - \log[H^+]_{水}$ 绘图，或在一定 $[H^+]_{水}$ 下以 $\log D - \log[HA]_{有}$ 绘图，将分别得到一条斜率为 n 的直线。

在此类萃取的计算中，人们还引用参数 $pH_{1/2}$ 来标志萃取剂对金属离子的萃取能力。$pH_{1/2}$ 表示在两相体积相等，金属离子被萃取一半（即萃取率为 50%）、分配比等于 1 时体系的 pH 值，如图 8－4 所示。

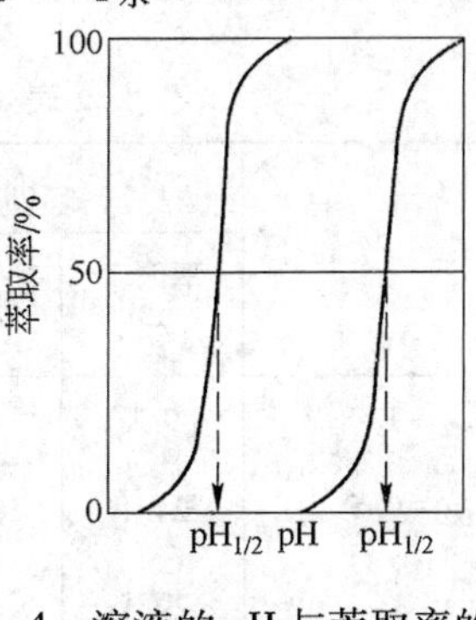

图 8－4　溶液的 pH 与萃取率的关系

$pH_{1/2}$ 和萃取平衡常数和萃取分配比的关系可由式（8－21）取对数后推导出来：

$$\log D = \log K_C + n\log[HA]_{有} - n\log[H^+]$$

$$= \log K_C + n\log[\mathrm{HA}]_{有} + n\mathrm{pH}$$

所以 $$\frac{-\log K_C}{n} = \mathrm{pH} + \log\ [\mathrm{HA}]_{有} - \frac{\log D}{n} \tag{8-22}$$

当 $D=1$

$$-\frac{\log K_C}{n} = \mathrm{pH}_{1/2} + \log[\mathrm{HA}]_{有} \tag{8-23}$$

如[HA]是定值，并设[HA] =1.00，则

$$-\frac{\log K_C}{n} = (\mathrm{pH}_{1/2})_{1.00} \tag{8-24}$$

这表示各金属离子在此条件下 $\mathrm{pH}_{1/2}$是定值。平衡常数越大，$\mathrm{pH}_{1/2}$越低。

将式（8－23）代入式（8－22），得到：

$$\mathrm{pH}_{1/2} = \mathrm{pH} - \frac{\log D}{n}$$

$$\log D = n(\mathrm{pH} - \mathrm{pH}_{1/2}) \tag{8-25}$$

式中，$\mathrm{pH}_{1/2}$越低，分配比越大。所以 $\mathrm{pH}_{1/2}$可以预示同价金属离子的萃取能力。如环烷酸萃取 RE^{3+}时，Y 在稀土元素中的 $\mathrm{pH}_{1/2}$最高，分配比最小，故在萃取时，Y 最后被萃取，因而可用环烷酸把 Y 从稀土中萃取分离出来（见表 8－4）。

表 8－4　环烷酸萃取稀土离子的 $\mathrm{pH}_{1/2}$

RE^{3+}	La	Ce	Pr	Nd	Pm	Sm	Eu	Gd	Tb	Dy	Ho	Er	Tm	Yb	Lu	Y
$\mathrm{pH}_{1/2}$	3.95	3.89	3.78	3.74	4.1	3.73	3.62	3.76	—	3.73	3.97	3.84	3.92	4.02	—	4.30

从式（8－25）也可算出不同价态金属离子在体系 pH 变化时分配比的变化，如表 8－5所示。

从表 8－5 可以看出，当体系的 pH > $\mathrm{pH}_{1/2}$的一个单位时，一价离子的分配比将增加 10 倍，二价、三价、四价离子的分配比分别增大 100、1000、10000 倍，因此体系的 pH 值变化，对于不同价态的金属离子分离是有意义的。

表 8－5　不同价态离子的萃取率和分配比

	一　价		二　价		三　价		四　价	
	萃取率（%）	分配比	萃取率（%）	分配比	萃取率（%）	分配比	萃取率（%）	分配比
$\mathrm{pH}_{1/2}-1.0$	9.1	0.1	1.0	0.01	0.1	0.001	0.01	0.0001
$\mathrm{pH}_{1/2}-0.5$	24.1	0.32	9.1	0.1	3.1	0.032	1.0	0.01
$\mathrm{pH}_{1/2}$	50.1	1.0	50.1	1.0	50.0	1.0	50.0	1.0
$\mathrm{pH}_{1/2}+0.5$	75.9	3.2	90.9	10.0	96.9	32	99.0	100
$\mathrm{pH}_{1/2}+1.0$	90.9	10	99.0	100	99.9	10^3	99.99	10^4

根据以上分析，可小结以下几点：

（1）pH 值愈大，即［H^+］愈小，则分配比 D 愈大，愈有利于萃取。但 pH 值过高，会引起金属离子的水解或其他不利于萃取的反应发生，而使萃取率下降。

（2）螯合剂的分配常数 K_{HA} 愈小，螯合物的分配常数 K_{MeA_n} 愈大，则萃取常数 K_C 就愈大，在水相 pH 保持不变的情况下，可以获得较大的分配比 D。

（3）螯合物的解离常数 K_d 愈大，即愈易溶解于水，愈容易与水相中的金属离子螯合生成可萃取的螯合物，愈有利于萃取。

（4）螯合物的稳定常数 β_{MeA_n} 越大，分配比 D 也越大，萃取率也就越高。

（5）金属离子的萃取率与螯合剂在有机相中的浓度有关。通常螯合剂在有机相中浓度增大 10 倍，使分配比 D 增大的数值与提高一个 pH 单位所增加的数值相同。

下面再以 D_2EHPA（我国名称为 P_{204}）萃取稀土为例，分析按反应通式 $Me^{n+} + n(HA)_{2有} \rightleftharpoons MeA_n \cdot nHA_{有} + nH^+$ 表示的阳离子交换萃取平衡。

在讨论这类萃取平衡时，要从稀土离子的分配比和分离系数出发，在某些场合下考虑分离系数比考虑分配比更为重要。稀土离子与 P_{204} 二聚体反应以下式表示：

$$RE^{3+} + 3(HA)_{2有} \rightleftharpoons RE(HA_2)_{3有} + 3H^+$$

$$K_C = \frac{[RE(HA_2)_3]_{有}[H^+]^3}{[RE^{3+}][(HA)_2]_{3有}} \tag{8-26}$$

当水相中稀土离子仅以 RE^{3+} 形态存在，有机相以［$RE(HA_2)_3$］存在时，分配比与 K_C 的关系可近似地表示为：

$$D = K_C[(HA)_2]_{3有}[H^+]_{-3} \tag{8-27}$$

$$\log D = \log K_C + 3\log[(HA)_2]_{有} - 3\log[H^+] \tag{8-28}$$

在同一萃取体系萃取时，两元素的分离系数：

$$\beta = D_1/D_2 = K_{C_1}/K_{C_2}$$

与两元素的萃取平衡常数有关。

金属离子的性质对萃取性能的影响。萃取平衡常数的大小不但影响金属离子分配比的大小，也关系到相邻二元素的分离系数。由于稀土离子络合物的稳定性主要决定于金属离子的电荷和半径，所以对于同价的稀土离子来说，其半径的变化将引起稀土络合物相对稳定性的变化。由于稀土离子的半径随原子序数增大而减小，所以 RE^{3+} 和 P_{204} 形成的络合物的稳定性或其萃取平衡常数随原子序数递增而递增，如表 8－6 所示。分配比也随原子序数递增而增大，并出现四分组效应，见表 8－7 和图 8－5。

表 8－6　P_{204} 萃取 RE^{3+} 的萃取平衡常数①

元素	Pm	Sm	Eu	Tb	Dy	Ho	Er	Yb	Lu	Y
$\log K_C$	−1.73	−0.95	−0.83	0.4	0.88	1.25	1.75	2.27	2.94	1.63

①条件：0.05mol/L P_{204}（按单体计算）甲苯溶液为有机相，水相中含有 1.0mol/L 的（$HNO_3 + NaNO_3$）。

应该指出，相邻元素的分离系数并不随原子序数增加而增大。首尾元素的分离系数 $\beta_{Lu/La}$ 高达 3×10^5，平均分离系数：

$$\beta = \sqrt[14]{3 \times 10^5} = 2.46$$

金属离子的电荷也是影响稀土络合物稳定性的因素之一。稀土离子的电荷越大，P_{204}

表 8-7 P_{204}萃取 RE^{3+} 的分配比和分离系数①

RE^{3+}	Y^{3+}	La^{3+}	Ce^{3+}	Pr^{3+}	Nd^{3+}	Pm^{3+}	Sm^{3+}	Eu^{3+}
D	1.00	1.3×10^{-4}	3.6×10^{-4}	5.4×10^{-4}	7.0×10^{-4}	1.9×10^{-3}	5.9×10^{-3}	0.013
$\beta_{Zn+1/Zn}$	—	2.8	1.5	1.3	2.7	3.2	2.2	1.5
RE^{3+}	Gd^{3+}	Tb^{3+}	Dy^{3+}	Ho^{3+}	Er^{3+}	Tm^{3+}	Yb^{3+}	Lu^{3+}
D	0.019	0.100	0.28	0.62	1.4	4.9	14.7	39.4
$\beta_{Zn+1/Zn}$	—	5.3	2.8	2.2	3.0	3.5	3.0	2.0

①底液为 $HClO_4$，以 Y^{3+} 的 D 为 1.00。

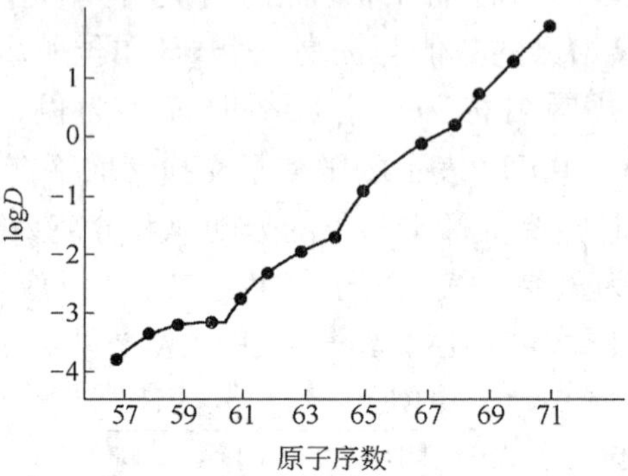

图 8-5 镧系元素的 log$D$ 与原子序数的关系（P_{204}萃取）

对其萃取能力越强。在相同条件下，Ce^{4+} 的分配比较 Ce^{3+} 大得多，RE^{3+} 和 Eu^{2+} 的分配比也有相当大的差别，其分离系数 $\beta_{RE^{3+}/Eu^{2+}}\approx5.2\times10^3$，所以 P_{204}用于不同价态的元素分离是很有利的。

此外，还要强调指出，水相的酸度对金属离子的萃取分离是十分重要的，酸度直接关系到金属离子的分配比和分离系数，在给定萃取剂和金属离子的条件下，体系酸度的选择将是稀土离子萃取分离的关键。

P_{204}萃取稀土离子的反应机理随体系酸度提高而变化，由酸性络合萃取机理变为溶剂化（中性络合）萃取机理。在低酸度范围内，则以酸性络合萃取进行。现主要讨论在低酸度条件下，酸度对稀土离子的分配比和分离系数的影响。

从式（8-26）可以看出，在给定萃取剂浓度的条件下，随着溶液的 pH 值提高，分配增大，log$D$ 与 pH 值间将成直线关系，如图 8-6 所示，直线斜率为 3。随着体系 pH 值的提高，D 将随 pH 值的三次幂增加，即 pH 值改变一个单位，分配比将增加 1000 倍，所以 pH 值的变化对稀土离子的萃取是十分重要的。一般来说，在高 pH 值条件下，金属离子的分配比较大，但由于金属离子的水解和相邻元素分离系数的关系，在实际萃取分离时，不能采用高 pH 值的条件，而必须在适当的 pH 值范围内。

从相邻元素的分离系数考虑，体系酸度较低时，则相邻两元素的萃取率都很高，甚至都定量被萃取，所以对分离两元素不利。有时提高些体系酸度，对两元素分离则是有利的。由于体系酸度变化而引起相邻元素的分离系数变化比较复杂，所以每一对相邻元素的分离时，所选体系的酸度也不同。一般说来，轻稀土元素分离时采用的体系酸度较重稀土元素分离时略低些，因为轻稀土元素与 P_{204}的络合能力比重稀土的弱，$pH_{1/2}$略高。

由于 P_{204} 与 RE^{3+} 的反应：$RE^{3+} + 3(HA)_{2有} \longrightarrow RE(HA_2)_{3有} + 3H^+$，是 RE^{3+} 与 H^+ 的交换反应，故随着萃取的进行，体系中的 H^+ 浓度升高。因此，萃取进行到一定程度时，萃取将受到抑制。为了避免在萃取过程中酸度增高，在有机相中含有一定组成的 P_{204} 钠（铵）盐是有必要的，这可使萃取过程中体系的酸度变化较小或基本不变。

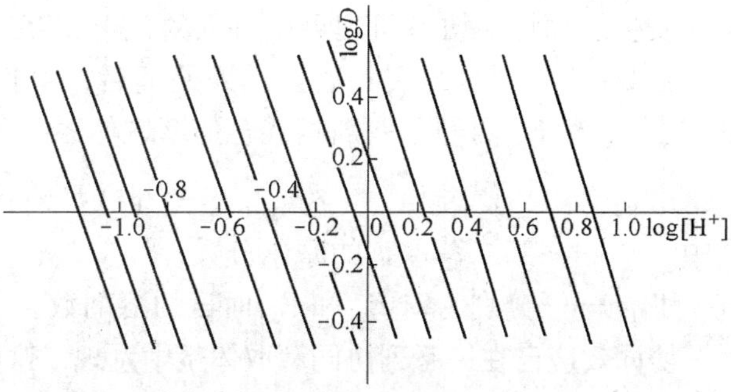

图 8－6　P_{204} 萃取稀土离子（Ⅲ）的 $\log D$ 与 $\log[H^+]$ 的关系

此外，从式（8－27）可以看出，D 与 $(HA)_2$ 浓度的三次幂成正比变化，所以萃取剂浓度的提高将有利于金属离子的萃取。在一定的分配比条件下，提高萃取剂浓度，可降低体系所需的酸度，因而可以在较高酸度条件下进行金属离子的萃取，这对易水解的那些金属离子是十分有利的。从稀土元素分离和实际操作考虑，一般不采用高浓度的 P_{204} 溶液，而采用 $1mol \cdot L^{-1}$ 左右的浓度。

六、协同萃取

当两种或两种以上萃取剂的混合物萃取某一金属离子或其化合物时，如其分配比显著大于每一萃取剂在相同条件下单独使用时的分配比之和，这种现象称为协同效应，这种萃取体系称为协同萃取体系。如果混合萃取对金属离子的萃取分配比显著小于每一萃取剂单独使用时的分配比之和，这种现象称为反协同效应。

萃取剂的混合效应（EM）以下式表示：

$$EM = D_{实}/D_{计} \tag{8-29}$$

式中，$D_{实}$ 和 $D_{计}$ 分别代表实测的和计算的（按加和性计算）分配比。

如果 $EM = 1$，则协同效应或反协同效应皆不存在；若 $EM > 1$，则有协同效应产生；当 $EM < 1$ 时，则有反协同效应存在。

$EM = 1$ 的萃取体系为理想的混合萃取体系，其中两种萃取剂在体系中互不作用，它们与被萃物不生成含有两种萃取剂的协萃络合物。

实际观测到的许多 $EM > 1$ 的混合萃取体系，就是对理想混合萃取体系有正偏差的混合萃取体系，这个正偏差可用实验测出并用图形表示。例如，用 TTA + TBP 的混合萃取剂对 UO_2^{2+} 离子进行萃取实验，在温度、金属离子浓度、萃取剂总浓度等保持一定的条件下改变第二萃取剂（本例为 TBP）的摩尔分数 x_2，测定不同 x_2 时的分配比，并以 $\log D$ 对 x_2 作图，便可得到这类所谓的协萃图，如图 8－7 所示。

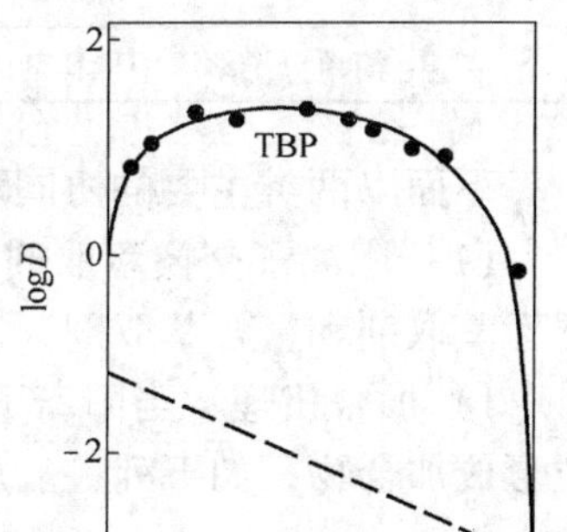

图 8－7　TTA 和 TBP 协同萃取 UO_2^{2+} 的协萃图

从图 8－7 可以看出，上述混合萃取体系的分配比对理想混合萃取体系（图中虚线）有很大的正偏差，表明在有协同效应的体系中两种萃取剂在有机相内有某种化学交互反应发生。因此，协萃机理可以过程的化学交互反应来表述。

图 8－7 上所示的实测数据，经处理后，可得出关系式，用于实际计算。一般说来，设有由 E_{x_1} 和 E_{x_2} 两种萃取剂相混合的萃取体系，$D_{计} \equiv D_{E_{x_1}+E_{x_2}}$ 的计算可按下式进行：

$$D_{E_{x_1}+E_{x_2}} = D_{E_{x_1}}(1-x_2)^{q_1} + D_{E_{x_2}} x_2^{q_2} \tag{8-30}$$

式中　x_2——第二萃取剂的摩尔分数；

q_1 和 q_2——分别为对 E_{x_1} 和 E_{x_2} 而言的溶剂数。

协同效应已在一系列协同萃取体系中发现，这些体系可分成若干类型，如表 8－8 所示。

表 8－8　协同萃取体系的分类

大类	小　类	实　例
二元协萃体系	螯合与中性络合协萃体系	HTTA 与 TBP 的苯溶液从 HNO_3 溶液萃取 UO_2^{2+}
	螯合与离子缔合协萃体系	D2EHPA 与 R_3N 的煤油溶液从 H_2SO_4 溶液萃取 UO_2^{2+}
	中性络合与离子缔合协萃体系	TBP 与 TBAN 的煤油溶液从 HNO_3 溶液萃取 PuO_2^{2+}
二元同类协萃体系	螯合协萃体系	HO_x 与醌茜素的氯仿溶液从酸性溶液萃取 Ca^{2+}
	中性络合协萃体系	二丁醚与二氯丁醚从硝酸溶液萃取 UO_2^{2+}
	离子缔合协萃体系	RCOR 与 ROH 从盐酸溶液萃取 Pa(V)
三元协萃体系	螯合、中性与离子三元协萃体系	D2EHPA、TBP 与 R_3N 的煤油溶液从 HNO_3 水溶液中萃取 UO_2^{2+}
	螯合、中性三元协萃体系	
	螯合、离子三元协萃体系	
	中性、离子三元协萃体系	
单元萃取体系中稀释剂的协同效应	离子萃取体系中稀释剂的协同效应	TBAN 以 $CHCl_3$ 与 C_6H_6 为稀释剂从 HNO_3 水溶液中萃取 Np^{4+}
	螯合萃取体系中稀释剂的协同效应	
	中性络合溶剂萃取中稀释剂的协同效应	
	简单分子萃取中稀释剂的协同效应	

下面以两类主要的协同萃取体系为例，对协萃机理进行讨论。

（1）阳离子交换萃取剂——中性萃取剂体系的协萃机理　阳离子交换萃取剂（包括酸性萃取剂和螯合萃取剂）和中性萃取剂的协萃机理，主要有三个类型：

1）加合机理　当阳离子交换萃取剂与中性萃取剂混合使用时，中性萃取剂与金属配位形成加合物，如下列一般反应所示：

$$Me^{n+} + nHA_{有} + qS_{有} \longrightarrow MeA_n \cdot qS_{有} + nH^+$$

式中，S 为中性萃取剂分子。

形成的加合物较稳定，使萃取分配比有显著提高，产生协同效应。

2）取代机理　在阳离子交换萃取中，由于中性萃取剂的加入而取代萃合物中阳离子交换萃取剂，形成混合络合物。由于取代出来的阳离子交换剂继续萃取金属离子，并生成如式 $MeA_n(HA)_{n-q}S_q$ 所示的混合络合物，比原来的络合物 $MeA_n(HA)_n$，更稳定，因而产生协同效应，分配比提高，取代机理可以通式表示如下：

$$MeA_n(HA)_{n有} + qS_{有} \longrightarrow MeA_n(HA)_{n-q}S_{有} + qHA_{有}$$

3）挤水机理　如果金属离子 Me^{n+} 的配位数大于其价数2倍（即大于 $2n$），则螯合物 MeA_n 的配位数未达到饱和，这样就有水分子要配位上去而不利于萃取。例如，用 HTTA 萃取 UO_2^{2+}，生成 $UO_2(TTA)_2 \cdot 2H_2O$，如果加入中性萃取剂如 TBP，便优先与 $UO_2(TTA)_2$配位，挤掉全部或部分的水分子（有时因空间阻碍作用不能把水分子全部挤掉），生成丧失亲水性的协萃络合物，产生协同效应，使萃取率和分配比显著提高。挤水机理可以下列通式表示：

$$MeA_n(H_2O)_{x有} + qS_{有} \longrightarrow MeA_n(H_2O)_{x-q}qS_{有} + qH_2O$$

（2）阴离子交换萃取剂－阳离子交换萃取剂体系的协萃机理　这两类萃取剂相混合进行萃取的协萃机理，属于络合物中的无机阴离子被有机阴离子取代的取代机理类型，结果导致形成更易于萃取的化合物，产生协同效果。萃取的化学交互反应可以通式表示如下：

$$(AmH^+)(MeY_x^-)_{有} + xHA \longrightarrow (AmH^+)(MeA_x^-)_{有} + xHY$$

式中　HA——有机酸；

HY——矿物酸（无机酸）；

Am——胺分子。

其余的协同萃取体系，参阅表8－8，这里不再详细讨论。

七、萃取过程的动力学

物质在两个接触的液相（水相和有机相）之间建立平衡分配的速度决定于：

（1）物质在水相和有机相内部以及经两相界面通过的传质速度；

（2）在每一个相内或在相间界面上进行化学反应的速度。

在萃取器中使相强烈搅拌的条件下，传质以高的速度进行。在湿法冶金中采用的萃取体系中，化学反应的速度通常也相当高。因此，平衡的建立多半在3～5min内完成。

在某些场合下，萃取速度受化学反应的限制。照例，这种情况出现在萃取过程领先于由配合化合物或溶剂化物在水相中形成过程的体系中。作为例子，用 MiBK 萃取水化了的硝酸铀酰分子时的溶剂化物形成就是如此：

$$UO_2(NO_3)_2 \cdot 6H_2O + 2MiBK \rightleftharpoons UO_2(NO_3)_2 \cdot 2MiBK \cdot 4H_2O + 2H_2O$$

从图8－8所示的模型出发，可以导出考虑了扩散阻力和化学反应阻力的萃取速度方程。从模型可以看出，在分界表面处有一层厚度为 δ_R 和 δ_E 的薄边界层，在这些层中浓度发生急剧变化，并且物质的传递优先地由分子扩散实现（虽然对流传递也会发生）。必须注意到，只有一种物质的分子进行扩散［在示意图中，扩散由水相（萃余液）向有机相（萃合液）方向进行］。

在本段讨论中，采用符号：R——萃余液；E——萃合液；c——被分配组分的浓度；c_R 和 c_E——萃余液和萃合液中被分配组分的平均浓度；c_{Ri}和 c_{Ei}——每个相的表面上的浓度；c_{Ri}^*和 c_{Ei}^*——分别与 c_{Ei}和 c_{Ri}在相表面上平衡的浓度；c_R^* 和 c_E^*——分别与 c_E 和 c_R 在相体内平衡的浓度。

如果设分配比 D 为常数，则 $c_E^* = Dc_R$；$c_{Ei}^* = Dc_{Ri}$；$c_{Ri}^* = c_{Ei}/D$；$c_R^* = c_E/D$。这些比值的意义，可借助于坐标为 $c_R - c_E$ 的体系平衡图了解清楚，如图 8－9 所示。

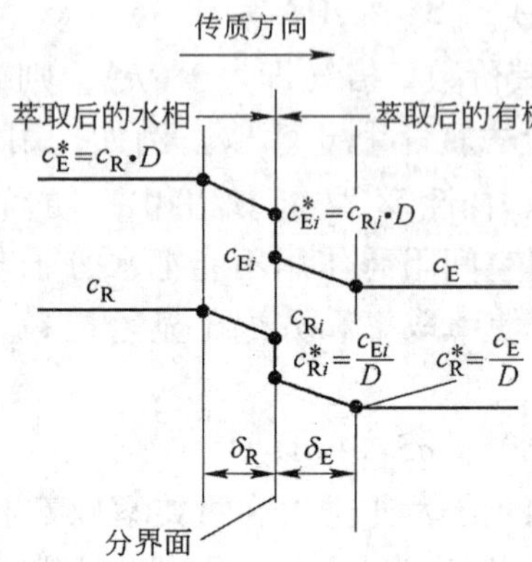

图 8－8　在水相和有机相界面上进行扩散和多相化学反应时浓度分配的示意图

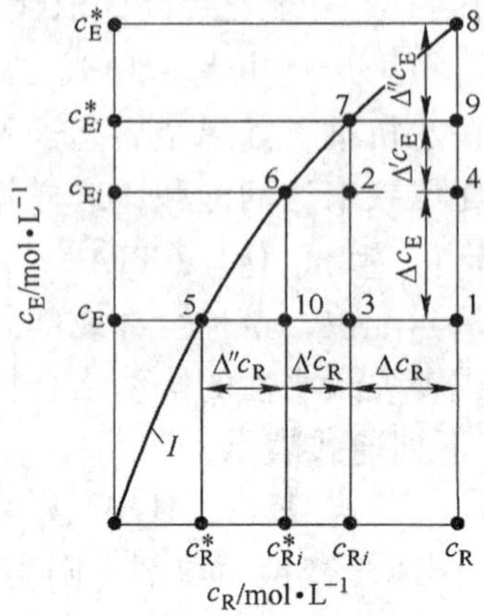

图 8－9　扩散和多相化学反应在有机相和水相界面上进行时的浓度分配

I—平衡曲线

坐标为（c_R，c_E）的点 1 代表两个相的组成；点 2（c_{Ri}，c_{Ei}）——在两相接触的表面上的浓度（点 2 不在平衡曲线上，是表示在化学反应尚未发生之前的那个浓度）。

设在界面上发生的反应为一级反应，正、逆反应的速度常分别等于 K_1 和 K_2。那么，在稳定状态下，化学阶段的速度决定于下列方程：

$$j_1 = K_1 c_{Ri} - K_2 c_{Ei} = K_1[c_{Ri} - (K_2/K_1)c_{Ei}] = K_1(c_{Ri} - c_{Ri}^*)$$

式中，$(K_2/K_1)c_{Ei} = c_{Ri}^*$。

实际上，在平衡时，正、逆反应速度常数之比值等于分配比 D。因此，$K_2/K_1 = 1/D$；$c_{Ei}/D = c_{Ri}^*$。

萃余液层中的扩散通量 $j_2 = \beta_R(c_R - c_{Ri})$。式中的 $\beta_R = \alpha_D/\delta_R$，即传质系数，而 α_D 为扩散系数。

萃合液层中的扩散通量以下式表示：

$$j_3 = \beta_E(c_{Ei} - c_E) = \beta_E(Dc_{Ri}^* - Dc_R^*) = D\beta_E(c_{Ri}^* - c_R^*)$$

式中，$\beta_E = \alpha_D/\delta_E$。

在稳定制度下，$j_1 = j_2 = j_3 = j$；经重新整理后，得到：

$$j = (c_R - c_R^*)/(1/\beta_R + 1/(D\beta_E) + 1/K_1) \tag{8-31}$$

根据扩散阻力 $1/\beta_R$、$1/(D\beta_E)$ 和化学反应阻力 $1/K_1$ 之值的大小，可以确定过程是受传质还是受化学反应所限制。

从图 8－9 所示的平衡图可以看出，在萃余液相中，扩散动力以线段 1—3（$\Delta c_R = c_R - c_{Ri}$）表示；化学反应动力以线段 3—10（$\Delta' c_R = c_{Ri} - c_{Ri}^*$）表示；在萃合液相的边界膜层中，传质动力以线段 10—5（$\Delta'' c_R = c_{Ri}^* - c_R^*$）表示。参照萃余液相的总动力以线段 1—5（$\Delta^* c_R = c_R - c_R^*$）表示。

在研究萃取动力学时，过程随时间的进行通常以关系式 $I = f(\tau)$ 表述，这里的 I 为趋近平衡的程度（单位时间内）。

$$I = c_E/c_{有}^* = (c^\circ - c_R) / (c^\circ - c_{水}^*)$$

式中 $c_{有}^*$和$c_{水}^*$——在平衡建立后有机相和水相中的浓度；

c°——水溶液的起始浓度。

经过一些不复杂的整理之后，可从方程（8－31）得到：

$$\frac{dI}{d\tau} = \frac{1}{1/\beta_R + 1/(D\beta_E) + 1/K_1} \cdot \frac{1+D}{D} S(1-I)$$

式中，S 为相间接触表面。

令 $\frac{1}{1/\beta_R + 1/(D\beta_E) + 1/K_1} \cdot \frac{1+D}{D} \cdot S = a$，则得到：

$$dI/d\tau = a(1-I) \tag{8-32}$$

在传质系数、分配比、速度常数以及表面积皆为常数的情况下，a＝常数。从而，对方程（8－32）积分：

$$\int_1^{1-I} \frac{dI}{1-I} = a\int_0^\tau d\tau$$

之后得到：

$$I_R(1-I) = -a\tau \tag{8-33}$$

在研究了萃取条件对系数 a 的值所起影响之后，便可确定过程的限制阶段。如果在水相或有机相中扩散阻力起主要作用，那么在相应的相中更加强搅拌将导致 a 增大：如果搅拌没有影响而 a、$D/(1+D)$ 受温度的影响很大，则表明萃取在动力学区进行。但是，应该指出，在后述情况下，要确定究竟是在某个相的体内还是在相分界表面上的化学反应对过程起了限制作用，通常是相当困难的。

第二节 离子交换

一、概述

在湿法冶金中，离子交换是从含有价金属的电解质溶液中提取金属的方法之一。如图 8－10a 所示，整个过程分两步进行：首先使溶液（料液）与一种叫做离子交换剂的固态物质（树脂）接触，于是离子交换剂便能以离子交换形式从溶液中吸附同符号的离子。经一次水洗后，紧接着加入淋洗剂，使吸附在离子交换剂上的欲提取离子转入淋洗液中。淋洗液送往回收金属，离子交换剂经二次水洗后供循环使用。

离子交换剂是带有离子化基团的三维聚合体或晶体网络。离子化基团由与网络牢固结合的固定离子和能进行交换的反离子组成，反离子的电荷与固定离子的电荷在符号上相反。有时，为了简化有关溶液与离子交换剂间交互作用的表述，把三维网络与固定离子合并称之为骨架或母体，认为离子交换剂是由骨架和反离子组成，如图 8－10b 所示。

按照被交换离子电荷的符号，离子交换剂有阳离子交换剂与阴离子交换剂之分。还有一类两性离子交换剂，它们能同时实现阳离子和阴离子的交换。如果将骨架表示为 R（带有固定离子），则阳离子交换反应以下式表示：

$$2RH + Ca^{2+} \rightleftharpoons R_2Ca + 2H^+$$

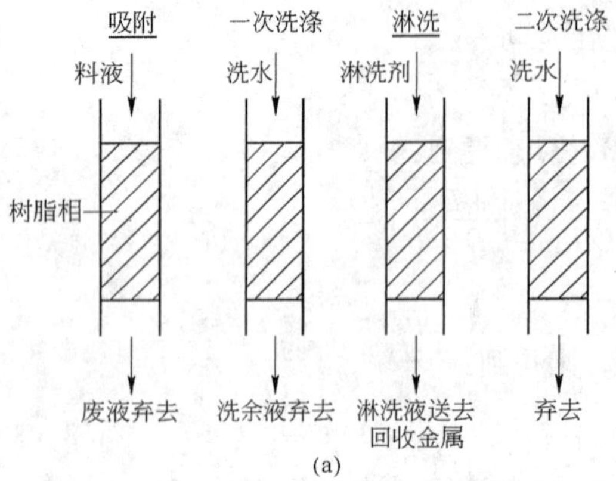

图 8-10a　吸附-淋洗过程示意图

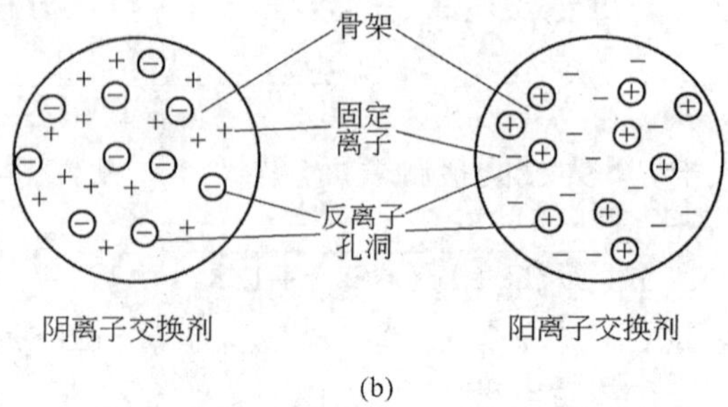

图 8-10b　离子交换剂海绵结构模型

在阴离子交换的情况下，则反应表示为：

$$2RCl + SO_4^{2-} \rightleftharpoons R_2SO_4 + 2Cl^-$$

离子交换与吸附有某些相似之处，区别则在于，离子交换是按化学计量的置换，即离子交换剂对每个等量的被吸附离子要还给溶液一个等量的同符号的离子，而吸附则只是吸收溶质。

在很早以前，离子交换技术就在水的净化工艺中得到应用，并一直沿用到现在。

离子交换剂在湿法冶金、化学工艺以及其他领域得到广泛应用，是在生产出离子交换合成树脂以后才开始。现代研制出来的离子交换树脂，具有高的容量、化学稳定性和机械强度，已取代了其他各种离子交换材料。

在湿法冶金中，利用离子交换树脂，可解决以下各种问题：

（1）优先提取贫溶液中的金属并得到被提取金属更富集的溶液（例如从铀矿浸出液中提取铀；从处理含金矿的碱性溶液中提取金；从冶金生产废弃溶液中提取一系列有色和稀有金属）；

（2）分离性质相似的元素：稀土元素，Zr 和 Hf 以及其他；

（3）制取高纯度软化水；

（4）各种生产溶液的净化除杂质。

二、离子交换树脂的组成和合成

合成的离子交换树脂在结构上与塑料相似，但由于其中含有离子化基团而在电化学上又具有活性。离子交换树脂的骨架由碳氢链的高聚合空间网络组成，其中固定着电荷符号不同的固定离子。对阳离子交换树脂来说，其固定离子是：—SO_3^-，—COO^-，—PO_3^{3-}，—AsO_3^{2-} 等等；阴离子交换树脂的固定离子则有：—NH_3^+，═ NH_2^+；≡NH^+，≡N^+。

如上所述，固定离子与反离子相互键合形成离子化基团，这种基团也叫做活性基或功能团。

活性基团是：—SO_3H，—SO_3Na，—COOH，—PO_3H_2，—AsO_3Na_2，—NH_3Cl，≡NOH 等。

树脂进行离子交换的能力，与活性基的离解程度有关。例如，活性基—SO_3H 是完全离解的，故离子交换可能在宽广的 pH 值范围内进行。相反的，—COOH 基甚至在弱酸性介质中都很少离解。据此，可把阳离子交换树脂分成强酸性的（活性基团是—SO_3H 或

—PO_3H_2）和弱酸性的（活性基团是—COOH）两类。类似地，阴离子交换树脂也有高碱性类和低碱性类之分。

高碱性阴离子交换树脂含有作为活性基的易离解季铵碱或吡啶碱

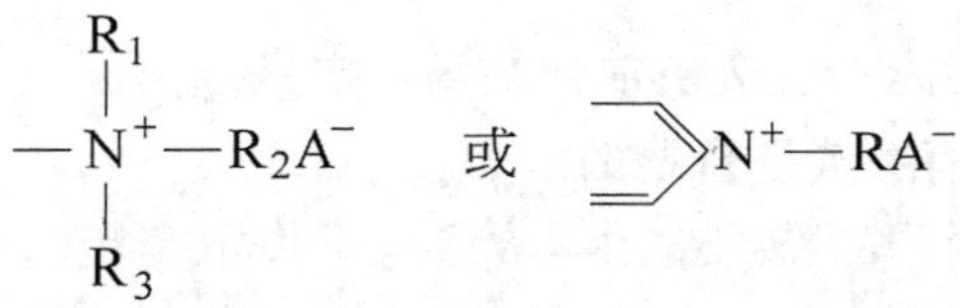

式中　R，R_1，R_2，R_3——碳氢基（或骨架）；

A——盐的阴离子。这类树脂不仅能在酸性介质中，而且也能在碱性介质中与阴离子交换。

低碱性阴离子交换树脂含有伯、仲和叔氨基，它们都属于弱碱并仅在 pH < 7 的条件下发生离解。

树脂可以是多功能的，也就是说同时含有不同的活性基。在此情况下，阳离子交换剂含有不同酸性的功能团，而阴离子交换剂则含有不同碱性的功能团。

前面已经提到，除了单纯的阳离子交换剂或单纯的阴离子交换剂之外，还合成了两性交换剂（或双极性交换剂），其中同时含有阳离子交换剂和阴离子交换剂所固有的离子交换基，如：

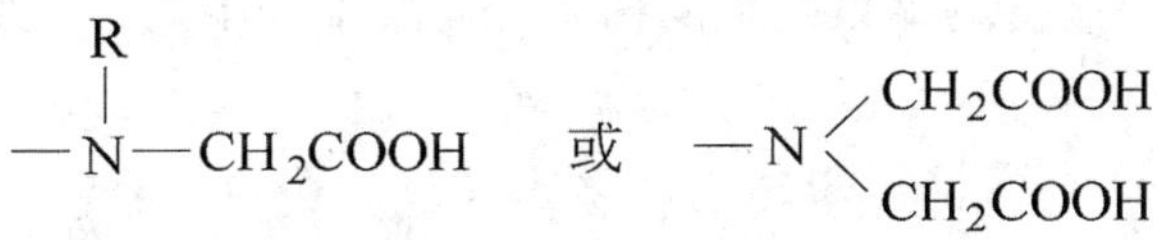

与叔氨基或季氨基相联而成的基团便是。

两性交换剂对金属阳离子显示出高的选择性，因为能与金属阳离子形成螯合型络合物，例如：

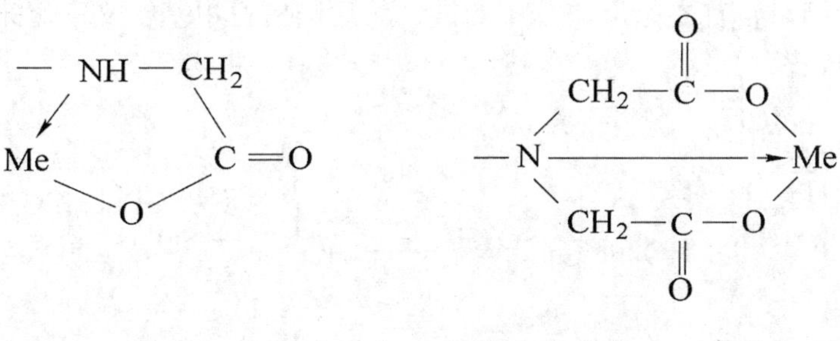

为了提高树脂对金属离子的选择性，有时在树脂的结构中引入能与被吸附离子形成内络合化合物的附加基团。这类树脂叫做形成螯合物的树脂。例如，由于在树脂结构中引入肟基，便得到了选择性吸附镍的阳离子树脂；在树脂中引入 8－羟基喹啉基团，便赋予树脂以吸附铜和钴离子的选择性。

应该指出，常用类型的离子交换剂也显示出形成络合物的能力。例如，含离子化基—$PO(OH)_2$ 的离子交换剂，在与 Th^{4+}、UO_2^{2+}、Fe^{3+} 等离子交互作用时便形成下列类型的螯合化合物：

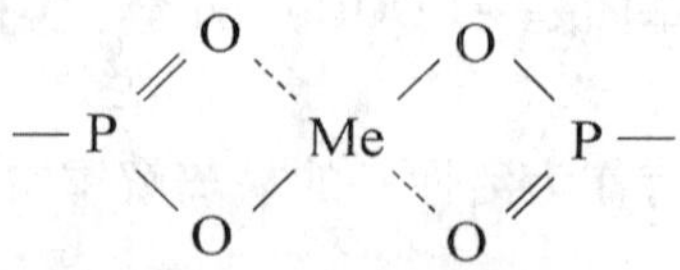

这一点表明，在吸附离子时交换常数很高。羰基阳离子交换树脂在吸附 Cu^{2+}、Ni^{2+} 和 Co^{2+} 离子的情况下具有形成螯合物的能力。

近年来研制出来的树脂的特殊基团组成了电子离子交换剂（EI）。它们具有离子交换和氧化－还原的双重性能。有两类不同的 EI：一类是还原性的 EI°，一类是氧化性的 EI^+。在 EI°中含有细分散的金属（例如铜）或低价金属的氢氧化物［例如 $Fe(OH)_2$］。在 EI^+ 中则含有作为氧化剂的高价金属的氢氧化物［例如 $Cu(OH)_2$，$Fe(OH)_3$ 等］。

在湿法冶金中，电子离子交换剂可用于使溶液中的离子氧化并同时使之吸附，从稀溶液中还原金属并同时使之吸附以及用于其他场合。

为了合成离子交换树脂，也像在生产塑料的场合中那样，采用多聚或缩聚有机化合物单分子体的过程，使之形成分子碳氢链的空间网络。

通常，合成按三种方法进行：

（1）使含有离子化基团的单体多聚或缩聚；

（2）使离子化基团与早先已合成的多聚物的各个环相连接；

（3）使离子化基团连接合成的线型多聚体环并使之转变成网络状多聚体。

属于按第一种方法制得的缩聚类型的树脂，有酚甲醛阳离子交换树脂。用于合成它们的原化合物是：

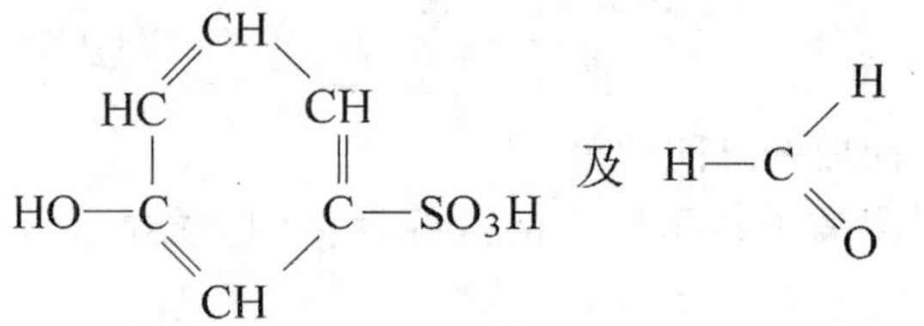

缩聚作用的结果，首先是形成分子的链，然后链借亚甲基桥交联起来。

1）链的形成：

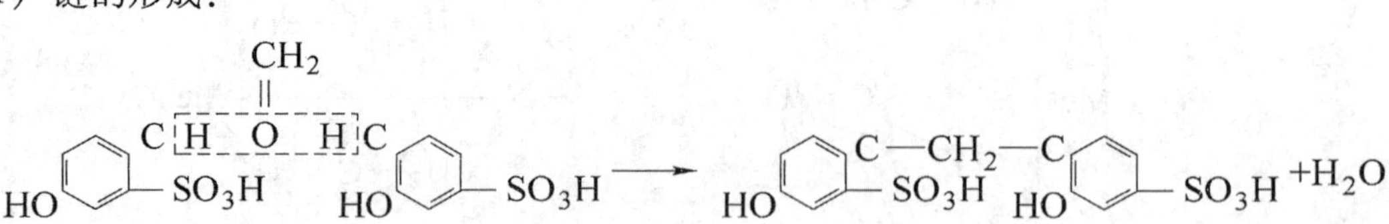

2）链的交联：

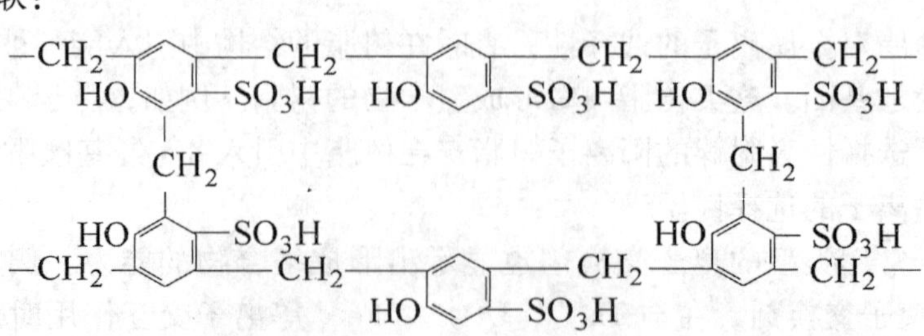

应用广泛的多聚类型的离子交换树脂，是在苯乙烯和联乙烯苯的基础上，用磺化已合

成的多聚体的方法制取：

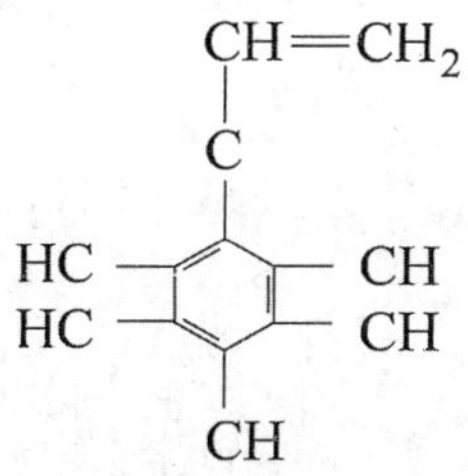

苯乙烯

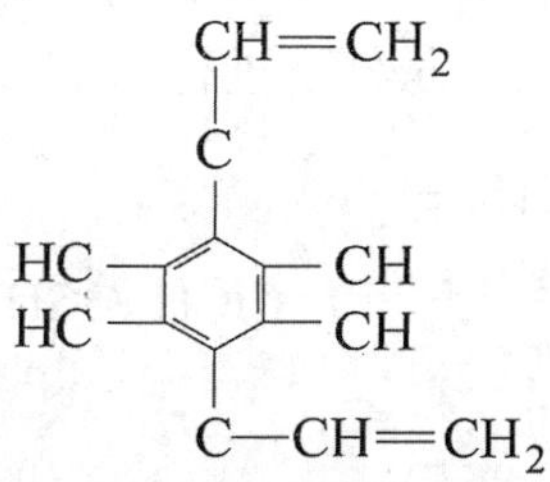

联乙烯苯

苯乙烯多聚作用的结果，便有聚苯乙烯形成：

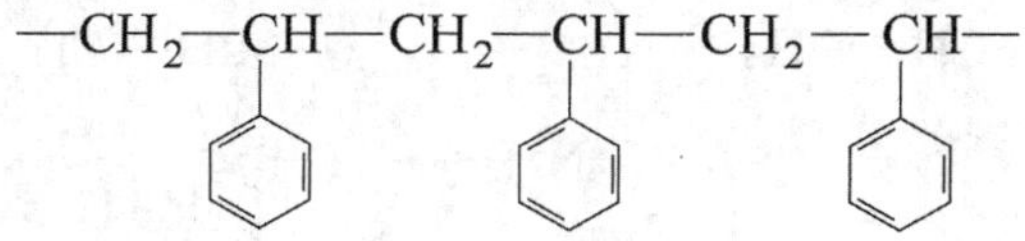

当借助于联乙烯苯使链键交联起来时，即有不溶性的共聚合物——交联聚苯乙烯形成：

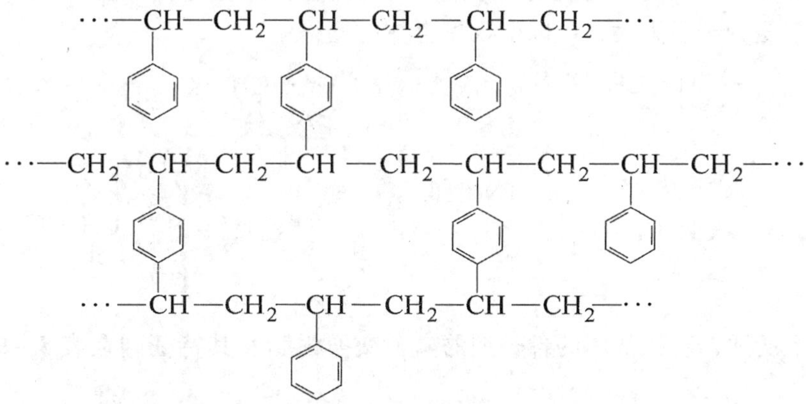

共聚合物的颗粒用浓硫酸处理，在此情况下便形成磺酸，它们是带有离子化磺基的阳离子交换剂：

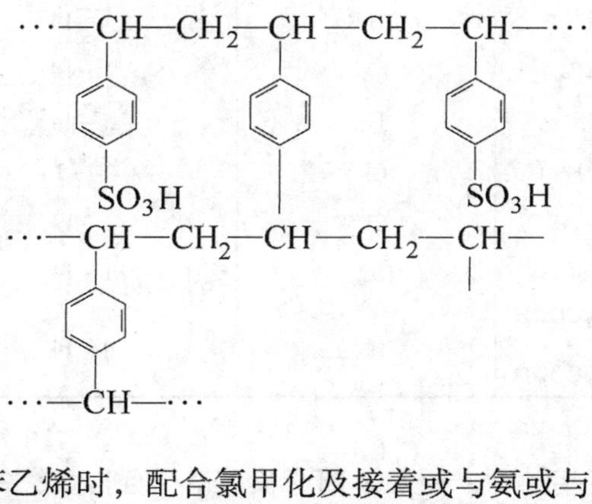

在处理同一交联聚苯乙烯时，配合氯甲化及接着或与氨或与伯、仲胺反应，便得到带有伯、仲或叔氨基的低碱性阴离子交换树脂。在对叔氨氯甲化产物作用时，则得到带有季氨碱基的高碱性阴离子交换树脂。

氯甲化反应，在用氯甲基甲醚处理交联聚苯乙烯颗粒时，是在有氯化氢存在和用 $ZnCl_2$ 或 $AlCl_3$ 作催化剂的条件下进行：

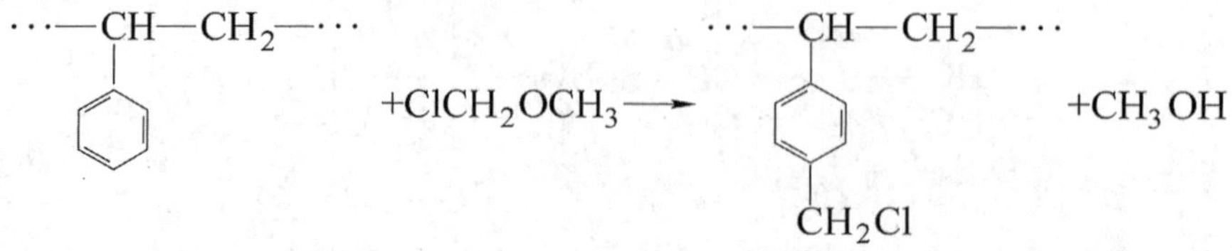

为了简化反应式的书写，这里及下面只画出了聚苯乙烯的一个环。

在接着用氨处理的情况下，反应进行的结果是胺基引入树脂：

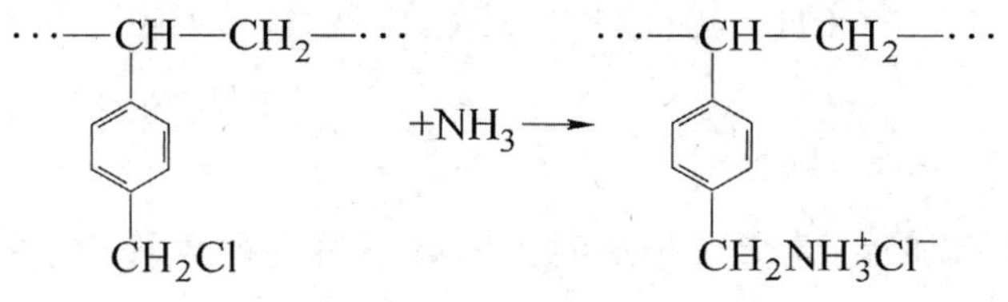

带有季氨碱基的阴离子交换剂的形成，可在用任何叔氨处理时在水溶液中或在有机溶剂中进行；叔氨分子不太大，可以引入聚合体的网络中：

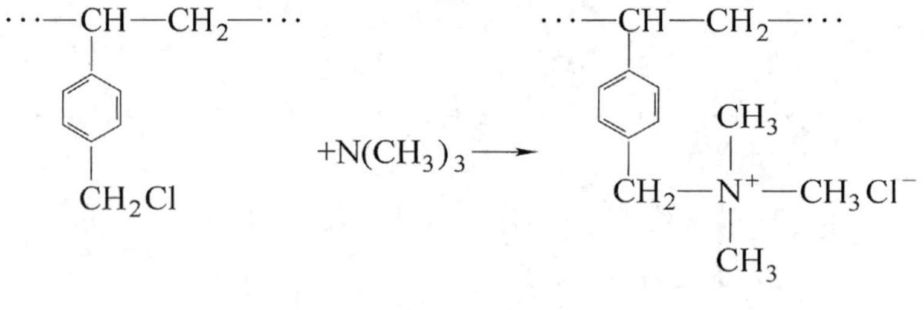

综合以上所述，现将常用的各类型的离子交换树脂及其特征列在表 8－9 中，以备查考。

表 8－9　常用的离子交换树脂及其特征

树脂类型	功　能　团	可移动的离子	离子交换适用的 pH 范围	树脂再生淋洗剂
1. 强酸	$—SO_3^- H^+$	H^+	1～14	稀 H_2SO_4，HCl
	$—SO_3^- Na^+$	Na^+	1～14	NaCl（盐水）
2. 弱酸	$—COO^- H^+$	H^+	5～14	稀 HCl
3. 弱碱	$—N^+H(CH_3)_2Cl^-$	Cl^-	1～8	稀 HCl
4. 强碱	$—N^+(CH_3)_3Cl^-$	Cl^-	1～14	NaCl
	$—N^+(CH_3)_3OH^-$	OH^-	1～14	NaOH
5. 螯合	$—CH_2N\langle^{CH_2COOH}_{CH_2COOH}$	H^+	4～14	稀 H_2SO_4，HCl

三、离子交换平衡

当树脂与电解质溶液接触时，便发生离子交换，直到达成平衡。交换反应是可逆的，并类似于通常化学反应按一定比例进行。一般说来，离子 A 和 B 的交换反应以下式表示：

$$z_B\overline{A} + z_A B \rightleftharpoons z_B A + z_A \overline{B}$$

式中，z_A 和 z_B 为离子 A 和 B 的电荷，树脂相以头上短横线“—”标记。

对这个反应来说，根据质量作用定律，热力学平衡常数为：

$$K_{B/A} = a_A^{z_B}\,\bar{a}_B^{z_A}/(\bar{a}_A^{z_B}a_B^{z_A})$$

式中，$\bar{a}_A$、$\bar{a}_B$ 及 a_A、a_B 为离子在树脂中和在溶液中的活度。

热力学平衡常数用在离子交换平衡的理论研讨中。实际上，由于缺乏有关树脂相中的活度系数数据，故采用表观（浓度）平衡常数：

$$\tilde{K}_{B/A} = c_A^{z_B}\bar{c}_B^{z_A}/(\bar{c}_A^{z_B}c_B^{z_A})$$

式中，$\bar{c}_A$、$\bar{c}_B$ 及 c_A、c_B 为树脂中和溶液中的摩尔浓度。

如果溶液中被交换离子的活度系数已知，有时为了估算离子交换平衡，采用校正浓度常数：

$$\bar{K}_{B/A} = \bar{c}_B^{z_A}\,a_A^{z_B}/(a_B^{z_A}\bar{c}_A^{z_B}) = \tilde{K}_{B/A}\gamma_A^{z_B}/\gamma_B^{z_A}$$

式中，γ_A 和 γ_B 为离子在溶液中的活度系数。

为了描述平衡状态，除了离子交换常数以外，对实用目的来说，还有两个彼此相关联的变量采用起来更为方便，这就是分配比 D 和分离系数或选择系数 $T_{B/A}$。

分配比等于交换离子在树脂中和溶液中的浓度之比值：

$$D_A = \bar{c}_A/c_A$$

分离系数等于交换离子分配比之比值：

$$T_{B/A} = D_B/D_A = (\bar{c}_B/\bar{c}_A)(c_A/c_B)$$

分离系数是一个方便的定量特征值，可借以说明树脂分离反离子 A 和 B 的能力，也就是可说明树脂的选择性能。

在交换离子的电荷相等（$z_A = z_B$）的情况下，表观平衡常数便等于分离系数（$\tilde{K}_{B/A} = T_{B/A}$）。但是，在 $z_A \neq z_B$ 时，它们就可能出现严重偏差。例如，对于高容量树脂与稀溶液处于平衡（$c \ll \bar{c}$）的情况来说，如果 $z_A < z_B$，则 $T_{B/A} > \tilde{K}_{B/A}$；若 $z_A > z_B$，则 $T_{B/A} < \tilde{K}_{B/A}$。

现在来讨论关于离子交换等温线的问题。在离子之间的交换平衡 $\bar{A} + B \rightleftharpoons \bar{B} + A$ 成立的情况下，树脂中反离子 B 的摩尔分数 $\bar{n}_B$ 与其在溶液中的摩尔分数 n_B 之间的关系可用图表示出来，这个图就叫做离子交换等温线图，如图 8－11 所示。

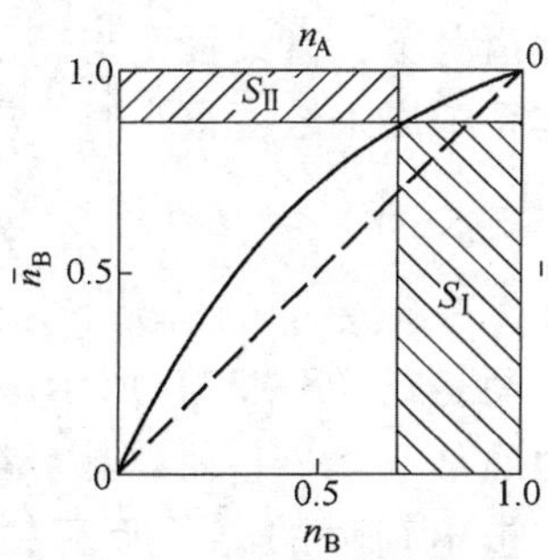

图 8－11　离子交换等温线示意图

在图中，各变量之间的关系表示如下：

$$\bar{n}_B = \frac{z_B\bar{c}_B}{z_B\bar{c}_B + z_A\bar{c}_A} = \frac{z_B\bar{c}_B}{\bar{N}};\quad \bar{n}_A = \frac{z_A\bar{c}_A}{\bar{N}} = 1 - \bar{n}_B$$

$$n_B = \frac{z_Bc_B}{z_Bc_B + z_Ac_A} = \frac{z_Bc_B}{N};\quad n_A = \frac{z_Ac_A}{N} = 1 - n_B$$

式中，$\bar{N}$ 和 N 分别为离子在树脂相中和外部溶液中的总浓度，$g \cdot L^{-1}$。

从而得到：$\bar{c}_B = \bar{N}\bar{n}_B/z_B$；$c_B = Nn_B/z_B$；$\bar{c}_A = \bar{N}(1-\bar{n}_B)/z_A$；$c_A = N(1-n_B)/z_A$。这样，

可导出以下关系：

$$\widetilde{K}_{B/A}=\left\{\frac{\overline{N}\,\overline{n}_B}{Nn_B}\right\}^{z_A}:\left\{\frac{\overline{N}(1-\overline{n}_B)}{N(1-n_B)}\right\}^{z_B}=\left(\frac{\overline{N}}{N}\right)^{z_A-z_B}\left(\frac{\overline{n}_B}{n_B}\right)^{z_A}\left(\frac{1-n_B}{1-\overline{n}_B}\right)^{z_B} \qquad (8-34)$$

在交换离子的电荷相同（$z_A=z_B$）的情况下，等温线方程可相对于 $\overline{n}_B$ 以明显的形式表示为：

$$\widetilde{K}_{B/A}=\overline{n}_B(1-n_B)/[n_B(1-\overline{n}_B)]$$

及稍经整理后，得到：

$$\overline{n}_B=\widetilde{K}_{B/A}n_B/[1+(\widetilde{K}_{B/A}-1)n_B] \qquad (8-35)$$

在此情况下，等温线式仅决定于 $\widetilde{K}_{B/A}$ 值（等于 $T_{B/A}$）。如 $\widetilde{K}_{B/A}>1$，则等温线凸出；若 $\widetilde{K}_{B/A}<1$，则等温线凹入。当 $\widetilde{K}_{B/A}=1$ 时，等温线便与正方形的对角线相符合（见图 8-11）。在 $z_A=z_B$ 的情况下，树脂被离子富集的程度，与外部溶液相比较，不受诸离子浓度的制约，是等于 $\widetilde{K}_{B/A}=T_{B/A}$。

对电荷不同的离子来说，则交换规律较为复杂。

在 $z_A\neq z_B$ 的情况下，根据方程（8-34）得到：

$$T_{B/A}=\left(\frac{\overline{c}_B}{\overline{c}_A}\right):\left(\frac{c_B}{c_A}\right)=\frac{\overline{n}_B(1-n_B)}{n_B(1-\overline{n}_B)}=\widetilde{K}_{B/A}^{1/z_A}\left(\frac{\overline{N}}{N}\right)^{z_B/z_A-1}\left(\frac{1-\overline{n}_B}{1-n_B}\right)^{z_B/z_A-1} \qquad (8-36)$$

实际上，对 $\widetilde{K}_{B/A}$来说，则有：

$$\widetilde{K}_{B/A}^{1/z_A}=\left(\frac{\overline{N}}{N}\right)^{1-z_B/z_A}\left(\frac{\overline{n}_B}{n_B}\right)\left(\frac{1-n_B}{1-\overline{n}_B}\right)^{z_B/z_A}$$

$$=\frac{\overline{n}_B(1-n_B)}{n_B(1-\overline{n}_B)}\left(\frac{\overline{N}}{N}\right)^{1-z_B/z_A}\left(\frac{1-n_B}{1-\overline{n}_B}\right)^{z_B/z_A-1}$$

据此得到：

$$\frac{\overline{n}_B(1-n_B)}{n_B(1-\overline{n}_B)}=\widetilde{K}_{B/A}^{1/z_A}\left(\frac{\overline{N}}{N}\right)^{z_B/z_A-1}\left(\frac{1-\overline{n}_B}{1-n_B}\right)^{z_B/z_A-1}$$

在此情况下，富集程度与离子浓度有关。

当体系中离子浓度很小时，亦即在 $\overline{n}_B\approx0$ 和 $n_B\approx0$ 的情况下，则得到：

$$T_{B/A}=\widetilde{K}_{B/A}^{1/z_A}\ (\overline{N}/N)^{z_B/z_{A-1}} \qquad (8-37)$$

因此，在 $z_A\neq z_B$ 的情况下，树脂对所考虑的离子的选择性能特征数已经不是浓度平衡常数，而是式（8-37）所示的乘积。

因为通常 $\overline{N}\gg N$，所以甚至在电荷大的离子被电荷小的离子交换常数很小的情况下，树脂都能被电荷大的离子所富集。例如，若 $z_A=1$，$z_B=2$，$\overline{N}=10$ 和 $N=0.01\text{g}\cdot\text{eq}\cdot\text{L}^{-1}$，则交换等温线就是在 $\widetilde{K}_{B/A}>10^{-3}$ 的情况下也是凸出的（也就是说，树脂被离子 B 所富集）；如果 $z_A=1$，$z_B=3$，而 $\overline{N}$ 和 N 分别等于 10 和 0.01，则等温线甚至在 $\widetilde{K}_{B/A}>10^{-6}$的情况下仍然显示凸出。

树脂优先吸收多电荷离子的这个趋势，叫做电选择性能。树脂被多电荷离子富集的程度，在交换等温线凸出的情况下随着这个离子在溶液中浓度增大而下降。

各种电荷不同的离子的交换等温线的图点，可以借助于解下列由式（8－34）得来的方程求出：

$$\overline{n}_B - n_B \widetilde{K}_{B/A}^{1/z_A} (\overline{N}/N)^{z_B/z_A - 1} [(1-\overline{n}_B)/(1-n_B)]^{z_B/z_A} = 0 \tag{8-38}$$

分离系数 $T_{B/A}$ 可根据等温线上方和下方的直角四边形面积之比求得，等温线与这两个四边形在相应给定成分的点上相接触（见图 8－11）。实际上，$S_{\text{I}} = \overline{n}_B n_A$，$S_{\text{II}} = \overline{n}_A n_B$ 及 $T_{B/A} = (\overline{n}_B/\overline{n}_A)/(n_B/n_A) = S_{\text{I}}/S_{\text{II}}$。

在图 8－12 中，列举了各种离子与酚甲醛磺酸阳离子交换树脂中的 NH_4^+ 离子进行交换的实测等温线。实验结果表明，树脂对 Th^{4+}、Al^{3+}、Tl^+ 等离子的交换选择性能最突出，其次是对 Ag^+、Rb^+ 和 Cs^+ 等离子。等温线对 K^+ 离子来说近似于直线（没有选择性能存在）。在对 Na^+ 和 Zr^{4+} 离子而言的场合下，等温线凹入，说明树脂对这些离子的亲和力小于对 NH_4^+ 离子的亲和力。

四、作为膜平衡的离子交换

当干树脂与水溶液接触时，水分子便透过树脂孔隙，引起离子化基团离解。因此，树脂相可看作是电解质溶液，其中一种离子扣紧不动（固定离子），而另一种（反离子）可移动并能与外部溶液的离子进行交换（图 8－13）。在不同于内部溶液的外部溶液中，两种符号的离子都可移动。

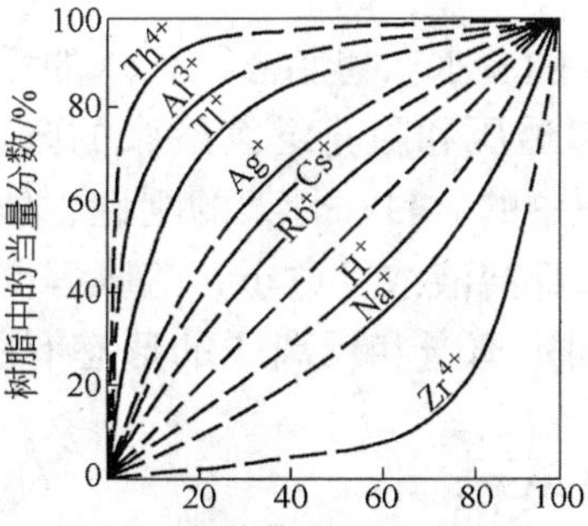

图 8－12　酚甲醛磺酸阳离子交换树脂中的 NH_4^+ 离子与一系列金属离子之间进行交换的等温线

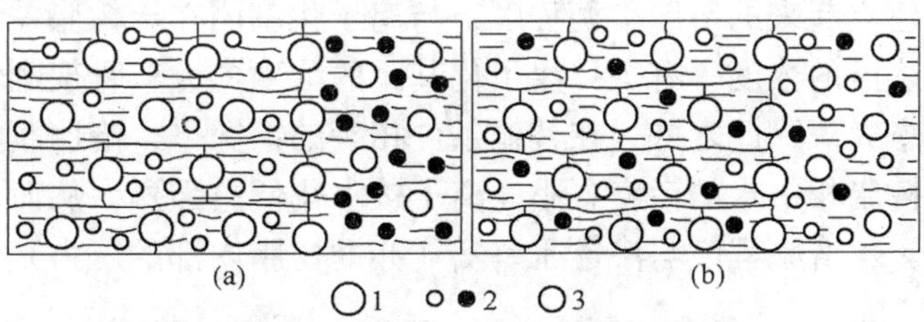

图 8－13　离子交换过程示意图

（a）交换之前的树脂；（b）平衡建立之后的树脂

1—固定离子；2—可交换反离子；3—余离子

内部溶液的另一特点是：与外部溶液相比，其浓度相当高。因为大部分体积被骨架占据，所以内部溶液中的电解质浓度达到 5～10g·eq·L^{-1} 甚至更高，而外部溶液的浓度通常不超过 10^{-3}～10^{-1}g·eq·L^{-1}。此外，还应该考虑到，内部溶液是不自由的，因为处在树脂骨架的孔隙之中。

因为内部溶液中的电解质浓度高于外部溶液中，所以树脂中离子力求向外部溶液扩散。但是，这会破坏体系的电中性，因为只有反离子才可移动。反离子之转入外部溶液将导致树脂获得固定离子的电荷，而外部溶液则获得与反离子同符号的电荷。结果，在树脂-外部溶液的界面上出现电位差，其值将一直增大到足以阻止反离子继续向外移去为止。体系建立起来的平衡，可看作是由中间以一种离子（固定离子）不能透过的膜（树脂表面）隔开的两种离子溶液组成的体系平衡。相界面上产生的电位差，叫做道南电位。道南电位均衡了反离子向外部溶液扩散的趋势，并可近似地由下列方程确定：

$$E_D = -[RT/(z_iF)]\ln(\bar{a}_i/a_i) \tag{8-39}$$

式中 z_i——反离子的电荷；

$\bar{a}_i$ 和 a_i——反离子在内部和外部溶液中的活度（更精确的 E_D 表达式将在下面给出）。

应该指出，式（8-39）类似于由稀的和浓的溶液组成但略去了金属电极的浓差电池的电动势表示式。浓差电池的电动势一般说来可由方程 $E=-[RT/(zF)]\ln(a_{稀}/a_{浓})$ 表示。这个相似性后面还要继续讨论。

在另一方面，当树脂与外部水溶液接触时，有树脂溶胀现象发生。因为树脂相中和外部溶液中的电解质浓度不能够均衡，所以树脂-溶液体系类似于由中间以只有水可透过的膜隔开的两个浓度不同的溶液组成的体系。由于水在树脂相中的活度比在外部溶液中的更低，故水由外部溶液进入树脂中，也就是说发生了溶剂（水）的渗透作用。渗透作用的推动力是渗透压之差：

$$\pi = (RT/V_{H_2O})\ln(a_{H_2O}/\bar{a}_{H_2O}) \tag{8-40}$$

式中 a_{H_2O} 和 $\bar{a}_{H_2O}$——分别为水在外部溶液和树脂相中的活度；

V_{H_2O}——水的偏摩尔体积。

由于水的渗透，树脂单元体积增大——树脂发生溶胀。随着水向树脂渗入，水的活度差减小，致使渗透压降低。与此同时，在骨架中出现补偿渗透压和阻止继续溶胀的张力。建立起来的溶胀平衡程度，与离子化基团在干树脂单位体积中的数目、骨架的刚性、外部溶液的浓度等有关：离子化基团的浓度愈大，骨架刚性和外部溶液浓度愈小，溶胀程度便愈大。除此之外，在其他条件相等的情况下，溶胀程度与固定离子和反离子的形态有关。树脂相中水的活度愈小，离子被水化便愈强烈，从而渗透压增大。

溶胀程度与渗透压差 π（亦即树脂内部的压力）成正比关系：

$$V_{胀}/V_{干} = \alpha\pi \tag{8-41}$$

式中 $V_{胀}$ 和 $V_{干}$——分别为溶胀的和干的树脂的体积；

α——表征树脂刚性的常数（力的常数），而刚性乃是交联数的函数。

上面已提到，方程（8-39）是近似式，可确定道南电位的主要部分。对其值的附加贡献，与渗透压有关联。当1mol反离子由树脂相进入外部溶液时，完成做功 $A\pi=\pi V_1$，式中 V_1 为1mol水化反离子占据的体积。溶胀作用的影响，应被这个在树脂和外部溶液之间的附加电位差 $\Delta\varepsilon_\pi$ 所补偿。克服这个附加电位差需要做的功等于 A_π，而 $z_iF\Delta\varepsilon_\pi=-A_\pi$。由此，$\Delta\varepsilon_\pi=-\pi V_i/(z_iF)$。

这样一来，道南电位等于两项之和：

$$E_0 = -[RT/(z_iF)]\ln(\bar{a}_i/a_i) - \pi V_i/(z_iF) \tag{8-42}$$

但是，根据估算结果表明，上式第二项比第一项至少要小 50 倍。因此，考虑了渗透压的第二项可略去不计，并可在各种计算中采用方程（8－39）。像下面要指出的那样，道南电位的值不仅与诸如原先含在树脂中的反离子 B 那一类离子的活度比有关，而且还与所有存在体系中的其他可移动离子的活度比有关系。现在来应用上面提过的道南电位与浓差电池电动势的相似性。设有一恒定外电压接入几个并联的浓差电池，如图 8－14 所示。很明显，每一个电池皆按照下列条件建立平衡：

$$\left(\frac{RT}{zF}\ln\frac{a_{\mathrm{I}}}{a_{\mathrm{II}}}\right)_{Cu^{2+}}=\left(\frac{RT}{zF}\ln\frac{a_{\mathrm{I}}}{a_{\mathrm{II}}}\right)_{Zn^{2+}}=\left(\frac{RT}{zF}\ln\frac{a_{\mathrm{I}}}{a_{\mathrm{II}}}\right)_{Ag^{+}}=-E_{外}$$

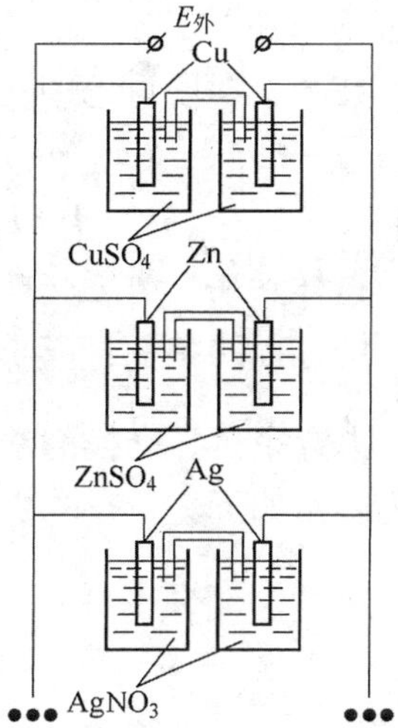

图 8－14　接入恒定外电压的并联浓差电池

与此相似，对树脂－溶液体系来说，得到：

$$\frac{RT}{z_A F}\ln\frac{\bar{a}_A}{a_A}=\frac{RT}{z_B F}\ln\frac{\bar{a}_B}{a_B}=\cdots=\frac{RT}{z_y F}\ln\frac{\bar{a}_Y}{a_y}=-E_D \qquad (8-43)$$

式中　$\bar{a}_A$、a_A、$\bar{a}_B$、a_B——树脂中和溶液中反离子的活度；

$\bar{a}_Y$ 和 a_y——树脂中和溶液中余离子（即与固定离子电荷同符号的离子）的活度。

方程（8－43）可用于确定任何给定体系中各种离子的平衡分配和道南电位。对不同的反离子（A，B，…）来说，由方程（8－43）得到：

$$[RT/(|z_A|F)]\ln(\bar{a}_A/a_A)=[RT/(|z_B|F)]\ln(\bar{a}_B/a_B)$$

式中，$|z_i|$ 为电荷的绝对值。

由此，容易导出以下关系：

$$(\bar{a}_A/a_A)^{1/|z_A|}=(\bar{a}_B/a_B)^{1/|z_B|} \qquad (8-44)$$

从方程（8－44）可以看出，反离子的电荷值愈大，树脂相比起水溶液应愈强烈地被该离子富集着。这一点与前面已讨论过的电选择现象是一致的。

对余离子的情况来说，则观察到相反的规律性。道南电位引起出现一种力，迫使余离子由树脂向外部溶液移动。因此，树脂相比起外部溶液应含余离子更少，而且余离子电荷值愈大，这个贫化现象也愈显著。余离子平衡的定量表达式，可从式（8－43）的关系得到：

$$-[RT/(|z_y|F)]\ln(\bar{a}_y/a_y)=[RT/(|z_B|F)]\ln(\bar{a}_B/a_B) \qquad (8-45)$$

在这里要注意到，在等式部分之一的前面，要放上一个负号，这是因为余离子和反离子的电荷符号相反的缘故。

从方程（8－45），容易导出以下关系：

$$(a_y/\bar{a}_y)^{1/|z_Y|}=(\bar{a}_B/a_B)^{1/|z_B|} \qquad (8-46)$$

分析一下式（8－46），便可知道，树脂应含余离子很少，而且余离子电荷值愈大，这个贫化程度愈益强烈。这个现象，致使实际上在树脂相中完全没有余离子存在，故称之为“余离子不相容现象”。在此基础上，树脂膜在电解中得到应用：阳离子树脂允许阳离子通过但对阴离子是不可透过的；相反地，阴离子树脂膜则只允许阴离子而不允许阳离子透过。

在结束本段讨论中，必须考虑到另一个从方程（8－44）导出的结论。这个方程可改写为另一形式：$(\overline{a}_B/a_B)^{1/z_B}(a_A/\overline{a}_A)^{1/z_A}=1$；在两边乘 z_Bz_A 次幂后，又可成为：$(\overline{a}_B/a_B)^{z_A}$、$(a_A/\overline{a}_A)^{z_B}=1=K_{B/A}$。

这样一来，离子交换的热力学平衡常数等于1而自由焓变化 $\Delta G^{\ominus}=0$。这一点符合所进行的过程的特性：离子在两相中处在离解状态，不存在化学交互作用。

总起来讲，交换的浓度常数 $\widetilde{K}_{B/A}$ 却不是1而是与活度系数有关系。实际上，这个关系可表示如下：

$$K_{B/A}=\frac{\overline{c}_B^{z_A}c_A^{z_B}}{c_B^{z_A}\overline{c}_A^{z_B}}\cdot\frac{\overline{\gamma}_B^{z_A}\gamma_A^{z_B}}{\gamma_B^{z_A}\overline{\gamma}_A^{z_B}}=\widetilde{K}_{B/A}\frac{\overline{\gamma}_B^{z_A}\gamma_A^{z_B}}{\gamma_B^{z_A}\overline{\gamma}_A^{z_B}}=1$$

从而
$$\widetilde{K}_{B/A}=(\gamma_B/\overline{\gamma}_B)^{z_A}\cdot(\overline{\gamma}_A/\gamma_A)^{z_B} \qquad (8-47)$$

五、离子交换的选择性

如果浓度常数 $\widetilde{K}_{B/A}>1$，树脂对所考虑的离子是有选择的。但是，要按式（8－47）计算 $\widetilde{K}_{B/A}$ 的值是不可能的，因为活度系数就是对成分较复杂的电解质水溶液来说也多半是不知道的，而对树脂相则是完全未知。因此，目前只可能定性地或半定量地评定离子选择性的顺序和预示离子交换的规律。如果说离子B和A由外部溶液转入树脂时的吉布斯自由能变化之差小于零，则树脂在此情况下将对离子B是有选择的。

对每一个离子来说，由外部溶液转入内部溶液时的吉布斯自由能变化可以表示为：$\Delta G_B-\Delta\overline{G}_B=RT\ln(\gamma_B/\overline{\gamma}_B)$；$\Delta G_A-\Delta\overline{G}_A=RT\ln(\gamma_A/\overline{\gamma}_A)$。

从而，两者吉布斯自由能变化之差可以下式表示：

$$(\Delta G_B-\Delta\overline{G}_B)-(\Delta G_A-\Delta\overline{G}_A)=RT\ln[(\gamma_B/\overline{\gamma}_B):(\gamma_A/\overline{\gamma}_A)] \qquad (8-48)$$

在式（8－48）中，对数后面的式子在 $z_A=z_B$ 时等于 $\widetilde{K}_{B/A}$。很明显，如果方程(8－48)左边所示的差值大于零，则 $K_{B/A}>1$（至少在 $z_A=z_B$ 时是如此）。离子由外部溶液转入内部溶液时的吉布斯自由能变化决定于两个基本因素：离子水化能的差别以及离子与符号相反离子（即外部溶液中的余离子，内部溶液中的固定离子）之间静电交互作用能的差别。根据水化能和静电交互作用能对离子从外部溶液转入树脂时总吉布斯自由能变化所起影响的比较，下面将分别讨论对阳离子树脂和对阴离子树脂而言的选择性顺序。

随固定离子和所交换阳离子的形态的不同，已经实验确定了各种不同的阳离子选择性顺序，这些顺序或是决定于水化能的变化，或是取决于树脂相中的静电交互作用能的变化。

在用磺酸阳离子树脂（强酸性树脂）对电荷相同的阳离子进行交换时确定了以下的选择性顺序：

$Li^+<H^+<Na^+<NH_4^+<K^+<Rb^+<Cs^+<Ag^+<Tl^+$；$Mg^{2+}<Ca^{2+}<Sr^{2+}<Ba^{2+}$；

$Lu^{3+}<Yb^{3+}<Tm^{3+}<Er^{3+}\cdots<Ce^{3+}<La^{3+}$。

这些选择性顺序的决定性因素是水化能变化。例如，碱金属选择性的顺序符合水化热规律性减小的顺序，离子 Li^+、Na^+、K^+、Rb^+ 和 Cs^+ 的水化热分别等于 531、423、339、314 和 280kJ · mol^{-1}。因为水化能随离子大小的增大而减小，所以磺酸阳离子树脂对阳离子的选择性随离子半径的增大而升高。

在用磺酸阳离子树脂的情况下，静电交互作用对交换选择性的影响不显著，这是因为固定阴离子 $-SO_3^-$ 的体型比较大的缘故。除此之外，在一级近似中可设想：电荷是在三个氧原子之间分配，每个氧原子荷（-1/3）电荷。因为磺酸基团的力场微弱，所以在电荷相同的阳离子序列中对选择性起主要影响的因素是离子水化能的差别。

对电荷不同的离子来说，选择性随电荷增大而升高。例如，选择性递增的顺序可列出 $Na^+ < Ca^{2+} < Al^{3+} < Th^{4+}$。在此情况下，对选择性起优势影响的因素是静电交互作用，并随离子电荷的增大而增大。阳离子的水化能大致与其电荷的平方成正比，这应导致选择性减少。但是，大部分的水化能与由外部溶液转入树脂时所保持的一次水化层的形成相关联。因此，水化能在转入树脂时损失的份额随着阳离子电荷的增大而大大地减小。

在用弱酸阳离子树脂以及活性基团为 $-PO_3H_2$ 的树脂进行交换的情况下，发现阳离子亲和力顺序与用磺酸阳离子树脂进行交换的“正常”顺序相比较有很大的区别。例如，对羧酸树脂来说，一价阳离子的选择性顺序正好相反：$Li^+ > Na^+ > K^+ > Rb^+ > Cs^+$。这是由于静电交互作用能对选择性起主要影响的缘故。固定阴离子—COO^- 的体型比—SO_3^- 基的小，每个氧原子分摊（-1/2）个电荷。这两个因素有助于提高静电交互作用能。

用磷酸阳离子树脂进行交换的规律，在 $-PO_3H_2$ 基不完全离解的条件下，接近于用羧酸阳离子树脂进行交换的规律。视树脂性质及交换条件而定，可以观察到“正常的”、部分或完全相反的碱金属阳离子的选择顺序。但若离子化基团完全离子化，则由于阳离子与二价固定阴离子—PO_3^{2-} 的静电交互作用能高，故选择性顺序完全颠倒。

下面讨论关于阴离子的选择顺序。阴离子树脂（仲、叔胺类，季铵碱或吡啶碱类）由大量原子组成，骨架体型粗大和正电荷等于1。反离子在许多情况下靠近固定阳离子受到空间阻碍。因此，阴离子与固定阳离子的静电交互作用能不大，故起决定性作用的乃是离子由外部溶液转入树脂时的水化能变化。

众所周知，由于阴离子体型大而水化不强烈（体型小的 OH^- 和 F^- 离子例外）。但所有阴离子在稀溶液中比在树脂相中更易于水化。水化较少的阴离子（体型大或电荷少）优先转入树脂相。

电荷相同的离子的水化能随离子半径增大而减小。这一点解释了已知的一价离子被交联数中等的强碱性阴离子树脂（5% ~10% 联乙烯苯）吸收的选择性顺序是：$F^- < Cl^- < Br^- < NO_3^- < I^- < ClO_4^-$。

随着阳离子电荷增大，对它们吸收的选择性降低，因为水化能与电荷一起增大（在大小可比的情况下）。例如，Cl^- 离子与 ReO_4^- 交换的浓度常数等于 570，比与 CrO_4^{2-} 和 WO_4^{2-} 离子交换的浓度常数大三个数量级（后二者分别为 0.18 和 0.078）。

多原子阴离子的水化程度不仅与大小有关，而且结构因素特别是决定与水分子起交互作用的亲水基的存在有重大影响。

周期表中同族元素形成的同类型多原子阴离子的吸收选择性，随着阴离子的碱性增大而降低（而碱性照例是随着中性原子的原子序数增大而升高），这是由于阴离子水化加强的缘故。所述观点与已知的阴离子选择性顺序相符合：$MnO_4^- > TcO_4^- > ReO_4^- > CrO_4^{2-} > WO_4^{2-}$；$ClO_3^- > BrO_3^- > IO_3^-$；$SO_3^{2-} > SeO_3^{2-} > TeO_3^{2-}$。

此外，还应考虑到粗大的阴离子较体型小的阴离子可在更大程度上破坏水的结构。因此，对它们转入树脂相是有利的，在树脂相中水的结构规则性较差。所以，在电荷相同的情况下，体型较小的阴离子可被体型大的阴离子从树脂上取代下来。这说明强碱性阴离子树脂对体型粗大、电荷相同的 $AuCl_4^-$、ReO_4^-、MnO_4^-、ClO_4^- 等离子具有高的选择性。但应考虑到，所述规律性只有在阴离子的体型比树脂单元体型小的情况下才是正确的。当这些体型变成可比量时，便出现“屏蔽效应”（粗大离子不经树脂单元通过），而且选择性顺序颠倒过来。

六、离子交换的动力学

树脂和溶液中的离子交互反应，包括如下五个步骤：

（1）溶液中的离子向树脂表面扩散，通过围绕树脂表面的液体薄膜交界层，达到树脂表面。

（2）到达树脂表面的离子进入树脂的交联网孔中，在树脂颗粒内部扩散。

（3）扩散进入树脂颗粒内部的离子与树脂中可交换离子（功能基的可离解离子）发生交换反应。

（4）被交换下来的离子在树脂交联网孔内向树脂表面扩散。

（5）被交换下来的离子从树脂表面向溶液中扩散。

上述五个步骤中的（1）、（2）、（4）、（5）均为扩散过程，（3）是离子交换过程。一般来说，无机离子交换反应是较快的，因此总的离子交换过程受扩散过程控制。

因为 $\overline{j}_i = \overline{\beta}_i(d\overline{c}_i/dx)$，式中 $d\overline{c}_i/dx$ 为离子沿扩散方向的浓度梯度。所以，根据通量相等的关系得到 $\overline{\beta}_B(d\overline{c}_B/dx) = -\overline{\beta}_A(d\overline{c}_A/dx)$，其中负号表示交换离子向相反的方向扩散。同时，$\overline{c}_A + \overline{c}_B = \overline{c}_x =$ 常数（$\overline{c}_x$为固定离子的当量浓度），$\overline{c}_A = \overline{c}_x - \overline{c}_B$ 以及 $d\overline{c}_A/dx = -d\overline{c}_B/dx$，这意味着$\overline{\beta}_B = \overline{\beta}_A = \beta$。

上面已经提到，离子交换速度或是决定于树脂颗粒中的扩散速度（胶扩散），或是决定于经毗连表面液体膜通过的扩散速度（膜扩散）。在某些情况下，两者皆可控制过程。多半是在浓溶液（$>0.1 mol \cdot L^{-1}$）中交换速度受颗粒内部扩散的控制，而在低浓度时受外部扩散的控制。

实验测定控制步骤最简单而可靠的方法是中断法。如图 8－15 所示，在胶扩散动力学的情况下，中断后的交换初速度高于中断前的，因为浓度在颗粒中均衡化和初始浓度梯度增大。在膜扩散动力学的场合下，吸收曲线没有弯曲。

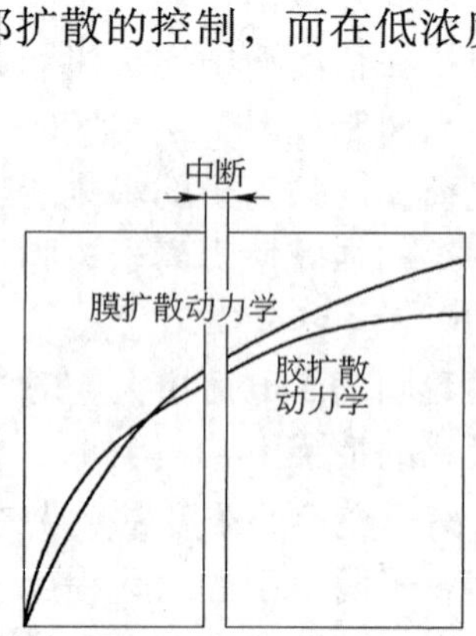

图 8－15　胶扩散和膜扩散在离子交换中断情况下的动力学曲线

现在来讨论外扩散（膜扩散）动力学的规律。

在膜扩散动力学的情况下，过程的速度决定于菲克第一定律的方程。对球形颗粒来说，有以下关系：

$$\frac{dQ}{d\tau} = S\alpha_D \frac{c - c_S}{\Delta r_0} = 4\pi r_0^2 \frac{c - c_S}{\Delta r_0} \qquad (8-49)$$

式中　Q——被吸附反离子的量；

r_0——树脂颗粒的半径；

Δr_0——膜厚度；

c——溶液中反离子的浓度；

c_S——溶液中反离子在树脂表面边界上的浓度；

α_D——溶液中的扩散系数。

被颗粒吸附的反离子的总浓度以下式表示：

$$Q = 4/3\pi r_0^3 \bar{c} \tag{8-50}$$

式中 $\bar{c}$——树脂中反离子的浓度。

如果设溶液在界面上与树脂处于平衡，那么树脂中的浓度 $\bar{c}$ 可表示为 c_S 的函数。在分配比 D 恒定的情况下，得到：

$$c_S = \bar{c}/D = Q/(4/3\pi r_0^3 D) \tag{8-51}$$

将 c_S 代入式（8-49），便得出：

$$\begin{aligned} \mathrm{d}Q/\mathrm{d}\tau &= (4\pi r_0^2 \alpha_D/\Delta r_0)[c - Q/(4/3\pi r_0^3 D)] \\ &= [3\alpha_D/(r_0 \Delta r_0 D)](4/3\pi r_0^3 cD - Q) \end{aligned} \tag{8-52}$$

平衡时，被吸附的反离子量决定于方程 $Q_\infty = 4/3\pi r_0^3 cD$。在这里，要注意到 $c_S = \bar{c}/D$，以及因为饱和时 $c_S = c$，故 $\bar{c} = cD$。

令 $K \equiv 3\alpha_D/(r_0 \Delta r_0 D)$，即得到：

$$\mathrm{d}Q/\mathrm{d}\tau = K(Q_\infty - Q) \tag{8-53}$$

在初始 $\tau = 0$ 时，$Q = 0$ 的条件下积分方程（8-52），便得出：

$$F(\tau) = Q/Q_\infty = 1 - e^{-K\tau} \tag{8-54}$$

式中 $F(\tau)$——相对于最大可能值的被吸附离子的比较份额。

方程（8-54）在两边取对数后，可改写成便于使用的形式如下：

$$\log(1 - F) = -K\tau/2.303 \tag{8-55}$$

下面讨论在树脂内进行的扩散过程。在描述胶扩散动力学规律时，必须从菲克第二定律出发：

$$\partial \bar{c}_i/\partial \tau = \bar{\alpha}_D \, (\partial \overline{c_i^2}/\partial x^2) \tag{8-56}$$

对球形颗粒（在球面坐标中）来说，方程具有以下形式：

$$\partial \bar{c}_i/\partial \tau = \bar{\alpha}_D[(\partial^2 \bar{c}_i/\partial r^2) + (2/r)(\partial \bar{c}_i/\partial r)] \tag{8-57}$$

式中 r——离球形颗粒中心的距离；

$\bar{\alpha}_D$——树脂中的扩散系数。

方程（8-57）按下列边界条件求解：

（1）$\tau = 0$ 时，$\bar{c}_{i0}$ 在整个颗粒内具有相同的值；

（2）$\tau = \infty$ 时，$\bar{c}_i = \bar{c}_{i(\text{平衡})}$，其值在整个颗粒内相同；

（3）在 $\tau \neq 0$ 的所有值的情况下，颗粒表面与溶液处于平衡：

$$(\bar{c}_i)_{r-r_0} = \bar{c}^{S}_{平衡} = Dc_{溶液}$$

式中　$\bar{c}^{S}_{平衡}$——表面处浓度；

D——分配比；

$c_{溶液}$——溶液中的浓度，设为常数。

对转化程度 $F(\tau)=Q/Q_\infty$ 而言，得到下列表达式：

$$F(\tau)=\frac{Q}{Q_\infty}=1-\frac{6}{\pi^2}\sum_{n=1}^{\infty}\frac{1}{n^2}e^{-\frac{\bar{\alpha}_D\pi^2 n^2\tau}{r_0^2}} \tag{8-58}$$

式中，$n=1，2，3，\cdots$。转化份额 $F(\tau)$ 只决定于无量纲参数 $\bar{\alpha}_D\tau/r_0^2$。

这样一来，在胶扩散动力学的情况下，相对的交换速度与扩散系数成正比，而与半径的平方成反比。

方程（8－58）在 $B=\bar{\alpha}_D\pi^2/r_0^2$ 的（Q/Q_∞，$B\tau$）坐标中可改写为便于使用的如下形式：

$$F=Q/Q_\infty=1-(6/\pi^2)\sum_{n=1}^{\infty}(1/n^2)e^{-B\tau n^2} \tag{8-59}$$

F 随变量 $B\tau$ 变化的值已经算出，结果列举在表 8－10 中。

在处理实验结果时，通常是根据表 8－10 的数据作出 $F-B\tau$ 关系图（见图 8－16），利用这个图对 F 的每个实验值求出 $B\tau$ 的值，然后除以时间来确定常数 B 的值。根据 B 的值，计算树脂颗粒中的扩散系数。

表 8－10　按方程（8－59）计算的 $B\tau$ 与 F 值

$B\tau\cdot10^4$	F	$B\tau\cdot10^2$	F	$B\tau$	F
0.1	0.0435	1.0	0.090	0.8	0.720
0.2	0.0050	2.0	0.125	1.0	0.775
0.4	0.0070	3.0	0.155	1.2	0.818
0.6	0.0083	4.0	0.180	1.5	0.865
0.8	0.0095	5.0	0.205	2.0	0.915
1.00	0.0105	6.0	0.225	2.5	0.950
1.50	0.0130	8.0	0.265	3.0	0.970
2.00	0.0153	10.0	0.300	3.5	0.980
3.00	0.0190	15.0	0.365	—	—
4.00	0.0228	20.0	0.420	—	—
5.00	0.0240	25.0	0.462	—	—
6.00	0.0260	30.0	0.497	—	—
8.00	0.030	40.0	0.555	—	—
10.00	0.034	50.0	0.605	—	—
15.00	0.042	60.0	0.650	—	—
20.00	0.048	70.0	0.690	—	—
30.00	0.059	80.0	0.720	—	—

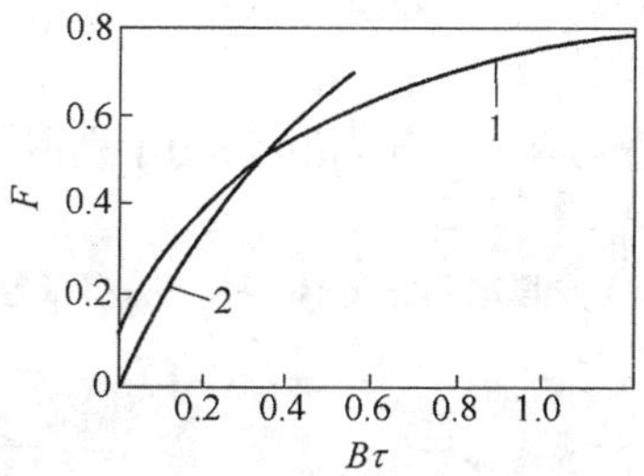

图 8-16　树脂上吸附作用的计算的动力学曲线

1—树脂内的扩散（胶扩散）；2—溶液经膜扩散

在转化程度很小的区域中，方程（8-58）右方的级数逐渐收敛，从而对计算可更方便地使用下列近似式：

$$F=(6/r_0)\sqrt{\overline{\alpha}_D\tau/\pi}\qquad 或$$

$$F=(6/\pi^{3/2})\sqrt{B\tau}=1.08\sqrt{B\tau}\tag{8-60}$$

这个近似式一直到 $F=0.05$ 为止都可算出精度很高的结果，到 $F=0.2\sim0.3$ 为止的精度也相当高。当 $F>0.7$（转化程度大）时，高阶项变得很小，从而可再进行简化，并得到：

$$F=1-(6/\pi^2)e^{-\overline{\alpha}_D\tau\pi^2/r_0^2}\qquad 或\qquad F=1-(6/\pi^2)e^{-B\tau}\tag{8-61}$$

在此情况下，为了确定$\overline{\alpha}_D$，在半对数 $\ln(1-F)=\ln(6/\pi^2)-B\tau$ 坐标中作图。根据直线的斜率求出 B，而后计算$\overline{\alpha}_D$。

$\overline{\alpha}_D$值对树脂中各种各样的离子来说在 $10^{-6}\sim10^{-9}cm^2\cdot s^{-1}$范围内变动（注意：溶液中的 α_D 值为 $10^{-4}\sim10^{-5}cm^2\cdot s^{-1}$）。扩散系数$\overline{\alpha}_D$随树脂中的交联数及水化离子的大小的增大而减小。

习题、思考题

1. 分配常数与分配比有什么不同，为什么要在生产实践中采用分配比表示溶质在有机相和水相中的分配情况？

2. 何谓萃取率，萃取率与分配比有何关系？

3. 给出分离系数的定义。在实际应用中，对萃取体系的分离系数有何要求？

4. 举例说明溶剂化萃取的原理及其特点。

5. 同酮、醇、醚等进行锌盐萃取，必须考虑哪些因素，为什么？

6. 试举例讨论胺盐萃取机理及其作用条件？

7. 把酸性萃取剂与螯合萃取剂合并列入阳离子交换萃取剂这个类型进行分析讨论是否合理，彼此间的相同和不同之处何在？

8. 分析用中性萃取剂 TBP 在 HF 介质中分离 Ta 和 Nb 的萃取过程及其规律性，在工艺上应如何实现其分离？

9. 考察在硫酸介质中以 TOA 萃取 ReO_4^- 离子的过程平衡，由此可导出一些什么结论？

10. 以 D_2EHPA 萃取稀土为例，分析按反应通式 $Me^{n+}+n\,(HA)_{2有}=MeA_n\cdot nHA_{有}+nH^+$ 表示的阳离子交换萃取平衡。

11. 什么叫做协同萃取及协萃图？

12. 阳离子交换萃取剂－中性萃取剂体系和阴离子交换萃取剂－阳离子交换萃取剂体系的协萃机理分别如何表述？详细讨论之。

13. 萃取过程的动力学包括哪些内容，本书提出的动力学模型是否合理，用这个模型可导出一些什么结果，如何确定过程的限制阶段？

14. 在某一萃取平衡中（$D=10$），假定两相的体积比 $V_{有}/V_{水}$ 由 1 增大到 10，试问萃取率的变化是多少？

[40.91%]

15. 某溶液含 Fe^{3+} 10mg，将其萃取入某有机溶剂时，分配比 $D=99$。问用等体积溶剂萃取 1 次和 2 次，剩余 Fe^{3+} 量各是多少，若在萃取 2 次后，分出有机层，用等体积水洗一次，会损失 Fe^{3+} 多少 mg？

[0.1mg；0.01mg；0.1mg]

16. 概述离子交换的基本原理。在湿法冶金中，利用离子交换树脂可解决一些什么问题？其应用前景如何？

17. 扼要说明离子交换树脂的种类、组成及功能，如何提高树脂对金属离子的选择性，常用的离子交换树脂有哪些类型，其特征如何？

18. 何谓道南电位及余离子不相容现象，树脂膜为何能在电解中得到应用？

19. 如何评定离子交换的选择性，对选择性起主要影响的因素有哪些？试详细讨论之。

20. 什么叫做胶扩散动力学和膜扩散动力学，如何描述这两种动力学的规律性，分别推导其数学表达式，从中可作出一些什么结论？

第九章　湿法冶金电解过程

第一节　概　　述

在有色金属湿法冶金中，电解的应用有两个方面：

（1）从浸出溶液中提取金属；

（2）从粗金属、合金或其他中间产物（如锍）中提取金属。这样，在生产实践中就有两类不同的电解过程：

（1）不溶性阳极的电解；

（2）可溶性阳极的电解。

但是，这两类过程的理论都是基于共同的电化学定律，即法拉第定律和列布拉定律，离子迁移理论，电极反应的电化学动力学和扩散动力学等等。法拉第定律和离子迁移理论已在物理化学中讲过，故这里着重讨论电极过程的动力学以及与电解过程有关的基本理论问题。

第二节　电极过程的动力学

电极过程的速度，可利用固相与液相界面上发生的多相化学反应的普遍规律来研究。

所谓电极过程，是指在与平衡电位不同的电位下，在电极表面上随着时间而发生的各种变化的综合。很明显，电极过程是很复杂的过程，可以分成几个阶段进行。例如，有离子参与而在电极上导致新物质生成的过程，其进行可分成下列各个阶段：

（1）离子由溶液本体向双电层外界移动并继续经双电层分散部分向电极表面靠近。在这里，离子已经是包括在与电极表面相距 δ 的双电层密集部分之中，也就是说，离子在这里可以发生电化学氧化或还原反应。

这个阶段，在很大程度上靠扩散来实现，扩散则是由于溶质在溶液本体和双电层外界的浓度差而发生的。在双电层外界，物质的浓度由于物质参与反应被消耗而比其在溶液本体的浓度更小。

反应离子的移向电极表面，应该被认为是过程的阶段之一，因为没有离子向电极表面供应，电极过程就不可能进行。

（2）有双电层密集部分的离子参与的电化学反应本身，是过程的另一阶段。电化学反应可归结于离子失去溶剂化外壳以及改变其电荷。在阴极上，电极向离子给出电子而使其还原；在阳极上，离子给出电子而发生氧化。

（3）最后是与电极过程最终产物的形成有关的阶段。如果产物是气体（例如氢），那么最后阶段包括由原子生成分子，而后成为气泡及其由电极表面排除。如果过程的产物是固体（例如还原出来的金属），则应考虑其晶格的形成。最后，如果过程的产物是留在溶液中的离子（例如 Fe^{3+} 还原为 Fe^{2+}），那么最终阶段应包括这个产物由其生成的地方（电极表面）向溶液本体的排开。

根据对化学动力学的研究，得知，最慢阶段的速度对整个过程的速度起着决定性的影响。因此，如果电化学反应的速度与扩散速度相比很小的话，那么电极过程的总速度主要决定于反应速度。相反的，在扩散缓慢的情况下，电极过程的速度将决定于扩散速度。

视何种阶段是缓慢的阶段而定，电极过程的动力学可以分为电化学动力学和扩散动力学。

一、电化学动力学

在这里，我们首先讨论电化学动力学，从而假设扩散比电极反应进行迅速得多。这种条件往往只要靠使溶液充分迅速搅拌便可以造成。

现在来讨论浸入在自已盐溶液中的金属电极上发生的电化学反应的速度。为了介绍电化学动力学的一般原理，研究这类电化学反应是恰当的。

根据现代的观点，当将一金属浸在含有该金属离子的溶液中时，在溶液与金属之间便开始有离子交换。在浸入的最初时刻，金属离子化以及离子中和的速度一般都彼此不相等。如果说在最初时刻原子离子化的速度大过于离子中和的速度，那么金属的表面便荷有负电并立即开始吸引符号相反的离子。因此，在电极附近比在溶液本体就有某些过剩的阳离子，以抵消电极表面的过剩电荷。

随着时间的消逝，由于表面负电荷增多，金属原子离子化过程的速度将减慢，相反的，该金属阳离子中和的速度将增大，直到这两种速度相等为止。在此情况下，金属表面原子与溶液中离子之间建立起动平衡，并在金属表面与溶液之间存在着电位差，这种电位差就是通常所谓的可逆（平衡）电极电位。

在平衡电位下，以电流密度（$A \cdot cm^{-2}$）作单位表示的中和和离子化反应的速度，叫做交换电流。某些电极在室温下的交换电流值见表 9－1。

表 9－1　某些电极在室温下的交换电流

电　极	溶液成分	交换电流（$A \cdot cm^{-2}$）
镍	$1mol \cdot L^{-1} NiCl_2 + 2\% H_3BO_3$	$10^{-8} \sim 10^{-9}$
纯铁（在真空中重熔化）	$1.25mol \cdot L^{-1} FeSO_4$	10^{-8}
铜	$1mol \cdot L^{-1} CuSO_4 + 0.05mol \cdot L^{-1} H_2SO_4$	10^{-5}
纯锌（单晶）	$0.25mol \cdot L^{-1} ZnSO_4$，用 H_2SO_4 酸化	10^{-5}
汞齐中的锌［0.983%（原子）］	$1.0mol \cdot L^{-1} ZnSO_4$	8×10^{-2}
汞齐中的锌［0.983%（原子）］	$0.33mol \cdot L^{-1} ZnSO_4$	5×10^{-2}
汞齐中的铅［0.587%（原子）］	$0.2mol \cdot L^{-1} Pb(NO_3)_2$	4×10^{-2}
汞齐中的铋［0.7%（原子）］	$0.23mol \cdot L^{-1} BiCl_3 + 1mol \cdot L^{-1} HCl$	10^{-1}
汞齐中的铋［0.7%（原子）］	$0.023mol \cdot L^{-1} BiCl_3 + 1mol \cdot L^{-1} HCl$	1.42×10^{-2}
汞齐中的铋［0.7%（原子）］	$0.0023mol \cdot L^{-1} BiCl_3 + 1mol \cdot L^{-1} HCl$	1.4×10^{-3}
H_2（在锌上）	$1.0mol \cdot L^{-1} H_2SO_4$	10^{-11}
H_2（在镍上）	$0.5mol \cdot L^{-1} H_2SO_4 + 1mol \cdot L^{-1} NiSO_4$	10^{-7}
H_2（在钯上）	$0.1mol \cdot L^{-1} H_2SO_4$	2×10^{-5}
H_2（在汞上）	$1.0mol \cdot L^{-1} H_2SO_4$	6×10^{-12}
Fe^{3+}/Fe^{2+}（在铂上）	各离子的活度均等于 1	5×10^{-1}
Eu^{3+}/Eu^{2+}（在汞上）	各离子的活度均等于 1	2×10^{-2}

如果在最初时刻，原子离子化的速度小于离子中和的速度，那么也会完全类似地产生离子双电层。与上述不同之点在于，在第一种情况下金属表面相对溶液荷有负电，而在第

二种情况下荷有正电。

假使将相对溶液荷正电的金属表面进行阴极极化，那么其正电荷便开始减少。在对该溶液和金属为特征的某种极化值下，表面电荷将变得等于零。在这些条件下，没有离子电位跳跃，并且金属电位只决定于金属中的电子电位跳跃以及整个在溶液中的溶液分子的定向电位跳跃。在延续极化的情况下，将发生金属表面的过电荷并且金属荷有负电。如果将荷负电的金属进行阳极极化，也可以发生同样的情况。金属在无离子双电层存在时的电位，叫做金属的表面零电荷电位，这是金属的非常重要的电化学特性数据。某些电极的表面零电荷电位见表 9－2。

表 9－2　某些电极在室温下的表面零电荷电位（相对于标准氢电极）（V）

电　极	ε (0)	溶液成分	测量方法
镉 Cd	−0.9	5×10^{-3}mol·L^{-1}KCl	电容法
铊 Tl	−0.8	10^{-3}mol·L^{-1}KCl	电容法
铅 Pb	−0.67	$10^{-3}\times0.5$mol·L^{-1}H_2SO_4	电容法
锌 Zn	−0.63	1×0.5mol·L^{-1}Na_2SO_4	硬度法
铁 Fe	−0.37	$10^{-3}\times0.5$mol·L^{-1}H_2SO_4	电容法
汞 Hg	−0.19	稀溶液	电毛细法等
石墨 C	−0.07	0.05mol·L^{-1}NaCl	硬度法
银 Ag	0.05	0.1mol·L^{-1}KNO_3	吸附法
活性炭 C	0~0.2	1×0.5mol·L^{-1}Na_2SO_4 + 1×0.5mol·L^{-1}H_2SO_4	吸附法
铂			
在氢气氛中 Pt(H_2)	0.11~0.27	1×0.5mol·L^{-1}Na_2SO_4 + 0.01×0.5mol·L^{-1}H_2SO_4	吸附法、接触角法
在氧气氛中 Pt(O_2)	0.4~1.0	1×0.5mol·L^{-1}Na_2SO_4 + 0.01×0.5mol·L^{-1}H_2SO_4	吸附法
碲 Te	0.61	1×0.5mol·L^{-1}Na_2SO_4	硬度法
二氧化铅 PbO_2	1.8	$10^{-2}\times0.5$mol·L^{-1}H_2SO_4	电容法

设离子中和的阴极反应的活化能以 W_K 表示，而在表面零电荷电位下的活化能以 W_K^0 表示；金属原子离子化的阳极反应的活化能以 W_A 表示，而在表面零电荷电位下的活化能以 W_A^0 表示。离子双电层以及与表面零电荷电位相距一个 ε' 值的电极电位，可使电极反应中的一个反应加速和使另一个反应减缓，这相当于设想离子双电层的能量 $zF\varepsilon'$ 会使电极反应的活化能降低或者是使之增大。然而，电极反应的活化能变化，在双电层的影响下，是等于双电层总能量的某种分数。因此，活化能在从零电荷电位算起的电位 ε' 下可用下列各方程表示：

$$W_K = W_K^0 + \alpha z_K F\varepsilon' \tag{9-1}$$

以及

$$W_A = W_A^0 - \beta z_K F\varepsilon' \tag{9-2}$$

式中，α 和 β 为动力学系数，其值在 0 与 1 之间，并且 $\alpha+\beta=1$。

式（9－1）和式（9－2）右边的符号是这样选择的，就是当电位由零电荷电位向负的（阴极的）方面移动时，$\varepsilon'<0$ 以及阴极反应的活化能将降低，而阳极反应的活化能则增高。如果电位向正的（阳极的）方面移动，则 $\varepsilon'>0$ 以及阳极过程的活化能将降低，而阴极过程的活化能将增大。

在阳极反应属于阴离子氧化类型的情况下，则式（9－2）具有以下形式：

$$W_A = W_A^0 - \beta z_A F\varepsilon' \tag{9-3}$$

如果将以前讲过的化学动力学方程 $V = ka_1a_2\cdots e^{-\frac{W}{RT}}$ 应用于电化学反应，并将式（9－1）、式（9－2）或式（9－3）中的活化能代入和以电流密度 d 表示电化学电极反应的速度，便可得到电极反应速度的各种基本方程式。

对阴极反应 $Mez_K^+ + z_Ke = Me$ 来说，得到：

$$d_K = K_1'a_Ke^{-\frac{W_K^0+\alpha z_KF\varepsilon'}{RT}} \tag{9-4}$$

而对 $Me \rightarrow Mez_K^+ + z_Ke$ 型的阳极反应来说，因为金属表面原子的活度为定值，故得到：

$$d_A = K_2'e^{-\frac{W_A^0-\beta z_KF\varepsilon'}{RT}} \tag{9-5}$$

在阳极反应属于 $A^{z_A^-} - z_Ae = A$ 型的情况下，设 a_A 为阴离子的活度和 z_A 为其价，则得到：

$$d_A = K_3'a_Ae^{-\frac{W_A^0-\beta zAF\varepsilon'}{RT}} \tag{9-6}$$

因为 W_K^0 和 W_A^0 皆是定值，故式（9－4）和式（9－5）可分别改写为：

$$d_K = k_1a_Ke^{-\frac{\alpha z_KF\varepsilon'}{RT}} \tag{9-7}$$

$$d_A = k_2e^{\frac{\beta z_KF\varepsilon'}{RT}} \tag{9-8}$$

式（9－7）和式（9－8）不便于用来比较几种电极反应的速度，因为其中包括了由零电荷电位算起的电极电位 ε'，而不同电极的零电荷电位是不相同的，因此，希望得到含有由共同零标算起的电极电位的电化学反应动力学方程。

将由零电荷电位算起的电极电位表示为以氢标表示的电极电位 ε 和表面零电荷电位 $\varepsilon(0)$ 的代数差：

$$\varepsilon' = \varepsilon - \varepsilon(0)$$

把 ε' 值代入式（9－7）和式（9－8）中，便得到：

$$d_K = k_1a_Ke^{-\frac{\alpha z_KF\varepsilon}{RT}}e^{\frac{\alpha z_KF\varepsilon(0)}{RT}}$$

$$d_A = k_2e^{\frac{\beta z_KF\varepsilon}{RT}}e^{-\frac{\beta z_KF\varepsilon(0)}{RT}}$$

因为零电荷电位是个定值，所以各方程中右边第二个指数可与常数项合并。由此得到：

$$d_K = K_1a_Ke^{-\frac{\alpha z_KF\varepsilon}{RT}} \tag{9-9}$$

以及

$$d_A = K_2e^{\frac{\beta z_KF\varepsilon}{RT}} \tag{9-10}$$

在式（9－9）和式（9－10）中，电位 ε 是由通用的共同的电位标度零（标准氢电极电位）算起的。

式（9－9）和式（9－10）的图解表示在图 9－1 中。如果把不同的电位值代入上述各指数方程中，便可得到关于指数曲线形状的概念。当 $\varepsilon = -\infty$ 时，$d_K = +\infty$，而 $d_A = 0$；当 $\varepsilon = 0$ 时，$d_K = K_1a_K$，而 $d_A = K_2$。从这里可以再一次看出，系数 K_1 和 K_2 的数值与计算电位所选择的零有关。当 $\varepsilon = +\infty$ 时，$d_K = 0$，而 $d_A = +\infty$。

图 9－1 中的实线，表示电流密度 d_A 和 d_K 随 ε 变化的关系，并可称之为分极化曲线。从图可以看出，在平衡电位 ε_e 时，$d_K = d_A = d_0$，其中 d_0 为交换电流。平衡电位点把图分为两半。在平衡电位点的右边，$d_K > d_A$ 并且总的还原速度 $D_K = d_K - d_A$；在 ε_e 的左边，

则 $d_A > d_K$ 并且总的氧化速度 $D_A = d_A - d_K$。

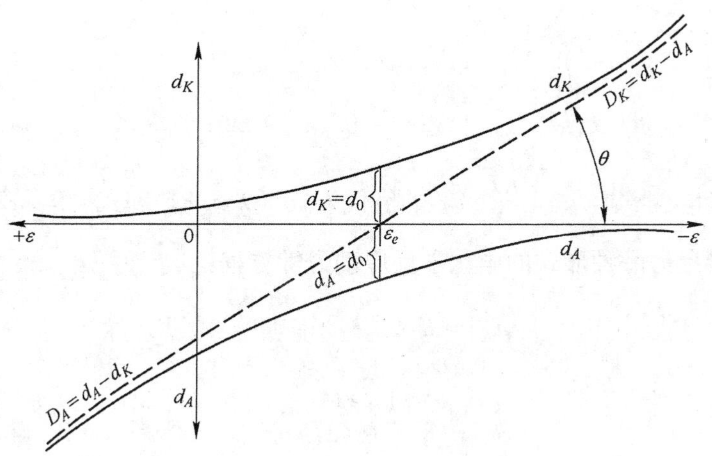

图 9－1　电化学反应的极化曲线

实线—分极化曲线；虚线—总极化曲线

电流 i_K 和 i_A 不能用实验方法直接测出。接在电极电路中的电流计，在 ε_e 及 $i_K = i_A = i_0$ 时，指出无电流存在，而在其他电位值的情况下则将测出 I_K 或是 I_A，知道电极的表面大小以后，即可算出 D_K 或 D_A。

如果将分极化曲线纵坐标的代数和求出，便可绘出表示 D_K 和 D_A 与 ε 关系的总极化曲线，如图 9－1 中虚线所示。总极化曲线表明，电化学过程，只有在电位由平衡值作适当位移的情况下，才可能以一定的速度进行。这就是说，在电极电位未达到给定条件下的平衡电位值以前，阴极上或阳极上便不可能开始有物质析出或溶解的过程发生（列布拉定律）。

这个以 $\varepsilon - \varepsilon_e = \Delta\varepsilon$ 表示的电位位移（对平衡电位的偏离），称之为电极反应的超电位。根据图 9－1 可以推出，$\Delta\varepsilon$ 对阳极过程来说为正值，而对阴极过程来说为负值。因此，在文献中又常常把 $-\Delta\varepsilon = \eta_{阴}$ 当作是阴极还原反应的超电位（极化值），这在以后讨论阳离子在阴极上还原时应用起来较为方便。

对给定的电极反应来说，超电位不是一个定值，而是与电极的电流密度有关。因此，两个电极反应的超电位只有在同一电流密度下才可能进行比较。

总极化曲线可以根据实验数据绘出。为此，必须找出 D_K 或 D_A 和 ε 或 $\Delta\varepsilon$ 之间的关系。绘制极化曲线是研究电极过程动力学的最重要的方法之一。

电极反应的速度与超电位之间的关系可由式（9－9）和式（9－10）导出。如果在式（9－9）中以 $e^{-\frac{\alpha z_K F\varepsilon_e}{RT}}$ 乘之和除之，而在式（9－10）中以 $e^{\frac{\beta z_K F\varepsilon_e}{RT}}$ 乘之和除之，便得到：

$$d_K = K_1 e^{-\frac{\alpha z_K F\varepsilon_e}{RT}} \alpha_K e^{-\frac{\alpha z_K F(\varepsilon - \varepsilon_e)}{RT}}$$

以及

$$d_A = K_2 e^{\frac{\beta z_K F\varepsilon_e}{RT}} e^{\frac{\beta z_K F(\varepsilon - \varepsilon_e)}{RT}}$$

如果考虑到$(\varepsilon - \varepsilon_e) = \Delta\varepsilon$，则得到：

$$d_K = K_1 e^{-\frac{\alpha z_K F \varepsilon_e}{RT}} a_K e^{-\frac{\alpha z_K F \Delta\varepsilon}{RT}} = K_1^0 a_K e^{-\frac{\alpha z_K F \Delta\varepsilon}{RT}} \tag{9-11}$$

以及

$$d_A = K_2 e^{\frac{\beta z_K F \varepsilon_e}{RT}} e^{\frac{\beta z_K F \Delta\varepsilon}{RT}} = K_2^0 e^{\frac{\beta z_K F \Delta\varepsilon}{RT}} \tag{9-12}$$

式中 $K_1^0 = K_1 e^{-\frac{\alpha z_K F \varepsilon_e}{RT}}$ 和 $K_2^0 = K_2 e^{\frac{\beta z_K F \varepsilon_e}{RT}}$

如果将平衡电位 $\varepsilon_e = \varepsilon_e^{\ominus} + \frac{RT}{zF}\ln a_K$ 的值代入式（9－11）和式（9－12）右边的第一个指数中，便可导出另一种形式的电化学反应动力学方程：

$$d_K = K_1 e^{-\frac{\alpha z_K F \varepsilon_e^{\ominus}}{RT}} a_K^{1-\alpha} e^{-\frac{\alpha z_K F \Delta\varepsilon}{RT}}$$

以及

$$d_A = K_2 e^{\frac{\beta z_K F \varepsilon_e^{\ominus}}{RT}} a_K^{\beta} e^{\frac{\beta z_K F \Delta\varepsilon}{RT}}$$

但是

$$K_1 e^{-\frac{\alpha z_K F \varepsilon_e^{\ominus}}{RT}} = K_2 e^{\frac{\beta z_K F \varepsilon_e^{\ominus}}{RT}} = d_0$$

也就是说，d_0 等于离子活度为 1 时的交换电流（标准交换电流）。因此：

$$d_K = d_0 a_K^{1-\alpha} e^{-\frac{\alpha z_K F \Delta\varepsilon}{RT}}$$

以及

$$d_A = d_0 a_K^{\beta} e^{\frac{\beta a_K F \Delta\varepsilon}{RT}}$$

但是 $d_0 a_K^{1-\alpha} = d_0 a_K^{\beta} = D_0$

式中，D_0 为离子活度等于 a_K 时的交换电流。

因此

$$d_K = D_0 e^{-\frac{\alpha z_K F \Delta\varepsilon}{RT}}$$

以及

$$d_A = D_0 e^{\frac{\beta z_K F \Delta\varepsilon}{RT}}$$

根据以上所述，可以得到下列各关系式：

$$-\Delta\varepsilon_K = \frac{RT}{azF}\ln\frac{d_K}{D_0} \tag{9-13}$$

$$\Delta\varepsilon_A = \frac{RT}{\beta zF}\ln\frac{d_A}{D_0} \tag{9-14}$$

从式（9－13）和式（9－14）可以看出，为了要达到一定的电流密度（速度），交换电流密度愈大，所必需的电位位移（极化值）就愈小。

应该指出，以上所导出的各种电化学反应动力学方程，对于把双电层看作是平板电容器结构的情况来说（见图 9－2（a）），是正确的。这种推测在浓溶液中完全得到证实。但是，在稀溶液中以及在有表面活性物质存在的情况下，双电层的结构变得更为复杂［见图 9－2（b）和 9－2（c）］。在这些情况下，电位降由金属表面与紧靠金属的第一离子层中心之间的电位降 ε_1^* 以及第一离子层中心与溶液本体之间的电位降 ε^* 组成。图 9－2为离子双电层的各种结构示意图。

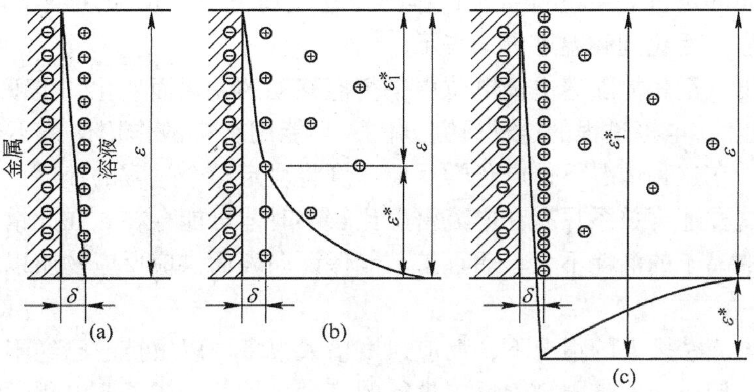

图 9-2 离子双电层的各种结构示意图

总的电位跳跃 ε 以代数和 $\varepsilon = \varepsilon_1^* + \varepsilon^*$ 表示。但是，因为在放电过程中只有紧靠金属表面的离子参与，而在原子离子化过程中原子由金属表面进入到第一离子层中，所以并不是全部的电位跳跃都对电极反应的速度有影响，而只是第一离子层中的那部分才发生作用。因此，对所讨论的情况来说，式（9-9）应改写为：

$$d_K = K_1 a_{S(K)} e^{-\frac{\alpha z_K F(\varepsilon - \varepsilon^*)}{RT}} = K_1^0 a_{S(K)} e^{-\frac{\alpha z_K F(\Delta\varepsilon - \varepsilon^*)}{RT}} \tag{9-15}$$

式中 $a_{S(K)}$ 为放电离子在紧靠金属表面处的活度，与溶液本体中的离子活度 a_K 不同。

$a_{S(K)}$ 与 a_K 之间的关系，遵循下列玻耳兹曼方程：

$$a_{S(K)} = a_K e^{-\frac{z_K F \varepsilon^*}{RT}} \tag{9-16}$$

根据式（9-15）和式（9-16），可导出考虑了双电层分散部分电位的阴极反应速度方程如下：

$$\begin{aligned} d_K &= K_1 a_K e^{-\frac{z_K F\varepsilon^*}{RT}} e^{-\frac{\alpha z_K F(\varepsilon - \varepsilon^*)}{RT}} \\ &= K_1^0 a_K e^{-\frac{z_K F\varepsilon^*}{RT}} e^{-\frac{\alpha z_K F(\Delta\varepsilon - \varepsilon^*)}{RT}} \end{aligned} \tag{9-17}$$

从式（9-17）可以看出，由于不同表面活性物质的加入而改变其值的 ε^* 电位，对电化学反应的速度发生很大的影响。

同样，对阳极反应来说，在考虑到上述情况以后，d_A 可表示如下：

$$d_A = K_2 e^{\frac{\beta z_K F(\varepsilon - \varepsilon^*)}{RT}} = K_2^0 e^{\frac{\beta z_K F(\Delta\varepsilon - \varepsilon^*)}{RT}} \tag{9-18}$$

当然，双电层的结构对平衡电位不会发生影响。

应该指出，对电极电位偏离平衡值足够远的情况来说，阴极过程速度 D_K 和阳极过程速度 D_A 的动力学方程，可直接将 D_K 和 D_A 代替式（9-11）~式（9-18）中的 d_K 和 d_A 得到，因为在此情况下 $D_K \approx d_K$ 和 $D_A \approx d_A$（见图 9-1）。如果电位移动不大，则阴极过程和阳极过程的电化学动力学方程须从 $D_K = d_K - d_A$ 以及 $D_A = d_A - d_K$ 的关系式中导出。

二、扩散动力学

在上面，我们对电极过程进行的讨论，只限于过程的速度受到电化学反应本身限制时的情况。既然这个过程是化学反应，所以我们用已知的化学动力学方程作为基础对超电位与电流密度之间的定量关系进行了理论推导。在此情况下，反应速度（电流密度）通过反应离子的活度、活化能和温度等来表示。

前面已指出，活化能随着电极电位由平衡值移动的变化而变化，也就是说，活化能是$\Delta\varepsilon$的函数。显然，电极过程的这种研究方法，只能用在扩散作用保持不变以及扩散速度相当大的场合，在这种情况下，电化学反应速度将决定整个过程的速度。

很明显，这种速度关系只有在电流密度比较小时才可能存在。在此情况下，电极上被氧化或被还原的离子的消耗不大，而且扩散能保证向表面供应反应物质以及使反应产物排开。

但是，在电流密度大的情况下，反应速度增大很多，以致扩散已经不能保证向电极供应离子。结果，传质的困难限制着反应进行的速度。扩散变成了比电化学氧化或还原慢得多的过程，并且过程的速度整个地决定于扩散的速度。当电化学反应转入扩散区时，电位的继续移动已不能引起过程的速度增大。极化曲线，一面在相当小的电流密度下遵循已知的指数定律［式（9－9）和式（9－10）］，一面对此定律产生偏差，并且电流密度具有某种最大值，此值决定于离子到达电极表面的速度，也就是决定于扩散速度。这个最大的电流密度称为极限电流密度Dc。

图9－3为描述阳离子还原速度与电位关系的示范性阴极极化曲线。电化学动力学区大致以图中*aa*线为界，其中D_K与$-\Delta\varepsilon_K$之间主要存在着指数关系。纯扩散动力学区则以*bb*线为界。在*aa*线与*bb*线之间存在着混合动力学区域，其中电化学反应速度和扩散速度具有可相比拟的数值。纯电化学动力学区和纯扩散动力学区只有在这两个过程的速度相差很大的极限情况下才会出现。

从图9－3可以看出，在电位偏离平衡电位很小的情况下，电极过程服从电化学动力学定律。随着阴极极化的增大，反应的速度也增大，并且扩散由于不能在单位时间内向电极表面供应足够数量的离子而开始使反应速度变慢。这种阻碍作用随着阴极极化的增大而愈益强烈，从而电极反应速度也愈来愈受着扩散的限制。最后，达到极限电流密度的条件，在此情况下，扩散速度已达到最大可能的数值。在这里，极化曲线与横轴平行，表明用增大极化的办法已不可能使反应速度改变。在这些条件下，$\frac{dD_K}{d\varepsilon}=0$。

如果在溶液中只有一种能在阴极上还原的阳离子，那么极化的进一步增大不会引起任何电化学过程，及至电场电压增大至某个更大的数值，便可能开始由于水分子分解而析出氢的作用。

假使溶液中有两种不同金属的盐存在，它们的阳离子都可能在阴极上还原，那么极化曲线将具有如图9－4所示的形状。按照金属$Me_{Ⅰ}$和$Me_{Ⅱ}$的本性以及它们的离子在溶液中的活度，它们具有不同的平衡电位，如图所示。由该图可以看出：$Me_{Ⅰ}$的平衡电位比$Me_{Ⅱ}$的更正些。

当逐渐增大电极的阴极极化时，首先是达到平衡电位$\varepsilon_{e(Ⅰ)}$。而当电极电位逐步移向负的一方并变得比$Me_{Ⅰ}$的平衡电位更负时，阳离子$Me_{Ⅰ}^{2+}$便开始还原并有衡量还原速度的电流密度D_K通过。在极化很小的情况下，过程将遵循电化学动力学方程，但当其增大时，从某个电位开始，过程的速度开始受扩散限制。表示电化学动力学定律的曲线（虚线Ⅰ）和测出的极化曲线（实线表示）分道而行。最后，在对阳离子$Me_{Ⅰ}^{2+}$而言的某个极化值下出现极限电流密度 $D_{C(\mathrm{I})}$ 的条件。所有这些都是在比 $\varepsilon_{e(\mathrm{I})}$ 更负但比 $\varepsilon_{e(\mathrm{II})}$ 更正的电位下发生的。因此，阳离子 Me_{II}^{2+} 不参与反应。

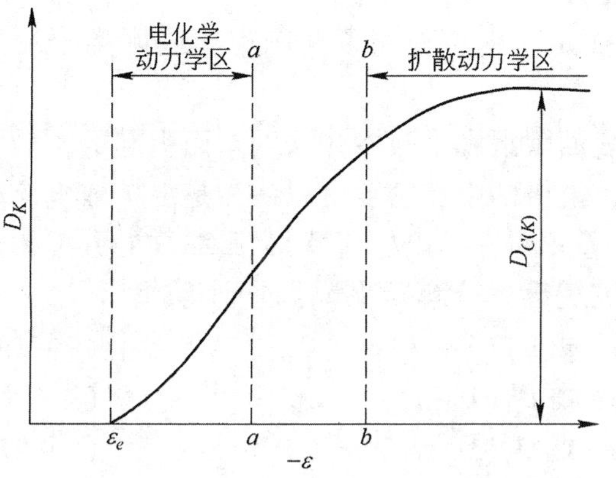

图 9－3　电化学动力学区和扩散动力学区的阴极极化曲线

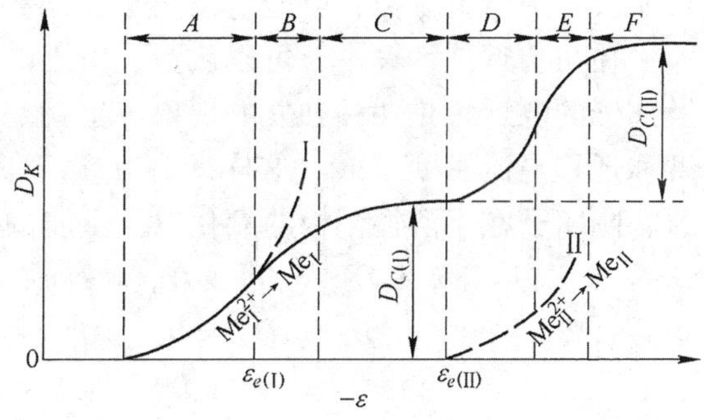

图 9－4　两种阳离子还原的极化曲线

A—阳离子 Me_{I}^{2+} 还原电化学动力学区；

B—阳离子 Me_{I}^{2+} 还原混合动力学区；

C—阳离子 Me_{I}^{2+} 还原扩散动力学区；

D—阳离子 Me_{II}^{2+} 还原电化学动力学区；

E—阳离子 Me_{II}^{2+} 还原混合动力学区；

F—阳离子 Me_{II}^{2+} 还原扩散动力学区

当电极电位变得比阳离子 Me_{II}^{2+} 的平衡电位更负时，这些离子便开始还原。在比 $\varepsilon_{e(\mathrm{II})}$ 只稍为更负的电位下，离子 Me_{II}^{2+} 还原的速度服从电化学动力学方程。紧靠电极的溶液层中含 Me_{I}^{2+} 离子极少而含 Me_{II}^{2+} 离子还很多，从而反应 $Me_{\mathrm{II}}^{2+} \to Me_{\mathrm{II}}$ 自由地发展。在这个电位下，电极上有两种离子还原：Me_{I}^{2+} 离子以极限速度（以 $D_{C(\mathrm{I})}$ 值衡量）还原；Me_{II}^{2+} 离子以遵循电化学动力学定律的速度还原。后述规律在图 9－4 上以虚线Ⅱ表示。所观测到的电流密度乃是虚线Ⅱ的纵坐标和 $D_{C(\mathrm{I})}$ 之和。因此，当电位变得比 $\varepsilon_{e(\mathrm{II})}$ 更负时，可观察到电流密度增大。如果电位继续向负的一方增大，将会导致像上面对 Me_{I}^{2+} 所述那样的 Me_{II}^{2+} 还原速度的变化。最终将出现对 Me_{II}^{2+} 离子而言的极限电流密度 $D_{C(\mathrm{II})}$ 的条件。在此情况下，$D_{C(K)} = D_{C(\mathrm{I})} + D_{C(\mathrm{II})}$。

在图 9－4 上部已分别标出了电化学动力学、混合动力学和扩散动力学的各个区域。

因此，对两种能还原的阳离子来说，在极化曲线上有两个波出现，每个波分别经相当于这些离子各自的极限电流的水平线段通过。如果溶液中有更多种的离子，则在极化曲线上将会出现更多个的波。

如果溶液中有多种能氧化的阴离子存在时，原则上类似的情况也会在惰性电极（例如铂电极）阳极极化下出现。在这里，也可以出现在阳极极化增大时转入扩散动力学以及有关极限电流的情况。

下面我们来进行有关扩散动力学问题的数学分析和推导。

在扩散区域中，电流密度决定于单位时间内到达单位电极表面上的离子数或离子摩尔数。离子到达电极表面，是由于两种原因而引起，由于电极表面附近浓度变化而发生的扩散作用以及离子在电场影响下的迁移作用。

扩散速度，可以通过由扩散所决定的电流密度来表示。

离子在电场影响下的迁移速度，视其淌度而定。由该种离子（阳离子或阴离子）迁移所决定的电流分数，就是所谓离子迁移数。

在初步近似计算中，可以认为，由于电极表面附近和溶液本体浓度差而引起的扩散以及离子的电迁移是两种独立的现象。也就是说，电极的电流密度可以认为是由扩散电流密度和迁移电流密度组成。这样，对冶金有重要意义的三类电极过程即阳离子在阴极的还原、阴离子在不溶性阳极的氧化以及金属的阳极氧化（溶解）来说，分别得到：

$$D_K = D_d + D_m = D_d + D_K t_K \text{ 或 } D_K(1 - t_K) = D_d \tag{9-19}$$

$$D_A = D_d + D_m = D_d + D_A t_A \text{ 或 } D_A(1 - t_A) = D_d \tag{9-20}$$

$$D_A = D_d + D_m = D_d + D_A t_K \text{ 或 } D_A(1 - t_K) = D_d \tag{9-21}$$

式中 D_K 和 D_A——阴极和阳极的总电流密度；

D_d——由阳离子或阴离子进到阴极或阳极所决定的扩散电流密度；

D_m——由离子电迁移所决定的迁移电流密度；

t_K 和 t_A——阳离子和阴离子的迁移数。

从电化学知道，扩散电流密度对式（9－19）和式（9－20）来说是以下式表示：

$$D_d = k_D zF(a - a_s) \tag{9-22}$$

对式（9－21）来说，则得到：

$$D_d = k_D zF(a_s - a) \tag{9-23}$$

式中 k_D——在一定的对流和搅拌条件下的扩散速度常数；

a——溶液本体中扩散离子的活度；

a_s——电极表面处扩散离子的活度；

z——反应离子的价。

根据式（9－19）和式（9－22）得到：

$$a_{s(K)} = a_K - \frac{D_K(1 - t_K)}{k_D z_K F} \tag{9-24a}$$

以及

$$D_K = \frac{k_D z_K F}{1 - t_K}[a_K - a_{s(K)}] \tag{9-24b}$$

从式（9－24a）可以看出，由于阴极附近的浓度变化，通过电极的电流密度不可能是无穷大。当 $a_{s(K)}$ 变得等于零时，电流密度（阴极过程的速度）将完全受扩散速度的限制。因此，电流密度不能提高到超过相当于 $a_{s(K)}=0$ 时的极限值：

$$D_{C(K)} = \frac{k_D z_K F}{1 - t_K} a_K \tag{9-25}$$

将式（9－25）中的 $D_{C(K)}$ 代入式（9－24b），得到：

$$a_{s(K)} = a_K\left[1 - \frac{D_K}{D_{C(K)}}\right] \tag{9-26}$$

同样地，根据式（9－20）和式（9－22），对阴离子在阳极的氧化来说，得到：

$$D_{C(A)} = \frac{k_D z_A F}{1 - t_A} a_A \tag{9-27}$$

以及

$$a_{s(A)} = a_A \left[1 - \frac{D_A}{D_{C(A)}} \right] \tag{9-28}$$

应该指出，如果溶液中有两种或几种盐，并且其中一种盐的离子参与电极反应，而其余盐的离子只参与电荷的迁移，那么由参与反应的离子所迁移的电流将较小。在此情况下，上述各方程中的 t 都要用 yt 代替，其中 y 为有离子参与电极反应的那种盐的电导率对溶液中存在的所有物质的电导率总和之比，亦即 $y = \kappa_i / \Sigma\kappa_i$。

根据式（9－21）和式（9－23），对金属的阳极溶解过程来说，得到：

$$D_A = \frac{k_D z_K F}{1 - t_K} [a_{s(K)} - a_K] \tag{9-29}$$

式（9－29）与式（9－24b）相似，但有另外的物理意义。式（9－24b）表明，电极反应速度与扩散速度之间的关系。但是，在金属阳极溶解的情况下，转入溶液中的阳离子的扩散速度不可能限制电极反应的速度。从而，改变极化值，可以改变过程的速度 D_A，而不必考虑（在一定的范围）电极附近溶液层中的扩散状况。因此。式（9－29）不是表示反应速度与扩散速度的关系，而是可用来求得在稳定状态下阳极附近溶液层中阳离子的活度 $a_{s(K)}$ 与过程的速度 D_A 和与决定扩散速度的因素（k_D、a_K）之间的关系。这种关系是：

$$a_{s(K)} = a_K + \frac{D_A(1 - t_K)}{k_D z_K F} \tag{9-30}$$

此外，还应该指出，在某些场合下，电极上发生反应的离子不是在电流影响下朝向电极而是离开电极迁移的离子。例如，阴离子可以在阴极上还原，如反应 $CuCl_4^{2-} + 2e \longrightarrow Cu + 4Cl^-$ 就是例子之一。阳离子也可在阳极发生氧化，反应 $Fe^{2+} \longrightarrow Fe^{3+} + e$ 可以作为其实例。在这些场合下，离子的电迁移不仅不能有助于反应物质趋向电极，而是相反的阻止其进入。这样一来，对阴离子在阴极上的还原来说，有以下关系：

$$D_K = D_d - D_m = D_d - D_K t_A$$

从而

$$D_d = D_K(1 + t_A) \tag{9-31}$$

以及

$$D_{C(K)} = \frac{k_D z F}{1 + t_A} a_A \tag{9-32}$$

同理，在阳离子阳极氧化的情况下，得到：

$$D_A = D_d - D_m = D_d - D_A t_K$$

从而

$$D_d = D_A(1 + t_K) \tag{9-33}$$

以及

$$D_{C(A)} = \frac{k_D z F}{1 + t_K} a_K \tag{9-34}$$

第三节 阴极过程

在湿法电化学冶金中，工业上通常是用固体阴极进行电解，其主要阴极过程乃是金属离子的中和反应：

$$Me^{z+} + ze \longrightarrow Me \tag{1}$$

但是，除了主要过程以外，还可能发生氢的析出、由于氧的离子化而形成氢氧化物、杂质离子的放电以及高价离子还原为低价离子等过程，如以下各反应所示：

$$H_3O^+ + e \longrightarrow \frac{1}{2}H_2 + H_2O \text{（在酸性介质中）} \tag{2a}$$

$$H_2O + e \longrightarrow \frac{1}{2}H_2 + OH^- \text{（在碱性介质中）} \tag{2b}$$

$$O_2 + 2H_2O + 4e \longrightarrow 4OH^- \tag{3}$$

$$Me_i^{z_i^+} + z_i e \longrightarrow Mei \tag{4}$$

$$Me^{z_h^+} + (z_h - z_l)\ e \longrightarrow Me^{z_l^+} \tag{5}$$

上述电化学过程可以分为三个类型。属于第一类的过程有：

（1）在阴极析出的产物，呈气泡形态从电极表面移去并在电解液中呈气体分子形态溶解；

（2）中性分子转变为离子状态。

属于第二类的是在阴极上析出形成晶体结构物质的过程。

最后，在阴极上不析出物质而只是离子价降低的过程属于第三个类型。

下面分别着重讨论关于氢和金属在阴极上析出的基本原理及其有关应用问题。

一、氢在阴极上的析出

按照现代的观点，作为物理质点存在于水溶液中的氢离子，系由与水分子化学结合着的阳离子组合而成：

$$H \longrightarrow H^+ + e$$

$$H^+ + H_2O \longrightarrow (H_3O)^+$$

荷正电的质点 $(H_3O)^+$ 由于静电作用而吸引几个水分子。因此，在水及水溶液中存在着水化 $(H_3O)^+$ 离子，这种离子简称为氢离子。

氢在阴极上的析出分为下列四个过程：

第一个过程——水化 $(H_3O)^+$ 离子的去水化。可以设想，在阴极的电场中，水化 $(H_3O)^+$ 离子从其水化分子中游离出来：

$$[(H_3O)\cdot xH_2O]^+ \longrightarrow (H_3O)^+ + xH_2O$$

第二个过程——去水化后的 $(H_3O)^+$ 离子的放电，也就是质子与水分子之间的化合终止，以及阴极表面上的电子与其相结合，结果便有为金属（电极）所吸附的氢原子生成：

$$(H_3O)^+ \longrightarrow H_2O + H^+;\ H^+ + e \longrightarrow H_{(Me)}$$

第三个过程——吸附在阴极表面上的氢原子相互结合为分子：

$$H + H \longrightarrow H_{2(Me)}$$

第四个过程——氢分子的解吸及其进入溶液，由于溶液过饱和的结果，以致引起在阴极表面上生成氢气泡而析出：

$$xH_{2(Me)} \longrightarrow Me + xH_{2(溶解)}$$

$$xH_{2(溶解)} \longrightarrow xH_{2(气体)}$$

如果上述过程之一的速度受到限制，那么便会发生氢在阴极上析出时的超电位现象。加速这个过程需要消耗附加的能量（活化能），同时因为活化能在上述情况下等于电量（广度因素）和电位（强度因素）的乘积，故可用下列方程表示：

$$W_{活化} = -2F\Delta\varepsilon_H \tag{9-35}$$

式中 $-\Delta\varepsilon_H$——氢离子的还原超电位，V；

$2F$——对生成1mol氢分子而言的常数，等于2×96500C。

现在，认为上述第二个过程需要活化能。

为了使阴极上只析出金属而不析出氢，就必须要求氢的电位在电解的条件下比金属的电位更负。如果电流密度不超过一定的界限，那么正电性金属（如铜）的析出没有任何困难，但负电性金属（如锌和镉）的沉积则只有当电解液中氢离子浓度很小或者氢离子的还原超电位很大时才可能顺利地进行。

氢的超电位与许多因素有关，其中主要者为阴极材料、电流密度、电解液温度、溶液的成分等等。

如上所述，氢在金属阴极析出时产生超电位的原因，在于氢离子放电阶段缓慢，并且这一点对大多数金属来说已经得到证实。因此，式（9－11）可应用于氢的析出过程。根据方程（9－11），可以得到下列塔费尔方程：

$$-\Delta\varepsilon_H = a + b\ln D_K \tag{9-36}$$

式中 D_K——阴极电流密度，$A \cdot m^{-2}$；

$a = -\frac{RT}{\alpha F}\ln K_1^0 - \frac{RT}{\alpha F}\ln a_{H^+}$；

$b = \frac{RT}{\alpha F}$。

从式（9－36）可以看出，在 $-\Delta\varepsilon_{11} - \ln D_K$ 坐标系中，超电位与电流密度应成直线关系。对大多数金属电极来说，在电流密度不很小的情况下，这种关系已经实验证实。表9－3所列为式（9－36）中对各种阴极而言的常数 a 和 b 在25℃下的实验数据。

从表9－3可以看出，a 值与金属的本性有很大的关系，而系数 b 的值几乎保持不变。这证明 $a = \frac{1}{2}$ 的实际恒定性。此外，还可以看出，氢离子在通常电流密度下在锌、镉等比氢更负电性的金属上还原的超电位都相当大。

在锌电积时，所采用的铝阴极板很快地被一薄层锌所覆盖，实际上已变为锌阴极，从而保证了相当大的氢离子还原超电位。

按照 a 值的大小，可将常用的电极材料大致分成三类：

（1）高超电位金属（a＝1.0～1.5V），主要有Pb、Cd、Hg、Tl、Zn、Ga、Bi、Sn等；

（2）中超电位金属（a＝0.5～0.7V），其中最主要的是Fe、Co、Ni、Cu、W、Au等；

表 9-3　对氢离子在各种金属阴极上还原反应而言的塔费尔方程中常数 a 和 b 的数值

电　极	溶液的成分	常　　数	
		a	b
Pb	$1.0\times0.5molH_2SO_4$	1.56	0.110
Hg	$1.0\times0.5molH_2SO_4$	1.415	0.113
Cd	$1.3\times0.5molH_2SO_4$	1.40	0.120
Zn	$1.0\times0.5molH_2SO_4$	1.24	0.118
Sn	1.0molHCl	1.24	0.116
Cu	$1.0\times0.5molH_2SO_4$	0.80	0.115
Ag	1.0molHCl	0.95	0.116
Fe	1.0molHCl	0.70	0.125
Fe	2.0molNaOH	0.76	0.112
Ni	0.11molNaOH	0.64	0.100
Co	1.0molHCl	0.62	0.140
Pd	1.1molKOH	0.53	0.130
Pt	1.0molHCl	0.10	0.130
Pt	1.0molNaOH	0.31	0.097
	$1.5\times0.5molNa_2SO_4$		

（3）低超电位金属（$a=0.1\sim0.3V$），其中最主要的是 Pt 和 Pd 等铂族元素。

阴极的表面结构也对氢的超电位发生间接的影响：阴极表面愈粗糙，其真实表面便愈大，这就意味着真实电流密度愈小，从而氢的超电位愈小；反之，超电位就愈大。

随着电解液温度的升高，氢的析出电位经常降低，也就是氢离子放电更容易。这是由于可逆电位会向正的方向移动以及超电位降低的缘故。超电位的温度系数，随着电流密度的增大而减小，并且对实际上通常采用的电流密度来说等于：

$$\frac{-d(-\Delta\varepsilon_H)}{dT}=0.002\sim0.003V\cdot K^{-1}$$

表面活性物质的加入，对氢还原超电位所起的影响可用由式（9-17）导出的方程说明。如果考虑到 $z_{H^+}=1$ 及 $\varepsilon_e^{\ominus}$（H^+/H_2）$=0$，这个方程可表示如下：

$$-\Delta\varepsilon_H=-\frac{RT}{\alpha F}\ln K_1-\frac{(1-\alpha)RT}{\alpha F}\ln a_{H^+}+\frac{(1-\alpha)}{\alpha}\varepsilon^*+\frac{RT}{\alpha F}\ln D_K \tag{9-37}$$

从式（9-37）可以看出，由于表面活性物质（被吸附在电极上）的加入而引起的 ε^* 电位的变化，应使氢的还原超电位发生变化。视被电极吸附的离子的电荷符号而定，双电层分散部分的电位值可以向正的或负的方向变化。因此，氢的还原超电位可由吸附作用而增大或减小。

溶液的 pH 值对氢离子还原超电位的影响，可用下列各关系式来说明。

对酸性溶液来说，在 $\alpha=\frac{1}{2}$ 及 $T=298K$ 时，根据式（9-37）可导出：

$$-\Delta\varepsilon_H=\mathrm{const}+0.0591pH+\varepsilon^*+0.1182\log D_K \tag{9-38}$$

也就是说，在其他条件相同的情况下，酸性溶液中氢的超电位随着 pH 增大而增大。

在碱性溶液中，决定氢析出动力学的不是反应（2a）而是反应（2b）。很明显，在此情况下，不是氢离子在阴极上放电而是水分子还原，这里反应物在电极附近的活度与 ε^* 无关。双电层分散部分的电位跳跃 ε^* 只对决定过程速度（活化能）的双电层密集部分的电位跳跃（$\varepsilon_1^* = \varepsilon - \varepsilon^*$）的大小发生影响。因此，对碱性溶液来说，方程（9－17）中不应包括 $e^{-\frac{z_K F \varepsilon^*}{RT}}$ 一项，从而得到：

$$D_K = K_1 a_{H_2O} e^{-\frac{\alpha F(\varepsilon - \varepsilon^*)}{RT}} \tag{9-39a}$$

式中，a_{H_2O} 为与 ε^* 无关的水的活度。

考虑到 $\varepsilon = \varepsilon_e + \Delta\varepsilon$ 以及 $\varepsilon_e = \frac{RT}{F}\ln a_{H^+}$ 的关系，并把它们代入式（9－39a），便可导出：

$$-\Delta\varepsilon_H = -\frac{RT}{\alpha F}\ln K_1 - \frac{RT}{\alpha F}\ln a_{H_2O} + \frac{RT}{F}\ln a_{H^+} - \varepsilon^* + \frac{RT}{\alpha F}\ln D_K \tag{9-39b}$$

如果仍然设 $\alpha = \frac{1}{2}$ 和 $T = 298\text{K}$ 并考虑到 a_{H_2O} 实际上为定值，则最后得到：

$$-\Delta\varepsilon_H = \eta_H = \text{const} - 0.0591\text{pH} - \varepsilon^* + 0.1182\log D_K \tag{9-39c}$$

由此可见，在碱性溶液中，超电位随着 pH 增大而减小。这些规律性（见图 9－5）已经实验证实。从而，在其他条件相同的情况下，可得出以下结论：

（1）在酸性电解液中，为了减少氢的析出，也就是为了提高电流效率，应尽可能使 pH 保持更高的数值。

（2）对碱性电解液来说，为了减少氢的析出，必须使 pH 值尽可能地低。

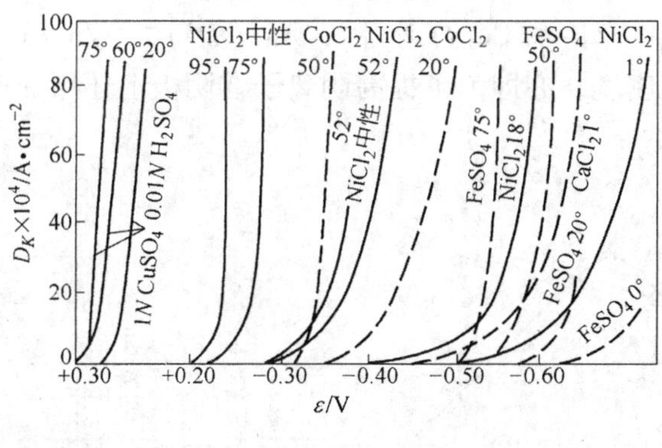

图 9－5　pH 对氢析出超电位的影响

（$D_K = 10^{-4}\text{A}\cdot\text{cm}^{-2}$ 时，在汞阴极上测出的实验数据）

二、金属在阴极上的析出

在湿法电化学冶金中，主要的阴极过程是主要金属从含其离子的溶液中在阴极上析出的过程。

金属从溶液中的析出，在已建立的过程中大致由以下三个阶段组成：

（1）阳离子由溶液本体迁移到双电层中；

（2）放电过程，在双电层密集部分发生阳离子的脱水并吸附在电极表面以及电子与之结合而转变为原子；

（3）金属中性原子进入金属晶格中或者是生成新的晶核。

不同金属在阴极上析出的极化值，与其一系列的个别性质（交换电流的大小、零电荷电位的位置、表面状况等）有关，也可受电解条件（电解液的成分和温度等）的影响。图 9－6 和图 9－7 所示为某些金属阳离子放电的极化曲线。

从图 9－6 和图 9－7 可以看出，诸如 Hg、Cu、Pb、Zn 等一类交换电流较大的金属的阳离子放电速度甚至在极化值很小的情况下都急剧增大，而为了提高交换电流小的铁族金属（Fe、Co、Ni）的阳离子放电速度，则要求更大的极化值。某些金属在电极上的交换电流值，已在表 9－1 中列出。

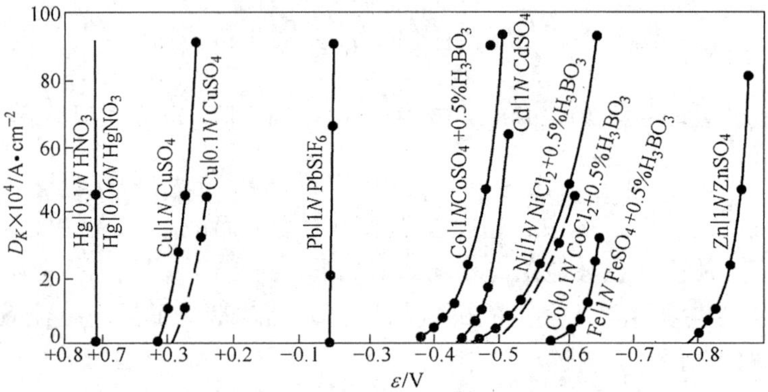

图 9－6　汞、铜、铅、锌、镉、钴、镍、铁等的阳离子在室温下放电的极化曲线

如果金属在溶液中呈诸如 Cu（CN）$_3^{2-}$、Ag（CN）$_2^-$、Zn（CN）$_4^{2-}$ 等络合离子形态存在，则为了提高电流密度，亦即为了提高阴离子在阴极上还原的速度，甚至要求特别大的极化，如图 9－8 所示。

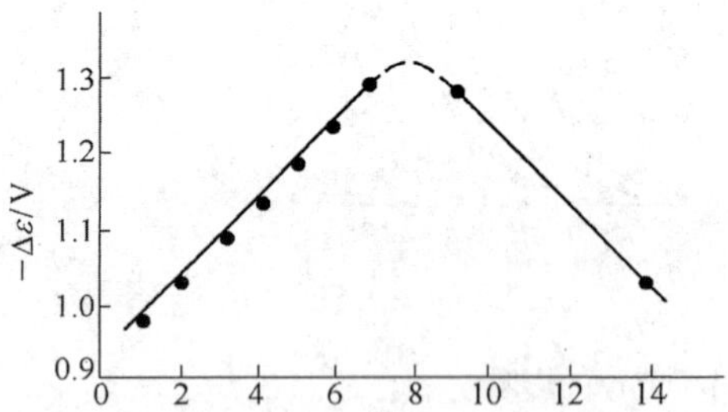

图 9－7　铜、镍、钴、铁等的阳离子在不同温度下放电的极化曲线

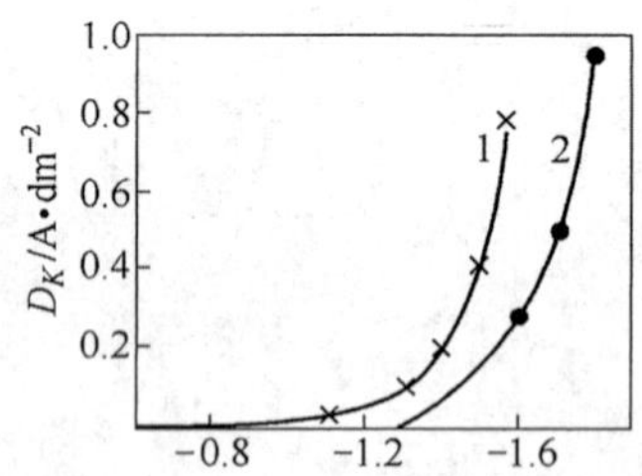

图 9－8　在阴极上从含络合阴离子的溶液中析出金属的极化曲线

1—从 0.25mol·L^{-1}CuCN＋0.6mol·L^{-1}NaCN＋0.5mol·L^{-1}Na$_2$CO$_2$ 溶液中析出铜；

2—从 0.5mol·L^{-1}Zn（CN）$_2$＋4.3mol·L^{-1}NaCN 溶液中析出锌

关于金属的简单离子和络合离子在阴极上还原的过程动力学，其中包括电化学动力学和扩散动力学，已在第二节中进行过详细的理论分析，这里不再重复。下面讨论一下关于金属电结晶的问题，也就是关于阴极沉积物的生成机理及其结构问题。

在有色金属的水溶液电解过程中，要求得到致密平整的阴极沉积表面。前已述及，粗糙的阴极表面对电解过程产生不良的影响，因为这会降低氢的超电位和加速已沉积金属的逆溶解作用。此外，由于沉积表面不平而会产生许多凸出部分，容易造成电极之间的短路。所有这些影响的结果，都会引起电流效率降低。

如果电解条件不适当，便会产出一种海绵状的疏松沉积物。海绵状沉积物的生成是我们所不希望的，因为这种沉积物重熔时容易氧化而增大金属的损失。此外，在生成海绵状沉积物的情况下，电流效率会降低、电能消耗增大以及容易造成短路。

因此，了解阴极沉积物形成的条件以及各种影响因素，对于产出合乎质量要求的产物来说具有重要的意义。

在阴极沉积物形成的过程中，有两个平行进行的过程：晶核的形成和晶体的成长。在结晶开始时，金属并不在阴极整个表面上沉积，而只是在对阳离子放电需要最小活化能的个别点上沉积。被沉积金属的晶体，首先在阴极主体金属晶体的棱角上生成。电流只通过这些点传送，这些点上的实际电流密度比整个表面的平均电流密度要大得多。

在靠近已生成晶体的阴极部分的电解液中，被沉积金属的离子浓度贫化，于是在阴极主体金属晶体的边缘上产生新的晶核。分散的晶核数量逐步增加，直到阴极的整个表面为沉积物所覆盖时为止。

实际上，在电解过程中，有一部分原子在进行晶核形成，而另一部分在进行晶体成长。因此，如果96500C的电量在阴极上还原 N 个阳离子（N 等于阿佛伽德罗数除以价），那么，设形成晶核的一部分 N 等于 N_n 而参与晶体成长的第二部分 N 等于 N_g，则得到：

$$N = N_n + N_g \qquad (9-40)$$

如果 $N_n > N_g$，那么在阴极上将产生细结晶沉积物；如果 $N_n \ll N_g$，则得到粗结晶沉积物。

在金属从简单盐溶液中电结晶的情况下，如果是交换电流大的金属，则照例产出粗结晶沉积物。属于这一类的金属有 Ag、Pb、Cd、Zn、Sn、Tl 等。

表 9－4 为银从硝酸银溶液中电结晶的实验数据。

表 9－4　银从硝酸银溶液中电结晶的数据

$D_K \times 10^7$（$A \cdot cm^{-2}$）	C_{AgNO_3}（$mol \cdot L^{-1}$）	D_K/C_{AgNO_3} 比值 $\times 10^6$	晶核数
5	0.001	500	270
17	0.01	170	250
65	0.1	65	170
80	1.0	8	25

根据表 9－4 的数据，可查明电流强度和 $AgNO_3$ 浓度对形成的晶核数所起的影响，如图 9－9 所示。

基于实验数据，可导出晶核生成数与电流密度和放电阳离子浓度之间的关系式如下：

$$N_n = K\frac{D_K}{C_{Me}} \tag{9-41}$$

式中，K为与每种金属特性有关的常数。

因此，交换电流大的金属在从简单盐溶液中析出时，将随着电流密度的增大和阳离子浓度的降低，会产出结晶更细的沉积物。离子交换电流小以及极化值相当大的金属，照例是形成细结晶沉积物。属于这一类的金属有Fe、Ni、Co。

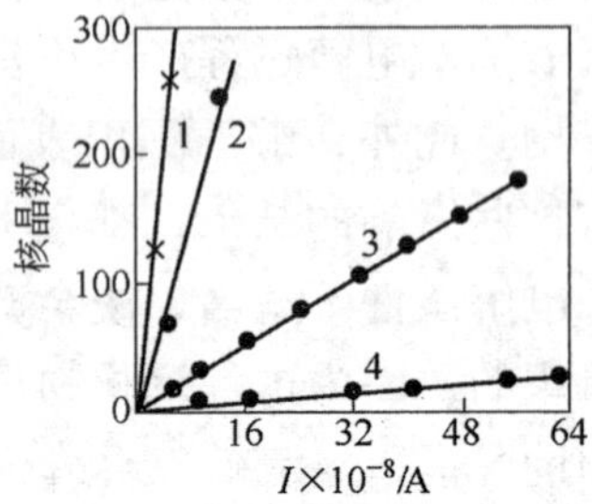

图9－9　电流强度和$AgNO_3$浓度对在0.528mm^2阴极面积上形成的晶核数所起的影响
1—0.001mol·L^{-1} $AgNO_3$溶液；2—0.01mol·L^{-1} $AgNO_3$溶液；3—0.1mol·L^{-1} $AgNO_3$溶液；4—1mol·L^{-1} $AgNO_3$溶液

与这类金属一起，有些金属如Ag、Cu、Zn，如果它们在溶液中呈络合离子形态存在，则由于还原超电位相当大，故也可呈极细结晶沉积物形态析出。对这类情况来说，晶核数与极化值的关系似乎更具有特征：极化值愈大，沉积物析出的结晶颗粒便愈细。

总的说来，已生成的晶体的成长和沉积物的结构与许多因素有关，其中对电解过程有影响的主要因素是：电流密度；电解液的温度；溶液的搅和；氢离子的浓度以及添加剂的作用等。

1. 电流密度的影响　在电流密度小的情况下，靠近已生成晶体的地方，由于扩散作用能及时补充由放电引起的阳离子的减少，从而溶液中阳离子的贫化现象不甚显著，因此已生成的晶体能无阻地继续成长，结果得到由分散的粗粒结晶所组成的沉积物。

当电流密度高时，在晶体生成以后不久，靠近晶体部分的电解液就会发生局部贫化现象，晶体的成长暂时停止而产生新的晶核，在此情况下得到细结晶的沉积物。

然而，当电流密度很高时，阴极附近的电解液发生急剧的贫化现象，从而可能引起其他阳离子特别是引起氢离子开始强烈的放电，所得沉积物为松软和海绵状的物质，含有多量的氢气。极限电流密度是允许获得合乎要求的沉积物时的电流密度。如果温度愈高，放电阳离子的起始浓度愈高以及搅和愈强烈时，也就是这些能导致靠近阴极的溶液浓度恢复的因素显得愈强烈时，则允许的极限电流密度也可以愈高。但是，应考虑到，这种从获得致密沉积物的观点来看所允许的更高的电流密度，可能造成其他缺点。因此，最适宜的电流密度应考虑到过程的所有其他条件来选定。

2. 温度的影响　温度的提高会引起溶液的许多性质改变：电导率提高、溶液中离子活度改变（通常为减小）、所有存在的离子的放电电位改变、金属析出和氢气放出的超电位都降低等。在某些情况下，提高温度会导致溶液中胶状组织（如镍的氢氧化物等）的生成或消失。因为其中每一改变，同样地会影响阴极沉积物的特性，故温度的影响极为复杂，在不同情况下表现亦不相同。

我们应当注意到作为一般规律的最重要的情况，即扩散速度随温度的升高而加快。扩散速度加快将使阴极附近溶液不易产生贫化层，此外，金属的超电位也减低。这两种情况都导致极化曲线有更陡峭上升的趋势。如我们所知道的，这能促使获得粗结晶的沉积物。因此，当温度提高时，必须采用提高了的电流密度，以使温度的影响变为不显著，以获得细结晶的沉积物。

氢的超电位随温度升高而降低，致使氢的析出变得容易。可是，对于需要高的超电位才析出的镍来说，超电位随温度升高而降低的程度比氢的超电位强烈得多，在此情况下氢的析出甚至会减弱。氢在金属中的溶解度随温度升高而降低。因此，在高温度下，可能得到含氢低的沉积物。

同样可作为一般规律指出的，是当温度升高时所得沉积物较为松软。

3. 搅和的影响　搅和溶液能使阴极附近的浓度均衡，因而使极化降低，极化曲线有更陡峭的趋势，所有这些情况都导致形成晶粒较粗的沉积物。在另一方面，搅和电解液可以消除浓度的局部不均衡、局部过热等现象，可以提高电流密度而不会发生沉积物成块和不整齐的危险。电流密度的提高，也可以消除由搅和引起的粗晶性。

采用高的电流密度在工业上是有利的，因为这样可以加速过程的进行和减缩设备的容量。在此情况下，就必须加强电解液的循环。

4. 氢离子浓度的影响　氢离子的浓度或溶液的 pH 值是影响电结晶进行的极其重要的因素。pH 值首先决定了在阴极过程中氢渗入晶体的分数。当然，这个分数是按照 pH 值的减小而增加的。根据 pH 值的大小，析出的氢原子在或大或小的程度上渗入到晶体中，例如，在成长着的晶体组成中形成氢化物。这种情形也强烈地影响到整个电结晶过程和超电位上。此外，在通常有空气存在的电解过程中，或者由于水的氧化作用的结果，亦得到金属氢氧化物，这种氢氧化物在某一 pH 值时变为不溶性，并且或者是呈胶体分散的形态或是呈悬浮的形态存在，具有被吸附在沉积晶体上的能力。沉积晶体的个别区域便可能直接被氧化。不管怎样的氧化物落到晶体的表面上，都强烈地影响到整个结晶过程的进行。例如，当氢离子活度足够大和当覆盖层发生的可能性小时，便可得到有光泽的、均匀的沉积物；当氢离子浓度降低（pH 增大）时，则形成海绵状沉积物，不能很好地黏附到阴极上，有时甚至从阴极上掉下来。

因此，调整 pH 值（缓冲作用），对于控制电结晶过程具有极其重要的意义。

5. 添加剂的影响　为了获得致密而平整的阴极沉积物，常常在电解液中加入少量作为添加剂的物质，如树胶、动物胶和硅酸胶以及 α－萘酚、苯磺酸、胺盐等表面活性物质。

在电解过程中，许多胶体添加剂可以看作是两性电解质。在 pH 值低的介质中，它们离解为阳离子［胶质根］$^+$与阴离子 OH^- 或 Cl^- 等；荷正电的胶质根向阴极转移，并在阴极上放电，对电结晶过程发生强烈的影响。在 pH 值高的介质中，则形成阴离子［胶质根］$^-$与阳离子 H^+、Na^+ 等；荷负电的胶质根便移向阳极，且影响甚微。

胶质微粒也可能使金属阳离子溶剂化，与它们一起向阴极转移，在阳离子放电后，便游离出来而被吸附在阴极上。

各种添加剂对于阴极沉积物质量的有利影响，在于胶质主要是被吸附在阴极表面的凸出部分，形成导电不良的保护膜，使这些凸出部分与阳极之间的电阻增大，因此消除了阳极至阴极凹入部分与阳极至阴极凸出部分之间的电阻差额。结果，阴极表面上各点的电流分布均匀，所产出的阴极沉积物也就较为致密而平整。

三、阳离子在阴极上的共同放电

金属的还原常常由于有其他金属（杂质）或氢伴随还原而变得复杂化。这个现象具有重要的实际意义。金属的电解精炼问题、电解沉积问题以及其他许多问题（如电镀等）都与几种不同的阳离子同时还原的问题有关系。可以举出锌盐水溶液的电解作为例子，在此情况下就必须考虑锌与氢的离子在阴极上共同放电的问题。

在几种离子共同放电的情况下，每种离子的还原速度相当于一定的电流密度 D_i。总的电流密度 D_K（即测出的电流强度除以阴极面积得到的商）等于所有在阴极上进行还原反应的电流密度之和，亦即：

$$D_K = \Sigma D_i$$

1. 金属离子与氢离子的共同放电　首先讨论有关阴极电流效率的基础理论问题。如果以 η_{Me}^* 表示金属的阴极电流效率（以分数表示），显然可得到：

$$\eta_{\mathrm{Me}}^* = \frac{D_{\mathrm{Me}}}{D_K} \tag{9-42}$$

同理，氢的电流效率以下式表示：

$$\eta_{\mathrm{H}}^* = \frac{D_{\mathrm{H}}}{D_K} \tag{9-43}$$

如果只限于讨论主要金属与氢的离子共同放电的问题，则：

$$\eta_{\mathrm{Me}}^* + \eta_{\mathrm{H}}^* = 1 \tag{9-44}$$

以式（9-43）除（9-42）并将式（9-44）中的 η_{H}^* 代入，则得到：

$$\frac{\eta_{\mathrm{Me}}^*}{1-\eta_{\mathrm{Me}}^*} = \frac{D_{\mathrm{Me}}}{D_{\mathrm{H}}} \tag{9-45}$$

利用式（9-45）可将金属和氢的离子在阴极上放电的速度与金属的电流效率联系起来。

为了便于说明问题，设锌或其他负电性金属与氢在一定条件下的极化曲线以示意图表示在图 9-10 中。

从图 9-10 可以看出，在所讨论的条件下，金属的平衡电位比氢的平衡电位更负。氢

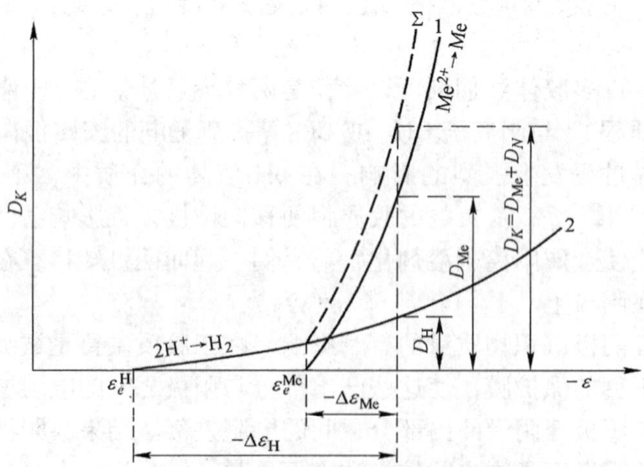

图 9-10　金属和氢的离子共同放电的极化曲线

离子还原的超电位很大（曲线2的斜率大），而金属离子还原的超电位则较小（曲线1）。这种关系可在锌从水溶液还原的场合下见到。

当电极电位比 ε_e^{H} 更正的时候，既没有氢也没有锌可能析出。如果电位取 ε_e^{H} 与 ε_e^{Me} 之间的值，应只有氢析出，而金属仍不可能还原。在电位比 ε_e^{Me} 更负的情况下，则金属和氢两者都可以析出。在这些条件下，$D_K = D_{Me} + D_H$。因而表示总电流密度的极化曲线，可由加和曲线1和2的纵坐标绘出（图中标出的虚线Σ）。在工作阴极电位 ε 的条件下，金属和氢将分别以电流密度 D_{Me} 和 D_H 实测的速度进行还原。这样一来，方程（9－45）的关系也可根据图解法求得。

从图9－10可以看出，因为曲线1向上走向比曲线2更陡，所以增大极化（电位 ε 向右移动）应导致析出金属的电流效率提高。如果通过实验将对给定成分的溶液而言的极化曲线测出，则类似于图9－10上所示的图形可用于定量地确定 D_{Me} 与 D_H 之间的关系如何随电位 ε 的改变而改变。从图还可以看出，电流效率应与溶液成分——Me^{2+} 和 H^+ 的浓度（活度）有关。改变 $a_{Me^{2+}}$ 和 a_{H^+} 可改变各自的平衡电位，从而改变各自极化曲线的位置。a_{H^2} 减小，亦即pH增大，将使 ε_e^{H} 向更负的一方移动（在图上向右位移）。而增大 $a_{Me^{2+}}$ 则使 ε_e^{Me} 移向更正的一方（在图上向左移动）。

为了查明电流效率与各种电解参数（电位、温度、电解液成分等）的关系，必须知道这些因素是如何对金属和氢的离子放电速度发生影响的。

有充分依据可证明，氢在大多数金属上析出时的极化基本上是由于离子放电阶段缓慢所致。因此，缓慢放电理论的基本方程对反应速度（电流密度）应该是正确的。

金属析出时的极化往往也是决定于离子的缓慢放电。

这样一来，将金属和氢的离子缓慢放电方程［参阅式（9－15），在此为了简化，已设 $\varepsilon^* = 0$］代入式（9－45），并注意到 $z_H = 1$ 以及 a_{Me} 和 a_H 在一般情况下不相等，而且电位 ε 在两个速度方程中是一样的，因为这个电位是两个还原过程同时在其上进行的阴极电位。从而，可导出金属的阴极电流效率 η_{Me}^* 与阴极电位、溶液中离子的活度、温度以及动力学系数 α 的关系式如下：

$$\frac{\eta_{Me}^*}{1-\eta_{Me}^*} = \frac{K_{Me} a_{Me^{z+}}}{K_H a_{H^+}} e^{-\frac{(z_{Me}\alpha_{Me} - \alpha_H)F\varepsilon}{RT}} \qquad (9-46)$$

式（9－46）已在许多场合下得到定量的证实。该式表明，在其他条件相等的情况下，氢离子在酸性溶液中的活度增大会使金属的电流效率降低。

如果阴极上占优势的电位是决定于金属离子的放电过程，而金属和氢的离子活度系数变化不大并可认为是常数，那么式（9－46）中唯一的变量是酸的浓度。这样，式（9－46）可改写为以下的形式：

$$\eta_{Me}^* = \frac{B}{B' + c_{H^+}} \qquad (9-47)$$

式中，B 和 B' 皆为常数。这个简化方程在许多场合下能得出与实验数据相符合的结果。

在生产实践中，经常是希望在电流效率接近于1的条件下进行电解过程。但是，要达到这个目的并不总是能成功的，因为要靠降低酸度来提高电流效率实际上受到一系列因素的限制。例如，在锌电解的情况下，降低槽中的酸度会伴随着溶液电导率的降低，从而由提高电流效率节约的电能到头来为用于克服电解液电阻升高而额外消耗的电能所抵消。此外，在用不溶性阳极进行锌电积的条件下，只有靠提高电解液的流速或者降低装槽量才有可能降低酸度，这是我们所不希望的。在镍电解的情况下，特别是在未加入缓冲剂时，要使酸度降低到低于一定的值，这将导致在阴极处形成胶体颗粒，而使沉积物夹杂着氢氧化物。

提高电解液中金属离子的活度，如式（9－46）所示，将会使金属的电流效率提高。从定性上讲，这个原理在生产实践中是大家所熟知的，而定量上却尚未得到验证。

然而，为了提高主要金属离子的活度而提高它在电解液中的浓度，也受到几点理由的限制：第一，由电解液泄漏而造成的不可回收的损失增大；第二，未完成生产（电解液中）的金属量增大。从经济的观点来看，含在电解液中的金属量愈少愈好。但这个趋势受到电流效率的降低以及阴极沉积物质量变坏的制约。因此，在实践中，通常要根据实验来确定主要金属在电解液中最佳的浓度，其中包括对每个具体情况综合考虑到上述各种因素。

关于电极电位（电流密度）对金属电流效率所起影响的问题是比较复杂的。随着电流密度在阴极上的提高，阴极电位总是向更负的一方移动；相反地，电流密度的降低会使电位向正的一方位移。因此，我们一方面讨论阴极电位对电流效率的影响，另一方面也同时涉及了电流密度对电流效率的影响。

对式（9－46）的分析表明，电位向负的一方移动可导致阴极电流效率提高或降低，或者也可对电流效率不起影响。实际上，如果 $\alpha_{Me}z_{Me} > \alpha_H$，亦即如果金属的极化曲线向上升起比氢的极化曲线更陡（见图9－10），则（$\alpha_{Me}z_{Me} - \alpha_H$）>0，并由于阴极电位为负（$\varepsilon < 0$），故式（9－46）的指数为正。因此，随着阴极电位（电流密度）升高，金属的电流效率将增大，这一点已在镍和锌等金属的电解过程中得到证实。相反地，如果 $\alpha_{Me}z_{Me} <$ α_H（金属的极化曲线比氢的极化曲线更倾斜）（参阅图9－11），则（$\alpha_{Me}z_{Me} - \alpha_H$）<0，而指数为负。因此，电流密度的升高将导致金属的电流效率降低。这种情况对金属的还原来说是非常不利的。最后，如果 $\alpha_{Me}z_{Me} = \alpha_H$，则指数变为零，而整个指数项变为1，在这种特殊情况下，金属的电流效率变得与阴极电流密度和电位无关。

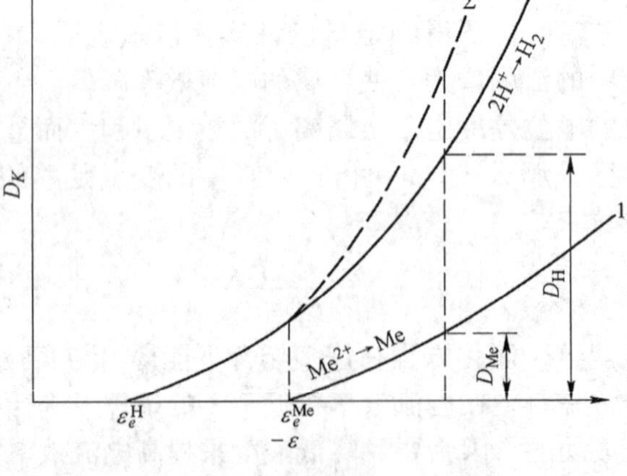

图9－11　在 $\alpha_{Me}z_{Me} < \alpha_H$ 的条件下对金属和氢的共同还原而言的极化曲线

为了分析温度的影响，必须将式（9－46）改写为以下形式：

$$\frac{\eta_{Me}^*}{1-\eta_{Me}^*}=\frac{K_{Me}a_{Me^{z+}}}{K_H a_{H^+}}e^{-\frac{[(W_{Me}^{\circ}+\alpha_{Me}z_{Me}F\varepsilon)-(W_H^{\circ}+\alpha_H F\varepsilon)]}{RT}} \tag{9-48}$$

从式（9－48）可以看出，温度的影响多种多样，不仅与电位对金属和氢的离子放电过程活化能的影响程度有关，而且与这些过程在表面零电荷电位下的活化能大小也有关。

如果（$W_{Me}^{\circ}+\alpha_{Me}z_{Me}F\varepsilon$）>（$W_H^{\circ}+\alpha_H F\varepsilon$），则式（9－48）中的指数为负值，从而电流效率随着温度升高而增大。这种情况可在铁族金属电解时见到。相反地，如果（$W_{Me}^{\circ}+\alpha_{Me}z_{Me}F\varepsilon$）<（$W_H^{\circ}+\alpha_H F\varepsilon$），则指数为正值，从而电流效率随着温度升高而降低，例如在锌的电积过程中便遇到这种情况。最后，如果指数的分子等于零，则在这种特殊情况下电流效率将与温度无关。

以上所列举的各种简化关系式，在氢和金属的离子放电速度仅决定于放电阶段缓慢的情况下是正确的。不过，在这一类极化上也往往会重叠发生浓差极化。

在工业电解析出金属的过程中，由于金属盐的浓度约为1～2mol/L，而电流密度约为每平方米几百个安培，故浓差极化通常是不大的，也可略去不计。但是，浓差极化在接近中性的溶液中析出氢的情况下则可能相当大。

如果单位时间内由电流迁移的氢离子或氢氧化物的数量小于在阴极上析出的氢原子的数量，那么紧靠阴极的电解液层便不可避免地会开始碱化。

相反地，如果氢离子的供应速度大于放电速度，则阴极层中的电解液会酸化。阴极层中pH的变化，必然会牵涉到力求使溶液本体和阴极层中离子活度均衡化的扩散过程。如果扩散速度不能使溶液本体和阴极层中的浓度均衡，则在以恒定电流密度进行长期电解时，要建立起与氢在阴极上析出速度等于氢离子向阴极输送速度相适应的稳定状态，使既要计及电迁移又要计及对流扩散。随着电流密度升高，阴极层中和溶液本体中pH值之差应该增大。这个与溶液成分有关的差值，或者可能达到一定的极限，或者是继续增大。在纯酸溶液中，碱化显然不可能达到大于7的pH值。在不形成难溶氢氧化物或碱式盐的碱和金属盐溶液中，碱化原则上限制在以碱使溶液饱和。在这里，限制因素实际上可能是电解液由于在阴极上析出的氢而发生剧烈搅动的作用。

但是，如果溶液中存在的金属离子形成难溶的氢氧化物或碱式盐，则碱化受到一定限度的限制，这个限度等于在阴极层中金属离子给定浓度下形成难溶盐的pH值。

电解过程中发生的阴极层酸化作用，在氢离子供应速度不等于其放电速度以前将一直增大。

电解液阴极层中酸度的变化，当然要在氢离子放电速度上反映出来，因为在式（9－15）中有氢离子的活度一项。

前节已提到，双电层的结构，或者更准确地说，双电层紧密部分与吸附和扩散电位跳跃之间的电位跳跃分布对于离子缓慢放电的电极反应速度有很大的影响。在实际采用浓溶液进行电解的场合下，扩散电位跳跃影响很小。但是，由于表面活性离子或分子所引起的吸附电位跳跃，却可能对金属和氢在阴极上析出速度的相互关系起着很强烈的影响。

如果考虑到吸附电位（即在距阴极表面约一个离子半径处的电位），那么氢和金属的离子共同放电的方程不用式（9－46）而改用下式表示：

$$\frac{\eta_{\mathrm{Me}}^{*}}{1-\eta_{\mathrm{Me}}^{*}}=\frac{K_{\mathrm{Me}}a_{\mathrm{Me}^{z+}}}{K_{\mathrm{H}}a_{\mathrm{H}^{+}}}e^{-\frac{(\alpha_{\mathrm{Me}}z_{\mathrm{Me}}-\alpha_{\mathrm{H}})F\varepsilon}{RT}}e^{-\frac{(z_{\mathrm{Me}}\beta_{\mathrm{Me}}-\beta_{\mathrm{H}})F\varepsilon^{*}}{RT}} \tag{9-49}$$

其推导根据式（9－24）及式（9－45）进行。对讨论在恒定的其他各条件下的过程来说，式（9－49）可改写为以下的对数式：

$$\ln\frac{\eta_{\mathrm{Me}}^{*}}{1-\eta_{\mathrm{Me}}^{*}}=\mathrm{const}-\varepsilon^{*}\left[\frac{F}{RT}(z_{\mathrm{Me}}\beta_{\mathrm{Me}}-\beta_{\mathrm{H}})\right] \tag{9-50}$$

从式（9－50）可以看出，吸附电位 ε^{*} 的形成可以对电流的分布发生强烈的影响。视 ε^{*} 的符号及（$z_{\mathrm{Me}}\beta_{\mathrm{Me}}-\beta_{\mathrm{H}}$）的差值而定，在添加表面活性物质时的电流效率或是增大，或是减小或是保持不变。

这个效应，譬如说可在镍电解中添加表面活性氯离子时清楚地表现出来，如图 9－12 所示。

阴离子的特殊吸附作用，导致二价金属的电流效率提高，因为 $z_{\mathrm{Me}}\beta_{\mathrm{Me}}-\beta_{\mathrm{H}}>0$ 而 ε^{*} 在阴离子吸附时带负号。

添加表面活性阳离子，则由于 ε^{*} 为正，故使二价金属的电流效率降低。这一点也可从式（9－50）看出。

如果知道了交换电流密度（D_0）的值，则可利用式（9－13）通过以下推导求出电流效率。根据式（9－13）得到：

$$\Delta\varepsilon_{\mathrm{Me}}=-\frac{RT}{\alpha_{\mathrm{Me}}z_{\mathrm{Me}}F}\ln\frac{D_{\mathrm{Me}}}{D_0^{\mathrm{Me}}}$$

以及

$$\Delta\varepsilon_{\mathrm{H}}=-\frac{RT}{\alpha_{\mathrm{H}}F}\ln\frac{D_{\mathrm{H}}}{D_0^{\mathrm{H}}}$$

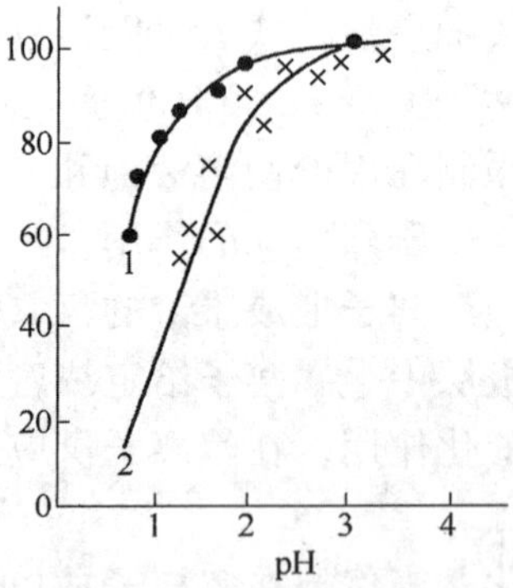

图 9－12 镍的电流效率与 pH 及氯离子浓度的关系

1—加有表面活性氯离子；2—未加入添加剂

简化这些方程，设 $\alpha_{\mathrm{Me}}=\alpha_{\mathrm{H}}=\frac{1}{2}$。这个简化只可能带来较小的误差，因为 α_{Me} 和 α_{H} 相互很接近，并接近于 1/2。从而得到：

$$\Delta\varepsilon_{\mathrm{Me}}=-\frac{2RT}{z_{\mathrm{Me}}F}\ln\frac{D_{\mathrm{Me}}}{D_0^{\mathrm{Me}}} \tag{9-51}$$

$$\Delta\varepsilon_{H} = -\frac{RT}{F}\ln\frac{D_{H}}{D_{0}^{H}} \tag{9-52}$$

$\Delta\varepsilon_{Me}$和 $\Delta\varepsilon_{H}$是不同的量，但是过程进行的电位对两个反应来说却是一样的。因此：

$$\varepsilon = \varepsilon_{e}^{Me} + \Delta\varepsilon_{Me} = \varepsilon_{e}^{H} + \Delta\varepsilon_{H}$$

将式（9－51）和式（9－52）以及25℃下已知各有关常数值代入上式，便可导出以下关系：

$$\log\frac{D_{H}}{(D_{Me})^{1/z_{Me}}} = \frac{\varepsilon_{e}^{H} - \varepsilon_{e}^{Me}}{0.1182} + \log\frac{D_{0}^{H}}{(D_{0})^{1/z_{Me}}} \tag{9-53}$$

式（9－53）可用于计算 D_{H}/D_{Me}比值，也就是求得消耗于析出氢的电流分数。

现举出锌从硫酸锌溶液中的还原过程作为例子。设溶液含锌 0.25mol/L，并以硫酸酸化至 pH＝0。在此情况下，$\varepsilon_{e}^{Zn} \approx -0.78V$，$\varepsilon_{e}^{H}=0$；在这种溶液中，锌的交换电流 $D_{0}^{Zn} = 10^{-5}A \cdot cm^{-2}$，氢在锌上的交换电流 $D_{0}^{H} = 10^{-11}A/cm^{2}$。将这些数据代入式（9－53）得到：

$$D_{H} = 10^{-1.9}(D_{Zn})^{1/2}$$

若取 $D_{Zn} = 100A/m^{2}$，得到 $D_{H} = 10^{-0.9}A/m^{2}$，约为 D_{Zn}的 0.13％。知道了 D_{H} 和 D_{Zn}以后，便可利用式（9－45）求得 η_{Zn}^{*}。

最后，还应该指出，如果在阴极上析出能溶解原子氢的金属，则会发生金属吸收氢的作用。例如，在用电解法制取铁时，发现铁中含有达 9.2％（原子）的氢。金属吸收氢的作用可造成晶格严重变形并使金属的机械性质急剧变坏。

2. 主要金属（Me）离子与杂质金属（Me_{i}）离子的共同放电　两种金属在阴极上共同还原的相互关系，从定性上讲，与上面讨论过的有关金属和氢共同析出的情况基本相类似。有一点不同的是，两种金属的共同还原无疑会导致在阴极上形成合金。所产合金的结构决定于体系的状态图，当然也与各种金属在合金中的含量有关。

大家知道，反应 $Me^{z+} + ze \longrightarrow Me(纯)$的 $\varepsilon_{e}^{Me} = -\frac{\Delta G_{1}}{zF}$。但在形成合金的情况下，离子开始还原的电位 ε_{e}'（有关文献中也将这个电位称为金属在合金中的平衡电位）与 ε_{e}^{Me}不一样。在此情况下，反应可表示如下：

$$\begin{array}{ll} Me^{z+} + ze \longrightarrow Me(纯) & \Delta G_{1} \\ Me(纯) \longrightarrow Me(合) & \Delta G_{2} \\ \hline Me^{z+} + ze \longrightarrow Me(合) & \Delta G = \Delta G_{1} + \Delta G_{2} \end{array}$$

从而

$$\varepsilon_{e}' = \frac{-\Delta G}{zF} = -\frac{\Delta G_{1} + \Delta G_{2}}{zF}$$

由于形成合金时总是有能量放出，亦即 $\Delta G_{2} < 0$，故 $\varepsilon_{e}' > \varepsilon_{e}^{Me}$。当阴极电位比 ε_{e}'更负时，就可能发生金属伴随形成合金的还原过程。金属相互作用的亲和力愈大，它们共同放电就愈容易。

碱金属离子在汞阴极上的还原可作为一个典型的例子。如果按照析出纯态金属的电位关系来判断，负电性很大的碱金属似乎不可能在汞阴极上析出。但事实上由于这些金属对汞的亲和力很大，它们的还原电位显著地向正的一方移动，故可在汞阴极上呈合金形态析出。在采用固体金属作阴极的电解过程中，也有类似情况发生，锌在铁族金属电解中在阴极上析出就是一个实例。应该指出，上述原理无论对理论研究或生产实践都具有重要的意义。

现利用极化曲线来讨论某些金属共同还原的问题。设溶液含 Me^{2+} 离子多而含 Me_i^{2+}（杂质）离子少。金属 Me_i 比 Me 更正电性（见图 9－13）。在阴极电位 ε 下，金属 Me_i 在极限电流条件下还原，而 Me（曲线 1）由于离子的浓度高，故离极限电流尚远。在此情况下，提高极化应该使金属 Me 的电流效率增大，因为 Me_i 离子的还原速度不可能更大地升高。如果金属 Me 在电化学动力学区还原，而 Me_i 在极限电流条件下还原，则增大溶液的流速可使金属 Me_i 的极限电流提高（曲线 2 的位置向上移动），但不能改变金属 Me 的还原速度。这样会导致金属 Me 的电流效率降低。

对两种以上的多种阳离子共同还原的更为复杂的情况，也可用类似方法进行分析，这里不再讨论。

从冶金原理的观点来看，讨论关于杂质金属在阴极沉积物中的含量问题具有重要的意义。

设第 i 种杂质在阴极沉积物中的含量（%）为［Me_i］。若考虑到 $D_{Me} > D_{Me_i}$，则［Me_i］可用下式表示：

$$[Me_i] = \frac{D_i 100}{D_{Me}} = \frac{D_i 100}{\eta^*_{Me} D_K} \tag{9-54}$$

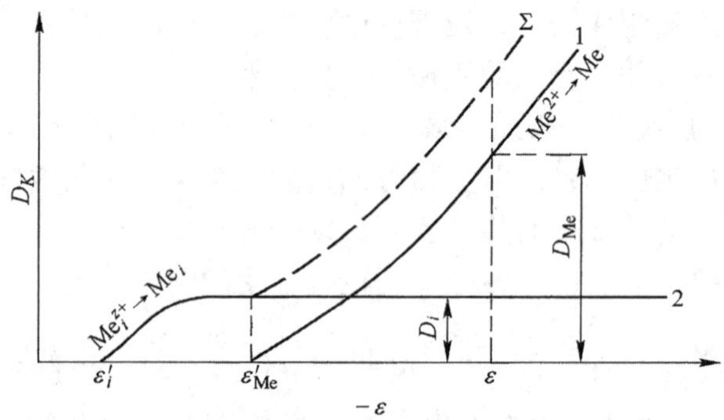

图 9－13　两种金属共同还原的极化曲线

为了便于讨论问题，可把共同放电的规律分成以下四个类型：

（1）杂质的析出决定于扩散阶段而主要金属的析出决定于放电阶段；

（2）杂质和主要金属的析出均决定于扩散阶段；

（3）杂质和主要金属的析出均决定于放电阶段；

（4）杂质的析出决定于放电阶段而主要金属的析出决定于扩散阶段。

在第一种情况下，杂质的析出决定于扩散阶段，也就是说第 i 种杂质的放电在极限电流密度下进行，从而 D_i 可表示如下：

$$D_i = D_{i(c)} = zFc_i\frac{K_d}{\delta} = K_C c_i \tag{9-55}$$

式中　K_C——对流扩散速度常数；

c_i——第 i 种离子在溶液中的浓度。

将式（9－55）代入式（9－54），得到：

$$[\mathrm{Me}_i] = \frac{K_C c_i 100}{\eta^*_{\mathrm{Me}} D_K} \tag{9-56}$$

从式（9－56）可以看出，在遵循第一类共同放电规律的情况下，杂质在电解液中的浓度愈高，那么它在阴极沉积物中的含量便愈大。所有提高对流扩散速度的因素，其中包括温度的提高和溶液循环速度的增大等因素，都会使主要金属含杂质更多。相反地，提高阴极电流密度和电流效率则可提高金属的纯度。这些基本关系的图示见图9－14。

主要金属愈负电性和它放电的极化值愈大，则杂质在极限电流下放电的机会便愈多。例如，在镍电解时，诸如铜、铅、镉、钴和锌等电化学性质不相同的杂质，都是在极限电流下放电，只有当锰作为杂质在阴极上沉积时，其析出速度才决定于放电缓慢阶段。相反地，在锡电解时，只有铜是在极限电流下析出。

从式（9－56）还可以得出两条非常重要的结论。已经证实，几乎所有二价金属的对流扩散速度常数实际上可认为是相等的。这样，既然式（9－56）中没有其他说明个别杂质本性的变量，所以应该指出，各种在极限电流下放电的杂质夹入金属的程度，在其他条件相同的情况下对所有杂质来说都是一样的。此外，式（9－56）未含有决定于主要金属特性的变量，因此，主要金属的本性及其浓度对阴极沉积物的夹杂程度不应该发生影响。

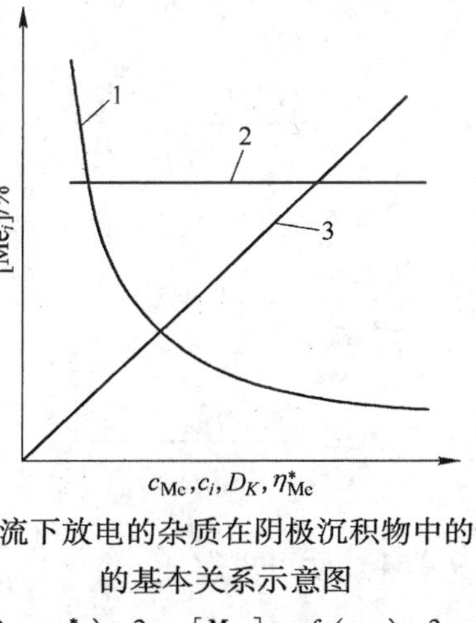

图9－14　极限电流下放电的杂质在阴极沉积物中的含量与各种因素的基本关系示意图

1—［Me_i］$=f$（D_K，η^*_{Me}）；2—［Me_i］$=f$（c_{Me}）；3—［Me_i］$=f$（c_i）

在第二类放电规律中，应该指出，对［Me_i］来说，其表达式与第一类放电规律相同，亦即式（9－56）对第二种情况也是正确的。

对遵循第三类放电规律的各种过程来说，［Me_i］与一系列因素的关系式要经过相当复杂的推导才能求得。现在来分析这个问题。

为了求出［Me_i］，必须确定 D_i 和 D_{Me} 与一系列因素的关系。考虑到在共同放电时 $\varepsilon_{\mathrm{Me}}=\varepsilon_i$，从而得到：

$$\varepsilon^{\ominus}_{\mathrm{Me}} + \frac{RT}{\alpha_{\mathrm{Me}} z_{\mathrm{Me}} F}\ln c_{\mathrm{Me}} - \frac{RT}{\alpha_{\mathrm{Me}} z_{\mathrm{Me}} F}\ln\frac{D_{\mathrm{Me}}}{D_0^{\mathrm{Me}}} = \varepsilon^{\ominus}_i + \frac{RT}{\alpha_i z_i F}\ln c_i - \frac{RT}{\alpha_i z_i F}\ln\frac{D_i}{D_0^i} \tag{9-57}$$

以 $RT/\alpha_{\text{Me}}z_{\text{Me}}F$ 遍除式（9－57）各项，则求得：

$$\frac{\alpha_{\text{Me}}z_{\text{Me}}F}{RT}\varepsilon_{\text{Me}}^{\ominus}+\ln c_{\text{Me}}-\ln D_{\text{Me}}+\ln D_0^{\text{Me}}$$

$$=\frac{\alpha_{\text{Me}}z_{\text{Me}}F}{RT}\varepsilon_i^{\ominus}+\frac{\alpha_{\text{Me}}z_{\text{Me}}}{\alpha_i z_i}\ln c_i-\frac{\alpha_{\text{Me}}z_{\text{Me}}}{\alpha_i z_i}\ln D_i+\frac{\alpha_{\text{Me}}z_{\text{Me}}}{\alpha_i z_i}\ln D_0^{\text{Me}} \tag{9－58}$$

对式（9－58）进行整理，可找出：

$$\frac{c_{\text{Me}}D_0^{\text{Me}}}{D_{\text{Me}}}e^{\frac{\alpha_{\text{Me}}z_{\text{Me}}F\varepsilon_{\text{Me}}^{\ominus}}{RT}}=\frac{c_i^{\frac{\alpha_{\text{Me}}z_{\text{Me}}}{\alpha_i z_i}}D_0^{i\,\frac{\alpha_{\text{Me}}z_{\text{Me}}}{\alpha_i z_i}}}{D_i^{\frac{\alpha_{\text{Me}}z_{\text{Me}}}{\alpha_i z_i}}}e^{\frac{\alpha_i z_i F\varepsilon^{\ominus}}{RT}} \tag{9－59}$$

由此可导出：

$$\frac{D_i^{\frac{\alpha_{\text{Me}}z_{\text{Me}}}{\alpha_i z_i}}}{D_{\text{Me}}}=\frac{c_i^{\frac{\alpha_{\text{Me}}z_{\text{Me}}}{\alpha_i z_i}}D_0^{i\,\frac{\alpha_{\text{Me}}z_{\text{Me}}}{\alpha_i z_i}}}{c_{\text{Me}}D_0^{\text{Me}}}e^{\left[\frac{\alpha_{\text{Me}}z_{\text{Me}}F}{RT}(\varepsilon_i^{\ominus}-\varepsilon_{\text{Me}}^{\ominus})\right]} \tag{9－60}$$

在式（9－60）中以 K 表示右边的整个指数项和以 $\eta_{\text{Me}}^{*}D_K$ 表示 D_{Me}，则得到：

$$\frac{D_i^{\frac{\alpha_{\text{Me}}z_{\text{Me}}}{\alpha_i z_i}}}{\eta_{\text{Me}}^{*}D_K}=\frac{c_i^{\frac{\alpha_{\text{Me}}z_{\text{Me}}}{\alpha_i z_i}}D_0^{i\,\frac{\alpha_{\text{Me}}z_{\text{Me}}}{\alpha_i z_i}}K}{c_{\text{Me}}D_0^{\text{Me}}} \tag{9－61}$$

由此可以求得：

$$D_i=\frac{c_i(\eta_{\text{Me}}^{*}D_K)^{\frac{\alpha_i z_i}{\alpha_{\text{Me}}z_{\text{Me}}}}D_0^i K^{\frac{\alpha_i z_i}{\alpha_{\text{Me}}z_{\text{Me}}}}}{c_{\text{Me}}^{\frac{\alpha_i z_i}{\alpha_{\text{Me}}z_{\text{Me}}}}D_0^{\text{Me}\,\frac{\alpha_i z_i}{\alpha_{\text{Me}}z_{\text{Me}}}}} \tag{9－62}$$

在式（9－62）中以 B 表示 $\dfrac{D_0^i K^{\frac{\alpha_i z_i}{\alpha_{\text{Me}}z_{\text{Me}}}}}{D_0^{\text{Me}\,\frac{\alpha_i z_i}{\alpha_{\text{Me}}z_{\text{Me}}}}}$，则得到：

$$D_i=\frac{Bc_i(\eta_{\text{Me}}^{*}D_K)^{\frac{\alpha_i z_i}{\alpha_{\text{Me}}z_{\text{Me}}}}}{c_{\text{Me}}^{\frac{\alpha_i z_i}{\alpha_{\text{Me}}z_{\text{Me}}}}} \tag{9－63}$$

将式（9－63）代入式（9－64）便可求得：

$$[\text{Me}_i]=\frac{100Bc_i(\eta_{\text{Me}}^{*}D_K)^{\frac{\alpha_i z_i}{\alpha_{\text{Me}}z_{\text{Me}}}}}{c_{\text{Me}}^{\frac{\alpha_i z_i}{\alpha_{\text{Me}}z_{\text{Me}}}}\eta_{\text{Me}}^{*}D_K} \tag{9－64}$$

从而，最后导出第三类规律中［Me_i］与一系列因素的关系式如下：

$$[\text{Me}_i]=\frac{100Bc_i(\eta_{\text{Me}}^{*}D_K)^{\frac{\alpha_i z_i}{\alpha_{\text{Me}}z_{\text{Me}}}-1}}{c_{\text{Me}}^{\frac{\alpha_i z_i}{\alpha_{\text{Me}}z_{\text{Me}}}}} \tag{9－65}$$

式中，B 为与杂质和主要金属本性有关的常数。

式（9－65）指出了［Me_i］与电流效率的关系。在其他条件相等的情况下，如果 $\alpha_{\text{Me}}z_{\text{Me}}>\alpha_i z_i$，则［$\text{Me}_i$］随着电流效率的升高而降低；如果 $\alpha_{\text{Me}}z_{\text{Me}}<\alpha_i z_i$，则增大。若是 $\alpha_{\text{Me}}z_{\text{Me}}=\alpha_i z_i$，则阴极沉积物的夹杂程度与电流效率无关。

从式（9－65）可以看出，随着溶液中杂质浓度升高，阴极沉积物中的杂质含量会增大。而随着主要金属在电解液中的浓度升高，在其他条件相等的情况下，［Me_i］或多或少地会迅速降低。

电流密度的影响可能是不相同的。如果 $\alpha_{Me}z_{Me}=\alpha_i z_i$，则［$Me_i$］与电流密度无关。而如果 $\alpha_{Me}z_{Me}<\alpha_i z_i$，则随着电流密度升高［$Me_i$］将增大。最后，如果 $\alpha_{Me}z_{Me}>\alpha_i z_i$，则［$Me_i$］随着电流密度升高而降低。

所有以上各种关系，可用示意图表明清楚（见图 9－15）。

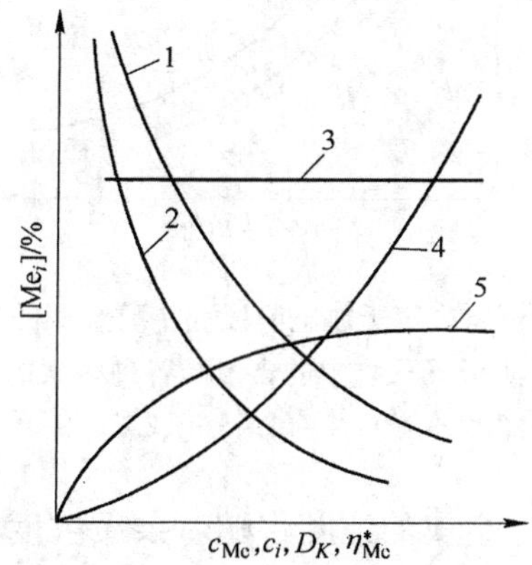

图 9－15　在杂质和主要金属的析出均决定于放电阶段的规律下杂质在阴极沉积物中的含量与各种因素的基本关系示意图

1—［Me_i］$=f(c_{Me})$；2—当 $\alpha_i z_i<\alpha_{Me}z_{Me}$时，［$M_i$］$=f(D_K、\eta^*_{Me})$；3—当 $\alpha_i z_i=\alpha_{Me}z_{Me}$时，［$M_i$］$=f(D_K、\eta^*_{Me})$；4—当 $\alpha_i z_i>\alpha_{Me}z_{Me}$时，［$M_i$］$=f(D_K、\eta^*_{Me})$；5—［$Me_i$］$=f(c_i)$

应该指出，如果主要金属和杂质金属的价相同，譬如说都是二价，那么式（9－65）中的指数值仅决定于动力学系数的比值 α_i/α_{Me}。

还应该指出，已经证明，锡电解时某些杂质的析出以及镍电解时锰的夹杂都可以作为遵循第三类共同放电规律的实例。

在第四类共同放电的规律中，经过推导可求得［Me_i］的表示式如下：

$$[Me_i]=\frac{100B'c_i}{\eta^*_{Me}D_K c_{Me}^{\alpha_i z_i/\alpha_{Me}z_{Me}}} \tag{9-66}$$

式中，B'为常数。

在此情况下，从等式 $\varepsilon_i=\varepsilon_{Me}$出发，根据以下原始方程

$$\varepsilon_i^{\ominus}+\frac{RT}{\alpha_i z_i F}\ln c_i+\frac{RT}{\alpha_i z_i F}\ln D_0^i-\frac{RT}{\alpha_i z_i F}\ln D_i$$
$$=\varepsilon_{Me}^{\ominus}+\frac{RT}{z_{Me}F}\ln c_{Me}+\frac{RT}{z_{Me}F}\ln\left(1-\frac{D_K}{K_C c_{Me}}\right)$$

求得 D_i，而后将 D_i 的关系式代入式（9－54），最后经过整理便可导出式（9－66）。

这类规律的示意图见图 9 – 16。

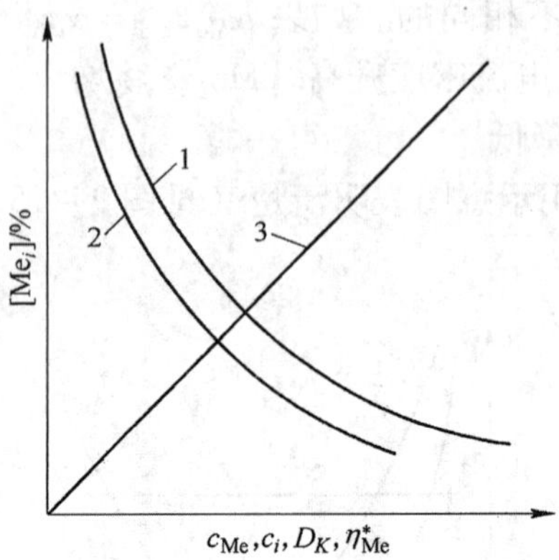

图 9 – 16　在杂质的析出决定于放电阶段而主要金属的析出决定于扩散阶段的规律下杂质在阴极沉积物中的含量与各种因素的基本关系示意图

1—$[Me_i] = f(D_K, \eta^*_{Me})$；2—$[Me_i] = f(c_{Me})$；3—$[Me_i] = f(c_i)$

从式（9 – 66）可以看出，金属的纯度将随着杂质浓度 c_i 的升高和主要金属浓度 c_{Me} 的减小而降低。不过，阴极沉积物中杂质的含量是 c_{Me} 的指数函数。

第四节　阳 极 过 程

无论是电解精炼过程还是电解沉积过程，都不可避免会联系到分别在各个电极上进行的阳极反应和阴极反应。因此，为了掌握电解过程，就必须对说明阴极反应和阳极反应特征的各种规律进行研究和了解。此外，还常常遇到不少阳极过程具有重要意义的场合，并可举出硫化物（或其他半产品）阳极的电化学溶解以及溶液中某些离子的阳极氧化等作为例子。

在水溶液中可能发生的阳极反应，可分成以下几个基本类型：

（1）金属的溶解：

$$Me - ze \longrightarrow Me^{z+}（在溶液中） \quad (1)$$

（2）金属氧化物的形成：

$$Me + zH_2O - ze = Me(OH)_z + zH^+ = MeO_{z/2} + zH^+ + \frac{z}{2}H_2O \quad (2)$$

（3）氧的析出：

$$2H_2O - 4e = O_2 + 4H^+ \quad (3a)$$

或

$$4OH^- - 4e = O_2 + 2H_2O \quad (3b)$$

（4）离子价升高：

$$Me^{z+} - ne \longrightarrow Me^{(z+n)+} \quad (4)$$

（5）阴离子的氧化：

$$2Cl^- - 2e \longrightarrow Cl_2 \quad (5)$$

$$S^{2-} - 2e \longrightarrow S \quad (6)$$

$$S^{2-} + 4H_2O - 8e \longrightarrow SO_4^{2-} + 8H^+ \quad (7)$$

下面将分别对有关各种阳极反应的基本原理进行分析和讨论。

一、金属的阳极溶解

金属转为离子状态的过程本身以终端速度进行，电位位移与电流密度的关系如第二节所指出是决定于式（9－14）：

$$\Delta\varepsilon_A = (\varepsilon - \varepsilon_e) = \frac{RT}{\beta z_K F}\ln\frac{D_A}{D_0}$$

从上式可以看出，阳极电位位移和阴极电位位移一样，与交换电流有关。交换电流大的金属，无论是阴极还原或是阳极氧化，所需极化都很小。作为例子，可举出银、铜、锌、镉、锡等。

交换电流小的金属则在阴极还原和在阳极氧化时皆须加以强烈极化。属于这类情况的金属有铁、镍、钴、锰等。因此，金属按阳极极化（超电位）大小排列的顺序类似于金属按阴极超电位大小排列的顺序。

在阳极极化时，不能建立像发生在阴极过程那样的浓度极限电流。随着电流密度升高，被溶解金属的离子在阳极电解液层中的活度（浓度）应该连续地增大。金属盐浓度在阳极层中的增大，受到盐溶解度的限制。达到溶解度极限后，盐便开始在阳极表面上结晶，因为紧靠阳极的浓度为最大值，并且阳极表面迅速被一致密薄盐层覆盖着。

结晶状态的金属盐的电导极小。形成的薄盐层将阳极与电解液隔离，实际上阻止电流通过。图9－17所示曲线1，可说明阳极受盐钝化时极化曲线走向的情况。应该指出，这类阳极钝化是较为常见的，只要选取的阳极电流密度比较大。对许多金属来说，随着溶液中的金属盐的浓度增大到某一数值以后，电导便显著降低。在这些情况下，阳极层中盐浓度的增大可导致盐的电阻早在溶液被盐饱和以前就显著升高，结果在极化曲线上出现独特的极限电流的线段，如曲线2所示。

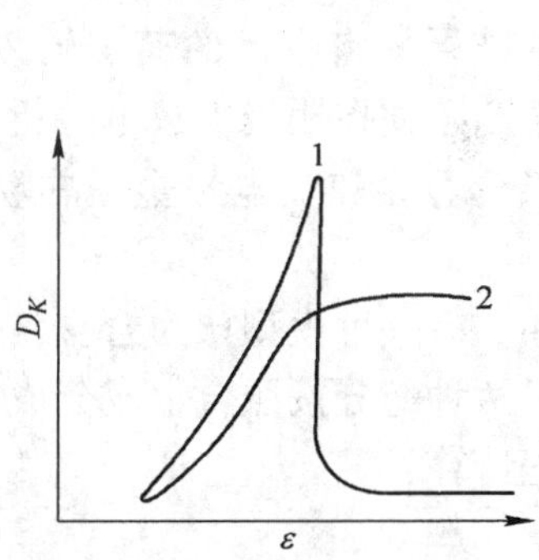

图9－17　阳极极化曲线

二、合金的阳极溶解

为了查明各种含有杂质的金属在阳极上的行为，必须研究合金的电化学性质。在这里只讨论有关二元合金体系的问题。二元合金大致可分为三类：

（1）两种金属晶体形成机械混合物的合金；

（2）形成连续固溶体的合金；

（3）形成金属互化物的合金。

在电解精炼实践中，照例要处理第一和第二类合金体系。

在第一类合金中，可以举出形成共晶混合物的Sn－Bi二元系作为例子。图9－18为Sn－Bi合金的电位随其成分变化的关系曲线。从图可以看出，含铋达95%（原子）的合金保持着锡的电位。在此情况下，锡的晶体看来未完全被铋屏蔽，从而保持了较负电性相（在这里指锡）的电位。铋含量进一步的提高便使得合金的电位向正的一方发生急剧的变化。

Sn－Bi 合金的阳极行为与它们在合金中的含量比值有关。为了说明这类合金阳极溶解的特点，可归结以下两点：

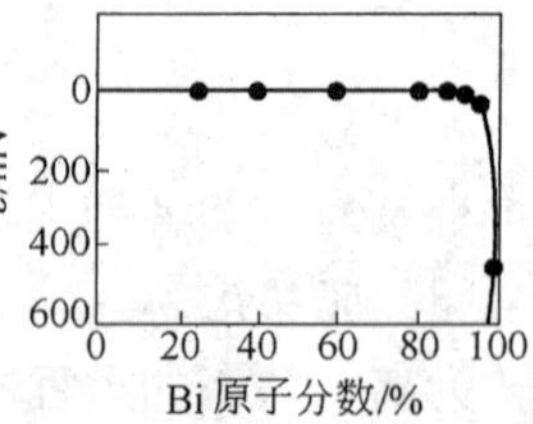

图 9－18　Sn－Bi 合金在 0.1 当量的 HCl 溶液中的电位随组分含量变化的关系

（1）如果合金含较正电性相很少，那么在阳极上进行较负电性金属的溶解过程。同时，较正电性金属则形成所谓的阳极泥。如果这种泥能从阳极掉下或者是多孔质，则溶解可无阻地进行。

（2）如果经受溶解的阳极是含较负电性相很少的合金，那么表面层中的较负电性金属便迅速溶解，表面变得充满着较正电性金属的晶体，阳极电位升高到开始两种金属溶解的数值，而且两种金属按合金成分成比例地转入溶液中。

对形成固溶体的合金（例如 Cu－Au 二元系）来说，其特征是每个合金成分具有它自己所固有的电位。这个电位介于形成合金的两种纯金属电位之间。较负电性金属的含量高时，固溶体的电位与这种金属在纯态时的电位差别甚小；随着较正电性组分含量的增大，固溶体就得到更正的电位。

在上述情况下，含较正电性金属占优势的合金（例如含少量铜的 Cu－Au 合金）的阳极溶解过程很简单。相当于贵金属电位值的电位立即在阳极上建立起来。两种金属由于阳极氧化的结果便将自己的离子转入溶液中。在有配位体（例如氯离子）存在的情况下，金的络合离子便在阴极上放电并析出金属，而铜离子则在电解液中积累。

如果合金含较负电性金属占优势，则其溶解机理较复杂，可用不同的模型进行解释。

例如，有一种模型认为合金溶解的机理是在一个给定成分的合金所固有的电位下进行；同时两种组分按照合金成分成比例地转入溶液。溶液中较正电性组分离子的浓度可按下列方程计算：

$$\varepsilon_a = \varepsilon_{PM}^{\ominus} + \frac{RT}{zF}\ln c_{PM} \tag{9-67}$$

式中　ε_a——合金的阳极电位；

$\varepsilon_{PM}^{\ominus}$——贵金属的标准电位；

c_{PM}——贵金属离子的浓度。

溶解过程中形成的所有过剩量的较正电性离子受阳极合金的接触取代作用又呈金属析出成为阳极泥。在含金和银的铜以及含铂族金属的镍进行电解精炼时，便有类似情况发生。通常，这些贵金属和铂族金属在粗金属中的含量有 98% 以上进入阳极泥，要另外进行回收处理。

对 Ni－Cu 合金来说，这类固溶体的溶解机理认为是较负电位的金属首先进行溶解。随着电解过程的进行，阳极表面含铜增多，电位就由镍的电位向铜的电位变化，在达到铜的电位时便开始铜的溶解，最后，镍和铜进行共同溶解。

三、不溶性阳极及在其上进行的过程

作为不溶性阳极通常可采用以下各种材料：

（1）具有电子导电和不被氧化的石墨（碳）；

（2）电位在电解条件下位于水的稳定状态图中氧线以上的各种金属，其中首先是铂；

（3）在电解条件下发生钝化的各种金属，如硫酸盐溶液中的铅；碱性溶液中的镍和铁。

在某些场合下，采用硅与铜、铁、镍以及钛与锰组成的合金作为不溶性阳极。最后，作为不溶性阳极还可采用诸如熔化后的磁性氧化铁、氧化钌等氧化物。

下面分别讨论在不溶性阳极上进行的各种过程。首先讨论如反应式（2）所示的金属氧化物形成的过程，这对了解第三类不溶性阳极材料的特性来说具有重要的意义。

目前，在湿法冶金中，通常采用铅或铅合金作为电积过程的阳极。在此情况下，硫酸盐溶液的电积体系可用下列形式表示：

$$Me\ominus\left|\begin{matrix}[Me\cdot xH_2O]^{2+} & [SO_4\cdot xH_2O]^{2-}\\ [H\cdot H_2O]^{+} & H_2O\ [OH\cdot H_2O]^{-}\\ [Pb\cdot xH_2O]^{2+} & [Pb\cdot xH_2O]^{2+}\end{matrix}\right|^{PbO_2}\oplus Pb$$

当铅在酸性硫酸盐溶液中发生阳极极化时，便可能进行下列各阳极过程：

（1）金属铅按下列反应氧化成二价状态：

$$Pb+SO_4^{2-}-2e=\!=\!=PbSO_4$$
$$\varepsilon^{\ominus}=-0.356V$$

（2）二价铅氧化成四价铅：

$$PbSO_4+2H_2O-2e=\!=\!=PbO_2+H_2SO_4+2H^+$$
$$\varepsilon^{\ominus}=+1.685V$$

（3）金属铅直接氧化成四价状态，并形成二氧化铅：

$$Pb+2H_2O-4e=\!=\!=PbO_2+4H^+$$
$$\varepsilon^{\ominus}=+0.655V$$

（4）氧的析出：

$$4OH^--4e=\!=\!=O_2+2H_2O$$
$$\varepsilon^{\ominus}=+0.401V$$

（5）SO_4^{2-} 放电，并形成过硫酸：

$$2SO_4^{2-}-2e=\!=\!=S_2O_8^{2-}$$
$$\varepsilon^{\ominus}=+2.01V$$

铅在硫酸溶液中阳极极化的行为，曾经过实验研究。如图 9－19 所示，当阳极电流密度 D_A 为 0.2A/m^{2}时，全部电流均用于铅溶解成二价离子。当 D_A 增大到 0.2A/m^{2}以上时，阳极电位 ε_A 急剧增大，同时硫酸铅转变为二氧化铅。当电流密度继续增大时，才有氧析出。

因此，铅阳极在电流作用下的行为可表述如下，当电流通过时，铅便溶解，但由于硫酸铅的溶解度很小，故在阳极迅速出现电解液为硫酸铅过饱和的现象，于是硫酸铅便开始在阳极表面上结晶。这样一来，与电解液相接触的金属铅的表面乃减小，就使得铅离子转入电解液增多，并且也使得有更多的硫酸铅在阳极上结晶，直到电导率很小的硫酸铅膜几乎覆盖着整个阳极表面时为止，结果铅阳极上的实际电流密度增大，从而阳极电位便急剧地增大。

根据标准电极电位（还原电位）来判断，阳极上首先应该进行氢氧离子的放电，但因为氧的析出伴随着很大的超电位，故实际上首先是进行二价铅离子和铅本身的氧化作用，伴随生成四价铅的盐，此盐发生水解而生成二氧化铅。二氧化铅开始系在由硫酸铅组成的阳极膜的孔隙中生成，然后硫酸铅逐步为二氧化铅膜所替代。最后，这个二氧化铅乃成为进行阳极基本过程即氧的析出过程的工作表面。

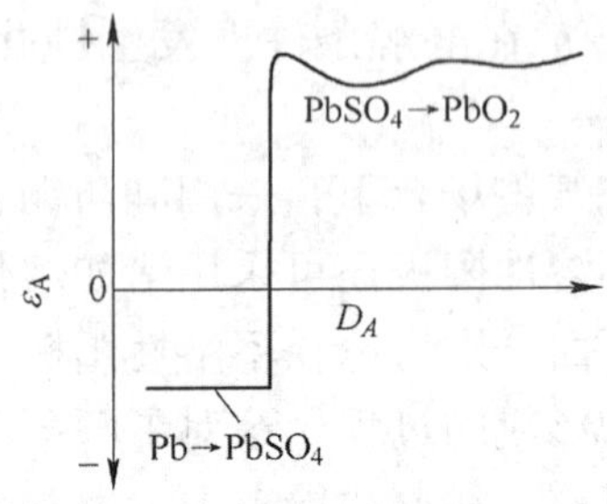

图 9 – 19　铅在电流密度增大时的阳极氧化

由于二氧化铅膜的形成，电积时铅阳极被破坏的过程不会终止。

铅阳极由于二氧化铅膜的多孔性而受到破坏，经由这些孔隙，电解液可直接通向铅的表面。在这些孔隙中，进行着所有上述各种氧化和离子放电的过程。

在孔隙中发生和消失的二氧化铅及铅的其他化合物具有很不相同的比容（铅的比容为0.09、硫酸铅为0.16、二氧化铅的为0.11cm^3/g）。由于比容的剧烈变化，致使二氧化铅膜变得松散，甚至可以脱离阳极。这在生产实践中也会发生。

根据以上分析，知道铅阳极的稳定性较差，从而要求寻找更稳定的阳极材料，其中包括铅基合金。很多冶金工作者曾从事这方面的研究工作。研究的结果，认为含1%银的铅银合金比较稳定。

铅和铅银合金的稳定度与电积的条件有关。例如，温度的升高会引起阳极被破坏的程度增大。随着溶液酸度的增大，也可能增大阳极被破坏的程度，因为在此情况下生成二氧化铅的水解反应的速度会降低。

现在来讨论一下关于氧在铅和铅 – 银阳极上析出的问题。

很早以前，就已经知道，在阳极上，氧的析出是在比氧电极平衡电位更正得多的电位下发生。这个实际的电极电位与氧电极平衡电位之差便是氧的超电位。氧的超电位在很多以巨大工业规模进行的电解过程（其中也包括有色金属的电解沉积）中表现出来。但是，氧析出时的超电位现象的研究工作现在还远远没有完成。研究氧的超电位现象最大的障碍是氧电极平衡电位的不可重现性，这样就阻碍了氧超电位的测定。所以，在很多情况下都是利用实测的阳极电位。

表 9 – 5 所列为利用已预先在 $2N H_2SO_4$ 溶液中进行阳极极化并已覆盖着二氧化铅膜的铅和铅银合金阳极进行实验测定出来的阳极电位数据。

从表 9 – 5 可以看出，铅和铅银合金在硫酸溶液中的阳极电位数值都相当高，这证明氧在覆盖着二氧化铅的阳极上的超电位很大。铅银阳极的电位稍低于铅阳极的电位（视条件而定，差额在0.01 ~ 0.1V 之间），这是由于氧在铅银阳极上更容易析出的缘故。

氧在阳极上的析出，通常认为是由于氢氧离子按下列反应放电：

$$4OH^- - 4e \longrightarrow 2H_2O + O_2$$

表9-5 铅和铅银合金阳极的电位（V）与电流密度和温度的关系

电流密度（$A\cdot m^{-2}$）	温度（℃）					
	25	50	75	25	50	75
	铅			铅-1%银合金		
50	1.99	1.90	1.83	1.91	1.86	1.82
100	2.02	1.95	1.86	1.94	1.89	1.85
200	2.04	1.98	1.90	1.99	1.92	1.88
400	2.07	2.01	1.95	2.02	1.96	1.90
600	2.09	2.02	1.96	2.03	1.97	1.92
1000	2.12	2.05	1.98	2.05	2.00	1.94
2000	2.15	2.09	2.01	2.10	2.05	1.96
3000	2.18	2.12	2.03	2.15	2.09	1.96
4000	2.23	2.18	2.06	—	—	—
5000	2.27	2.20	2.09	2.19	2.17	1.99

这个反应在含5% H_2SO_4 的溶液中发生；当硫酸浓度增大到13%～19%时，阳极上便开始 SO_4^{2-} 离子的放电，并很可能有 $S_2O_8^{2-}$ 形成，如下列反应所示：

$$2SO_4^{2-}-2e \longrightarrow S_2O_8^{2-}$$

关于文献上载有的氧在各种阳极材料上析出的超电位数据，列举在表9-6中，以供参考和查用。

表9-6 25℃下氧在不同电极材料上的超电位与电流密度的关系

电流密度（$A\cdot m^{-2}$）	超电位（V）							
	石墨	Au	Cu	Ag	光铂 Pt	铂黑 Pt	光镍 Ni	海绵镍 Ni
10	0.525	0.673	0.442	0.58	0.721	0.398	0.353	0.414
50	0.705	0.927	0.546	0.674	0.80	0.480	0.461	0.511
100	0.896	0.963	0.580	0.729	0.85	0.521	0.519	0.563
200	0.963	0.996	0.605	0.813	0.92	0.561	—	—
500	—	1.064	0.637	0.912	1.16	0.605	0.670	0.653
1000	1.091	1.244	0.660	0.984	1.28	0.638	0.726	0.687
2000	1.142	—	0.687	1.038	1.34	—	0.775	0.714
5000	1.186	1.527	0.735	1.080	1.43	0.705	0.821	0.740
10000	1.240	1.63	0.793	1.131	1.49	0.766	0.853	0.762
15000	1.282	1.68	0.836	1.14	1.38	0.786	0.871	0.759

四、硫化物的阳极行为

研究硫化物的电化学行为，在硫化物阳极进行电解时有重要意义；就是在金属阳极进行电化溶解时也应加以考虑，因为其中经常含有某种数量的硫。

在硫化物阳极上（如果不考虑自动溶解反应），可以发生以下各种电化学反应：

（1）$MeS-2e = Me^{2+}+S$。这个反应同时发生金属的离子化和离子进入溶液以及析出元素硫。所形成的元素硫一部分呈阳极泥形态从阳极掉下，一部分呈壳状物留在阳极上。

（2）$MeS+4H_2O-8e = Me^{2+}+SO_4^{2-}+8H^+$。当这个反应在溶液中进行时，溶液的

酸度会增高并有 SO_4^{2-} 积累。这个反应在有 1mol 金属溶解时要消耗四倍的能量（8 个电子）。如果反应以显著的速度进行，则体系的状况在颇大程度上受到破坏，电解液的成分和酸度均发生变化。

（3）在硫化物阳极上也可能发生如反应（3）和（5）所示的氧和氯析出的过程。这两个反应白白浪费了能量，对生产毫无意义，而且还会使电解液成分发生变化。不过，它们实际上不会起很大的作用。

在实际条件下问题还要复杂得多，这是因为进行溶解的电极通常是一系列金属硫化物的固溶体，或者是由某些金属硫化物组成的多相体系。不同硫化物的溶解顺序由各自的电极电位决定。

硫化物通常是电子导体，这一点与金属相类似。但是，由于金属与硫的化学作用，硫化物电极上发生的过程，其性质起了重大的变化。几乎不可能设想在金属硫化物与金属离子溶液的界面上会建立平衡电位，因为在此情况下金属转为离子状态与硫氧化成原子状态的过程在某种程度上是共轭进行的。

金属硫化物在金属离子溶液中的电位虽然不是可逆的，但仍可通过实验测出，并可称之为安定电位，亦即无电流通过不随时间改变的电位。通常，也可测出硫化物的阳极极化曲线（图 9－20）。

根据硫化物电极的阳极极化曲线，就有可能判断各个硫化物的溶解顺序。从图 9－20 所示铜、铁、镍的硫化物的阳极极化曲线可以看出，在多相硫化物进行溶解时，铜和铁的硫化物比镍的硫化物更早地溶解。如果电极是多相的，那么就会有周期性溶解的现象发生。当电极表面存在可在较负电性电位下溶解的相，则在给定电流密度下将只有这些相溶解。在它们消失之后，电位乃升高并且较正电性的相开始溶解。当由于较正电性相的溶解再在电极表面上出现较负电性相的晶体时，则这些晶体又开始溶解，并且电位下降。如此周而复始。如果从阳极溶解的是由两种硫化物组成的固溶体，则会出现类似于前面已讨论过的金属固溶体阳极溶解时发生的规律性。

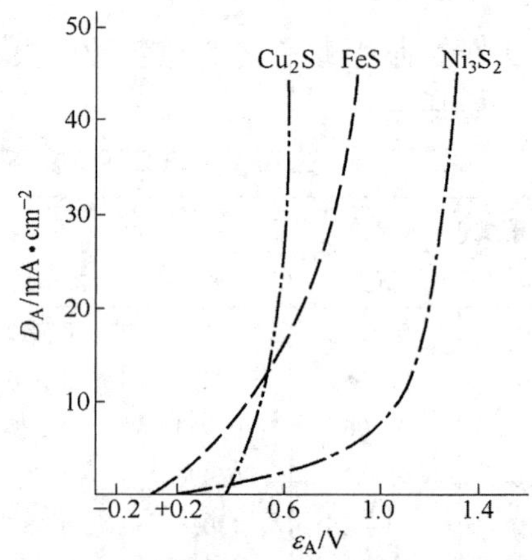

图 9－20　某些硫化物的阳极极化曲线

第五节　电解过程

现以硫酸水溶液用两个铜电极进行的电解（图 9－21）为例来讨论电解过程的行程。

很明显，如果在未接上电源以前没有任何因素使平衡破坏，那么两个铜电极的平衡电位 ε_e 应该相同。在每个电极表面上建立起与平衡相适应的电位跳跃以及一定的交换电流，这种交换电流表示铜离子进入溶液的速度等于其逆向还原的速度。

当把电极接上电源以后，电极电位便发生变化，并且在电路中有电流通过。电源的负极向其所连的阴极输入电子，使电极电位向负的方向移动。正极则从其所连的阳极抽走电子，使电极电位向正的方向移动。

电极电位对平衡值的偏离引起电极过程的进行：在阴极上发生铜阳离子的还原；在阳极上发生铜的氧化，也就是其阳离子转入溶液中。最小的电位位移就足以使这两个过程以一定的速度（决定于电极过程动力学方程）开始进行。与此同时，在由外电压产生的两电极之间的电场中，发生离子的运动。离子的运动也靠扩散发生。因此，在电解的情况下，电路分为两个部分，连接电源和电极（电子沿着其上移动）的金属导体（外电路）以及有离子在里面运动的溶液导体（内电路）。在这两个电路接触的界面上，也就是在电极的表面上进行着化学反应，在阴极上进行结合电子的还原反应，在阳极上发生释放电子的氧化反应（见图9－21）。

溶液中的电流是由阳离子和阴离子迁移的，可是在每个电极上只有一种离子参与反应，因此，在电极附近，盐的浓度发生变化。例如，对所讨论的例子来说，在阴极附近，盐的浓度减小（Cu^{2+}的放电以及SO_4^{2-}的离开）；在阳极附近，由于有Cu^{2+}进入溶液以及SO_4^{2-}向阳极迁移，故盐的浓度增大。

上述硫酸铜溶液的电解，可用图9－22所示的极化曲线来说明。图中AK线为铜的极化曲线，ε_e为给定浓度下铜在溶液中的平衡电位。当电解池电路未接通以前，没有电流通过，并且两个电极的电位相同并都等于ε_e。在电路接通以后，设阴极电位取ε_K值，而阳极电位取ε_A值。这时，在电极上开始有反应进行，其速度决定于阴极电流强度I_K和阳极电流强度I_A。

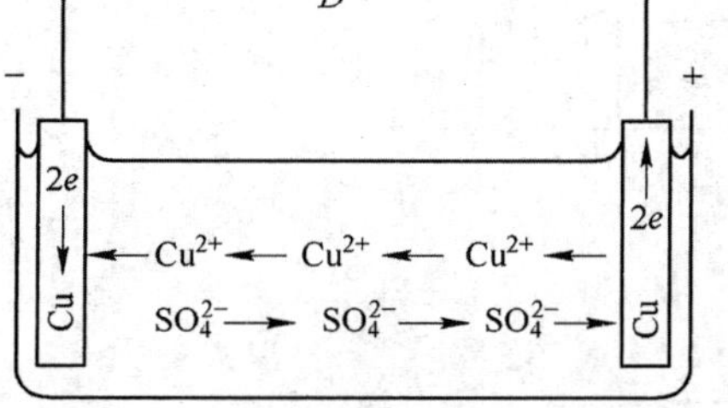

图9－21　$CuSO_4$水溶液用两个铜电极的电解示意图

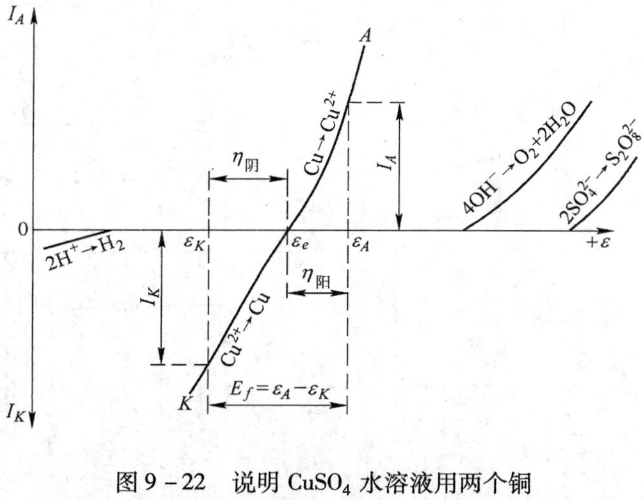

图9－22　说明$CuSO_4$水溶液用两个铜电极电解的极化曲线示意图

显然，电流强度I_K和I_A应该相等，因为电极是串联的。因此，在所有情况下，阴极电流都应该等于阳极电流，并且等于由连在电解池电路中的电流计测出的电流强度。

在已建立的电解过程中，两个电极的电位虽然是不平衡的电位，但并不随时间而改变。电位由平衡值向阴极电位和向阳极电位方面的位移，在一般情况下是彼此不相等的；电位的位移与阴极极化曲线和阳极极化曲线的斜率有关。电位的位移总是保持着阳极电流强度和阴极电流强度相等。

因为考虑到阴极表面和阳极表面的大小一般可以不同，所以我们在本例中是讨论电位与电流强度的关系而不是讨论电位与电流密度的关系。但是，因为动力学方程是表示电位与电流密度之间的关系，所以在表面小的电极上，电流密度将更大，从而此电极将发生更大的极化。

在图 9 – 22 中铜极化曲线的左边，表示了氢的极化曲线。此曲线位在左边，因为在溶液的给定 pH 值下氢电极的平衡电位比铜的 ε_e 更负。右边则绘出了 SO_4^{2-} 和 OH^- 的阳极极化曲线，其平衡电位比铜的 ε_e 更正。

从图 9 – 22 可以看出，在两电极之间的某种电位差下（这种电位差决定 $\eta_{阴}$ 和 $\eta_{阳}$ 的值并等于 $E_f = \varepsilon_A - \varepsilon_K$），唯一可能的阴极反应是铜的还原，而阳极反应则是铜的氧化。其他的电极反应——H^+ 的还原以及 OH^- 或 SO_4^{2-} 的氧化——只有在更高的电极极化下才可能发生。如果已经知道溶液中所存在的各种离子的平衡电位及其相应的极化曲线，那么就有可能预见在给定的 $\eta_{阴}$ 和 $\eta_{阳}$ 值下电解产物将是什么。

由外电源给予电极的电压 E_t 应比电位差（$\varepsilon_A - \varepsilon_K$）大过一个 E_Ω 值，这个 E_Ω 值为溶液中的欧姆电位降，它与溶液本体及电极附近溶液层的比电阻、电解池的形状以及与电极间的距离等有关。因此 $E_t = (\varepsilon_A - \varepsilon_K) + E_\Omega = E_f + E_\Omega$。

阴极过程和阳极过程的动力学特征可以是不同的。例如，在一个电极上过程可以在电化学动力学区进行，而在另一个电极上可以在扩散动力学区进行。尤其可能的是，阴极会处在极限电流的条件下。这种情况可用图 9 – 23 来说明。

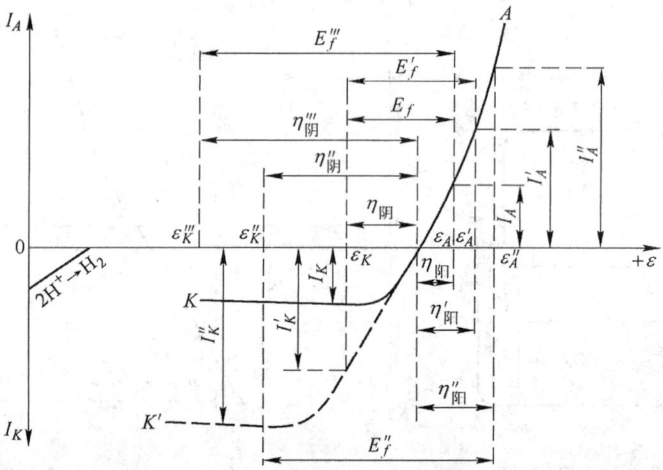

图 9 – 23　说明 $CuSO_4$ 水溶液用两个铜电极在阴极极限电流的条件下进行电解的极化曲线示意图

为了简化起见，设溶液中的欧姆电位降等于零。那么，在保证极限电流 I_K（阴极曲线）的某种溶液运动的条件下，电位 ε_K 和 ε_A 将决定两极电位差。因为两电极电流强度的相等性提出电解稳定进行的一定条件以及因为 I_K = 常数，所以两极电位差由 E_f 增大到 E_f'''值只可能使阴极电位移至 ε_K'''。I_K 不因此而发生变化。同时，阳极电位应保持恒定，因为阳极电流强度 I_A 不可能变化。

当两极有足够大的电位差时，阴极极化可以增大到这种程度，以致金属和氢开始一起还原。这将使阴极上的总电流增大，从而引起了阳极电位向更正的一方移动，以保持阴极电流和阳极电流相等。

如果更强烈地搅拌溶液，那么极限电流增大，并且阴极极化曲线取如虚线 K' 所示的走向。在阴极电位 ε_K 不变的情况下，电流强度增大到 I_K'，阳极电位相应地取 ε_A'值，而其位移增大到 $\eta'_{阳}$，以便在阳极建立更大的等于 I_K'的电流强度 I_A'。为此，两极电位差须增大到 E_f'。因为在新的溶液运动的条件下，阴极电位 ε_K 已经不与极限电流相适应，所以有可能靠提高外电压来使电流强度增大，直至阴极电流达到在电位 ε_K''下的新的极限值 I_K''为止（新的电位位移为 $\eta''_{阴}$）。与此同时，阳极电位也应变到 ε_A''，以使阳极电流强度增大到与I_K''相等的 I_A''值。与这些条件相适应的两极电位差为 E_f''。

在所讨论的例子中，阳极上发生金属的氧化，也就是金属的离子转入到溶液中。然而，如果由于这种或那种原因致使阳极电位得到足够高的正值，那么金属离子的转入溶液就可能非常缓慢甚或完全停止。在此情况下，便开始 OH^- 离子的氧化，并且阳极转入钝化状态。当阳极发生钝化时，电流强度便降低，阴极电流强度也随之减小。

应该指出，阳极的钝化，对金属精炼的可溶性阳极电解过程常常造成困难。但是，在金属硫酸盐溶液以铅作不溶性阳极的电解过程中，由于阳极钝化而在铅表面上形成的二氧化铅薄膜，则有利于过程的进行。

第六节　槽电压、电流效率和电能效率

一、槽电压

对一个电解槽来说，为使电解反应进行所必须外加的总电压，通常称之为槽电压。

阳极实际电位（ε_A）与阴极实际电位（ε_K）之差，即电解槽两极端点电位差或所谓电解电动势 E_f，是槽电压的一个组成部分。E_f 由两部分组成，即 $E_f = E_{ef} + E_\eta = [\varepsilon_{e(A)} - \varepsilon_{e(K)}] + (\eta_{阳} + \eta_{阴})$。$E_{ef}$是为了电解的进行而必须施加于电极上的最小外电压，也可称之为相应原电池的电动势。$E_\eta = \eta_{阳} + \eta_{阴}$ 这部分外加电动势，叫做极化电动势。

除此以外，还有由电解液的内阻所引起的欧姆电压降 E_Ω 以及由电解槽各接触点、导电体和阳极泥等外阻所引起的电压降 E_R，也都需要附加的外电压补偿。因此，槽电压是所有这些项目的总和，并可以下式表示：

$$E_T = E_f + E_\Omega + E_R \tag{9-68}$$

上式右边第一项 E_f 所包括的 E_{ef}由能斯特公式求出；E_η 中的 $\eta_{阳}$ 和 $\eta_{阴}$ 的理论分析和计算方法已在前面讨论过，并常利用塔费尔公式或通过交换电流数据进行计算，也可从有关书刊中引用已知数据。

E_Ω 无论是在电解沉积或是在电解精炼中都是槽电压的组成部分，它与电解液的比电阻、电流密度或电流强度、阳极到阴极的距离（即极距）、两极之间的电解液层的纵截面积以及电解液的温度等因素皆有关系。现分别讨论如下。

在电解实践中，每个电解槽内的电极是按一块阳极一块阴极相间地排列着，最后一块也是阳极，故阳极板比阴极板多一块。但是，靠电解槽两边的两块阳极各自只有一个表面起电极反应。从而，进行电极过程的阳极表面和阴极表面的数目是相等的。电解槽与电解槽是串联的，但每个槽内的相同电极则是并联的，从而构成了一个所谓的复联电解体系。在这样的电解体系中，每个电解槽内全部电解液所呈现的电阻与一个极间电解液层所呈现

的电阻彼此有以下的关系：

$$\frac{1}{R}=\frac{1}{r_1}+\frac{1}{r_2}+\cdots=\frac{n_d}{r} \tag{9-69}$$

式中　R——一个电解槽内全部电解液所呈现的电阻，Ω；

r_1、r_2，…——第一个，第二个…极间的电解液层所呈现的电阻，并且 $r_1=r_2=\cdots=r$，Ω；

n_d——一个电解槽内的极间数目，等于起反应的电极表面的数目，亦即 $n_d=2n_{阴}=2(n_{阳}-1)$，其中 $n_{阴}$ 和 $n_{阳}$ 分别为每个电解槽内的阴极板和阳极板的块数。

每个极间电解液层所呈现的电阻与极距成正比而与其纵截面积（实际上可以电极表面积替代）成反比，亦即 $r\propto\frac{l}{A}$。由此，得到以下的关系：

$$r=\rho_r\times\frac{l}{A} \tag{9-70}$$

式中　ρ_r——比例系数，也叫做比电阻，Ω·cm；

l——两极之间的距离，简称极距，cm；

A——起反应的电极的表面积，cm^2。

将式（9-70）代入式（9-69），便可得到：

$$R=\frac{r}{n_d}=\frac{1}{n_d}\times\rho_r\times\frac{l}{A} \tag{9-71}$$

温度对 R 的影响是，随着温度的升高，电解液的电阻乃降低。它们的关系可以下式表示：

$$R_t=R_0\left[1-\frac{dR}{dt}(t-t_0)\right] \tag{9-72}$$

式中，$\frac{dR}{dt}$为电解液电阻的温度系数。

至此，我们得出用于计算一个电解槽内电解液欧姆电压降的关系式如下：

$$E_\Omega=IR=I\times\frac{1}{n_d}\times\rho_r\times\frac{l}{A} \tag{9-73}$$

式中，I 为通入电解槽的电流强度，A。

若不用电流强度而用电流密度，而且往往是指阴极电流密度，则在此情况下，

$$D_K=\frac{I}{2n_{阴}A_{阴}}=\frac{I}{n_dA_{阴}}$$

其中，D_K 的单位通常是以 $A\cdot m^{-2}$表示。这样一来，式（9-73）可改写成以下的形式：

$$E_\Omega=\frac{D_K}{10000}\times\rho_r\times l \tag{9-74}$$

式（9-74）使用起来比式（9-73）更方便，因为除了极距以外，如果已知 ρ_r 的实测值而不知道其他电解槽参数时，也可用来进行计算，同时，ρ_r 也可由计算求出。

至于槽电压的组成部分 E_R，通常不用公式计算，而分别取以下各数值：阳极上的电压降可取 0.02V；接触点上的电压降取 0.03V；阴极棒中的电压降取 0.02V；而槽帮导电

板的电压降是0.03V；阳极泥中的电压降可取其等于电解液欧姆电压降的25%～35%。

二、电流效率

对一切电解反应来说，法拉第定律皆是正确的。但实际上，析出理论量的物质所需要通过电解液的电量往往大于1F（96500C）。这一事实，并没有违背法拉第定律，而正说明阴极上不仅有金属析出，而且还有氢析出、阴极沉积物发生氧化和溶解、电解液中存在的杂质起作用，以及电路上有漏电、短路等现象发生，致使通入的电量未能全部用于析出金属。于是，提出了关于有效利用电流亦即电流效率的问题。

所谓电流效率，是指金属在阴极上沉积的实际量与在相同条件下按法拉第定律计算得出的理论量之比值（以百分数表示）而言。

在大多数情况下，金属的电流效率为90%～95%，只有在实验室条件下（库仑计）才能达到100%。

实际上，阴极电流效率与阳极电流效率并不相同。这种差别对可溶性阳极电解有一定的意义。在此情况下，测出的阳极电流效率，是指金属从阳极上溶解的实际量与在相同条件下按法拉第定律计算应该从阳极上溶解的理论量或应该在阴极上沉积的理论量之比值（以百分数表示）而言。

一般说来，在可溶性阳极的电解过程中，阳极电流效率稍高于阴极电流效率，在此情况下，电解液中被精炼金属的浓度逐渐增加，如在铜的电解精炼中就有此种现象发生。

必须指出，在湿法冶金中，所谓电流效率通常是指阴极电流效率而言，因为阴极沉积物是主要的生产成品。因此，金属的电流效率按下式计算：

$$\eta^*(\%) = \frac{b}{qI\tau} \times 100 \tag{9-75}$$

式中　$\eta^*(\%)$——以百分数表示的电流效率；

b——阴极沉积物的重量，g；

I——电流强度，A；

τ——通电时间，h；

q——电化当量，g/(A·h)。

根据第三节所作理论分析可知，为了提高电流效率，应尽可能控制或减少副反应的发生，防止漏电和短路。为此，加强对诸如电解液的浓度和温度等技术条件的控制，使电解液中的有害杂质尽量除去，适当加入某些添加剂以保持良好的阴极表面状态以及选择适当的电流密度等，都是提高电流效率的途径。

三、电能效率

所谓电能效率，是指在电解过程中为生产单位重量的金属理论上所必需的电能W'与实际消耗的电能W之比值（以百分数表示）而言，亦即：

$$\omega(\%) = \frac{W'}{W} \times 100 \tag{9-76}$$

因为电能=电量×电压，所以得到：

$$W' = I'\tau \times E_{ef}$$

$$W = I\tau \times E_T$$

将上述各关系式代入式（9-76），便得到：

$$\omega'(\%)=\frac{I'E_{ef}}{IE_T}\times 100 \tag{9-77}$$

式中，$\frac{I'}{I}=\eta^*$，即电流效率。

因此，式（9－77）可改写成以下的形式：

$$\omega'(\%)=\eta^*\frac{E_{ef}}{E_T}\times 100 \tag{9-78}$$

必须指出，电流效率和电能效率是有差别的，不要混为一谈。如上所述，电流效率是指电量利用的情况，在工作情况良好的工厂，很容易达到90%～95%，在电解精炼中则可达到95%以上，并在特殊条件下如在库仑计中可达100%。而电能效率所考虑的则是电能的利用，由于实际电解过程的不可逆性以及不可避免地在电解槽内会产生电压降，所以它在任何情况下都不能达到100%。

从式（9－78）可以看出，若要提高电能效率，除了靠提高电流效率以外，还可以通过降低槽电压的途径。为此，降低电解液的电阻、提高电解液的电导率、适当提高电解液的温度、缩短极间距离以及减少电极的极化以降低槽电压，是降低电能消耗、提高电能效率的一些常用措施。

但是，应当指出，通用的“电能效率”这一概念，不能完全正确地说明给定电解过程的特征，因为电能效率计算式的分子部分并未考虑到成为电能消耗不可避免的根源的极化作用。因此，在确切计算电能效率时，应当以消耗于所有电化学过程的电能 W'' 替代 W'，在此情况下，得到

$$\omega''(\%)=\frac{W''}{W}\times 100=\eta^*\frac{E_f}{E_T}\times 100 \tag{9-79}$$

习题、思考题

1. 什么叫做极化？试比较原电池和电解池中的极化作用，各有什么特点？

2. 求含54g·L^{-1}锌及104g·L^{-1} H_2SO_4 的硫酸锌溶液的理论分解电压和实际分解电压。已知溶液温度为40℃，使用铅阳极，电流密度为400A·m^{-2}，阳极为 OH^- 放电，$\varepsilon^{\ominus}=0.401$V，阴极为锌析出，$\varepsilon^{\ominus}_{Zn^{2+}/Zn}=-0.763$V。设 $\gamma_{OH^-}=0.75$，$\gamma_{Zn^{2+}}=0.047$（浓度均以体积摩尔浓度表示），设 OH^- 在铅电极上的超电位为0.76V，Zn^{2+} 在锌电极上的超电位为0.02V。

［理论分解电压2.077V；实际分解电压2.857V］

3. 在某电解锌厂中，每个电解槽每昼夜生产锌250kg，28个电解槽串联成一个系列。通过此系列的电流为9000A，系列的电压降为96V。求（1）金属的电流效率；（2）电能效率。已知锌的电积反应 $Zn^{2+}+H_2O=\!=\!=Zn+\frac{1}{2}O_2+2H^+$，在该厂生产条件下的 $\Delta G=384.38$kJ·mol^{-1}

［（1）94.9%；（2）76.7%］

4. 在镍的电解精炼中，阳极是含镍80%（原子）的Cu－Ni合金，而阴极为纯镍。

（1）求25℃下的可逆电动势，设合金为理想溶液；

（2）在实践中，Ni和Cu均从阳极溶解。阳极液抽走，并用置换法使铜除去，铜在海绵镍上呈纯态产出。计算在25℃下被净化电解液中Cu/Ni的平衡比值，设活度等于质量摩尔浓度；

（3）实际电解中的槽电压为2.0V，阴极电流效率为95%。问每精炼一千克的镍所消耗的电能为若干千瓦·小时？

5. 以 Me_2 置换溶液中 Me_1 的反应，可表示如下：

$$M_{e_1}^{z_1^+} + \frac{z_1}{z_2}Me_2 = Me_1 + \frac{z_1}{z_2}M_{e_2}^{z_2^+}$$

试按照电化学动力学理论推导和论证置换反应的速度方程。

6. 溶液中含有活度均为 1 的 Zn^{2+} 和 Fe^{2+} 离子，已知氢在铁上的超电压为 0.40V，如要使离子析出次序为 Fe、H_2、Zn，问 25℃时溶液的 pH 值最大不超过多少？在此最大 pH 值的溶液中，H^+ 开始放电时，Fe^{2+} 浓度为多大？已知 $\varepsilon^{\ominus}_{Fe^{2+}/Fe} = -0.44V$，$\varepsilon^{\ominus}_{Zn^{2+}/Zn} = -0.763V$。

[pH = 6.132、[Fe^{2+}] = 1.22×10^{-11}mol]

7. 在 1mol · L^{-1}的 $FeSO_4$ 水溶液中（pH = 0），电解析铁反应的交换电流密度 $D_0 = 10^{-7}A \cdot cm^{-2}$，塔菲尔斜率 b 为 0.05；氢在铁上析出的 $D_0 = 10^{-8}A \cdot cm^{-2}$、$b = 0.12$。当阴极电位为 −0.8V 时，试计算电积析铁的电流效率。已知 $\varepsilon^{\ominus}_{Fe^{2+}/Fe} = -0.44V$，$\varepsilon^{\ominus}_{H^+/H_2} = 0$、$T = 25℃$、离子活度系数均为 1。

[$\eta_{Fe} = 97.16\%$]

8. 已知 25℃时 $\varepsilon^{\ominus}_{Cd^{2+}/Cd} = -0.403V$，铂电极上 H^+/H_2 电极交换电流密度 $D_0 = 0.79mA \cdot cm^{-2}$，问在含有 Cd^{2+}（$a = 1$）和 H^+（$a = 1$）的溶液中，需要多大电流密度才能使 Cd^{2+} 在 Pt 电极上析出？反应 $H^+ + e = \frac{1}{2}H_2$，$z = 1$，H^+ 的传递系数 $\alpha = 0.5$。

[$D_K = 2.01A \cdot cm^{-2}$]

9. 25℃时，由 $a_{Cu^{2+}} = 1$ 的溶液中以 $D_K = 70A \cdot m^{-2}$的速度沉积 Cu，在电子转移步骤控制整个电极过程速度的情况下，求得塔菲尔公式中 $b = 0.06V$，$D_0 = 1A \cdot m^{-2}$，问阴极电位是多大？

[−0.264V]

10. 什么是交换电流密度，分析其大小与电极可逆程度的对应关系。

11. 阳离子同时放电的基本条件是什么？

12. 何谓平衡交换电流密度，其大小与哪些因素有关？

13. 将理论分解电压、超电压、析出电位、实际电解电压用示意图或相互关系式表示出他们之间的联系。

14. 试分析提高电流效率、降低槽电压的措施。

15. 列出铜的可溶阳极电解和不可溶阳极电解的阳极反应式，并指出哪种电解方式的槽电压低。

参考文献

[1] 黄希祜．钢铁冶金原理．北京：冶金工业出版社，1981.

[2] 魏寿琨．冶金过程热力学．上海：上海科学技术出版社，1980.

[3] Terkel Rosenqvist. Principles of Extractive Metallurgy，1974.

[4] Fathi Habashi. Principles of Extractive Metallurgy，1969.

[5] J. J. Moore. Chemical Metallurgy，1981.

[6] H. Y. Sohn & M. E. Wadsworth. Rate Processes of Extractive Metallurgy，1979.

[7] J. D. Gilchrist. Extraction Metallurgy，1980.

[8] A. Volsky 等．Theory of Metallurgical Processes，1978.

[9] A. H. Крестовников 等．Справочник по Расчетам Равновесных Металлургических Реакчцй，1963.

[10] 傅崇说．冶金溶液热力学原理与计算（第2版）．北京：冶金工业出版社，1989.

[11] 傅崇说．重金属硫化物在水溶液中反应的热力学分析．长沙：中南矿冶学院学报，1962.

[12] 张圣弼等．相图——原理，计算及在冶金中的应用．北京：冶金工业出版社，1986.

[13] E. T. 特克道根著．魏季和，傅杰译．高温工艺物理化学．北京：冶金工业出版社，1988.

[14] A. H. Зеликман 等．Теория гикрометаллургических прочессов，1983.

[15] 马荣骏．溶剂萃取在湿法冶金中的应用．北京：冶金工业出版社，1979.

[16] 马若桦．稀土元素化学．天津：天津科学技术出版社，1987.